Was kommt. Was geht. Was bleibt.

Was kommt.
Was geht.
Was bleibt.

Kluge Texte über die wichtigsten Fragen unserer Zeit

HERDER
FREIBURG · BASEL · WIEN

MIX
Papier | Fördert gute Waldnutzung
FSC® C014496

www.herder.de

Satz: Carsten Klein, Torgau
Herstellung: GGP Media GmbH, Pößneck

Printed in Germany

ISBN Print 978-3-451-39583-3
ISBN E-Book 978-3-451-83151-5

Ciudad del Vaticano, 5 de junio de 2023

Querido hermano:

Muchas gracias por la atenta carta que me hizo llegar, así como los libros con la traducción al alemán de algunos textos de mi pontificado.

Quisiera aprovechar la ocasión para agradecerle a todo el grupo editorial Herder por su labor al servicio de la difusión del Evangelio y del Magisterio de la Iglesia. Sin dudas que el Señor recompensará a todos aquellos que, a lo largo de tantos años, han hecho de la profesión un servicio a la misión evangelizadora de la Iglesia.

Rezo por usted, por todos los trabajadores y por sus familias. Les pido que no dejen de rezar por mí.

Que Jesús los bendiga y la Virgen Santa los cuide.

Fraternalmente,

Sr. Manuel Herder
Hermann-Herder-Straße 4,
79104 Freiburg im Breisgau,

Papst Franziskus, Jorge Mario Bergoglio, (* 17. Dezember 1936 in Buenos Aires) ist seit dem 13. März 2013 Bischof von Rom. Der argentinische Jesuit ist Sohn einer siebenköpfigen Familie italienischer Auswanderer und war von 1973 bis 1979 Provinzial der argentinischen Jesuiten. Von 1998 bis 2013 war er Erzbischof von Buenos Aires, er wurde 2001 zum Kardinal ernannt.

Viele seiner Bücher sind in deutscher Übersetzung im Verlag Herder erschienen, darunter *Die Freude des Evangeliums. Das Apostolische Schreiben »Evangelii gaudium« über die Verkündigung des Evangeliums in der Welt von heute* (2014) und zuletzt *Du bist wundervoll. Vom Mut, seine Träume zu leben* (2023).

Inhalt

Zum Geleit

Bartholomä Herder

Meine Familie stammt seit jeher aus Rottweil am Neckar. 1441 zahlte sie hier zum ersten Mal Steuern. Die Familie gehörte größtenteils der Tuchmacherzunft an. Das Herder'sche Haus in der Hauptstraße war eines ihrer Stammsitze. Rottweil war eine Freie Reichstadt, als ich 1798 mit meinem Lebenswerk begann. Doch Althergebrachtes galt damals schon nicht mehr viel – die Welt befand sich mitten in einem nie da gewesenen Wandel, und nicht nur reichsfreie Städte sollten schon bald der Vergangenheit angehören.

Als einziges Kind unserer Familie durfte ich in die Klosterschule Sankt Blasien. Von meinem Zuhause war es ein weiter Weg, der zu Fuß oder auf Pferde- oder Ochsengespannen zurückgelegt werden musste. Dabei ging es bergauf und bergab über die Berge des Schwarzwaldes hinweg. Die Strecke war schön, aber die Schwarzwaldtäler und Berge verlangten mir auf den Reisen viel ab. Wahrscheinlich hat mich das die Ausdauer gelehrt, die ich später brauchte, um mich auf all die langen Reisen zu machen, die mein Leben prägen sollten. Als mich die Benediktinermönche in Sankt Blasien fragten, was ich einmal werden wolle, gab ich zu Protokoll, dass ich »gelehrter Buchhändler« werden und vermittels »guter Schriften« ins »Leben eingreifen« wolle. Und das Leben war damals in voller Bewegung.

In den 1770er Jahren sagten sich im fernen Amerika die Kolonialisten von der englischen Krone los und erklärten ihre Unabhängigkeit. Sie gründeten eine Republik, an deren Spitze ein gewählter Präsident stehen sollte. Sieben Jahre Krieg waren die Folge. Doch das waren nur Vorboten dessen, was 1789 in Frankreich losbrach: Revolution! Von Hunger und Armut getrieben, hatten die französischen Bauern und schließlich das ganze Volk rebelliert und mehr Mitspracherecht verlangt. Doch was ursprünglich als ein Ruf nach Nahrung und mehr Rechten begonnen hatte, brach sich als blutige Revolution Bahn. Alles sollte sich verändern. Die Woche sollte zehn Tage haben, der Tag zehn Stunden, die Stunde 100 Minuten und die Minute 100 Sekunden. Monate wurden umbenannt und die bisherigen Feste und Feiertage verboten. Ersetzt wurden sie durch neue, revolutionäre Feiertage wie den Tag der Vernunft. Doch anstatt Freiheit, Gleichheit und Brüderlichkeit brachten die Jakobiner die Terreur. Das hieß Verfolgungen und unzählige Hinrichtungen. Selbst König Ludwig XVI. wurde durch die Guillotine geköpft. Nichts konnte das Morden stoppen. Nicht einmal die Armeen Österreichs und Preußens, die gegen Frankreich marschierten. In Europa ging die Angst um. Am Ende der Revolution hatte Frankreich einen neuen Monarchen. Ein unbekannter Korse, der sich zum Kaiser aufschwang und die Welt so veränderte, wie es ihm passte. Er zwang die Völker in Kriege, deren Schlachten tödlicher waren als alles, was Menschen vorher je gesehen hatten.

Meine Familie hatte Glück, dass weder ich noch mein jüngerer Bruder Andrä zwangsrekrutiert wurden, um auf fernen Schlachtfeldern unser Leben zu lassen. Waren die Burschen erst einmal von den Häschern des Militärs gefasst, hat man die wenigsten je wiedergesehen. Es war furchtbar.

Bis zum Reichsdeputationshauptschluss 1803 war meine Heimatstadt Rottweil eine Freie Reichsstadt und unterstand nur dem Kaiser des Reichs. Drei Jahre später gab es das Reich nicht mehr – genauso wenig wie die Universität, an der ich studiert habe, obwohl diese seit 1551 Bestand gehabt hatte. Die deutschen Fürsten hatten sich lieber mit Napoleon zusammengetan, als den Habsburgern in Wien die Treue zu halten. Das Reich war Geschichte und damit eine weitere Gewissheit, die wir bis dahin im Leben gehabt hatten. Doch diese rauen Zeiten boten mir Chancen, die ich so sonst nie gehabt hätte.

Nach meiner Schulzeit und dem Studium der Philosophie an der Universität Dillingen kehrte ich nach Rottweil zurück. Dort beteiligte ich mich an einer Buchhandlung. Wir nannten sie die neue Schulbuchhandlung. Ab 1798 gab ich meine ersten Bücher heraus. Mein erstes Buch handelte noch von »Reichsstaatsrechtlichen Untersuchungen«. Doch schon in einem meiner nächsten ging es um die Zeit, als französische Truppen Ägypten besetzt hatten: *Briefe über die neuesten Ereignisse in Ägypten und ihre Beziehungen auf den Handel nach Ostindien und im Mittelländischen Meere.* Unsere Bücher brachten die großen Veränderungen der Welt in unsere Heimat. Doch mein unternehmerischer Start in Rottweil wollte nicht so recht gelingen, da die notwendigen Genehmigungen des Magistrats ausblieben. Einen nicht gelernten Schriftsetzer wollte man in der Stadt nicht als Verlagshändler haben, und so machte ich einen neuen Anfang.

Ich war nach Meersburg gegangen, um am Hof des Fürstbischofs von Konstanz, Karl Theodor von Dalberg, Aufträge zu erhalten. Man hatte mir und meiner Familie ein Haus direkt hinter dem Stadttor angeboten, eine Förderung mit Bargeld zugesagt und mir in Aussicht gestellt, eine Verlagshandlung als Fürstbischöflicher Hofbuchhändler gründen zu können. Die entsprechende Urkunde habe ich am 27. November 1801 erhalten. Doch da der Fürstbischof sein Geld für sein neues Schloss ausgab, anstatt mir die versprochenen Summen auszuzahlen, stand ich schon bald wieder mit leeren Taschen da. Deshalb zog es mich und meine Frau Jeanette Burkart, die ich in Rottweil kennengelernt hatte, nach Freiburg. Wir hofften, dass uns die dortige Universität mit ihren vielen Gelehrten neue Perspektiven für unsere Verlagsbuchhandlung bieten würde.

Während des Kongresses zur Neuordnung Europas reiste ich 1815 nach Wien. Ich lebte im Bürgerspital, 1. Hof, 1. Stiege, 4. Stock, Nr. 8. So lernte ich diese wunderbare Stadt und die Hofburg kennen. Ich freundete mich mit Fürst Metternich an. Es gelang mir, von diesem den Auftrag zur Herausgabe der *Feld-Zeitung* zu erhalten. Eigentlich war der Auftrag schon vergeben, und mein Schreiben an den Hofkriegsrat vom 20. April 1815 wurde umgehend abschlägig beantwortet. Ich gab nicht auf, und tatsächlich bekam ich einige Wochen später, am 30. Mai, einen von Metternich unterzeichneten Erlass, der mich zum k.k. Felddrucker ernannte und berechtigte, eine *Feld-Zeitung* zu verbreiten. Ich reiste also hinter den Truppen her, als diese Napoleon entgegenzogen. Am 24. Juni 1815 konnte ich in der ersten Ausgabe meiner Zeitung den Sieg von Waterloo verkünden. Dann folgte ich den preußischen und österreichischen Truppen bis in die französische Hauptstadt.

In Paris hatte der Verleger André Le Breton etwa vierzig Jahren zuvor sein unglaubliches Werk, die *Encyclopédie*, veröffentlicht. Er hatte dafür Denis Diderot gewonnen. Es war das erste große Werk, in dem die neue Technik des Kupferstichs verwendet wurde. Le Breton hat ein Meisterwerk unserer Zunft geschaffen, und ich war einer der Ersten, der diese Technik in die deutschen Länder brachte. Ein Umstand, der mir ohne die Kriegslust Napoleons nie zuteilgeworden wäre.

Jede Generation erlebt ihre Zeit als eine Zeit unglaublicher Veränderungen. Sie erlebt den Wandel so intensiv, dass sie sich kaum vorstellen kann, dass frühere Generationen einen vergleichbaren Wandel erlebt haben könnten. Und doch gibt es Phasen des Wandels, die einschneidender sind als andere. Es gibt Zeiten, in denen eine völlig neue Weltordnung entsteht und nichts bleibt, wie es war. Ich habe eine solche Zeit erlebt.

In einer solchen Zeit braucht es Gedanken, die den Menschen Halt geben. Mit meinem Verlag wollte ich genau dazu beitragen. Meine Grundüberzeugung habe ich in dem damaligen Bewerbungsschreiben auf das Amt des Fürstbischöflichen Hofbuchhändlers vom 13. Juni 1801 festgehalten. Ich erklärte darin, dass ich »auf Zusprache mehreren Gelehrten eine Sammlung von Schriften zu veranstalten« gedächte, »die 1. dem Priester, Seelsorger etc. zur Führung seines Amtes« und »2. dem Schulmann, dem Erzieher und der Jugend angenehm und nützlich sind«. Ich fügte hinzu, ich wolle »die Liebe zur Literatur verbreiten und gute Schriften unter das Volk bringen«.

Vorwort

Manuel Herder

Aus den ersten Büchern von 1798 und der Idee, die Bartholomä Herder im Juni 1801 skizzierte, wurde Herder. Ein Verlag für Religion, Erziehung und die großen Fragen des Lebens.

Bartholomä Herder veröffentlichte in seinen frühen Rottweiler Jahren Bücher wie *Das gute und verständige Kind an seinem ersten Kommunionstage* und *Schöne Geschichten und lehrreiche Erzählungen zur Sittenlehre für Kinder*. Heute finden sich in unserem Verlagsprogramm *Auf dem Weg zur Erstkommunion* und *Aus Erziehung wird Beziehung*. Damit sind wir über sechs Verlegergenerationen hinweg der Idee unseres Gründers treu geblieben. Die Themen, zu denen Bartholomä seit 1798 verlegte, beschäftigen jede Generation aufs Neue. Die Fragen zu Kindheit, Jugend, Familiengründung und Kindererziehung wollen von jeder Generation neu beantwortet werden – genau wie Fragen um Glaube, Hoffnung Liebe und Tod.

Man kann sich einen Verlag wie einen Surfer auf der Welle vorstellen. Er muss die bewegenden Fragen finden, die die Leser interessieren. Er muss sich im richtigen Moment in Position bringen, um die Welle zu nutzen. Dann muss er sie rechtzeitig verlassen, um für die nächste bereit zu sein. In den 225 Jahren, seit Bartholomä Herder das erste Buch verlegte, konnte der Verlag Herder auf großartigen Wellen reiten, wurde aber auch von gefährlichen Strudeln in die Tiefe gezogen. Fast jede Verlegergeneration erlebte große Erfolge und Durchbrüche, die das Herz höherschlagen ließen, aber auch Momente, in denen die Verleger fürchten mussten, dass für die Zukunft des Hauses aller Tage Abend sei. Als der Verlag unter Hermann Herder sen. 1912 mit Stolz auf das Erreichte und in Freude auf das Kommende in das neue Verlagshaus in der Hermann-Herder-Straße einzog, erwartete wohl niemand, dass viele der Kollegen schon bald einem grausamen Krieg zum Opfer fallen würden und das Verlagshaus zum Kriegslazarett umfunktioniert werden würde.

Jede Zeit ist im Wandel. Jede Zeit prägt ihre Menschen. Als wir vor bald einem Vierteljahrhundert *200 Jahre Herder – 200 Jahre Zukunft* feierten, verlegten wir zum Jubiläum *Was kommt. Was geht. Was bleibt.*, herausgegeben vom damaligen Programmchef des ZDF, Markus Schächter. Damals reichten die Beiträge von A wie Altwerden (Kardinal König) bis Z wie Zuhause (Michel Friedmann). Das Buch lieferte einen lesenswerten Blick auf seine Zeit. Genau das beabsichtige ich auch mit diesem Band. Mit dieser Ausgabe von *Was kommt. Was geht. Was bleibt.* legt der Verlag Herder einen Band vor, der ebenfalls die Prägung unserer Zeit wiedergibt. Der eidgenössische Bundespräsident Alain Berset behandelt »Jubiläum«, der österreichische Bundespräsident van der Bellen »Künstliche Intelligenz« und Bundespräsident a. D. Joachim Gauck »Toleranz«. Mit ihnen schreiben Frauen und Männer aus Deutschland, Österreich und der Schweiz, aus Luxemburg, Frankreich, Polen, Tschechien, Mexiko und den USA zu Themen, die uns heute bewegen.

Markus Schächter erklärte damals: »Vollständigkeit oder Ausgewogenheit waren nicht beabsichtigt. Wohl aber der Blick auf Begriffe, in denen sich spiegelt, was Menschen von heute interessiert und bewegt.« Das gilt auch für diesen Band.

So habe ich nun die Ehre, Ihnen, liebe Leserin und lieber Leser, eine gute Lektüre zu wünschen. Ich tue das mit der Bitte an Sie, dem Engagement unseres Hauses, unseren Autorinnen und Autoren und unseren Veröffentlichungen auch weiterhin Ihre Aufmerksamkeit zu schenken, damit wir noch lange »mit guten Schriften ins Leben eingreifen können«, so wie unser Gründer Bartholomä Herder es 1798 begonnen hat.

Absage

HERDER

FREIBURG · BASEL · WIEN

Freiburg, 6. März 2023

Sehr geehrter Herr Professor Habermas,

vor 225 Jahren, also 1798 verlegte mein Ur-Ur-Ur-Großvater Bartholomä Herder das erste Herder-Buch.

Anlässlich dieses Jubiläums gibt der Verlag Herder ein Buch heraus, in dem die wichtigsten Themen unserer Zeit verhandelt werden. Der Titel des Buches ist: „Was kommt, Was geht, Was bleibt".

Viele Autorinnen und Autoren unseres Hauses tragen mit kurzen Beiträgen zu dem Werk bei. Ich würde mich sehr freuen, wenn ich auch Sie begeistern könnte an diesem Buch mit einem Beitrag zum Thema

„Weisheit"

mitzuwirken. In Erinnerung an das gute Gespräch, das Sie seinerzeit mit Kardinal Ratzinger geführt und welches wir verlegt haben, wäre es mir eine Freude, Sie für diesen Band und dieses Thema zu gewinnen.

Meine herzliche Bitte an Sie ist es, mit einem Beitrag von ein bis drei A4 Seiten (3.500 bis 10.000 Zeichen inkl. Leerzeichen) ein publizistisches Zeichen des Aufbruchs zu setzen.

Kann ich Sie für unser Vorhaben begeistern? Würde es Ihnen lieber sein ein anderes Stichwort zu behandeln? Wie auch immer. Für eine Rückmeldung an verleger@herder.de oder 0761 2717 500 wäre ich Ihnen sehr dankbar und verbleibe,

mit herzlichen Grüßen

Manuel Herder
- Verleger -

Verlag Herder GmbH
Hermann-Herder-Straße 4 · D-79104 Freiburg · Tel.: +49(0)761/27 17-0 · www.herder.de

Manuel Herder
Verlag Herder
Hermann Herder Str. 4
79104 Freiburg

Starnberg, 10. März 2023

Sehr geehrter, lieber Herr Herder,

mir imponieren eine so lange Familienkontinuität eines ehrwürdigen Verlages und die dreifache Wiederkehr des Namens schon in der Anschrift , die auch noch eine lokale Beständigkeit signaliert. Das veranlasst mich zu einer formellen Entschuldigung, auch wenn ich nicht im eigentlichen Sinne Autor des Verlages bin.

Ich bitte Sie um Verständnis, dass ich zu Ihrem Jubiläum in meinem Alter keinen Text mehr beisteuern kann - Kopf und Herz sind nicht mehr alert genug.

Mit besten Wünschen für die nächsten 225 Jahre

Ihr

Jürgen Habermas (*am 18. Juni 1929 in Düsseldorf) ist einer der weltweit einflussreichsten Philosophen und Soziologen der Gegenwart. Er lehrte unter anderem an den Universitäten Heidelberg und Frankfurt am Main sowie der University of California in Berkeley und war Direktor des Max-Planck-Instituts zur Erforschung der Lebensbedingungen der wissenschaftlich-technischen Welt in Starnberg. Jürgen Habermas erhielt zahlreiche Ehrendoktorwürden und Preise, darunter den Friedenspreis des Deutschen Buchhandels (2001) und den Kyoto-Preis (2004). Sein gemeinsam mit Joseph Ratzinger verfasstes Buch *Dialektik der Säkularisierung* erschien zuerst 2005 im Verlag Herder.

Älterwerden

Sky du Mont

Wie es der Zufall will, werde ich auch dieses Jahr wieder Geburtstag haben. Einen runden sogar. Dafür kann ich nichts. Es hat sich einfach so ergeben. Man staunt: So alt bin ich schon? Es fühlt sich gar nicht so an. Eigentlich sind es immer noch und immer wieder die gleichen Grundbedürfnisse, die das Dasein prägen: Wir sind glücklich und haben Sorgen, wir suchen Nähe und Erfolg, wir wollen geliebt werden und fragen uns nach dem Sinn des Lebens …

Ein interessanter Punkt: Macht es einen Unterschied, ob man kurz oder lang auf dieser Welt ist? Ist ein Leben sinnvoller, wenn es lange dauert? Bei mancher Festrede möchte man es meinen, da werden die Honoratioren mit Anerkennung überhäuft. Nur wofür? Dass sie eine Menge anderer Menschen überlebt haben? Das scheint mir, für sich genommen, nicht besonders sinnstiftend. Dass sie einer mutmaßlichen höheren Macht mit jedem Lebensjahrzehnt beträchtlich näher rücken? Nun ja, man weiß ja nicht, wohin es einen im Jenseits verschlägt. Nein, ich nehme an, Alter ist kein Wert an sich, und es gibt dem Leben auch keinen tieferen Sinn. Trotzdem haftet ihm etwas Besonderes an.

Natürlich: Alte Menschen haben vieles erlebt und vieles erlitten, sie haben viele Erfahrungen gemacht und vieles durchgestanden, sie haben viel geleistet und viel gesehen. Triumphe und Tragödien häufen sich im Laufe eines langen Lebens, Siege und Niederlagen, Zeiten des Glücks und Zeiten des Unglücks.

Wenn ich es mir so überlege, dann staune ich. Denn auch wenn ich mich gar nicht so alt fühle, habe ich doch unglaublich viel erlebt. Und überlebt! Lange Koteletten zum Beispiel und Schlaghosen, Tankstellen mit Bedienung, Schallplatten, den VW Käfer, Faxgeräte und neuerdings sogar Telegramme. Alles weg. Mich dagegen gibt es noch. Und ich bin ja gerade erst 75 Jahre alt. Was wird noch an mir vorbeiziehen? Wenn ich es mir so überlege, bin ich viel zu neugierig auf diese Welt und was sie so an Neuerungen für uns hat, als dass ich mich alt fühlen möchte. Von mir aus dürfen gern noch ein paar Jahrzehnte hinzukommen. Und ein paar mehr.

Der Verlag Herder hat ja inzwischen sogar 225-Jähriges! Gut, das werde ich nach Menschenermessen nicht schaffen. Aber schon beachtlich, was in der Zeit alles passiert ist. Die Französische Revolution war noch in vollem Gange, als der Verlag gegründet wurde, Beethoven noch am Leben, es gab kein Deutschland und kein Italien, die USA steckten in den Kinderschuhen. Riesenreiche wie die Österreichisch-Ungarische Monarchie starben, Riesenreiche wie die Sowjetunion entstanden – und zerfielen ebenfalls, Weltkriege erschütterten den Planeten. Gandhi, die Beatles und Mickymaus machten die Welt zu einem besseren, cooleren und bunteren Ort. Und inmitten all dieser unglaublichen Ereignisse und Entwicklungen segelt das Schiff dieses Verlags durch Zeit und Raum, dass man neidvoll anerkennen muss: Wäre ich kein Mensch geworden, ich wäre gerne als Verlag gegründet worden.

Mein Gründungmythos liegt weit weniger lang zurück, aber ich mag ihn, weil er meiner ist. Es ist ein großes Geschenk, wenn man vieles miterleben darf, was auf Erden geschieht. Und vielleicht gibt das Alter dem Leben keinen besonderen Sinn, aber die Erlebnisse, die wir haben, und die Erkenntnisse, die sie uns bescheren, lassen uns dem Sinn des Lebens ein klein wenig näher kommen – zumindest dem Sinn des Älterwerdens. Also, ich möchte sehr gern noch einiges mehr davon mitnehmen, wohin auch immer. Älterwerden lohnt sich, finde ich.

Sky du Mont (* 20. Mai 1947 in Buenos Aires) hat schon viel von der Welt gesehen: Er wuchs in München, der Schweiz und London auf, ist als Schauspieler in zahlreichen nationalen und internationalen Filmen zu sehen, die ihn bis nach Hollywood geführt haben. Er hat mehrere Drehbücher und Romane verfasst. Der Bestseller *Ungeschönt. Alt werden war auch schon mal schlimmer*, der 2022 im Verlag Herder erschienen ist, ist sein bisher persönlichstes Werk.

Angst

Katharina Domschke

Im Jahre 1798 verlegte Bartholomä Herder das erste »Herder-Buch«. In Friedrich Schillers *Musen-Almanach* für das Jahr 1798 veröffentlichtem Gedicht *Prometheus* von August Wilhelm Schlegel ist zu lesen: »Die Furcht beherrscht des Menschen irre Tritte.« Im selben Jahr 1798 komponierte Joseph Haydn seine *Missa in angustiis* (»Messe in der ängstlichen Bedrängnis«), schlug Benjamin Rush, der Vater der amerikanischen Psychiatrie, eine erste Klassifikation verschiedener Formen der Phobie vor und veröffentlichte Friedrich Schiller seine *Bürgschaft*, in der Damon nach Hause eilt »mit sorgender Seele«, ihn die »Angst treibt« und seinen »eilenden Fuß beflügelt«, ihn »der Sorge Qualen jagen«. 150 Jahre und zwei Weltkriege später, im Jahr 1948, wurde W. H. Audens Werk *Age of Anxiety* mit dem Pulitzerpreis ausgezeichnet, im Jahr darauf komponierte Leonard Bernstein seine gleichnamige 2. Symphonie. Heutzutage, 225 Jahre nach dem ersten »Herder-Buch«, beherrschen Ängste im Rahmen der Coronapandemie und des Ukrainekriegs sowie die »Eco-Anxiety«, die Angst vor dem Klimawandel, die Menschheit.

»Was kommt. Was geht. Was bleibt.« – die Angst, etymologisch abgeleitet von »angustia« (lat.: die Enge, die Bedrängnis, die Beklemmung), und ihre engen Verwandten, die Furcht, die Sorge und der Schrecken (lat.: timor, metus, pavor; griech: phobos), sind Basisemotionen des Menschen, ein mit Werner Bergengruen »menschlicher Urzustand«, der bleibt. Eine metaanalytische Auswertung von 131 europäischen Studien zeigt in der Tat im Zeitraum von 1964 bis 2015 ein gleichbleibendes Angstniveau. Und auch in der seit 30 Jahren jährlich durchgeführten Umfrage der R+V Versicherung zu den Ängsten der Deutschen blieb der sogenannte Angstindex – der Durchschnitt aller abgefragten Ängste – seit 1992 im Schnitt stabil. Was kommt und was geht, sind die Themen der Angst: Während im Jahr 1992 in der Deutschlandumfrage der R+V Versicherung die Angst vor schwerer Erkrankung, Pflegebedürftigkeit im Alter, Spannungen durch Zuzug von Ausländern, Straftaten, eigener Arbeitslosigkeit, sinkendem Lebensstandard und Vereinsamung im Alter im Fokus stand, sorgten sich die Deutschen im Jahr 2022 um steigende Lebenshaltungskosten, unbezahlbares Wohnen, eine schlechtere Wirtschaftslage, Steuererhöhungen oder Leistungskürzungen durch Corona, Kosten für Steuerzahler durch die EU-Schuldenkrise, Naturkatastrophen und Wetterextreme sowie die weltweit zunehmende Macht autoritärer Herrscher. »Tempora mutantur et *timor mutatur* in illis«, wenn man so will. Das heißt, von Zeit zu Zeit mag die Angst ihr Gesicht und ihre Objekte verändern, mal mag sie stärker, mal weniger ausgeprägt sein in der Geschichte der Menschheit, in verschiedenen Kulturen und im individuellen Menschenleben. Grundsätzlich aber gehört die Angst zum normalen Menschsein dazu – genau wie Freude, Überraschung, Wut, Ekel, Trauer und Verachtung, die weiteren Basisemotionen des Menschen.

Angst ist das Alarmsystem, das Quellen der Bedrohung erkennt, uns vor Gefahren warnt und den Körper in die Lage versetzt, die »Fight«-, »Flight«- oder »Freeze«-Reaktion zu initiieren – je nachdem, was in der jeweiligen Situation opportun erscheint, um das Überleben zu sichern. In den Worten Schopenhauers in seinen *Parerga und Paralipomena*: »Ein gewisses Maß an Furchtsamkeit ist zum Bestand der Welt notwendig.« Die Angst vor Diktaturen, Verfolgung, Krieg und Genozid, die Angst vor Naturkatastrophen, Krankheiten, Leiden und Tod sind reale und die Menschheit seit jeher begleitende Ängste. Angst ist ein Signal des moralischen Gewissens, wie es die verheiratete Irene während einer Affäre mit dem Pianisten Eduard in Stefan Zweigs Novelle *Angst* erfährt. Angst dient als Werkzeug, um »Flügel zu verleihen«, um aufzurütteln und auf Missstände aufmerksam zu machen – man denke an die Auffassung des dänischen Philosophen Søren Kierkegaard von Angst als der »unendlichen Möglichkeit des Könnens, die den Motor menschlicher Entwicklung bildet« oder an Greta Thunberg, die mit Blick auf die Klimakrise fordert: »I want you to panic!« Angst wurde aber auch in allen Zeitaltern als Macht- und Herrschaftsinstrument eingesetzt und missbraucht, frei zitiert aus Machiavellis *Il Principe*: »Die Menschen werden hauptsächlich von zwei Haupttrieben beherrscht: von Liebe und Furcht. Es beherrscht sie also gleichermaßen derjenige, der ihre Liebe gewinnt, wie der, der ihnen Furcht einflößt; ja, meistens findet sogar der, der ihnen Furcht einflößt, mehr Folgsamkeit und Gehorsam als der, der ihnen Liebe entgegenbringt.« Angst dient schließlich der Unterhaltung: Geisterbahnen, Bungee-Jumping oder ganze Horrorlandschaften wie »Traumatica – Festival of Fear« im Europa-Park Rust spielen mit der Angst, dem Nervenkitzel, dem »Thrill«, dem von Michael Balint geprägten Begriff der »Angstlust«, also dem Faszinosum der Angst, einer »Mischung von Furcht, Wonne und zuversichtlicher Hoffnung angesichts einer äußeren Gefahr«.

Die Angst kann aber auch lähmen und quälen. Angst kann – wie Ingeborg Bachmann in ihrem Buch *Der Fall Franza* schildert – ein »Überfall« und »Terror« werden, ein »massiver Angriff auf das Leben«. In diesem Fall spricht man von Angsterkrankungen, das heißt einer Panikstörung, einer generalisierten Angststörung, einer sozialen Phobie, einer Agoraphobie, einer spezifischen Phobie, einer Trennungsangststörung oder einem selektiven Mutismus. Angsterkrankungen stellen mit einer Zwölf-Monats-Prävalenz von 14 Prozent und damit 61,5 Millionen Betroffenen die häufigsten psychischen Erkrankungen in Europa dar und schränken die Betroffenen in ihrem alltäglichen, persönlichen und beruflichen Leben dramatisch ein.

Im Umgang mit der Angst haben sich allgemeine Maßnahmen wie Stressreduktion, Achtsamkeits- und Entspannungsübungen, Yoga, Meditation, Sport sowie positive menschliche Begegnungen und Bindungen bewährt. Auch der Glaube kann gemäß Jesaia 41,10 »Fürchte dich nicht, ich bin bei dir« oder Johann Sebastian Bachs gleichnamiger Motette (BWV 228) bei der Überwindung von Ängsten helfen. Die Therapie von Angsterkrankungen setzt sich laut den aktuellen S3-Leitlinien zur Behandlung von Angststörungen aus psychotherapeutischen und pharmakologischen Elementen zusammen. Dabei kommen vor allem die kognitive Verhaltenstherapie mit Expositionsübungen sowie gut verträgliche und nicht abhängigkeitserzeugende Antidepressiva wie Serotonin-/Noradrenalin-Wiederaufnahmehemmer zum Einsatz.

»Was kommt. Was geht. Was bleibt.« – die Angst, sie bleibt als »Urzustand des Menschen«, sie mag kommen in Situationen der Bedrohung oder in übersteigerter Form als Angsterkrankung. Sie kann aber auch gehen, indem wir ihr in Achtsamkeit, in interpersoneller Beziehung, im Glauben oder mit professioneller Hilfe entgegentreten. Das ist dann letztlich Mut. Mut ist mit Mark Twain nicht die Abwesenheit von Angst, sondern der Widerstand gegen die Angst, die Beherrschung der Angst. Und auch in Schillers *Bürgschaft* lesen wir neben aller Angst und Sorge: »Da fasst er sich Mut«, in August Wilhelm Schlegels *Prometheus* beherrscht die Furcht zwar »des Menschen irre Tritte«, doch »dann treibt ihn auch des freyen Muthes Feuer«. In anderen Worten mit dem Titel eines der vom Verlag Herder zum Thema Angst herausgegebenen Bücher: *Mut ist ... Kaffeetrinken mit der Angst*.

Katharina Domschke (* 1978 in Erlangen) ist Professorin an der Albert-Ludwigs-Universität in Freiburg und Ärztliche Direktorin der Klinik für Psychiatrie und Psychotherapie, Universitätsklinikum Freiburg. Sie ist eine international führende Expertin auf dem Gebiet der Diagnostik, Therapie und Prävention von Angsterkrankungen sowie deren neurobiologischen Grundlagen und hat das Buch *Angst in der Kunst - Ikonographie einer Grundemotion* veröffentlicht.

Antisemitismus

Ruth Weiss

Mein Glückwunsch zum Verlagsjubiläum einer Zeit des Aufbruchs, der die Welt bis heute revolutioniert und Juden Hoffnung gab. Ich hoffe, dass der Verlag in seinen nächsten 225 Jahren die weiteren notwendigen Aufbrüche publizistisch erfolgreich begleitet – zu einer friedlichen Weltordnung, zur Überwindung der Dominanz in Afrika, zur Bewahrung der gefährdeten Schöpfung und zur Toleranz zwischen den Religionen.

Die Parole der Französischen Revolution »Freiheit, Gleichheit, Brüderlichkeit« und der Anspruch auf umfassende, unteilbare und universale Menschenrechte wurden Grundsteine der Demokratie. Aber autokratische Herrscher und Menschenrechtsverstöße blieben. Dazu kam der nationalistische Chauvinismus. Der jahrhundertelange religiös motivierte Antijudaismus mutierte zum Antisemitismus. Erfolgreiche Judenemanzipation führte zu Konkurrenzangst und Neid. Der Vorwurf blieb: angeblich jüdische »Eigenschaften« wie Machtsucht, Reichtum, Verantwortung für Bolschewismus und ungebremsten Kapitalismus.

Dies traf selbst meine unwichtige Familie: 1492 Vertreibung aus Spanien. Die Aufklärung erlaubte den Zugang zu bislang verbotenen deutschen Städten, sodass ein Bruder meines Vaters zu Beginn des 20. Jahrhunderts in der nahen Stadt deren größtes Warenhaus gründete und mein Vater eine Stadterziehung erhielt. Die 1871 im Kaiserreich gewährten Bürgerrechte wurden in den 1930er Jahren, während des »Dritten Reichs«, zurückgenommen, die Teilnahme der Juden nicht nur am wirtschaftlichen Leben eingeschränkt. Meine Kleinfamilie emigrierte deshalb nach Südafrika. Die Vernichtung eines Drittels des Weltjudentums führte zum UN-Beschluss der Teilung Palästinas und der Gründung Israels.

Nach 1945 war der Antisemitismus erst versteckt, heute steht er wieder mitten in der politischen Arena. Angriffe auf Juden und jüdische Einrichtungen nehmen zu. Absurde Vorwürfe grassieren gegen die Rothschilds und George Soros; Juden seien schuldig an der Migration in die USA, um Weiße zu einer Minderheit zu machen.

Hass kennt keine Logik. Antisemitismus bleibt anscheinend ewig. Dem Jubiläumsbuch widme ich deswegen Auszüge aus Band 3 meiner fiktiven Löw-Familiensaga vom Mittelalter bis heute. Darin erlebt das Familienmitglied Orpa die Zeit der Französischen Revolution und Napoleons I. mit Hoffnungen, die bald vergingen.

Neue Zeiten

Am 7. September 1791 befand sich Orpa Löw in Paris. In der Kühle des beginnenden Herbstes stand sie inmitten kreischender Frauen und aufgebrachter Männer vor der Nationalversammlung.

Durch die offenen Türen konnte sie sehen, wie im Saal die Menschen zusammengedrängt standen, und erhaschte Fetzen der Debatte. Sie vernahm leidenschaftliche Plädoyers, die abwechselnd über gierige Judenwucherer schimpften, dann wieder wurden die jüdischen Werte gepriesen, die das Christentum geprägt und dadurch die Menschheit bereichert hätten.

Immer mehr Menschen drängten auf den Platz. Der Druck verstärkte sich, sodass noch einige Zuschauer in den Saal gelassen wurden und Orpa sich unversehens in der hintersten Reihe des Zuschauerraums wiederfand.

Später wusste sie nicht mehr, wie lange sie dort gestanden hatte. Sie wusste nur, dass die Mehrheit für den Gesetzesvorschlag gestimmt hatte, hörte den plötzlichen Jubel, sah, wie Kopfbedeckungen und Papiere in die Luft geschleudert wurden und wie einem bärtigen alten Mann mit grauen Schläfenlocken die Tränen über das zerfurchte Gesicht rannen.

1797 reiste Orpa ins Rheinland. Am 11. September erreichte sie Bonn. Unwissentlich hatte sie einen guten Tag für ihre Ankunft ausgesucht. Als sich die Kutsche dem Tor des Ghettos näherte, musste diese anhalten, denn dort hatte sich eine große Menschenmenge eingefunden. Junge Männer schwangen Äxte gegen das Tor, andere rissen mit den bloßen Händen Backsteine aus der Mauer. Orpa sprang aus der Kutsche, keiner beachtete sie. Gespannt bejubelten die Ghettobewohner ihre symbolische Befreiung.

Schon vier Tage später musste Orpa feststellen, dass zwar die Ghettomauer durchbrochen war, die Vorurteile aber weiter bestanden. Sie wollte einen Spaziergang am Rheinufer unternehmen, aber sie kam nicht weiter als bis zum offenen Tor. Dort sah sie eine Gruppe mehrerer Frauen, die dabei waren, die Steine, die noch dort aufgeschichtet waren, beiseitezuräumen.

Orpa blieb stehen, grüßte und rief: »Die Steine – sie sind Wegweiser zur Zukunft!« Die Antwort war Gelächter. Die jüngste der Frauen sagte spöttisch: »Nebbich!« Orpa kniff die Augen zusammen. Nebbich – unwichtig? »Warum nebbich?« »Weil sich nichts geändert hat. Keiner in der Stadt hat eine freie Wohnung.

Nicht für uns! Nicht mal mein Tate hat es geschafft, er wollte für Jonas und mich ein Haus kaufen. Aber – es blieb bei dem Wunsch.« Orpa war enttäuscht. Die Zukunft musste also noch etwas warten. Die Zeit, in der Juden sich wirklich frei bewegen konnten, die war noch nicht gekommen.

Orpa hatte sich auch öfter mit dem Rabbiner unterhalten. Sie lernte den frommen Mann mit dem krummen Rücken und dem scharfen Verstand schätzen, auch wenn sie nicht immer seine Meinung teilte. Vor allem nicht seine Meinung über Voltaire. »Er und die anderen Aufklärer haben eine neue Art der Ablehnung unseres Volkes erfunden«, sagte er zu Orpa. »Jetzt sind wir nicht mehr Jesusmörder, sondern ein ›subversives Element in der Gesellschaft‹.« Der Rabbiner meinte, Voltaire habe viel Einfluss, andere redeten nach, was er gesagt oder geschrieben hatte, auch in deutschen Ländern. Die Worte klangen Orpa lange in den Ohren: »Voltaires sogenannte Vorbehalte gegen Juden kommen nun zu den alten wirtschaftlichen Vorwürfen hinzu. Juden sind Betrüger, Diebe und Wucherer. Das ist einfach nicht auszulöschen.« Sie diskutierten lange, bis sie sich einigten, sich nicht einigen zu können. Orpa glaubte, der Rabbi sei nicht gewohnt, mit einer Frau zu debattieren.

Als sich Napoleon mit seiner Armee auf der Expedition in Ägypten befand und die Festung Akkon belagerte, erschien eine erstaunliche Meldung in einer Pariser Zeitung: Napoleon habe eine Proklamation erlassen, in der er die Juden in Asien und Afrika aufrief, unter seinem Banner Jerusalem zurückzuerobern! Eine schwindelerregende Vorstellung, wie Orpa fand. Aber irgendwie passend für den kleinen General. Es schien, als ob er Juden ein gesegnetes neues Jahrhundert versprach.

Der Wiener Kongress

Der 65-jährige Bankier Abel Löw lud Orpa im Jahr 1814 ein, in seine Heimatstadt Wien zu kommen, wo die europäischen Mächte nach der Verbannung Napoleons auf Elba einen Kongress planten. Orpa sollte während des Kongresses in seinem Hause die Gastgeberin sein. Er brauchte eine Frau mit Flair und Verstand für die politischen Ereignisse. Orpa blühte unter der Verantwortung auf.

Im September 1814 hatten die Verhandlungen der starken Vier begonnen, also der Engländer, Österreicher, Preußen und Russen. Nach der Unterzeichnung eines Abkommens zwischen diesen Mächten wurden andere europäische Staaten nach Wien eingeladen, um die Landkarte Europas und die Zukunft des Kontinents neu zu gestalten. Ab Mai 1814, dem Monat, in dem Napoleon nach Elba verbannt wurde, spielte Wien den großzügigen Gastgeber für die Herrscher Europas und deren Gefolge. Es war, als ob die dreiundzwanzig Jahre Krieg nun in wenigen Monaten vergessen gemacht werden sollten durch Prunk, Spaß und laute Lebenslust.

Das Bankhaus hatte Informanten auf Elba, die Abel meldeten, Napoleon plane, die Insel zu verlassen, um die Franzosen zum Widerstand gegen die Alliierten aufzurufen. Die Nachricht hatte Abel, wie die meisten vertraulichen Mitteilungen, durch Brieftaubenpost erreicht. Die wichtigste Zentralstelle des Informationsdienstes der Bank befand sich auf dem Dach des Palais Löw unter Aufsicht eines ehemaligen Soldaten, der sich auf Zucht und Abrichtung von Tauben verstand.

Abel Löw berief sofort eine Sitzung der in Wien anwesenden Familienangehörigen ein, alle Mitglieder des Aufsichtsrats ihrer

Bank. Abel wusste, dass er als guter Österreicher Fürst Klemens von Metternich, der den Kaiser auf dem Kongress vertrat, über die Mitteilung aus Elba benachrichtigen musste. Der Fürst würde sich bei einem prunkvollen Maskenball einer englischen Herzogin einfinden.

Als Abel das erwähnte, räusperte sich Maurice Lowe von der Londoner Filiale, auch Orpa hatte sofort gespannt auf den jungen Engländer geblickt. Abel zog fragend seine Augenbrauen hoch.

»Maurice wird heute Abend auf diesem Empfang sein!«, sagte Orpa.

Wenige Stunden später machte sich Maurice auf den Weg zum Haus der Herzogin. Maurice war aufgeregt, weil er sich wie ein eleganter Adliger verkleiden durfte. Er mischte sich unter die bunt gekleideten Gäste, um einen Kunden der Bank, Sir Guy Montford, zu suchen, der im Dienst des Herzogs von Wellington stand. Er hatte ihm eine Einladung zum Ball der Herzogin zukommen lassen. Auf einem Maskenball war jeder gleich, hatte er leichthin gesagt, und beide wussten, was er meinte: Juden sind mit Maske nicht zu erkennen.

Maurice erspähte das Kostüm eines arabischen Scheichs unter den Tänzern und folgte ihm. Sir Guy hatte ihm verraten, dass er sich als Araber verkleiden würde. Als er Maurice bemerkte, fragte er ärgerlich, was er wolle. »Entschuldigen Sie – Sir – mein Herr –, aber es ist wichtig. Eine Mitteilung für den Herzog! Sie darf auch dem Fürsten Metternich nicht vorenthalten bleiben. Napoleon, gnädigster Herr. Er wird in zwei Tagen Elba verlassen. Er hat eine Verschwörung zustande gebracht.«

»Unmöglich!« Entgeistert blickte Sir Guy Maurice an.

Maurice verbeugte sich. »Die Mitteilung kommt aus einer glaubhaften Quelle. Napoleon will eine Armee aufstellen und nach Paris marschieren.« »Danke, Maurice, ich werde zum Herzog gehen. Er ist hier.«

Am 1. März landete Napoleon auf dem Festland.

Abel Löw konnte England und Österreich Kredite zu günstigen Zinsen verschaffen.

Doch der Antisemitismus blieb.

Ruth Weiss (* 1924 in Fürth) wanderte 1936 mit ihrer Familie nach Südafrika aus, wo sie später als Journalistin arbeitete. Ihre Arbeit führte sie nach London und Salisbury im damaligen Rhodesien. 1975 kehrte sie nach Deutschland zurück und arbeitete als Chef vom Dienst der Afrika-Redaktion der *Deutschen Welle*. Danach lebte sie freiberuflich in London und kehrte später nach Afrika zurück, wo sie das Zimbabwe Mass Media Trust leitete und Seminare zur Situation im südlichen Afrika abhielt. Heute lebt sie bei ihrem Sohn in Dänemark und schreibt hauptsächlich Romane, darunter auch Schullektüren.

Apostel

Johanna Rahner

Leben in der Fremde

In der späten Moderne ist der Raum für Gott eng geworden. Gott als Lückenbüßer ist heute zu Recht überflüssig geworden. Auch für Glaubende gilt es, in der Welt zu leben, »etsi deus non daretur« (Dietrich Bonhoeffer). Denn auch sie haben den Zweifel im Gepäck – so der Freiburger Theologe Magnus Striet. Die heute deutlich werdende Fremdheits- und damit zugleich Freiheitserfahrung des Glaubens ist eine unaufhebbare. Der Glaube an einen personalen Gott, der den Menschen als Partner und Du gegenübertritt, der als Herr der Geschichte geglaubt und als Hoffnung jenseits dieses Lebens erwartet wird, scheint der Moderne abhandengekommen zu sein. Christliche Zukunftshoffnung grenzt für manche unserer Zeitgenossen daher eher an ewige Langeweile, und der Glaube an einen in Geschichte erfahrbaren und in meinem Leben handelnden Gott hat sich im Feuer der neuzeitlichen Religionskritik, insbesondere in der Theodizeeproblematik, in Asche verwandelt, in der man vergeblich die Glut des Glaubens sucht.

Von Säulenheiligen und Sonderwelten

All das verunsichert, und schnell sind hier Lösungsversuche bei der Hand, die die mit dieser Situation verbundenen Herausforderungen und Gefährdungen durch eine neue Absicherung, durch die Reinszenierung der Kirche als Gegenwelt oder Sonderwelt zu entschärfen versuchen. Gegen die verwirrende und verführerische Vielfalt der Meinungen, die als Verfallserscheinungen wahrgenommen werden, ist für manche Katholikinnen und Katholiken daher am besten am verbindlichen Zeugnis für die Wahrheit (oder dem, was man dafür hält: vom Pillenverbot bis zum Zölibat) als Orientierungsangebot festzuhalten und so der drohenden Konturenlosigkeit des Katholischen, ja einem Indifferentismus zu begegnen. Daher muss alles, was diese Zeichenfunktion verdunkelt oder auch nur den Anschein erweckt, die notwendige Eindeutigkeit zu verunklaren, abgelegt werden. Das »Gespräch« mit dieser Welt vollzieht sich allenfalls im aggressiven Rückruf zur Wahrheit, die an zentraler Stelle den Widerspruch zu einer Kultur der Unwahrheit notwendig macht (identitätsstiftende Andersartigkeit). Diese Option wird heute für manche Kreise gar zur Grundsignatur des Christlichen hochstilisiert: Das entscheidend Christliche ist das unterscheidend Christliche. Gegen die »Anbiederung an den Zeitgeist« und die drohende Selbstsäkularisierung des Glaubens werden exklusive Identitätsmarker des Gläubigseins stilisiert und metaphysisch aufgeladen. Allesamt spiegeln sie so etwas wie die Sehnsucht nach dem verlorenen Paradies des Sakralen, der Anderwelt.

Wüstenerfahrungen

Wer aber die Welt nur unter der Perspektive von Mission und (Neu-)Evangelisation wahrnimmt – Motto: Wir haben es schon, die anderen suchen noch –, hat tatsächlich die eigentliche Herausforderung, die diese »Revolution« der Berufung zur Freiheit und damit Freigelassenheit für Glaube heute bedeutet, noch nicht wirklich verstanden. Denn die Sehnsucht der Menschen nach Gott, so noch einmal Magnus Striet, ist nicht einfach verschwunden. Sondern die Frage nach Gott wird auch »in der Gegenwartskultur (…) mit Nachdruck gestellt, aber: nicht mehr ungebrochen, nicht mehr ohne Irritation durch die Abgründigkeit der Welt«. Für den Glauben heute gilt das, was Matthias Dobrinski zum 31.10.2017 in der *Süddeutschen Zeitung* schrieb, um Luthers reformatorischen Grundimpuls und sein theologisches Anliegen Menschen von heute zu erschließen: »Weniger als eine Bindfadenbreite trennt dieses durch keine innerweltliche Rationalität gerechtfertigte Vertrauen (des Glaubens) vom Nein zu Gott angesichts dieser unfassbaren Zumutung des Glaubens.« Recht hat er!

Um Gottes willen heimatlos

Denn von einem menschgewordenen Gott zu sprechen, bedeutet zunächst einmal: Abgründigkeit. Es ist das innerste Kernbekenntnis des Christentums selbst, das diese Richtung vorgibt: Die »Fleischwerdung« Gottes reicht bis in die Abgründe der ausgelieferten, durch die menschliche Gewalt zerstörten Nacktheit des gekreuzigten Körpers Christi, des fleischgewordenen Wortes, hinein. Die Erhabenheit Gottes lässt sich auf diese Erniedrigung ein und schafft dadurch und darin Heil. Ein anderes Medium der Nähe Gottes kennt das Christentum nicht. Daher stehen alle adäquaten wirkungsgeschichtlichen Bezugnahmen, alle angemessenen Repräsentationsversuche unter der Signatur des Kreuzes, des Zeichens der Ohnmacht und des Sich-zerbrechen-

Lassens, des Ikonoklasmus. »Einem Glauben, einer Kirche, einem Christus ohne Wunden kann ich keinen Glauben schenken«, schreibt Tomas Halik. Die konkrete Gestalt der Inkarnation als Wesensoffenbarung der Liebe Gottes ist eben nicht machtvoll, nicht schön, sie ist Provokation; sie ist Störung des Gewohnten; ein Geschwür in der Landschaft des Schönen (Gottfried Bachl); eben: ein Skandalon. Erfolg war nie ein Name Gottes (Martin Buber).

Spurenlese

Daher irritiert das Narrativ von der »Einwohnung« Gottes in die kreatürliche Leiblichkeit und drängt zugleich zu immer neuen Konkretionen. Richtungsweisend und hilfreich sind jene vielfältigen Aktualisierungsversuche der uns so trauten und in unser kulturelles Gedächtnis eingegangenen Schlüsselszene des Stalls in Bethlehem. Hier wird das »elend, nackt und bloß« in immer wieder neue Kontexte und Lebenswelten hinein»ver-ortet« – die Heilige Familie als Migrantenfamilie, der Stall der Herberge auf den Müllhalden dieser Welt bis hin zum Bild des ertrunkenen Flüchtlingskindes am Strand, nackt und bloß. Man sucht nach je neuen Ausdrucksformen für den provozierenden Gehalt des Bekenntnisses zur Menschwerdung Gottes und tut das, indem die Abgründigkeit und die Endlichkeit menschlicher Existenz, die Fragen nach Sünde, Schuld, Ungerechtigkeit, Leid und Tod in den Blick genommen, inszeniert werden. Und zwar so inszeniert werden, dass die im Inkarnationsbekenntnis gründende Fraglichkeit, aber auch die Sehnsucht nach Vollendung in einer noch unvollendeten Welt offengelegt werden; dass die Hoffnung auf

Frieden in einer friedlosen Zeit und der Glaube an Gerechtigkeit auch angesichts erfahrener Ungerechtigkeit quasi als »Leerstelle« benannt werden. Diese Suchbewegungen werden als Orte identifiziert, an denen der Mensch heute noch die Sehnsucht nach Heil, nach Gnade spürt, weil er die eigene Heil- und Gnadenlosigkeit wie die Geschundenheit der Welt als eine Herausforderung erfährt, auf die er allein keine Antwort weiß bzw. sie sich nicht (mehr) zutraut. All das sind veränderte Ereignisorte des Glaubens.

Verschüttete Wasseradern und Wünschelruten

Dieser Glaube spielt sich heute bewusst oder unbewusst gerade auch jenseits einer immer bedenklicher gewordenen, ekklesiologischen Verschlüsselung, ja Vereinnahmung ab. Johann Baptist Metz spricht hier im Anschluss an Karl Rahner anschaulich von einer ›natürlichen Gotteskompetenz‹ eines jeden Menschen: »Es geht (…) sozusagen um das Menschenrecht der Gottesbegabung des Menschen, auch des sogenannten modernen Menschen (…).« Sie fordert heute in Gestalt der »Fremdprophetie« einer unaufgebbaren Sehnsucht nach authentischem Menschsein all diejenigen, die von Gott reden wollen, zu einer Antwort heraus. Daher ist die Rede von Gott nicht in die Tabuzone des Heiligen und Erhabenen zu verbannen, sondern auch der säkularen Welt ist zuzutrauen, nicht nur zu Gott zu suchen, sondern auch »Gottes fähig«, ja »Gott trächtig« zu sein.

Apostolisch zu sein, gleicht daher heute einem Wünschelrutengang, denn heute kann man nicht von Gott sprechen, ohne auch in die Abgründe der Nichterfahrbarkeit Gottes, seines Fehlens und Vermissens hineinzuführen. Die Rede vom Zweifel an der Existenz Gottes, die Ablehnung, das Hadern, die ungelösten Fragen – all das gehört unaufgebbar zur Gottesrede heute dazu. Das ist sicher der biblischen Gottesrede viel näher als ein allzu genaues Bescheidwissen, das ebenso katechismussicher wie verblüffungsresistent und damit erschütterungsfrei auftritt. Indes wusste das schon Romano Guardini, als er angesichts der Situation des 20. Jahrhunderts schrieb: »Vielleicht ist Gott unserer frostigen Zeit näher als dem Barock mit der Pracht seiner Kirchen, dem Mittelalter mit der Fülle seiner Symbole, dem frühen Christentum mit seinem jungen Todesmut; nur empfinden wir es nicht. Er aber erwartet, daß wir nicht sagen: ›Wir fühlen keine Nähe, also ist kein Gott‹ – sondern daß wir ihm durch die Ferne hin die Treue halten.«

Johanna Rahner (* 21. Dezember 1962 in Baden-Baden) studierte Katholische Theologie und Biologie an der Albert-Ludwigs-Universität Freiburg, wo sie auch promoviert wurde. Ihre Forschungsschwerpunkte sind unter anderem biblische Hermeneutik, ökumenische Theologie, das Verhältnis von Religion und Gesellschaft sowie der Dialog der Weltreligionen. Seit 2014 ist sie Professorin für Dogmatik, Dogmengeschichte und Ökumenische Theologie an der Eberhard Karls Universität Tübingen. Sie ist eine der Beiträgerinnen in dem 2023 von Konrad Hilpert und Jochen Sautermeister herausgegebenen Band *Kirchliche Sexualmoral vor dem Abgrund?*

Arbeit

Lars P. Feld

Geht den Deutschen die Arbeit aus? So oder so ähnlich lauten Schlagzeilen, mit denen die Sorgen um Auswirkungen des technischen Fortschritts auf den Arbeitsmarkt transportiert werden. Seit Gerhart Hauptmanns Theaterstück *Die Weber* irrlichtert diese Sorge durch die deutschen Debatten. In der heutigen Diskussion dominiert als Schreckgespenst des technischen Fortschritts die künstliche Intelligenz (KI). Roboter würden uns die Jobs wegnehmen, und zeigt nicht gerade ChatGPT, wie verzichtbar bestimmte Tätigkeiten sind?

Empirisch findet sich dafür bisher wenig Evidenz. Arbeitsmarktforscher gehen davon aus, dass die künstliche Intelligenz Routinetätigkeiten in Wirtschaft und Verwaltung ersetzen wird, dass dies aber nicht zu nennenswerten Jobverlusten führen dürfte. Es findet ein Strukturwandel in den jeweiligen Beschäftigungsverhältnissen statt. Gesamtwirtschaftlich zeigt sich zudem für Deutschland, dass die in der Vergangenheit zu beobachtende Robotisierung und Automatisierung einerseits zu einer höheren Beschäftigung und andererseits zu einer höheren Wertschöpfung geführt haben, sodass sich keine signifikanten Effekte auf die Produktivitätsentwicklung mehr feststellen lassen.

Im Übrigen gilt Ähnliches für die Effekte der Globalisierung auf dem deutschen Arbeitsmarkt. Allenfalls wird dieser Befund für andere Länder, etwa für die USA, relativiert, wo die Integration Chinas in die weltwirtschaftliche Arbeitsteilung zusammen mit der Robotisierung zu Arbeitsplatzverlusten geführt hat. Hinzu kommt für Deutschland, dass die regionale Verteilung der Auswirkungen der Globalisierung und des technischen Fortschritts auf den Arbeitsmarkt asymmetrisch ist: Manche Regionen sind negativ, andere positiv betroffen. Die Regionalpolitik und die Arbeitsmarktpolitik haben in Deutschland die daraus resultierenden Probleme jedoch so abgemildert, dass gesamtwirtschaftlich eine Erfolgsgeschichte entsteht.

Geht den Deutschen die Arbeit aus? Das hat eine bedeutsame Weiterung. Ab dem Jahr 2025 gehen die geburtenstarken Jahrgänge der Nachkriegszeit in den wohlverdienten Ruhestand. Die demografische Entwicklung führt dazu, dass der Wirtschaft zunehmend Arbeitskräfte fehlen. Die mit dem sogenannten Pillenknick einsetzenden geburtenschwachen Jahrgänge haben wiederum geburtenschwache Jahrgänge produziert, sodass der demografische Übergang bis ins Jahr 2080 anhalten wird. Die regelmäßig zu vernehmenden Klagen über heutigen Arbeitskräftemangel werden ab 2025 erst richtig laut werden.

Die demografischen Faktoren, die diese Entwicklung abwenden könnten, insbesondere Migration oder eine höhere Fertilitätsrate, dürften unzureichend sein. Um die Effekte der Alterung zu kompensieren, müsste der Wanderungssaldo jährlich von den in den Bevölkerungsvorausberechnungen angenommenen 200 000 Personen auf rund eine Million Zuwanderer steigen. Wenn man bedenkt, dass durchschnittlich etwa 700 000 Menschen das Land brutto verlassen, wird das Ausmaß der erforderlichen jährlichen Bruttozuwanderung deutlich: Mehr als eineinhalb Millionen Menschen müssten jährlich ins Land kommen. Die demografische Entwicklung hält vor allem Probleme für die Finanzierung der Sozialversicherungen bereit. Soll die Zuwanderung günstige Finanzierungseffekte für die Sozialversicherungen haben, müssten die Zugewanderten die Durchschnittsproduktivität der Einheimischen mitbringen. Dies zeigt beispielhaft, dass solche Gedankenspiele wenig realistisch sind. Ähnliches gilt für die Fertilitätsraten.

Den Deutschen geht also nicht die Arbeit aus, vielmehr gehen der deutschen Wirtschaft die Arbeitskräfte aus. Bei aller Milderung durch die Zuwanderung lässt sich dies nur dadurch lösen, dass die Deutschen mehr arbeiten, vor allem durch eine Erhöhung der Lebensarbeitszeit, die durch ein höheres Renteneintrittsalter angestoßen würde. Vielleicht müssen Wirtschaft und Verwaltung aber doch stärker auf die KI hoffen und die Automatisierung von Tätigkeiten forcieren, wenn die Bereitschaft zur Mehrarbeit so gering ausgeprägt ist, wie sich das in einer Vielzahl politischer Diskussionen abzeichnet.

Lars P. Feld (* 9. August 1966 in Saarbrücken) ist seit 2010 Universitätsprofessor für Volkswirtschaftslehre an der Albert-Ludwigs-Universität Freiburg und Direktor des Walter Eucken Instituts. Er war von 2011 bis 2021 Mitglied sowie im abschließenden Jahr Vorsitzender der sogenannten Wirtschaftsweisen. Seit Februar 2022 ist er persönlicher Beauftragter des Bundesministers der Finanzen für die gesamtwirtschaftliche Entwicklung.

Aufstieg

Ana-Maria Trăsnea

Jung, migrantisch, Frau: Das sind Faktoren, die den Lebensweg durchaus erschweren können. Deutschland ist kein perfektes Land. Doch es ist eine der besten liberalen Demokratien weltweit. Es ist ein vielfältiges modernes Land, das aus seinen düsteren Fehlern des 20. Jahrhunderts gelernt hat und heute für Freiheit, Menschenrechte, Verantwortung und Demokratie mit klarer Haltung steht. Aufstieg durch Bildung ist in unserem Land nicht nur ein sozialdemokratisches Versprechen, sondern tatsächlich möglich.

So war es auch mir möglich, die erste Akademikerin in der Familie zu werden. Berlin wurde für mich zur Stadt der Freiheit und der Chancen. Diese unfertige Stadt bietet genügend Raum, um ein Teil von ihr zu werden. Natürlich braucht es auf dem Weg in die Erwachsenenwelt jene Menschen, die an einen glauben. Es braucht den Zugang zu Bildung. Es braucht die Erfahrung von Selbstwirksamkeit, die Erfahrung, dass ich als Mensch für diese Gesellschaft wichtig bin, einen Beitrag leiste und gesehen werde.

Aber das war nicht immer so. Berlin befand sich – besonders im 20. Jahrhundert – im Brennpunkt der Auseinandersetzungen um die Demokratie: als Zentrum der NS-Herrschaft, als historischer Schauplatz zur Zeit des Kalten Kriegs, in der sich mitten durch die Stadt die Grenze zwischen dem demokratischen Westen und dem kommunistischen Osten zog. Bildungschancen ergo

Aufstiegschancen wurden systemisch nach staatlichen Ideologien verteilt. Die Gesellschaft des 21. Jahrhunderts ist allerdings eine andere als die des Vorgängerjahrhunderts.

Heute leben in Berlin Menschen aus über 190 Nationen – was für ein Schatz für uns. Sie geben unserer Stadt ihr Gesicht und prägen jeden Tag unseren städtischen Multikulturalismus. Es ist ein Mosaik aus ambitionierten Menschen, kreativen Köpfen und freigeistigen Macherinnen und Machern. Und sie sind damit auch Ausdruck des Wandels, den Deutschland durchlebt hat. Des Wandels hin zu einer offenen, freien und vielfältigen Gesellschaft. Einer Gesellschaft, die sich von Stereotypen und engen Gesellschaftsbildern immer mehr befreit hat. Das ist großartig und zeigt die Weiterentwicklung unserer Gesellschaft. Nur in einer freien, solidarischen, sozial gerechten Welt können Menschen ihr Potenzial ausschöpfen.

Diese neu gewonnene Freiheit bringt nicht nur eine Verantwortung für das eigene Handeln mit sich, nämlich die Zukunft in die eigenen Händen zu nehmen, sondern auch eine Mitverantwortung für die Gemeinschaft. Eine solidarische, sozial gerechte Gesellschaft lebt von Menschen, die sich um die anderen kümmern und nicht wegschauen. Jede vierte Person in Berlin engagiert sich. Das gibt dieser Metropole ein solidarisches Gesicht. Auch für mich war es das Ehrenamt, das mich als migrantisches Kind aufgefangen und mir Hoffnung gegeben hat. Herausforderungen wie etwa Sprachbarrieren, Fremdenfeindlichkeit oder mangelndem sozialem Kapital zu begegnen, gelang mir maßgeblich durch das Netzwerk der Solidarität im freiwilligen Engagement, gelang durch politische Bildung und Demokratiearbeit. Einmal mehr lernte ich in meinem Leben: Wenn du willst, kannst du Berge versetzen. Das trieb mich wie ein inneres Feuer an. Ich entdeckte mich neu, überwand Grenzen und lernte das Fliegen.

Ich lernte, dass die Stimme junger Menschen etwas wert ist und dass es sich lohnt, sich einzubringen. Ich engagierte mich, um die Welt ein Stück besser zu machen. Deshalb war ich zuerst stellvertretende Schulsprecherin und habe mich an meiner Schule gegen Rassismus engagiert. Ich bin mehreren ehrenamtlichen Organisationen beigetreten. Mit Anfang 20 wurde ich in die Bezirksverordnetenversammlung von Treptow-Köpenick gewählt und konnte die Entwicklung meines Bezirks mitgestalten. Mit 27 Jahren wurde ich die jüngste Bevollmächtigte des Landes Berlin beim Bund und Staatssekretärin für Engagement- und Demokratieförderung und für Internationales. Heute bin ich mit 29 Jahren das jüngste Mitglied des Deutschen Bundestags aus Berlin. Wenn ich zurückdenke, dann stelle ich fest: Mir fehlten zwar oft die Vorbilder, in denen ich mich wiedererkennen konnte oder die mir einen Weg des Aufstiegs zeigten. Jenes innere Feuer gab mir jedoch die Kraft, mutig meinen eigenen Weg zu gehen und ein Stück weit anderen Hoffnung zu geben.

Berlin ist zu einer Stätte der Hoffnung für zahlreiche Geflüchtete geworden, die ein neues Leben beginnen müssen. Gerade in dieser durch Kriege gekennzeichneten Zeit wird uns bewusst, wie schnell vormals offene Grenzen wieder verbarrikadiert werden können, wie schnell Verbindungen abreißen, Feindbilder heraufbeschworen werden und das Prinzip der Humanität durch die Logik des Kriegs immer mehr zerstört wird. Gerade Menschen auf der Flucht wurden in ihren Träumen vom Aufstieg aufgehalten, aus dem Leben gerissen und müssen mit radikalen Umbrüchen umgehen. Doch Aufstieg kann auch über Umwege erreicht werden. Und wo wäre Neuanfang möglich, wenn nicht in Berlin?

Wir erleben nämlich auch an vielen anderen Stellen, dass Empathie und Solidarität dazu fähig sind, Berge zu versetzen. Dass von dem Wunsch nach Mitmenschlichkeit und Hilfe eine enorme Kraft ausgeht.

Dennoch: Gerade in Zeiten des Wandels braucht unsere Gesellschaft das Grundvertrauen, dass wir Herausforderungen gemeinsam meistern können. Viele Bürgerinnen und Bürger haben in den letzten Jahren durch die Pandemie, durch den Krieg Russlands gegen die Ukraine, durch steigende Energiepreise sowie dic Inflation massive Verunsicherungen erlebt. Die Sorgen um ein Leben in Würde sind gewachsen und inzwischen weit verbreitet. Das ist nicht von heute auf morgen gekommen, sondern ein schleichender Prozess gewesen. Studien zeigen, dass junge Menschen immer pessimistischer in die Zukunft blicken. Themen wie Klimawandel oder Armut spielen eine entscheidende Rolle in den Lebenswelten der jungen Generation. Kann Deutschland ihnen gegenüber das Aufstiegsversprechen noch einhalten?

Es wird eine demokratische Kraftanstrengung vonnöten sein, um eine lebenswerte Welt gestalten zu können. Aufstieg für die Jüngeren bedeutet zugleich, dem Generationenvertrag in unserem Land gerecht zu werden. Bei all den katastrophalen Nachrichten, die uns derzeit aus der Welt erreichen, ist es unsere Pflicht als Politikerinnen und Politiker, Kräfte zu mobilisieren, um Perspektiven aufzuzeigen, wie es weitergehen kann, wie es besser wird. Vorhandene Ressourcen in den Blick zu nehmen, Anknüpfungspunkte zu finden, um voranzukommen.

Ana-Maria Trăsnea (* 15. März 1994 in Piatra Neamţ) ist Mitglied der SPD und seit 2023 Mitglied des Deutschen Bundestags. Von 2021 bis 2023 war sie Bevollmächtigte des Landes Berlin beim Bund und Staatssekretärin in der Berliner Senatskanzlei. Trăsnea kam 2007 aus Rumänien nach Deutschland und engagierte sich in verschiedenen Bildungs- und politischen Projekten.

Auto(mobil)

Walter Kohl

Der Mensch sehnt sich nach Freiheit. Im Mittelalter hieß es: »Stadtluft macht frei.« Mit diesem Versprechen begannen die Städte rasant zu wachsen, und mit der Zeit entwickelten sich immer ausgeprägtere bürgerliche Strukturen mit ihrem neuen Selbstbewusstsein, eine Kampfansage an die bisherigen feudalen Strukturen des Geburtsadels im ländlichen Bereich. Doch Stadtluft machte nicht nur frei, sie machte auch über Jahrhunderte krank. Hunderttausende starben an Krankheiten wie Pest, Cholera und Tuberkulose. Lange wurden diese Epidemien als Strafe Gottes verstanden, erst mit der Zeit wurden ihre irdischen Wurzeln klarer. Nicht die Krankheiten an sich waren das Problem, sondern bestimmte Rahmenbedingungen, die das Stadtleben mit vielen Menschen auf engem Raum mit sich brachte. All diese Krankheiten basieren auf Erregern, die in einem Milieu mangelnder Hygiene aufblühen. Diese Erkenntnis war mühsam, brauchte lange. Und schließlich die Überraschung: In einer Stadt mit sauberem Wasser, funktionierender Abfallentsorgung und guter Luft haben die Erreger von Pest & Co. keine Chance.

Doch was tun?

Die Lösung lag nicht in den Krankheiten, sondern in der Bekämpfung der Folgen städtischer Verdichtung. Kurzum, das Konzept Stadt musste neu gedacht werden. Beispiel gute Luft: Baron Haussmann tat dies im Paris des 19. Jahrhunderts mit seinem Konzept der Stadtbe- und -entlüftung durch die großen

Boulevards. Ähnliches geschah in Berlin mit dem Abriss der alten, verschachtelten, stinkenden innerstädtischen Viertel und der Entwicklung eines bisherigen Reitweges »Unter den Linden« zu einer 60 Meter breiten Prachtstraße, die entlang der vorherrschenden Ost-West-Windrichtung zu einem Entlüftungskanal wurde.

Beispiel sauberes Wasser: London entschloss sich Mitte des 19. Jahrhunderts, bei einer Einwohnerzahl von rund 2,5 Millionen Menschen, nach mehreren schrecklichen Choleraepidemien mit jeweils mehr als 10 000 Toten und aufgrund einer Kindersterblichkeit von über 50 Prozent, endlich zu handeln. 1858 waren die Zustände nicht länger zu ertragen. Ein außergewöhnlich heißer Sommer und die Praxis des blinden Einleitens aller Abwässer der Metropole in die Themse führten zu unerträglichen Zuständen, die unter dem Begriff des »Big Stink« in die Geschichte eingingen. Die Antwort war der Bau eines Kanalisationssystems von rund 21 000 Kilometern unter den Straßen und Gebäuden der Stadt, ein Mammutprojekt mit gigantischen Kosten. Zusammen mit dem Bau der U-Bahn, der legendären Londoner Underground, wurde die Stadt so neu gedacht und erweitert. Nur dank dieses gewaltigen Entwicklungssprungs konnte London langfristig überleben, blieb lebenswert und kann sich bis heute als eine der führenden Metropolen weltweit behaupten.

Was war passiert?

In der Sprache der Wirtschaftswissenschaften führte der Bevölkerungszuwachs zu steigenden Externalitäten, zu ungeklärtem Umgang mit den Abfällen, dem Dreck, der nun einmal durch die enorme Ballung von Menschen auf engstem Raum entsteht. Und die Antwort lag in neuem, anderem Denken, in der Schaffung einer städtischen Infrastruktur, wie man sie bis dato nicht kannte bzw. vergessen hatte, denn die antiken römischen Lösungen waren nicht mehr präsent.

In vielerlei Weise stehen wir bezüglich unseres Umgangs mit dem Auto(mobil) und seinen Externalitäten wie CO_2-Emissionen, Feinstaub, Flächenverbrauch und Lärmbelästigung an einer ähnlichen Stelle wie die Stadtplaner und Entscheider im London, Berlin oder Paris des 19. Jahrhunderts. Wie mit dem Auto in Zukunft umgehen? Wollen wir automobil bleiben und, wenn ja, in welcher Form? Oder anders gefragt: Was kommt, was geht, was bleibt in Bezug auf das Auto(mobil)?

Automobilität, also die unabhängige, eigenbestimmte Freiheit, sich von A nach B zu einem Zeitpunkt der eigenen Wahl zu bewegen, ist ein großes Versprechen, eine große Chance, ein wichtiger wirtschaftlicher und gesellschaftlicher Faktor. Auto(mobilität) berührt den Kern einer menschlichen Sehnsucht nach Freiheit und Selbstbestimmung. Daher sind wir gut beraten, ideologiefrei und sorgfältig überlegt damit umzugehen.

Dabei sollten wir selbstkritisch in den Spiegel schauen. Haben wir das Auto und die damit verbundene Mobilität zu lange und zu sehr vergöttert? Haben wir unsere Städte zu lange nach den Bedürfnissen des Autos und zu wenig nach den Bedürfnissen der Menschen ausgerichtet? Darf eine Maschine, die das Auto nun einmal ist, solche Umweltschäden, Externalitäten verursachen? Sind wir an unserem automobilen »Big Stink«-Moment angekommen?

Die Erkenntnisse der Klimaforschung wie der letzte IPCC-Bericht geben klare Antworten: So kann es nicht weitergehen, insbesondere wenn wir nicht in eine Klimakatastrophe mit unabsehbaren politischen, sozialen, wirtschaftlichen und möglicherweise auch militärischen Folgen hineinschlittern wollen.

Die Frage lautet daher nicht: Ist das Auto gut oder schlecht? Genau wie die Frage im London des »Big Stink« nicht lautete: Ist London gut oder schlecht? Die Frage lautet: Wie gestalten wir Automobilität zukünftig, und wie kann eine andere Art, ein anderes Verständnis vom Auto zu einer Lösung beitragen?

Hier gibt es viele Ansätze, aber noch keine endgültigen Lösungen und Antworten. Klar ist, der Treibstoff für künftige Autogenerationen muss aus regenerativen Quellen kommen und emissionsfrei sein. Autos müssen zukünftig so konstruiert werden, dass ein Maximum an Recycling und Kreislaufwirtschaft gewährleistet wird, um wertvolle Ressourcen zu schonen und ein Ende der Wegwerfmentalität einzuläuten.

Integrierte Mobilitätskonzepte müssen her. Hier kann die Digitalisierung wichtige Hilfen anbieten, um verschiedene Mobilitätsformen wie Bahn, Flugzeug, Auto, ÖPNV und Fahrrad zu verbinden. Braucht jeder wirklich ein Auto, insbesondere wenn das Fahrzeug zu weit über 90 Prozent der Zeit still auf einem Parkplatz steht?

Kurzum: Wenn wir automobil bleiben wollen, was sehr wünschenswert ist, dann müssen wir die Automobilität und das Automobil neu denken und umsetzen, so wie unsere Vorgänger die Stadt einst neu denken und umsetzen mussten.

Können wir das? Ja, wenn wir wollen und wenn wir kurzsichtiges, auf billigen Eigennutz fokussiertes Lobbyistentum wie aktuell insbesondere durch deutsche Automobilkonzerne vorgeführt, überwinden und den Mut zu neuen Wegen haben und diese auch beschreiten. So wie sie damals in London unglaubliche 21 000 Kilometer Kanalisation verlegt haben, so sind wir heute aufgerufen, das Auto und unsere Automobilität radikal neu zu denken und konsequent umzusetzen. Ein zentraler erster Schritt ist dabei, dass wir uns aus der sprichwörtlichen Couch bequemer und eingefahrener Gewohnheiten erheben und in neuen Dimensionen denken.

Schon Albert Einstein wusste: »Probleme kann man niemals mit derselben Denkweise lösen, durch die sie entstanden sind.«

Was bleibt also? Der Wunsch, vielleicht sogar die Notwendigkeit, sicher aber die Sehnsucht nach Automobilität, nach persönlicher Freiheit, nach automobiler Selbstbestimmung. Genauso bleibt aber auch die Notwendigkeit, angesichts der Probleme die eigene Bequemlichkeit zu überwinden und neuen Konzepten Raum und Chancen zu geben. Wir sind gefordert, denn ein »Weiter so« kann nicht die Antwort für das zukünftige Auto oder die Automobilität sein.

Was geht? Die Erkenntnis, dass die automobilen Antworten der 1960er oder 1980er Jahre nicht zukunftsfähig sind. Das Auto darf unser Leben nicht beherrschen, es ist kein Fetischobjekt, es ist ein zu optimierendes Transportmittel. Die Externalitäten unserer heutigen Automobilität müssen zunächst anerkannt und dann massiv reduziert werden. Das Auto der Zukunft muss »sauberer« sein und sich den Bedürfnissen der Menschen unterordnen.

Was kommt? Hoffentlich bald der nächste Entwicklungsschritt, der dann auch enorme neue Potenziale freisetzen wird. Und für diesen Schritt braucht es Mut, Weitsicht und Entschiedenheit in der Umsetzung.

Können wir das? Ja!

Haben wir die Kraft und den Willen dazu? Hoffentlich.

Wann fangen wir an? Eigentlich gestern, denn unseren »Big Stink«-Moment haben wir doch schon, oder?

Walter Kohl (* 16. Juli 1963 in Mannheim). Nach dem Studium der Volkswirtschaft und Geschichte und einer Karriere in der Privatwirtschaft wurde er als Autor und Coach bekannt und veröffentlichte mehrere Bücher mit dem Schwerpunkt Lebensgestaltung. Kohl engagiert sich in verschiedenen Stiftungen im Bereich Suizidprävention. Sein jüngstes Buch bei Herder: *Welche Zukunft wollen wir? Mein Plädoyer für eine Politik von morgen.*

Barmherzigkeit

Mouhanad Khorchide

Religionen sind heute stark in der Defensive. Sie verlieren immer mehr an Attraktivität und, damit verbunden, an Anhängern. Auch der Islam ist davon betroffen, obwohl Muslime in Deutschland noch stärker an ihre Religion gebunden zu sein scheinen als zum Beispiel Christen. Die Hauptherausforderung in diesem Zusammenhang besteht in der Frage nach dem Lebensbezug von Religion. Menschen fragen vermehrt nach der Rolle von Religion in ihrem Leben: Für welche konkreten Probleme bieten Religionen welche Antworten? Man kann die Frage auch provokanter formulieren: Was würde unsere Gesellschaft heute verlieren, würden wir auf Religionen verzichten? Es gibt darauf keine allgemeingültigen Antworten. Sie hängen von den Vertretern der Religionen selbst und deren Verständnis von ihren Religionen ab. Religionen sind eben nicht vom Himmel gefallen, sie sind vielmehr ein Ergebnis historisch gewachsener Prozesse. Dabei spielten sie nicht nur eine passive Rolle als Objekte des Wandels gesellschaftlicher Entwicklungen, sondern auch als Subjekte, die die Geschichte mitgesteuert und verändert haben. Heute scheinen Religionen diese Rolle als Mitgestalter der Gesellschaft nicht mehr wahrzunehmen. Dies lässt sich am Beispiel des Religionsunterrichts verdeutlichen. Religionslehrkräfte gestalten den Unterricht kaum mehr im Sinne eines bekenntnisgebundenen Religionsunterrichts, der junge Menschen befähigen soll, sich in religiös relevanten Fragen zu positionieren. Ihr Argument lautet: »Junge Menschen haben heute kaum mehr Bezug zur Religion, daher müssen wir den Unterricht entsprechend dieser Tatsache gestalten und weniger von Transzendenz und Transzendenzerfahrungen und deren Rolle im Leben der Menschen reden, sondern von allgemeinen ethischen Themen.« Wir haben es also immer mehr mit einem Religionsunterricht ohne Gott, ohne Transzendenzbezug, zu tun.

Auch der Islam übernimmt immer stärker die Rolle eines Stifters kollektiver Identität, um Musliminnen und Muslimen in einer nichtislamischen »Mehrheitsgesellschaft« eine imaginierte kollektive Gemeinschaft zu bieten. Imaginiert deshalb, weil diese Gemeinschaft in der realen sozialen Welt nirgends anzutreffen ist. Muslime sind in Deutschland entlang mehrerer Kategorien sehr heterogen: ethnisch, national, sozial, politisch, religiös (die Bandbreite reicht von Fundamentalisten bis Liberalen) oder konfessionell (Sunniten, Schiiten, Ahmadeyya …). Durch die voranschreitende Einschränkung des Islams auf die identitätsstiftende Ebene entwickelt er sich immer mehr zu einer identitätspolitischen Kategorie. Dabei geraten Fragen nach Gott, nach Gotteserfahrung, nach Spiritualität, nach einem an Transzendenz gebundenen Sinn im Leben in den Hintergrund beziehungsweise verlieren völlig an Relevanz.

Die Abwesenheit Gottes in der Religiosität vieler Muslime heute hat verschiedenste Ursachen. Eine davon hat mit dem in der islamischen Theologie vermittelten Gottesbild zu tun. Hier überwiegt das Bild eines restriktiven Gottes, dem es nicht um den Menschen geht, sondern um die Vergewisserung seiner eigenen Herrlichkeit. Religionen werden entsprechend als Medium verstanden, um Gott zu seiner Vollkommenheit zu »verhelfen«. Der Mensch nimmt sich als Mittel zum Zweck wahr und nicht als Zweck an sich. Diese Entwicklung geht im Islam auf politische

Prozesse in der Frühzeit des Islams kurz nach dem Tod des Propheten Mohammed zurück. Diese Prozesse waren gekennzeichnet vom politischen Missbrauch des Islams, um Machtansprüche und Kriege im Namen eines restriktiven Gottes zu legitimieren. Dieses restriktive Gottesbild stößt heute, gerade bei vielen Jugendlichen, auf großen Widerstand. Gerade junge Menschen, die in einer demokratischen und pluralen Gesellschaft sozialisiert sind, lehnen es ab, sich einem undemokratischen Gott hinzugeben. Sie hinterfragen dieses für sie nicht überzeugende Gottesbild kritisch. Finden sie keine überzeugenden Alternativen, wenden sie sich von Gott und womöglich vom Islam ab.

Diese Alternative sehe ich in der von Muslimen oft verdrängten Barmherzigkeit, allerdings keineswegs als abstrakte Kategorie, sondern als sinnstiftendes lebensnahes Prinzip. Der Koran wird nämlich nicht müde zu betonen, dass wir es mit einem barmherzigen Gott zu tun haben, der die Menschen beauftragt, diese Barmherzigkeit hier und jetzt auf Erden zu verwirklichen. Daher lohnt es sich, darauf etwas näher einzugehen.

Barmherzigkeit ist im Islam keine aufgesetzte Kategorie, und die Rede von Barmherzigkeit ist auch nicht der Situation der Migration der Muslime und somit deren Status als religiöse Minderheit geschuldet. Sie ist auch keineswegs eine konstruierte Kategorie, um den Islam nach dem 11. September 2001 in ein positives Licht zu rücken. Barmherzigkeit ist eine dem Islam innewohnende Kategorie. Kein anderes Attribut im Koran ist so eng mit Gott verbunden. Laut dem Koran hat Gott sich selbst zu nichts anderem verpflichtet als zur Barmherzigkeit (Koran 6:12 und 54). Gott schreibt sich selbst die Barmherzigkeit rückhaltlos zu. Daher verwundert es nicht, dass die Kategorie der Barmherzigkeit auch quantitativ die am stärksten im

Koran vertretene Eigenschaft Gottes ist: 169-mal ist von der liebenden Barmherzigkeit Gottes *(ar-rahmān)* die Rede, 226-mal von seiner vergebenden Barmherzigkeit *(ar-rahīm)*. Der Koran führt aber auch weitere Namen und Eigenschaften Gottes an, die ebenfalls seine Barmherzigkeit zum Ausdruck bringen wollen, wie *al-wadūd* (der Liebende), *ar-ra'ūf* (der Sanfte), *al-laṭīf* (der Bekümmerte) usw., sodass insgesamt 598-mal eine derartige Bezeichnung im Koran vorkommt.

113 der 114 Suren beginnen zudem mit der Invokationsformel »Im Namen Gottes, des Allbarmherzigen, des Erbarmers«.

Was bedeutet Barmherzigkeit im Koran genau?

Etymologisch bezeichnet der arabische Begriff für Barmherzigkeit *rahma* Sanftheit im Herzen, Zuneigung, Mitgefühl und Güte. Daraus abgeleitet ist das Wort *rahim* (Mutterleib). Dadurch gewinnt *ar-rahmān* eine physische und emotionale Konnotation mütterlicher Liebe. Aus der Fülle der von der Wurzel r-h-m abgeleiteten Verbal- und Nominalformen haben zwei Nomina, *ar-rahmān* und *ar-rahīm*, durch den Islam eine zentrale Bedeutung gewonnen. Spricht der Koran von der Barmherzigkeit Gottes, dann verwendet er diese zwei Bezeichnungen, die beide vom Begriff *rahma* (Barmherzigkeit) abgeleitet werden. Das Attribut *ar-rahīm* kommt im Koran häufig im Zusammenhang mit der Vergebung von Sünden vor und wird daher sehr oft an den Namen Gottes *al-ġafūr* (der Vergebende) gekoppelt. Wenn in diesem Beitrag die Rede von Barmherzigkeit ist, dann aber nicht von der Barmherzigkeit als Vorgang der Vergebung durch Gott *(ar-rahīm)*, sondern als Ausdruck seiner absoluten Barmherzigkeit *(ar-rahmān)*, von der alle Menschen gleichermaßen betroffen sind. *Ar-rahmān* ist nämlich Ausdruck der bedingungslosen Zuwendung Gottes dem Menschen gegenüber. Und genau dieser koranischen Bedeutung von *ar-rahmān* entspricht die syro-aramäische Übersetzung des Wortes: der Liebende. *Ar-rahmān* ist der liebende Gott. Daher spreche ich von der liebenden Barmherzigkeit, um Missverständnisse zu vermeiden, denn mit Barmherzigkeit ist die immer schon das Wesen Gottes prägende und seine Freiheit lenkende Liebe gemeint. Diese in Gottes Wesen eingeschriebene Barmherzigkeit hat nichts zu tun mit der Begnadigungssouveränität, an die wir neuzeitlich denken, wenn wir diesen Begriff verwenden.

Diese liebende Barmherzigkeit beschreibt, wenn man den Wortsinn in den semitischen Sprachen ernst nimmt, das *Betroffensein* Gottes bis in seine »Eingeweide« hinein. Gott ist in diesem Bild zutiefst berührt durch die Not der Menschen. Er muss dieses Berührtsein nicht erst wählen und kann sich auch nicht davon distanzieren, ohne sich zu verraten.

Nimmt man diesen Gedanken auf, würde Freiheit nicht primär als absolute Selbstbestimmung verstanden, sondern eher als Gottes Selbstentsprechung in seiner Menschenfreundlichkeit und in seiner bedingungslosen Zugewandtheit dem Menschen gegenüber.

Wenn der Koran das Ziel göttlichen Schöpfungshandelns als Suche nach Mitliebenden bestimmt hat, »er liebt sie und sie lieben ihn« (Koran 5:54), dann ist damit Freiheit bereits mitgedacht. Und so ist die Geschichte Gottes mit uns Menschen – und damit eng verbunden sein Selbstoffenbarungsgeschehen – notwendigerweise eine Freiheitsgeschichte und ein Freiheitsgeschehen, denn Liebe setzt wirkliche Freiheit voraus, Freiheit ist das Gesetz der Liebe.

Siegel der Freiheit ist nach koranischem Zeugnis die Bestimmung des Menschen zum Kalifen (Statthalter), einem Medium der Verwirklichung von Gottes Liebe und Barmherzigkeit. Um die Freiheit des Menschen zu schützen, greift Gott nur auf eine Weise in die Welt ein, die diese Freiheit des Menschen nicht beeinträchtigt. Es ist nicht Gott, der unmittelbar in die Welt eingreift, um Hungersnot zu beseitigen bzw. Kriege oder das Böse zu verhindern, sondern wir Menschen sind die »Hände« Gottes, um dies zu verwirklichen, wenn wir uns in Freiheit zur Verfügung stellen. Der Mensch hat somit eine verantwortliche Teilhabe an Gottes schöpferischem Wirken. Indem sich der Mensch Gott öffnet und sich als Medium der Verwirklichung von Gottes Liebe und Barmherzigkeit zur Verfügung stellt, verwirklicht er dadurch seine eigene Freiheit und somit sein eigenes Wesen.

Barmherzigkeit wird dann zu einem gelebten Prinzip, das den Alltag bestimmen will. Sie will hier und jetzt durch den Menschen selbst verwirklicht werden. Es ist der Mensch, der Gottes Barmherzigkeit lebendig macht. Dort, wo man die Hand der Barmherzigkeit und der Güte ausstreckt, manifestiert sich Gott. Jede sinnvolle Handlung, die einen Beitrag zu einem schöneren, friedlicheren, verantwortungsvolleren und erfüllteren Leben voller Liebe und Barmherzigkeit leistet, ist Gottesdienst. Jede Verringerung von Not und Leid ist Gottesdienst. Man dient Gott, indem man der Schöpfung dient. Je mehr man den Geschöpfen dient, desto mehr dient man Gott.

Der Mensch ist zum barmherzigen Handeln hier und jetzt aufgefordert; sein Handeln ist eine notwendige Antwort auf die Barmherzigkeit Gottes. Eine Verweigerung der Barmherzigkeit gegenüber anderen ist ein Nein zu Gottes Barmherzigkeit. Die Liebe des Menschen zu Gott muss sich in der tätigen

Barmherzigkeit in der Gesellschaft ausdrücken. Diese Berufung zur zwischenmenschlichen Barmherzigkeit stellt den Kern des islamischen Ethos dar.

Vorstellungen, wonach Gottesdienst lediglich darin bestünde, bestimmte Rituale wie Beten und Fasten zu verrichten, höhlen die Religion aus und kappen jeglichen Bezug zur Lebenswirklichkeit. Dahinter verbirgt sich die Vorstellung, Gott sei darauf aus, dass die Menschen ihn verherrlichen und anbeten. Dies ist aber nichts anderes als die Projektion eines archaischen Stammesvaters.

Mouhanad Khorchide (* 6. September 1971 in Beirut) studierte Islamische Theologie in Beirut und Soziologie in Wien. Khorchide war Universitätsassistent an der Universität Wien. Seit 2010 ist er Professor für Islamische Religionspädagogik an der Universität Münster und dort inzwischen auch Leiter des Zentrums für Islamische Theologie. Er vertritt eine modernere Auslegung des Islams und betont die Bedeutung von Barmherzigkeit, Liebe und Freiheit. Zuletzt bei Herder erschienen: *Gottes falsche Anwälte. Der Verrat am Islam* (2020).

Berlin Alexanderplatz

Fadi Saad

Berlin ist meine Heimat und mein Lebensmittelpunkt. Ich könnte eine ganze Menge über Berlin erzählen, aber ich wüsste nicht, wo ich anfangen und wo ich aufhören sollte. Noch bevor die Mauer gefallen war, fuhr mein Vater mit uns in den östlichen Teil von Berlin. Und an einige Eindrücke kann ich mich noch erinnern. Was mich ganz besonders beeindruckte, war der Alexanderplatz.

Und schon damals erschien mir der Alexanderplatz wie ein großes Wohnzimmer für alle. Ein Eindruck, der sich nicht verändert hat. Noch heute ist der Alexanderplatz Treffpunkt und Anlaufstelle für viele Menschen, die zum ersten Mal in Berlin ankommen. Egal ob Tourist oder Asylsuchender, erst mal jeht es zum Alex.

Und inzwischen ist der Alexanderplatz nicht nur ein Treffpunkt, er ist ein Politikum.

Neben den Touristen, die den Platz meist nur kurz besuchen, wird der Alex natürlich von den Berlinern eingenommen, vor allem von Obdachlosen – ob es nun Deutsche sind oder Osteuropäer – und von vielen Jugendlichen unterschiedlichster Nationalität. Und wie schon zu meiner Zeit spielt das »Sehen und Gesehenwerden« eine große Rolle.

Die Jugendlichen bilden die größte Gruppe auf dem Alex. Und irgendwie spiegelt der Platz die aktuellen Ereignisse der Weltgeschichte wider. Wer genau hinschaut, erkennt den Wandel. Mit der Flüchtlingswelle ab 2015 kamen vor allem Jugendliche aus Syrien und Afghanistan auf den Alex. Später tauchten immer mehr Jugendliche aus Nordafrika auf. Dann erweiterte sich der

Kreis um Personen aus Moldau. Und mit dem Krieg in der Ukraine prägen nun auch zahlreiche junge Ukrainer das Erscheinungsbild des Platzes.

Dass es hier nicht nur friedlich zugeht, wird nicht verwundern. Auseinandersetzungen rivalisierender Gruppierungen sind die Regel. Und nicht selten spielen Alkohol und Drogen eine Rolle. Aber auf dem Alex entstehen auch ganz friedliche Kontakte zwischen Ausländern und Deutschen. Jungs und Mädchen lernen sich hier kennen und machen ihre ersten Liebeserfahrungen. Wobei es dabei auch zu regelrechten Eifersuchtsdramen kommen kann, die nicht selten in Schlägereien enden. Schon immer galt es, sich als Junge vor den Mädchen zu beweisen. Und die Mädchen wissen das zu nutzen. Denn auch die Mädchen versuchen ihre Macht auf dem Platz zu festigen.

Ich wurde 1979 in Berlin als Sohn wunderbarer Eltern aus Palästina geboren. Wie viele arabische Familien flohen auch meine Eltern in den Siebzigerjahren vor den Auswirkungen des Bürgerkriegs im Libanon nach Deutschland.

Im Jahr 2002 heiratete ich meine wundervolle Frau Miriam. Von Anfang an brachte unsere Ehe eine Menge an Herausforderungen und Hürden mit sich. Darauf hatte uns niemand vorbereitet. Weder mich als Muslim mit palästinensischer Herkunft noch meine Frau, eine deutsche Christin. Gerade für unsere beiden Familien war all das Neuland. Dank ihrer Toleranz und der Bereitschaft, das andere und Fremde kennenzulernen, kamen unsere Familien zusammen und verschmolzen. Dadurch erlebte und lernte ich die deutsche, die christliche Kultur immer mehr kennen. Während sich einige nur mit der eigenen Religion beschäftigen und die Unterschiede zwischen den Religionen hervorheben, habe ich mich mit der Zeit immer mehr auf die Gemeinsamkeiten der

Religionen konzentriert. Wir glauben an einen Gott, wir beten in einem Gotteshaus, glauben an eine heilige Schrift und wir fasten. Daher finde ich die Suche nach den Gemeinsamkeiten viel interessanter als die nach den Unterschieden.

Ein Satz zieht sich wie ein roter Faden durch dieses Leben. Ich musste ihn mir ziemlich oft anhören: Geh zurück, wo du hergekommen bist. Oder: Geh zurück in deine Heimat. Aber wo ist denn meine Heimat? Auf diese Frage konnte ich eine klare Antwort finden. Heimat ist da, wo du zu Hause bist. Deine Heimat suchst du dir nicht aus. Und meine Heimat ist Deutschland. Aber auch wenn ich mich als Deutscher gefühlt habe, wurde ich von der Gesellschaft nicht immer als Deutscher anerkannt. So habe ich einen passenden Begriff für mich gesucht und gefunden. Da ich ein Deutscher mit arabischem Hintergrund bin, nenne ich mich DEURABER.

Ich bin noch mit dem Begriff »Ausländer« aufgewachsen. Es war damals völlig normal und selbstverständlich, dass dieser Begriff für »uns« genutzt wurde. Heute unvorstellbar! Doch ich finde, gerade an den Versuchen der Deutschen, immer allem gerecht zu werden, zeigt sich, wie schwierig das ist und wie unmöglich es der Gesellschaft gerade dadurch gemacht wird, »politisch korrekt« zu bleiben. Worum geht es denn wirklich? Mir ist es egal, ob mich jemand Ausländer, Deutscher mit Migrationshintergrund, Deutscher mit Migrationsgeschichte oder wie auch immer nennt. Am Ende des Tages bleibe ich ein Nichtdeutscher. Egal wie bemüht man ist, es findet eine Trennung statt. Wäre es nicht leichter zu akzeptieren, dass wir alle unterschiedlich sind und gerade diese Vielfalt unser Leben so »bunt« sein lässt?

In meinem Leben befand ich mich des Öfteren in einer Art Selbstfindungsphase. Als Teenager fand ich meinen Weg, indem ich eine Mutprobe bestand und in einer Jugendgang aufgenommen wurde. Hier erfuhr ich Anerkennung und Akzeptanz. Diese Zeit endete – Gott sei Dank! – mit einem viertägigen Jugendarrest.

Nach meiner Ausbildung arbeitete ich im Kinder- und Jugendbereich. Diese Zeit war für mich eine meiner lehrreichsten. Denn diese Arbeit hielt mir einen Spiegel vor Augen. Ich sah einige Parallelen zu meiner eigenen Kindheit. Schnell erkannte ich, dass ich hier etwas bewirken und die Kids vor dem schützen konnte, was mich auf die schiefe Bahn geführt hatte.

2008 habe ich im Verlag Herder mein erstes Buch *Der große Bruder von Neukölln* veröffentlicht. Frage ich einen Deutschen, ob er Ehre hat, antworten die meisten mit: »Ähhh, darüber habe ich mir keine Gedanken gemacht!« Stelle ich dieselbe Frage einem Araber oder Türken, erhalte ich prompt die Antwort: »Ja, na klar habe ich Ehre!«

2012 kam mein zweites Buch *Kampfzone Straße* dazu, das ich zusammen mit dem Buchautor Karlheinz Gaertner schrieb. In einer arabischen Familie lernen wir schon als Kinder, dass Ehre, Stolz und Religion zu den höchsten Gütern gehören und mit allem zu verteidigen sind. Dies zeigt sich vor allem dann, wenn die Mutter beleidigt wird. Das Standardwort in dem Zusammenhang ist »Hurensohn«. Der Stolz ist schnell gekränkt und die Ehre angekratzt. Und für viele ist dies jetzt eine Rechtfertigung, sich mit allen Mitteln zu wehren, sogar mit Gewalt.

Ich konnte meinen Kindheitstraum, Polizist zu werden, verwirklichen. Meine Ausbildung bei der Berliner Polizei, die ich 2014 begonnen hatte, beendete ich im Jahre 2016 erfolgreich. Seitdem bin ich als Polizeibeamter in Berlin tätig. Ich liebe meine Arbeit, und jeden Tag sehe und erlebe ich, wie wichtig es ist, mehr voneinander zu erfahren.

Der Alexanderplatz ist seit 2018 ein fester Bestandteil meiner Arbeit. Meine eigenen Erfahrungen auf dem Platz, meine Lebenserfahrungen und die Mehrsprachigkeit bringen mich in meiner Arbeit mit den Jugendlichen weiter.

Auch wenn ich heute Polizist bin und die Strafverfolgung zu meinen Aufgaben gehört, hat die Gefahrenabwehr einen wesentlicheren Anteil. Die Schicksale der Jugendlichen gehen nicht einfach an mir vorbei. Ohne meine Rolle als Polizist zu vernachlässigen, bin ich auch heute noch für einige der Jugendlichen auf dem Alex so etwas wie der große Bruder.

Fadi Saad (* 25. Juli 1979 in Berlin) stammt aus einer palästinensischen Familie. Das ehemalige Mitglied einer Jugendgang absolvierte eine Ausbildung zum Bürokaufmann und arbeitete als Quartiersmanager und Streetworker in Neukölln. 2014 begann Fadi Saad eine Ausbildung an einer Polizeischule, die er 2016 beendete. Seither ist er im Dienst der Berliner Polizei tätig.Zuletzt erschien 2012 bei Herder sein gemeinsam mit Karlheinz Gaertner verfasstes Buch *Kampfzone Straße*.

Bevölkerungspyramide

Bernd Raffelhüschen

Es kann sich wohl jeder an die Mathestunde erinnern, in der es um die Volumenberechnung der Pyramide ging – auch wenn der Großteil dies unter der Schublade »schlechte Erinnerung« verbucht. Für jene, die wie ich vom Land kommen und in den 1960er Jahren mit ca. 45 Mitschülern in vier bis fünf Parallelklassen eingeteilt waren, war es glasklar: Eine Pyramide ist unten breit und oben spitz so wie die Dinger in Ägypten. Jedenfalls hat uns das unser Lehrer Jakobsen im nordfriesischen Niebüll so beigebracht. Was er und alle anderen zu diesem Zeitpunkt nicht ahnten, war, dass die Assoziation zur ägyptischen Pyramide gegenüber einer anderen Pyramide – nämlich der Bevölkerungspyramide – ins Hintertreffen geraten würde. In der gesamten industrialisierten Welt ist die Bevölkerungspyramide mittlerweile allerdings keine mehr. Wohin man auch schaut: Die Form gleicht eher einem schlecht geschnittenen Tannenbaum, denn seit fast fünf Jahrzehnten sieht es mit dem Nachwuchs nicht besonders gut aus. In jedem Jahrgang fehlen zwei Klassen vollständig – sie sind einfach nicht geboren worden. Warum ist dies so?

Für den Demografen, der sich wissenschaftlich mit den Alterungseffekten der Bevölkerung auseinandersetzt, ist die Antwort darauf schnell gegeben – er weiß es auch nicht. Fakt ist, dass der wachsende Reichtum unserer Gesellschaft nicht zu mehr Kindern führt, obwohl es immer einfacher und finanziell tragbarer geworden ist, die Kinder aufzuziehen. Die geburtenstarken Jahrgänge der 1950er und 1960er Jahre – genauso wie die Generationen X, Y oder Z – haben eine Geburtenrate, die im Grunde den Geburtenhäufigkeiten der deutschen Bombennächte in den Jahren 1944/45 entspricht. Heutzutage bleibt fast ein Drittel aller Frauen kinderlos – die allermeisten davon vollständig freiwillig. Ein weiteres Drittel hält die Familie schon dann für komplett, wenn neben dem Kind ein Hund als »Geschwisterchen« hinzugetreten ist. Und nur ein Drittel der Familien ist mit zwei oder mehr Kindern gesegnet. Viele sind versucht, es dem Zeitgeist zuzuschreiben. Kinderreiche Familien gelten tendenziell als »asozial«. Aber jene machen es sich zu einfach – ein Zeitgeist ist etwas Kurz- oder Mittelfristiges, wohingegen die konstant niedrigen Geburtenzahlen schon seit den 1970er Jahren beobachtet werden können. Wir werden uns daher wohl auch zukünftig und langfristig auf niedrige Geburtenraten einstellen müssen. Für die zukünftige Entwicklung der Bevölkerungsstruktur ist die Entwicklung allerdings im Wesentlichen schon festgelegt – egal ob nun der Zeitgeist kippt oder bleibt.

Mit dem seit Jahrzehnten vorausgesagten Facharbeitermangel ist es jetzt klar geworden: Die Demografen behalten recht, und Kassandra lässt grüßen. Heute ist unser Land das älteste Deutschland, das es jemals gegeben hat – und wir werden immer älter. In den kommenden zwei Jahrzehnten wird aus der Tannenbaumstruktur unserer Bevölkerung ein ziemlich schlecht geschnittener Dönerspieß, und der Medianwähler geht langsam auf die sechzig zu. Rentner und rentennahe Jahrgänge stellen die Wählermehrheit und verfügen damit beliebig über die Verteilung der Wertschöpfung in unserer Gesellschaft, an deren Entstehung sie selbst aber nicht mehr beteiligt sind. Leidtragende sind die Kinder der geburtenstarken Jahrgänge, die nunmehr nicht nur doppelt so viele Rentner, sondern auch noch doppelt so viele Kranke zu finanzieren haben – eine Last, die zur Kündigung der Generationenverträge führen muss, wenn nicht bald etwas für die Stabilität der Abgabenlast unserer Kinder getan wird. In den 2050er Jahren verschärft sich diese Situation weiter, denn die geburtenstarken Jahrgänge stellen dann die ältesten Alten und halten sich »konstant boshaft« am Leben – wahrscheinlich verdreifachen sie dadurch die Lasten der Pflegeversicherung. Dies alles halten die meisten unserer Zeitgenossen für Zukunft, also für etwas, was kommt. Tatsache ist aber, dass das, was die meisten für etwas halten, was kommt, gar nicht kommt, sondern schon gewesen ist, obwohl es noch kommt. Die Dönerform unserer ehemaligen Bevölkerungspyramide liegt zwar in der Zukunft, allerdings ist ihr Eintreten sicher. Und da die Zukunft ihrem Wesen nach unsicher sein muss, kann der Döner nicht die Zukunft illustrieren. Er liegt zwar in der Zukunft, ist aber – im Demografendeutsch – eine Reflexion der Vergangenheit, die in der Zukunft liegt. Und Vergangenheit hat eine unangenehme Eigenschaft: Man kann sie nicht ändern. Die Messe ist also gelesen. Was auch immer wir, die geburtenstarken Jahrgänge, oder besser unsere Kinder unternehmen, ändern können wir nichts mehr an der »Dönerpyramide«.

Am Horizont taucht jetzt allerdings langsam eine »bessere« Bevölkerungspyramide auf. Ab den späten 2060er Jahren wird der Döner mehr und mehr zu einer Urne. Jetzt werden die wenigen Kinder der geburtenstarken Jahrgänge von deren wenigen Enkeln versorgt. Genau dies bringt eine Entlastung in die sozialen Sicherungssysteme. Jetzt werden wenige von wenigen versorgt. Das ist zwar nicht so gut wie gegenwärtig, wo ganz viele eher wenige versorgen, aber deutlich besser als zwischendurch, wo wenige ganz viele, und das auch noch ganz lang, versorgen mussten. Die gute Nachricht für den grau melierten Leser: Es wird also alles wieder gut – auch mit urnenförmiger Pyramide. Die schlechte Nachricht: Es wird dann wieder gut, wenn jener Leser eben nicht mehr Teil der Bevölkerungsurne ist, sondern sich in einer anderen Urne befindet. Um es auf den Punkt zu bringen: Die meisten der Babyboomer glauben, dass sie ein Problem haben mit ihrer Alters- und Gesundheitsvorsorge. Weit gefehlt: Sie haben kein Problem, sie sind das Problem. Und mehr noch, sie sind zugleich der Verursacher des Problems, das sie selber darstellen, denn sie haben vollständig freiwillig, nämlich durch Unterlassung des Kinderkriegens, die Pyramide zur Urne geformt.

Prof. Dr. Bernd Raffelhüschen (* 7. Oktober 1957 in Niebüll, verh., drei Kinder) ist ein renommierter deutscher Wirtschaftswissenschaftler und Hochschullehrer. Er ist seit 1995 Professor für Finanzwissenschaft an der Albert-Ludwigs-Universität Freiburg und war bis zur seiner Emeritierung Prof. II an der Universität Bergen, Norwegen (1994–2019). Er studierte in Kiel, Berlin und Aarhus (Dänemark) Volkswirtschaftslehre und promovierte bzw. habilitierte sich in diesem Fach an der Universität Kiel.

Bildung

Rüdiger Safranski

Bildung ist von Ausbildung zu unterscheiden. Bildung ist Entfaltung des Individuums als Selbstzweck, Ausbildung demgegenüber ist ein Mittel zur Qualifikation für den Arbeitsprozess. Selbstverständlich brauchen wir beides, Bildung und Ausbildung. Während die Ausbildung uns in ein äußeres Netz verknüpft, ist die Bildung die Entfaltung jenes Netzwerks, das jeder in sich und für sich selbst ist.

Dazu ließe sich vieles sagen. Ich beschränke mich auf ein paar Züge im Phantombild eines gebildeten Menschen.

Der Gebildete hat nicht nur Wissen angehäuft, sondern auch gelernt, klug damit umzugehen. Dazu gehört das Eingeständnis, dass man nur weniges genau weiß und dass man zumeist darauf angewiesen bleibt, an das Wissen von anderen – zu glauben. In der Regel sind wir gläubige Mitwisser, leben vom Hörensagen aus zweiter oder gar dritter Hand, führen uns aber oft so auf, als hätten wir es aus erster Hand. Desto wichtiger ist es, wenigstens in einigen wenigen Bereichen erfahren zu haben, wie schwierig, aber auch wie beglückend es ist, durch Anleitung und eigene Anstrengung wirklich etwas zu begreifen. Das wird dann nur für wenige Bereiche gelten. Der Gebildete wird also skeptisch sein, auch sich selbst gegenüber, und wird die Rede von der »Wissensgesellschaft« als ziemlich übertrieben empfinden. Häufiger als einem lieb ist, bleibt man auf Meinungen angewiesen; sie sind das Spielmaterial der Kommunikation, und darum ist es in Anbetracht ihrer geringen Substanz durchaus angebracht, sie hin und wieder zu wechseln. Wer auf seinen Meinungen sitzen bleibt, ist nicht besonders klug. Eine spielerische Souveränität im Umgang mit Meinungen, Weltbildern etc. ist Kennzeichen von Bildung. Man ist unvermeidlich ein Kind seiner Zeit, doch tut man gut daran, es sich auch einzugestehen.

Der Gebildete vermag sich zu relativieren im Blick auf andere Zeiten und Kulturen, aber er weiß auch, dass er aus Prägungen und Grundsätzen lebt, die ihm selbst zum Teil verborgen bleiben, doch von außen als seine Identität wahrgenommen werden. Was man von außen Identität nennt, fühlt sich von innen eher als etwas an, das ständig in Bewegung und gar nicht eindeutig zu fassen ist. Man könnte auch sagen: Der Gebildete bewahrt sich den Sinn für das Geheimnis, das jeder für sich selbst ist. Der Gebildete ist neugierig nicht nur auf die Welt, sondern auch auf sich selbst. Er kommt aus dem Staunen nicht heraus.

Ein wichtiges Hilfsmittel der Bildung ist die Sprache. »Die Sprache ist das Haus des Seins«, hat Martin Heidegger sehr treffend gesagt. Wer sich differenziert artikulieren kann, kann auch differenziert denken und kann wohl auch seine Empfindungen besser verstehen. Man hat Verantwortung für die Sprache, sie gehört einem nicht, man sollte anständig mit ihr umgehen, schon gar nicht sollte man, wie das heute da und dort geschieht, die Grammatik moralisieren.

Die Ehrfurcht, mit der man der Sprache begegnet, gibt sie einem reichlich zurück als Geräumigkeit für die geistige und seelische Beweglichkeit. Wenn die Sprache verarmt, verarmt der Mensch. Insgesamt ist die Sprache der Abdruck der Person. Zeige mir, wie du sprichst und schreibst, und ich sage dir, was für ein Mensch du bist.

Es ist alarmierend, wie beispielsweise das Verständnis für die überragende Bedeutung des Deutschunterrichts und der Beschäftigung mit Literatur abnimmt. Was ist Literatur? Sie ist verdichteter Ausdruck von Sinnhaftigkeit. Wer sich den Zugang zu ihr verbaut, dem fehlt die Hälfte des Lebens, denn der Wirklichkeitssinn muss durch den Möglichkeitssinn belebt werden. Erst beides zusammen ergibt – Bildung.

Der Literaturwissenschaftler, Philosoph und Schriftsteller Rüdiger Safranski (* 1. Januar 1945 in Rottweil) studierte Philosophie, Germanistik, Geschichte und Kunstgeschichte. Er war Herausgeber und Redakteur der *Berliner Hefte*, Dozent in der Erwachsenenbildung und arbeitet seit 1986 als freier Autor. Für sein in 26 Sprachen übersetztes Werk wurde er u. a. mit dem Thomas-Mann-Preis (2014), dem Ludwig-Börne-Preis (2017), dem Deutschen Nationalpreis (2018) und zuletzt dem Hermann-Hesse-Preis (2023) ausgezeichnet.

Bleibendes

Christoph Kardinal Schönborn

Der Titel dieses Buches, *Was kommt. Was geht. Was bleibt.* regte mich an, über Bleibendes nachzudenken.

Als Erzbischof von Wien bin ich tagtäglich mit Themen in Berührung, die Bleibendes betreffen. Der Stephansdom, in dem ich Gottesdienste feiern darf, ist seit Jahrhunderten bleibend. Auch die Geschichte Österreichs ist geprägt von Bleibendem. In diesem Zusammenhang möchte ich an einen Menschen erinnern, der Bleibendes in vornehmster Form gelebt und verkörpert hat, Otto von Habsburg.

Zwei Haltungen bewunderte ich an diesem Mann, der ein ganzes Jahrhundert erlebt hat (1912–2011): einerseits die Fähigkeit, sich wach und ohne Scheu auf völlig neue Situationen einzulassen. Und andererseits den Mut und die Entschiedenheit, an dem festzuhalten, was er als Erbe und Auftrag aus seiner Herkunft ansah. Das erklärt zum Teil die Widersprüchlichkeit der Urteile über ihn: Den einen war er zu modern, zu unkonventionell, den anderen zu konservativ, ja reaktionär.

Otto von Habsburg hat seine Berufung angenommen, im christlichen Glauben, den er in seltener Tiefe von seinen Eltern vorgelebt sah. Er hat das Erbe seiner Familie als Auftrag und Berufung verstanden. Er hat nicht der Vergangenheit nachgetrauert, sich aber auch nicht von denen einschüchtern lassen, die sie kleinreden möchten und nur deren Schattenseiten sehen wollen. Er hat uns vorgelebt, wie wir unverkrampft aus dem Gestern für das

Morgen schöpfen können. In Sachen Umgang mit der Geschichte dürfen wir in Österreich von ihm lernen. Und Lernen war noch nie eine Schande.

Es mag heute zur political correctness gehören, die Idee des Gottesgnadentums für völlig vorgestrig zu halten. Otto von Habsburg hat sie, im ganz ursprünglich gemeinten Sinn, zuerst als Verantwortung verstanden: nicht als ein Anrecht auf eine Herrscherposition, sondern als Auftrag, die anvertrauten Aufgaben, in die wir hineingestellt sind, in Verantwortung vor Gott wahrzunehmen. 1971 schrieb er: »Wenn man seinem Schöpfer entgegentritt, gilt vor diesem nur Pflichterfüllung und guter Wille. Gott verlangt von dem Menschen nicht, Ihm Siegesberichte zu bringen. Den Erfolg gibt Er. Von uns erwartet Er nur, dass wir unser Bestes tun.« Aus diesen Worten spricht die Gabe der Demut. Die wirklich Großen wissen sich vor Gott klein und schauen auf niemanden herab.

Wie gut täte es uns allen, auch ohne aus dem kaiserlichen Haus zu stammen, uns der königlichen Würde jedes Christen, jedes Menschen bewusst zu sein, von der die jüdisch-christliche Tradition so mächtig Zeugnis gibt.

Das Streben nach der Gerechtigkeit war eine weitere Grundhaltung, die ich mit Otto von Habsburg in Verbindung bringe. Im Äußeren Burgtor steht der Wahlspruch Kaiser Franz I. (also seines Ururgroßvaters): »Justitia regnorum fundamentum« – die Gerechtigkeit ist das Fundament aller Herrschaft. Otto von Habsburg hat in seinem langen Leben gesehen, wie Staaten zu Räuberbanden degenerieren, wenn die Gerechtigkeit nicht mehr ihre Grundlage ist, wenn Einzel- oder Nationalinteressen das Gemeinwohl verdrängen, wenn brutale Macht die Ordnung der Gerechtigkeit verdrängt. »Ein Tag Krieg kostet viel mehr als ein Jahr Friedenserhalt«, hat er einmal gesagt.

Wir alle, in Österreich, Europa und der Welt, spüren, dass der Wandel uns ergriffen hat. Wir erleben Unvorstellbares wie einen Krieg vor unserer Haustür in Europa. Wir wissen, dass vieles von dem, was uns heute noch selbstverständlich ist, dem Wandel unterliegen wird. Wir Menschen sind oft gefordert, einer Berufung treu zu bleiben, obwohl das Umfeld sich verändert. So erging es auch Abraham, den wir als Vater der Glaubenden verehren. Er war ein Leben lang unterwegs, auf Wegen, die für ihn selber völlig unterwartet waren, denen er sich aber Gott vertrauend und Gott glaubend, gestellt hat.

Es ist unsere christliche Grundüberzeugung, dass jeder Mensch von Gott gewollt ist, einmalig geschaffen ist und eine eigene, unverwechselbare Berufung hat. Sie in Zeiten des Wandels aufzufinden und auf sie zu antworten, ist letztlich entscheidend.

Christoph Kardinal Schönborn (* 1945 in Skalken) legte 1964 seine Profess als Dominikaner ab. Seit 1995 ist er Erzbischof von Wien und seit 1998 Kardinal. Er promovierte in Paris am Institut Catholique und absolvierte 1972/73 ein Studienjahr in Regensburg, wo der emeritierte Papst Benedikt XVI. sein Lehrer war. Seither gehört Schönborn zum »Schülerkreis« von Joseph Ratzinger, der sich einmal im Jahr trifft. Sein Motto stammt aus dem Johannesevangelium (Joh 15,15), wo es heißt: »Ich habe euch Freunde genannt«. 2019 erschien das von ihm gemeinsam mit Doris Wagner verfasste Buch *Schuld und Verantwortung.*

Brandstifter

Rafael Seligmann

Feuerlegen ist eine so verbreitete Untat wie Diebstahl, Raub und Mord. Es gibt kleine und große Pyromanen. Fantasie und Tatkraft der einen reichen bereits aus, um das Gut anderer anzuzünden, einen Versicherungsbetrug zu versuchen oder ein Feuer aus schierem Bedürfnis zu entfachen. Verheerende Brandstifter agieren vorwiegend in der Politik. Sie stacheln die Menschen zu Kampf, Zerstörung, Totschlag, zu Krieg und Bürgerkrieg auf. Dabei übernehmen sie nach Möglichkeit die Führung – weil es ihnen notwendig erscheint, vor allem da das Kommandieren ihnen Genugtuung bereitet. Im politischen wie im privaten Bereich gibt es zahlreiche Varianten der Brandstifter und ihres Vorgehens. Im Folgenden soll auf die wirkungsmächtigsten Akteure eingegangen werden.

Gegenwärtig erscheint Wladimir Putin vielen als der übelste Pyromane. Er hat einen Krieg gegen die Ukraine entfacht, wie bereits zuvor gegen andere ehemals sowjetische Gebiete, um sie gewaltsam seinem Russischen Reich einzuverleiben. Putin tat dies mit der breiten Unterstützung seiner Landsleute. Das ist ein wiederholtes geschichtliches Muster. Wir erkennen es bei Alexander dem Großen, Karl XII. von Schweden, Napoleon I., Adolf Hitler … Bei der Aufzählung mag auffallen, dass es sich ausschließlich um Männer handelt. Doch auch Margaret Thatcher verstand es ebenso wie ehedem Elisabeth I. von England und Katharina von Russland, Kriege anzuzetteln. Frauen sind keineswegs friedlicher als Männer. Thatcher (Premierministerin 1979–1990) war eine Gelegenheitsbrandstifterin. Ihr Ziel war eine radikale gesellschaftlich-wirtschaftliche Umstrukturierung. Mit Wonne zerschlug sie das seit 1945 etablierte Modell einer sozialistisch geregelten Wirtschaft und brach hierzu die Macht der Gewerkschaften. Stattdessen retablierte sie das System der liberalen Marktwirtschaft. Kriege waren in Thatchers Fahrplan nicht vorgesehen. Sie war genuin keine außenpolitische Brandstifterin. Erst als 1982 die Militärjunta in Buenos Aires die Invasion der Falklandinseln veranlasste, nutzte die Engländerin dies als Anlass zum militärischen Konflikt mit den unterlegenen Seestreitkräften Argentiniens: London nahm den Krieg gegen die Diktatur auf. Dafür wurde die Premierministerin mit einem militärischen Sieg belohnt, den sie bald darauf in einen Triumph bei den heimischen Wahlen ummünzte. Thatcher, ihre Zeitgenossin, die indische Premierministerin Indira Gandhi und andere Frauen gingen bedachtsamer vor als eroberungsbesessene Männer.

Beim Muster der weiblichen Gelegenheitsbrandstifterinnen ist die Vorsicht des Vorgehens auffallend. Die Politikerinnen suchen sich zunächst innenpolitisch zu bewähren. Sobald sich jedoch eine erfolgversprechende Situation anbietet, am besten wenn ihre Länder angegriffen werden, kalkulieren sie einen relativ leicht zu erringenden Kriegstriumph ein. So machten es Elisabeth I., Katharina die Große, Indira Gandhi. Dagegen empfanden Eroberer wie Alexander, Karl XII., Napoleon etc. bedachtsame Kalkulationen lediglich als unerwünschte Einschränkung ihres Begehrens, außerstaatliche Kriegsbrände zu legen. Innenpolitische Konsolidierung diente Napoleon und Hitler lediglich als kurze Vorbereitungsphase für ihre Feldzüge. Andere Brandstifter wie Donald Trump und der chilenische Putschpräsident Augusto Pinochet (1973–1990) dagegen achteten strikt darauf, nicht in einen außerterritorialen Konflikt verwickelt zu werden. Trump baute bestehende bewaffnete Interventionen, etwa in Afghanistan, ab. Er wollte deren Risiko minimieren.

Die unterschiedliche Rationalität von zwanghaften und kontrollierten Brandstiftern zeigte sich bei dem Zusammentreffen von Hitler und Franco 1940. Nach dem Sieg über Frankreich versuchte Hitler den von ihm einst unterstützten Bürgerkriegsgeneral als Helfer für den Überfall auf die Sowjetunion zu gewinnen. Doch der Caudillo lehnte höflich, aber bestimmt ab. Franco kannte als Berufsoffizier die Risiken eines solchen Krieges und wollte sie vermeiden.

Die Unterschiede von Geschlecht, Macht, Wirkungsbereich, sozialem Stand der Pyromanen darf nicht die entscheidende Gemeinsamkeit der Brandstifter vergessen lassen. Wie dürftig oder gewaltig die Machtmittel auch waren, die ihnen zur Verfügung standen, ob sie es mit Weltkriegen oder lediglich mit innenpolitischen Konflikten versuchten, das Ziel ihres Tuns blieb gleich: Feuer zu legen und ihre selbst gewählten Feinde darin zu verbrennen. Dies setzt voraus, dass die Pyromanen die Möglichkeit besaßen, leicht entzündbare Konflikte und Unterstützer zu finden. Diese zweifache Funktion macht die deutsche Sprache deutlich. Brandstifter gilt im Singular wie im Plural. Die Logik der Sprache weist darauf hin, dass ein Brandstifter, um Wirkung zu entfalten, auf Mitläufer angewiesen ist – und diese auf ihren Häuptling.

Die Abhängigkeit von der gesellschaftlichen Situation spiegelt sich in der historischen Realität. Ein subalterner korsischer Offizier wie Napoleon Bonaparte, der mittellose österreichische Postkartenmaler Adolf Hitler, der sibirische Revolutionstheoretiker

Uljanow, später Lenin, ein Bauernsohn wie Mao Tsetung oder ein mediokrer KGB-Resident wie Putin wären in einem gefestigten politischen Rahmen, einerlei ob Monarchie oder Demokratie, nicht in der Lage gewesen, das Herrschaftssystem ihres Landes zu erschüttern oder gar in Schutt und Asche zu legen. Sobald aber die gesellschaftliche Architektur nicht mehr tragfähig war und in der Folge weite Teile der Bevölkerung ihre Orientierung verloren hatten, wurden speziell labile Persönlichkeiten für zerstörerische Parolen empfänglich. Die potenziellen Brandstifter gebärdeten sich als Propheten, sie bedienten entsprechende Sehnsüchte ihrer Mitläufer.

Junge Männer mit destruktiven Trieben hat es und wird es stets geben. In einer festgefügten Gesellschaft bleiben sie ohne nennenswerte Resonanz. Auch eine zerbröselnde Gesellschaft ist per se nicht aggressiv. Isoliert sind die Phänomene ungefährlich. Sobald jedoch Brandstifter und erodierende Gesellschaft zusammentreffen, gleichen sie einer binären Bombe: Die Elemente reagieren aufeinander und bilden einen Stoff enormer Zerstörungskraft.

Die Umwertung aller Werte infolge der Französischen Revolution ist vielfach beschrieben worden. Auf eine kurze Phase der Erleichterung für den Dritten Stand folgte eine jahrelange revolutionäre Schreckensherrschaft. Einerlei wie die Anführer argumentierten, ob sie sich tugendhaft gaben oder korrupt waren, der Terror blieb stets präsent. Bald auch Krieg und Not. Die Bevölkerung sehnte sich nach persönlicher und allgemeiner Sicherheit. In diesem Chaos genügte es dem 30-jährigen General Bonaparte am 9. November 1799 (18. Brumaire), die Delegierten samt Direktorium von seinen Reitern auseinandertreiben zu lassen und sich als Erster Konsul und damit als Herrscher zu installieren. Ähnlich nutzte Lenin 1917 die Revolutionswirren zur Etablierung der kommunistischen Herrschaft. Hitler fiel es ebenfalls nicht schwer, die NS-Machtübernahme zu vollziehen. Es gab keinen nennenswerten Widerstand. Doch selbst in Staaten mit freiheitlicher Kultur haben innenpolitische Brandstifter wie Donald Trump und Benjamin Netanjahu nur dann die Chance, eine Einschränkung der Demokratie durchzusetzen, wenn die Gesellschaft sich im Umbruch befindet und die politische Klasse unsicher ist. In den Vereinigten Staaten fand ein sozioökonomischer Umbau statt. Die traditionellen Industrien im Stahl- und Automobilbau mit Millionen Arbeitern verloren international den Anschluss. An ihre Stelle traten Hightechgiganten, die auf akademisch gebildete Mitarbeiter angewiesen waren. Viele Amerikaner suchten ihr Heil im Glauben und im Patriotismus, Werte, die Donald Trump predigte, jedoch nicht lebte. Auf ähnliche Ressentiments der sozial Abgehängten setzt Netanjahu. Trotz harter Worte agieren beide außenpolitisch bedacht. Sie stiften mit Vorliebe Brände im Inland, wo diese für sie leichter zu begrenzen sind, als jenseits der Grenzen im Krieg.

Faszinierend sind die Psychogramme der Brandstifter und ihrer Mitläufer. Die Eroberungssüchtigen unter ihnen werden beherrscht vom Trieb zu zerstören, sie sind besessen vom Rausch des Risikos. Alexander gelang es, den größten Teil der damals bekannten Welt zu unterwerfen. Dennoch trieb es ihn zu immer neuen Eroberungen. Erst als seine Soldaten meuterten, sah er sich zum Rückzug gezwungen. Napoleon hatte alle nennenswerten europäischen Kontinentalmächte einschließlich Russlands mehrmals besiegt. Dennoch konnte er nicht der Versuchung eines gigantischen Feldzugs gegen Russland widerstehen. Der Reiz des Kampfes ließ ihn nicht los – bis er alles verloren hatte. Hitler genügten seine Siege ebenfalls nicht. Auch seine Armee wurde in Russlands Weiten besiegt. Zudem war Hitler, anders als Alexander, Karl XII., Napoleon, von einem pathologischen Hass und Vernichtungswillen gegen Völker und sogenannte Rassen besessen. Für deren Ausrottung nahm er sogar militärische Nachteile in Kauf. Der Erznazi internalisierte den Destruktionstrieb des Brandstifters am radikalsten.

Bemerkenswerterweise fand Hitler bis zum Schluss willige Mitläufer, die bereit waren, seinen Vernichtungswillen zu vollziehen – und mit ihm unterzugehen.

Napoleon scheiterte an der Überspannung der Kräfte seines Landes. Hitler unterlag einer demokratisch-sowjetischen Allianz. Diese wurde zunächst im Alleingang von der britischen, später vorwiegend von dem Gespann der angelsächsischen Demokratien getragen. Das ist der Kern eines erfolgreichen Kampfes gegen politische Brandstifter. Die wirksamste Abwehrwaffe ist die Resilienz von Freiheit und Demokratie. Mag der Gegner auch noch so skrupellos vorgehen und keine Verluste scheuen. Die ansteigende Macht entschlossener freiheitlicher Systeme ist auf Dauer den politischen Brandstiftern überlegen. Denn die Kräfte der Freiheit sind innovativ und stabiler als die der Pyromanen. Diese wollen in der Konsequenz alles zerstören – auch sich selbst. Das widerspricht dem Überlebenswillen der Natur und dem Geist des Humanismus.

Rafael Seligmann (* 13. Oktober 1947 in Tel Aviv) ist einer der bekanntesten jüdischen Schriftsteller Deutschlands. Er war außenpolitischer Berater in der CDU-Bundesgeschäftsstelle und Dozent für Internationale Beziehungen an der Universität München. Seligmann schrieb zahlreiche Bücher, kommentiert für verschiedene Medien das Tagesgeschehen und war Herausgeber der *Jewish Voice from Germany.*

2016 erschien bei Herder sein gemeinsam mit Shlomo Birnbaum verfasstes Buch *Ein Stein auf meinem Herzen. Vom Überleben des Holocaust und dem Weiterleben in Deutschland.*

Bürger

Andreas Rödder

»Bürgerlichkeit« – eine jener kunstvollen Begriffsbildungen, zu denen die deutsche Sprache in besonderem Maße in der Lage ist. Das Adjektiv »bürgerlich« existiert in seiner Bedeutungsbreite weder im Englischen oder Französischen noch im Italienischen oder Russischen. Das Substantiv »Bürger« teilt sich im Französischen in den *bourgeois*, den materiellen Großbürger, und den *citoyen*, den Staatsbürger. Letzterer firmiert im Englischen als *citizen*, während das Bürgertum als soziale Schicht als *middle classes* bezeichnet wird, die wiederum nicht mit den viel breiteren deutschen Mittelschichten im deutschen Sprachgebrauch zu verwechseln sind. Während es daher geboten ist, zwischen Verwendungen ähnlich klingender Begriffe in verschiedenen Sprachen zu unterscheiden, um schwerwiegende Missverständnisse zu vermeiden, eröffnen diese Unterschiede zugleich einen Blick auf die Breite und Fülle des deutschen Begriffs, der materielle und ideelle, kulturelle und moralische Aspekte umfasst.

Der »Bürger« geht auf die mittelalterliche Burg als Verteidigungsanlage zurück und weist den Bürger als Verantwortlichen für das Gemeinwesen aus. Die Idee der Burg scheint auch in John Winthrops »Shining city upon a hill« von 1630 durch, die Ronald Reagan in seiner Farewell Address vom Januar 1989 als emsiges Gemeinwesen selbstständiger und ideenreicher Bewohner charakterisierte – das offen für alle sein solle, die aktiver Teil werden wollen. Individuelle Freiheit, Verantwortung für das

Gemeinwesen, offene Gesellschaft – das sind wesentliche Komponenten einer bürgerlichen Gesellschaft, die sie von kollektivistischen Konzepten linker ebenso wie rechter Art unterscheiden.

Diesem semantischen Reichtum zum Trotz schlagen dem Begriff in Deutschland immer wieder Vorbehalte entgegen. Den 68ern galt »bürgerlich« als Inbegriff miefiger Spießbürgerlichkeit, der die »Kleinbürgerlichkeit« als abwertender Begriff kaum nachsteht. Selbst in vermeintlich bürgerlichen Kreisen eines Landes, das den individuellen Erfolg eher neidet als bewundert, wird der Begriff mit spitzen Fingern angefasst, um den Anschein von Distinktion zu vermeiden. Diese nehmen stattdessen großstädtische Grüne mit Lastenfahrrädern und veganen Bowls in Anspruch, die konsequenterweise auch den Begriff der »Bürgerlichkeit« für sich entdeckt haben, wenn auch in einem sehr eigenen, politisch umgedeuteten Sinne. Solche Begriffsverwirrungen sind freilich nicht ganz neu. Er »wünschte ein Bürger zu sein«, schrieb Theodor Mommsen 1899, und er klagte zugleich, »das ist nicht möglich in unserer Nation«, in der auch der Beste nicht »über den Dienst im Gliede« hinauskomme.

Mommsens Frustration war angesichts der Naherfahrung des tagespolitischen Betriebs im späten 19. Jahrhundert nicht weniger nachvollziehbar als im frühen 21. Jahrhundert. Aufs historische Ganze gesehen, fällt die Bilanz freilich positiver aus – in dieser Perspektive war Bürgerlichkeit nicht weniger als der historische Gamechanger schlechthin. Denn die bürgerliche Gesellschaft markiert den historisch einzigartigen Wandel von einer ländlich agrarischen Ständegesellschaft, in der sich der Platz des Einzelnen (mit Ausnahme des Klerus) nach seiner Herkunft bemaß, hin zu dem Versprechen, dass nicht Herkunft determiniert, sondern dass individuelle Leistung, Qualifikation und Selbstbestimmung entscheiden sollen. Damit ermöglichte die bürgerliche Gesellschaft ein nie gekanntes Maß an sozialer Mobilität und setzte eine ganz neue, umfassende Dynamik frei. Sie ging Hand in Hand mit der Industrialisierung und schuf ein historisch nie gekanntes Maß an Wohlstand und Sicherheit, von der Ernährung über die medizinische Versorgung bis zu Mobilität und Freizeit.

Aufstieg durch Bildung und Qualifikation konnte somit zu einem politischen Programm werden, das nicht zuletzt die Arbeiterbewegung erfasste: Arbeiterbildung, zweiter Bildungsweg und Büchergilde stehen für bürgerliche Ambitionen und Traditionen, die sich in der Sozialdemokratie verbreiteten und die gesamte Gesellschaft erfassten. Sie waren das Muster der westdeutschen Bildungsreformen der 1960er und 1970er Jahre, die auf das sprichwörtliche katholische Mädchen aus der Eifel zielten und durch Möglichkeiten zur Bildung die Grundlage für ein gesamtes Generationenprojekt des Sozialaufstiegs legten. Dieser Ansatz wäre auch der Schlüssel für die Integration von Migranten gewesen, deren sichtbarer Erfolg darin läge, dass türkische Migranten selbstverständlich in deutsche Mittelschichtenwohngebiete ziehen.

Ebendies aber ist im späten 20. Jahrhundert ausgeblieben. Die Bildungsreformen erwiesen sich als ein Aufstiegsvehikel für deutsche, ländliche Mittelschichten, während prekäre und migrantische Milieus vielfach außen vor blieben – und zugleich »Begabungsreserven« (wie es im Jargon der Bildungsreformer hieß) zurückließen, die eine strategische Politik auch heute noch aktivieren kann. Dies müsste proaktiver geschehen, als es in den Sechziger- und Siebzigerjahren der Fall war, als es vor allem darum ging, erreichbare Gymnasien zu bauen. Es müsste darum gehen, aktiv Chancen zu schaffen, die nicht nur auf dem Papier stehen, sondern tatsächlich realisierbar sind, und junge Menschen proaktiv in den Stand zu versetzen, sie auch zu nutzen – und auf dieser Grundlage die Ungleichheit der Ergebnisse zu akzeptieren, einschließlich des Verzichts auf Erfolg und Aufstieg.

Diese im besten Sinne bürgerliche Haltung, die reale Chancen und den Respekt für freie Entscheidungen verbindet, kollidiert allerdings mit den gesellschaftspolitischen Paradigmen eines expandierenden Wohlfahrtsstaats, der »Teilhabe« in zunehmendem Maße als staatliche Bringschuld versteht und die Gesellschaft zugleich nach politischen Vorstellungen zu modellieren versucht. Dieses Verständnis steht auch hinter der vielfach kaum bemerkten, gleichwohl fundamentalen sprachlichen Verschiebung von »Gleichberechtigung« zu »Gleichstellung« auch aufseiten sogenannter bürgerlicher Parteien: Während »Gleichberechtigung« auf die Herstellung möglichst gerechter Chancen setzt und auf dieser Grundlage den Pluralismus ungleicher Ergebnisse akzeptiert, zielt »Gleichstellung« auf die Herstellung gleicher Ergebnisse im Namen von gruppenbezogener Diversität.

Kein Wunder, dass ein immer weiteres Vordringen des Staats und die gruppenbezogene Quotierung von Ämtern und Ressourcen zu einem Rückgang von individueller Eigenverantwortung und gesellschaftlicher Dynamik führen. Denn es war ja gerade die bürgerliche im Gegensatz zur ständischen Gesellschaft gewesen, die jene Dynamik mit sich gebracht hatte, die Deutschland im Übergang in eine neue Weltordnung und gegenüber hochdynamischen globalen Wettbewerbern im 21. Jahrhundert so dringend benötigt.

Insofern taugt die bürgerliche Gesellschaft mehr denn je als Vision für eine offene, gestaltbare und menschenfreundliche Zukunft: indem sie auf Freiheit und Selbstverantwortung statt auf staatliche Regulierung und Modellierung setzt; indem sie Gemeinwohl und Subsidiarität immer wieder austariert, statt den Menschen vorzuschreiben, wie sie gemäß einer angemaßten höheren Wahrheit leben sollen; indem sie Pluralismus auf der Grundlage fairer Chancen statt neuständischer Diversität zum Leitbild macht; indem der Rechtsstaat sowohl die Ordnung als auch die Humanität hütet; indem eine moderne Ordnungspolitik auf Marktwirtschaft, Wettbewerbsorientierung und Technologieoffenheit setzt, um Wohlstand zu mehren und den Klimawandel zu bekämpfen – kurz: indem sich bürgerliche Politik immer wieder darum kümmert, individuelle Freiheit und gesamtgesellschaftlichen Nutzen in Einklang zu bringen.

Industrialisierung und bürgerliche Gesellschaft haben existenzielle Probleme der Menschheit gelöst – von der Erfindung des Penicillins bis zum Heizen der Wohnung. Zugleich haben sie neue Probleme wie den anthropogenen Klimawandel hervorgebracht. Immer wieder aber hat es die bürgerliche Gesellschaft vermocht, diese Probleme zu lösen, weil sie sich als fähig zur Selbstkritik und zur Selbstkorrektur erwiesen hat. Das ist ihre vielleicht größte historische Errungenschaft, die eine antibürgerliche Kritik von identitätspolitisch-linker ebenso wie von völkisch-rechtspopulistischer Seite übersieht. Autokratische Systeme mögen effizienter und tatkräftiger erscheinen, allerdings um den Preis der Unterdrückung von Pluralismus und Menschenrechten, Demokratie und Selbstbestimmung – und mit langfristig keineswegs überzeugenderer Erfolgsbilanz, weil sie zu selbstgewisser Erstarrung neigen.

Die zentrale Herausforderung für die westlichen Demokratien und ihre offenen Gesellschaften liegt in der Selbstbehauptung gegen ihre fundamentalen Infragestellungen von innen und von außen. Was sie dazu benötigt, ist die konstruktive Verbindung von Selbstkritik und Selbstbewusstsein, nicht aber Selbsthass in Verbindung mit geschlossenen Utopien einer anderen Welt, die immer anfällig für Totalitarismus waren, während die bürgerliche Gesellschaft für menschenfreundliche, lebenswerte und zukunftsfähige Lösungen stand.

Diese historische Dimension der Herausforderungen der Gegenwart ist der Resonanzraum der »Zeitenwende«, der in Deutschland noch kaum verstanden worden ist. Aber wenn die Geschichte eines lehrt: Nichts ist undenkbar – die Zukunft ist radikal offen. Und wenn Bürgerlichkeit eines lehrt: Nichts ist unmöglich – es liegt an jedem Einzelnen.

Andreas Rödder (* 11. Juli 1967 in Wissen/Sieg) ist ein deutscher Historiker und Professor für Neueste Geschichte an der Johannes Gutenberg-Universität Mainz. Rödder forscht und publiziert zu verschiedenen Themen der neueren Geschichte und Zeitgeschichte. Er ist Mitglied der CDU und arbeitet als Leiter der Fachkommission »Wertefundament und Grundlagen der CDU« am neuen Grundsatzprogramm der Partei mit. Er engagiert sich gegen Cancel Culture und für Wissenschaftsfreiheit und leitet die Denkfabrik Republik21 e. V. Neue bürgerliche Politik.

Bürokratieabbau

Boris Palmer

»Bürokratieabbau ist ein ethisches Desiderat.« So sagte es mir Alena Buyx, die Vorsitzende des deutschen Ethikrates, in einer Diskussion über Coronamaßnahmen. Ich kann ihr nur beipflichten.

Als im quälend langen Lockdown des Winters 2020/21 die Schulen geschlossen waren, standen bereits Selbsttests, die man nur noch in die Nase einführen musste, zur Verfügung. Sie konnten aber nicht eingesetzt werden, weil das zuständige Bundesamt noch nicht ausreichend geprüft hatte, ob deren Bedienung auch sicher ist. Also versuchten die Sozialministerien der Länder, tägliche Tests vor Schulbeginn in Apotheken zu organisieren. Ein logistisch offenkundig aussichtsloses Unterfangen. Ich entschied daher, die Tests durch die Stadt zu beschaffen und den Schulen zur Verfügung zu stellen. Diese waren in kürzester Zeit in der Lage, mit den Schülern eine morgendliche Testung in der Schule zu organisieren. So konnten wir die Öffnung der Schulen vorantreiben und gleichzeitig die Infektionsrisiken klein halten. Natürlich wurde ich von einer Journalistin gefragt, wer denn die Verantwortung dafür übernehme. Meine Antwort: »Ich warte nicht auf die Erlaubnis zum Nasepopeln.«

Die Geschichte steht exemplarisch für die Verkrustung, die unser Land immer mehr lähmt und international ins Hintertreffen geraten lässt. Ich habe in meinen 16 Jahren als Oberbürgermeister häufig nur den Kopf geschüttelt, wenn ich über Vorschriften und Normen aufgeklärt wurde, die einem sinnvollen und notwendigen

Vorhaben nach Auffassung der Bürokratie entgegenstanden. Vieles kann man nur mit Gelassenheit und Galgenhumor ertragen.

Auf meiner »Best of bureaucracy«-Liste ganz oben steht die Vorschrift, eine Dachgaube nach neuesten Erdbebenschutznormen zu sichern, sodass sie noch stehen bleibt, wenn das Haus darunter bereits eingestürzt ist. Grandios auch die Anweisung des Regierungspräsidiums, die Stadt Tübingen möge das Energiesparen in der Gaspreiskrise sofort einstellen, weil sie nicht befugt sei, die Risiken eines Blackouts gegen die Risiken eines mitten in der Nacht unbeleuchteten Zebrastreifens abzuwägen, und daher die Beleuchtung des Zebrastreifens notwendig sei, egal wie viel Strom sich durch eine nächtliche Abschaltung der Straßenbeleuchtung einsparen lasse. Und wirklich unvergesslich die acht Jahre Planungszeit für eine Solaranlage in der Auffahrt zu einer Bundesstraße, für die von der Blendungsgefahr für Autofahrer bis zum Naturschutzgutachten für Straßenbegleitgrün alles rauf und runter geprüft werden musste, bis die Anlage in acht Wochen Bauzeit fertiggestellt werden konnte.

Wir sind vollständig überbürokratisiert und unterdigitalisiert. Die Erkenntnis breitet sich mittlerweile aus. Aber es ändert sich wenig. Woran liegt das? Ich habe dafür fünf wesentliche Gründe identifiziert.

1. Angst vor Verantwortung

Von Jahr zu Jahr werden die Geländer immer höher, die Fundamente immer dicker, die Brandschutzauflagen immer strenger. Das passiert auch, wenn gar keine Gesetzesverschärfung stattgefunden hat. Wenn ein konkreter Sachverhalt zu bewerten ist, dann gerät immer der in Rechtfertigungsdruck, der etwas erlaubt. Wer hingegen unter Verweis auf die Sicherheit von Menschenleben etwas verbietet, ist selbst auf der sicheren Seite. So setzt sich mit der Zeit immer die strengere Interpretation der Vorschriften durch. Es gehören viel Überzeugung und persönliche Risikobereitschaft dazu, etwas zu gestatten, das andernorts aus Gründen der Sicherheit untersagt ist. »Wollen Sie etwa die Verantwortung dafür tragen, dass …« Spätestens dann ist meistens Schluss.

2. Suche nach den Schuldigen

Eng verbunden mit der Angst vor Verantwortung ist die Lust an der Suche nach Schuldigen. Wenn es zu einem tragischen Unglück kommt, ist die erste Frage der Medien und später der Staatsanwälte, wer daran schuld ist. Lag dem Unglück eine Genehmigung zugrunde, wird auf diejenigen gezeigt, die unterschrieben haben. Wenn eine Halle zusammenbricht, weil am Bau gepfuscht wurde, die Schneelast auf vier Meter gewachsen war und der Statiker sich verrechnet hat, dann wird gegen die Beschäftigten der Stadtverwaltung, die das alles hätten wissen müssen, prozessiert. Das Wissen um dieses Risiko sorgt dafür, dass jedes noch so sinnlose Papier eingefordert wird, um selbst auf der sicheren Seite zu sein. Dass dabei meistens kein realer Sicherheitsgewinn mehr zustande kommt, spielt keine Rolle.

3. Deutscher Perfektionismus

Aus Angst vor Verantwortung und der Suche nach dem Schuldigen wird ein veritabler Treibsatz für den deutschen Hang zum

Perfektionismus. Gründlichkeit vor Schnelligkeit mag man noch gelten lassen. In neuen Situationen oder Notlagen wie etwa der letzten Pandemie ist das Prinzip aber grundfalsch. Und je mehr ein Land durchreguliert ist, umso geringer ist der Zugewinn weiterer Regeln. Der Begriff des Grenznutzens ist aus der Ökonomie wohlbekannt, in der Bürokratie aber weithin verkannt. Ob es sich noch lohnt, auf ein Schutzniveau von 99 Prozent weitere 0,1 Prozent draufzusatteln, wird kaum diskutiert, vor allem nicht, wenn es um Gefahren für Leib und Leben geht. Das klingt auf den ersten Blick richtig, jedes Leben ist kostbar. Es ignoriert aber, dass ein Leben ohne Risiko gar nicht so lebenswert ist – man muss dazu nicht mal Ski oder Auto fahren, es reicht schon, einen Schrank auszuräumen oder ins Restaurant zu gehen, nichts davon ist zu 100 Prozent sicher – und missachtet die Tatsache, dass in einer Welt begrenzter Ressourcen ein extremer Aufwand für ein Problem dazu führt, dass man andere Probleme unbeachtet lässt.

4. Silodenken und falsche Risikobewertungen

Bürokratien sind hierarchisch organisiert und in Silos zergliedert. Man nennt das Zuständigkeit. Was die Zuständigkeit anderer ist, geht mich nichts an. Jeder pflege sein eigenes Vorschriftengärtlein. Deutscher Perfektionismus führt in dieser Organisationsform zu schweren Fehlkalkulationen. Risiken werden in verschiedenen Sachgebieten völlig verschieden bewertet. Das nach wie vor ziemlich gefährliche Auto wäre längst verboten, wenn es das gleiche Sicherheitsniveau wie Schulbauten und Kindergärten oder Konzerte im Hinblick auf Brandschutz und Fluchtwege erreichen müsste. Viel schlimmer noch: Manche Sicherheitsvorschriften führen nur im Verantwortungsbereich des Zuständigen zu einer Verbesserung, aber insgesamt betrachtet zu einer Verschlechterung. So wurde nach 20 Jahren Diskussion eine Vorschrift zum Abstand vorbeifahrender Autos an Baustellen in Kraft gesetzt, die so gut wie keine Unfälle mit Personenschaden verhindern kann, weil es die jetzt schon nicht gibt, aber die Zeit bis zum Eintreffen von Rettungsfahrzeugen kritisch verlängern kann, weil nun viel häufiger Vollsperungen von Straßen erforderlich sind.

5. Problemdistanz des Normgebers

So wie der Blick nach rechts und links oft fehlt, ist auch die Entfernung zum Problem häufig ein Problem. Wenn ich im Rathaus frage, wer sich das denn nun wieder ausgedacht habe, ist das meist schwer zu beantworten. Mal ist es ein Fachgremium, das gar keine demokratische Legitimation hat, aber durch Verweise in Verordnungen quasi Gesetzgebungskompetenz erlangt hat. Mal ist es ein Parlament, das aus kommunaler Sicht drei oder vier Hierarchiestufen entfernt ist und wenig davon mitbekommt, was die jüngste gut gemeinte Gesetzesverschärfung vor Ort verursacht. Die berühmte Brüsseler Gurkenkrümmungsverordnung gibt es zwar nicht mehr, aber die Datenschutzgrundverordnung hat sie in Eingriffstiefe und Absurditätsniveau längst überholt.

Wir dürfen das Kind nicht mit dem Bade ausschütten. Bürokratie schafft Rechtssicherheit und Gerechtigkeit. Sie trägt damit zum Florieren der Wirtschaft und zum Frieden in der Gesellschaft wesentlich bei. Seit Paracelsus wissen wir aber, dass die Dosis das Gift macht. Wir haben in Summe und in vielen Teilbereichen das verträgliche Maß an Bürokratie längst überschritten und befinden uns bereits im anaeroben Bereich, wo nicht mehr viel fehlt, bis alles kippt. Ich halte es daher nicht nur ethisch, sondern ganz praktisch für dringend geboten, die Gründe für das Ausufern der Bürokratie zu beschneiden und Gegenmaßnahmen zu ergreifen. Dafür ist zumindest eine Diskussion der fünf hier diskutierten Aspekte in der Gesellschaft notwendig. Denn viele rufen zwar nach Abbau von Bürokratie, wollen aber mit der Konsequenz von mehr Eigenverantwortung nicht leben.

Aus meiner Sicht als Oberbürgermeister wäre die einfachste und am schnellsten wirksamste Maßnahme: Gebt den Kommunen das Recht, begründet von Vorschriften und Normen abzuweichen, wo dies vor Ort notwendig erscheint. Wenn wir es nicht schaffen, das Dickicht der Bürokratie zu lichten, wird der Personalmangel in der öffentlichen Verwaltung das Problem auf unkonventionelle Weise lösen müssen. Es gibt die Leute schlicht nicht mehr, die all die Vorschriften lesen, verstehen und anwenden könnten. »Ultra posse nemo obligatur«, wusste schon der Lateiner. Auch Verwaltungen können nicht zu etwas verpflichtet werden, das zu leisten objektiv unmöglich ist. Der Tag ist nicht mehr fern. Zeit zu handeln. Am besten unbürokratisch.

Boris Palmer (*28. Mai 1972 in Waiblingen) ist ein deutscher Politiker und seit 2007 Oberbürgermeister der Stadt Tübingen. Er studierte Geschichte und Germanistik. Von 1996 bis 2023 war Palmer Mitglied der Grünen, der insbesondere in Fragen der Migration und Integration oft von der Parteilinie abwich. Er setzt sich für eine pragmatische Politik ein und betont die Bedeutung ökonomischer Aspekte in der Umweltpolitik.

Chaos

Christian Streich

In der Berichterstattung über Fußballspiele wird der Begriff »Chaos« oft falsch verwendet. Wenn von einem »Abwehrchaos« gesprochen wird, war während des Spiels oft kein Chaos auf dem Platz, sondern Fehler der Spieler haben zu Toren geführt. Bei einem Fußballspiel entsteht dann Chaos auf dem Platz, wenn die Spieler, die zusammenspielen sollen, bei Spielzügen nicht zusammenspielen und ihre Stärken nicht einbringen. Klar zu unterscheiden, wo Chaos ist und wo noch Ordnung vorherrscht, ist schwierig.

Chaos vermeiden

Als Trainer wollen wir, dass Ordnung anstelle von Chaos herrscht und dass die Spieler ihre Qualitäten bestmöglich einbringen. Unter »Chaos« versteht man die Auflösung von Ordnung oder völliges Durcheinander. Damit das nicht entsteht, braucht es Vertrauen und Unterstützung untereinander, denn jeder Mensch trägt Chaos in sich. Der eine kann daheim auf dem Schreibtisch keine Ordnung halten, und ein anderer ist so durchstrukturiert, dass daraus Unordnung für die anderen entsteht. In Gesprächen versuchen wir den Spielern klarzumachen, dass sie aufeinander Rücksicht nehmen müssen, um zu verstehen, wie ihre Mitspieler ticken. Denn wenn sich die Spieler gegenseitig kennen und wissen, wie die Mitspieler in bestimmten Situationen reagieren, kann kein Chaos mehr entstehen. Wir wollen, dass sie ihre Stärken ausleben und ihre Schwächen annehmen. Dabei ist das hierarchische Verhältnis von Trainer zu Spieler zweitrangig, denn steile Hierarchien schaden einer Fußballmannschaft. Was zählt, ist das Miteinander, denn auch die Spieler bringen Wissen und Erfahrung ein, von denen die Mannschaft profitieren kann.

Im Umgang mit meinen Mitmenschen hilft mir dabei etwas, das ich mir im Germanistik- und Geschichtsstudium angeeignet habe: Lesen. Die Geschichten aus dem Leben, die in der Literatur über Unglücke, Dramen, Schicksalsschläge und Freude erzählt werden, passieren tagtäglich und überall. Ganz gleich ob im Büro oder in Fußballmannschaften. Je mehr Geschichten man liest und über diese reflektiert, desto mehr kann man verstehen, was die Menschen um einen herum antreibt. Ähnlich lernt man Zusammenhänge zu verstehen, wenn man Bücher über historische Ereignisse liest. Es ist wichtig, dass man versucht zu verstehen, was in Menschen vorgeht und wie Dinge zusammenhängen, um gut mit den Spielern zusammenarbeiten zu können. Um sich verbessern zu können, müssen sich die Spieler auf dem Trainingsplatz maximal bekämpfen. Nur so geben sie einander die Möglichkeit, besser zu werden. Wenn sie sich aus Sympathie zueinander gegenseitig schonen, nehmen sie sich die Möglichkeit, besser zu werden. Das ist ein Teil der Verantwortung, die die Jungs tragen. Gleichzeitig müssen die Spieler verstehen, dass, wenn sie Rücksicht nehmen, ihnen auch Rücksicht entgegengebracht wird. Diese Solidarität weckt Energie in der Mannschaft, die am Ende dazu führt, dass, solange der Einzelne seinen Teil der Verantwortung trägt, eine gewisse Unordnung, eine bestimmte Art von Chaos, auch produktiv sein kann.

Chaos erzeugen

Im Spiel versuchen wir, mit Finten beim Gegner Chaos zu erzeugen, und der Gegner versucht das Gleiche bei uns. Grundlegend gibt es zwei Wege, um den Gegner zu verunsichern. Man kann die eigenen Spielzüge so verändern, dass sie für den Gegner nur schwer vorhersehbar sind, und ihn so mit immer neuen Finten überlisten. In Standardsituationen verändern wir zum Beispiel unser Vorgehen immer ein kleines bisschen, um dann im entstehenden Chaos ein Tor zu schießen. Die andere Möglichkeit, den Gegner zu verwirren, liegt in der Defensive. Wenn die Mannschaft in einer größtmöglichen Ordnung verteidigt, können wir die Finten des Gegners ins Leere laufen lassen. Denn wenn alle Spieler beim Verteidigen aufmerksam sind und diszipliniert gegen den Ball arbeiten, bügelt ein Spieler die Finte des Gegners aus, bevor diese ihre Wirkung entfalten kann. Wenn die Finten nicht aufgehen, bringt das den Gegner zur Verzweiflung und führt so wiederum zu Unsicherheiten. Die Frage ist, wie viel man auf das Fintieren oder auf die Ordnung setzen möchte und was für ein Spiel man den Zuschauern zeigen will.

Es ist aber nicht alles Chaos, was auf den ersten Blick nach Chaos aussieht. Wenn bei einem Eckball am kurzen Pfosten fünf Stürmer einen Pulk bilden, versuchen fünf Verteidiger, diese zu blocken. Was von außen chaotisch wirkt, unterliegt einer gewissen Ordnung. Erst wenn der Ball in den Pulk gespielt wird und die Stürmer fintieren, indem erst beim zweiten Ballkontakt auf das Tor geschossen wird, entsteht Chaos, aus dem mit Zufall, Glück und den individuellen Qualitäten der Spieler ein Tor entstehen kann. Auf dem Platz ist es also etwas Positives und Gutes, Chaos zu erzeugen, weil es einer Mannschaft in gewissen Spielsituationen dabei hilft zu gewinnen.

Der Fußball im Chaos?

Von Investoren getragene Clubs und Transfers, bei denen Fußballspieler für dreistellige Millionensummen den Verein wechseln, erwecken den Eindruck, dass im Fußball etwas aus den Fugen geraten ist. Wenn Geld Entscheidungen herbeiführt und sich Normen verschieben, kann man sich fragen, ob die Ordnung noch Bestand hat. Geld hat eine enorme Anziehungskraft auf Menschen und löst Versuchungen aus. Damit die Versuchungen sich nicht Bahn brechen, braucht es Regeln. Wenn diese nicht eingehalten werden oder die Kontrolle vernachlässigt wird, entsteht Chaos. Da ist es im Fußball ähnlich wie bei großen Banken oder an den Börsen. Solange die Transaktionen Regeln unterliegen und diese kontrolliert und eingehalten werden, besteht Ordnung, auch wenn man die Vorgänge von außen nicht überblicken kann. Erst wenn die Kontrolle versagt, entsteht Chaos.

Ob der Eindruck richtig ist, dass im Fußball Chaos die Ordnung verdrängt, weil immer mehr Geld umgesetzt wird, kann jeder nur für sich entscheiden. Dass beim Handeln und Spekulieren große Profite erwirtschaftet werden können, war in der Geschichte der Menschheit schon immer so. Nicht überall, wo man Chaos sieht, herrscht tatsächlich auch welches. Wenn fehlgeleitete Intentionen Chaos anstoßen, kann das eine zerstörerische Wirkung haben, während das zielgerichtete Erzeugen von Chaos im Spiel den Sport erst so spannend macht.

Der Text entstand im Gespräch mit York Herder.

Christian Streich (* 11. Juni 1965 in Weil am Rhein) ist seit 2012 Cheftrainer des Sportclub Freiburg e. V. und der dienstälteste Trainer der Bundesliga. Seine Karriere begann er 1983 als Spieler beim Freiburger Fußballclub. Streich beendete seine aktive Zeit als Fußballer 1994 und ist seit 1995 als Trainer beim SC Freiburg tätig.

Crux

Jan-Heiner Tück

Kreuze provozieren zunehmend Unbehagen. Aus den Hörsälen der Universitäten sind sie verschwunden, ihre öffentliche Präsenz in Gerichtssälen und staatlichen Institutionen wird infrage gestellt, zuletzt haben Schülerinnen und Schüler in Innsbruck gegen das christliche Symbol im Klassenzimmer rebelliert. Die Vorbehalte dürften mit Verschiebungen des religiösen Feldes und wachsender Entfremdung von den Kirchen zusammenhängen. Längst leben wir in Gesellschaften, die nicht mehr christlich homogen, sondern religiös plural und weltanschaulich bunt geworden sind. Auch wächst der Anteil derer, die leben, als ob es Gott nicht gäbe, und keiner Konfession angehören (wollen) oder den Glauben an Gott für eine bloße Fiktion von trostbedürftigen Menschen halten.

Zumutungen

Eine Theologie, die gelernt hat, sich mit den Augen der anderen zu sehen, ist nicht blind dafür, dass Kreuze – und vor allem Kruzifixe mit dem Korpus des Gekreuzigten – für Anders- und Nichtgläubige eine Zumutung sein können. Juden wurden lange als »Gottesmörder« verunglimpft. Am Karfreitag, dem liturgischen Datum der Erinnerung an die Passion Jesu, gab es immer wieder antijüdische Ausschreitungen. Auch im Affekthaushalt vieler Muslime hallt das historische Trauma der Kreuzzüge nach.

Sie haben aber zumeist keine Probleme damit, dass es in westlichen Gesellschaften Kreuze im öffentlichen Raum gibt. Es sind vor allem säkulare Zeitgenossen mit christlichem Sozialisationshintergrund, die zur eigenen Tradition auf Distanz gehen und im Namen interreligiöser Toleranz fordern, auf Kreuze und erst recht auf Kruzifixe zu verzichten. Sie verweisen auf die Ambivalenz des Symbols, kritisieren die politische oder militärische Instrumentalisierung des Kreuzes oder werfen ein, dass eine überzogene Passionsfrömmigkeit zur pathologischen Überhöhung des Leidens beitragen und eine geistliche Ideologie des Gehorsams fördern kann. Manche fragen: Transportiert das Kreuz nicht ein gewaltaffines Gottesbild, als brauche Gott der Vater das Opfer des Sohnes, um seinen Zorn über die Sünden der Menschen zu besänftigen?

Das Kreuz – Ernstfall der Liebe

Es ist Aufgabe der Theologie, solche Verzeichnungen zurechtzurücken und die Passion Jesu Christi als Ernstfall der Liebe, die bis ins Äußerste geht, zu erläutern. »Gott hat die Welt so sehr geliebt, dass er seinen einzigen Sohn gab, damit jeder, der an ihn glaubt, nicht verloren geht, sondern das ewige Leben hat.« (Joh 3,16) Zugänge zum Mysterium der Passion Jesu zu bahnen, ist freilich nicht leicht. Einen Deutungsschlüssel bietet das lateinische Wort »traditio«, das semantisch mehrschichtig ist und »Auslieferung«, »Hingabe«, aber auch »Verrat« bedeutet. Der Vater ist bereit, den Sohn dem Leiden auszuliefern, er interveniert nicht, sondern lässt dem Drama der Freiheit seinen Raum. Der Sohn protestiert nicht, wie das Ringen im Garten Gethsemane zeigt, er ist bereit, den

Kelch des Leidens anzunehmen: »Nicht wie ich will, sondern wie du willst.« Er verwandelt die brutale Hinrichtung am Kreuz von innen her in einen Akt der freiwilligen Selbsthingabe für uns. Das hat er vorweg in der Identifikation mit dem gebrochenen Brot beim letzten Abendmahl deutlich gemacht. Von Judas verraten, von seinen Jüngern verlassen, von den römischen Soldaten verspottet, geschlagen und hingerichtet, übergibt er sich am Ende voll Vertrauen in die Hände des Vaters. In seinem Sterben tritt er an die Seite der Entwürdigten. Das bringt die Kategorie der Solidarität zum Ausdruck. Er tritt aber auch an die Seite der Schuldiggewordenen und befreit sie von ihren Verfehlungen. Das wird durch die Kategorie der Stellvertretung angedeutet. Die rettende und versöhnende Kraft des Kreuzes Christi sprengt letztlich jedes System.

Politik der weißen Wand?

Die Politik der weißen Wand lässt Kreuze im Namen der weltanschaulichen Neutralität des Staates verschwinden. Dagegen wird oft das Argument angeführt, das Christentum habe die Geschichte und Kultur Europas geprägt. Das ist nicht falsch. Kreuze markieren symbolisch die Anbindung an christliche Herkunftswelten, denen die westliche Kultur viel verdankt. In der Architektur der Städte ragt sie durch Kirchen und Kathedralen, in der Bestattungskultur durch Grabkreuze sichtbar in die Gegenwart hinein. Eine Politik der weißen Wand kappt diese Herkunftswelten – und es wäre illusionär zu glauben, dass die Leerstelle unbesetzt bliebe. In diesem Sinn hat ein agnostischer Intellektueller um 1900 interveniert, als politische Kreise in Uruguay das Kreuz aus Spitälern entfernen wollten. Ob man wirklich glaube, durch das Abhängen des christlichen Symbols des Mitgefühls und des selbstlosen Einsatzes für andere weiterzukommen? Ob man stattdessen etwa ein Porträt von Kant aufhängen wolle? Eine Politik der weißen Wand, die die negative Religionsfreiheit zulasten der positiven betont, ist überdies nicht ganz so neutral, wie sie daherkommt. Sie läuft unter der Hand auf eine Privilegierung der Religionslosen hinaus.

Anstöße gegen die Kreuzesvergessenheit

Was aber fehlt, wenn das Kreuz fehlt? Dazu vier Impulse: Die Erinnerung an das Leiden Christi gibt erstens den Anstoß, das Leid der anderen nicht zu verdrängen und die eigene Verwundbarkeit nicht zu verstecken. Apathie und Abstumpfung werden durch den Blick auf den Gekreuzigten unterbrochen. Das Eintreten für die Schwachen aber ist stark. Es folgt dem Appell, sich mit den Armen zu solidarisieren und Strukturen des Unrechts zu bekämpfen. Ohne das Symbol des Kreuzes als Zeichen der Hingabe und »Caritas« könnte die soziale Temperatur in der Gesellschaft schnell kälter werden.

Das Kreuz ist zweitens Spiegel menschlicher Fehlbarkeit und Schuldanfälligkeit. Es deckt das Böse auf, das in jedem von uns als dunkle Möglichkeit schlummert. Wir machen Fehler und sind Meister in der Kunst, es nicht gewesen zu sein, die nach Odo Marquard immer darauf hinausläuft, es andere gewesen sein zu lassen. Diesen unheilvollen Mechanismus der Schuldabschiebung unterbricht das Kreuz, es macht mit der Vertuschung des Bösen ein Ende und deckt es auf. Was in unguten Gedanken beginnt, sich in gehässigen Worten fortsetzt, kann sich in der Ausgrenzung anderer entladen. Diese gefährliche Dynamik gilt es zu erkennen und eine Kultur des ehrlichen Umgangs mit unserer Fehlbarkeit zu fördern.

Das Kreuz steht drittens für eine Kultur der Vergebung, die den anderen nicht auf seine Fehler fixiert. Jesus hat die Feindesliebe in der Bergpredigt nicht nur als hypermoralischen Imperativ gefordert, sondern selbst bis in den Tod hinein verwirklicht. Sterbend hat er für seine Peiniger gebetet (Lk 23,34). Statt andere auf ihre Defizite zu reduzieren und sie als Rivalen, ja Feinde zu bekämpfen, gilt es, ihnen einen Spielraum der Umkehr und des Neubeginns offen zu halten. Ein Denken in Freund-Feind-Schemata, das Fronten verhärtet, anstatt sie kommunikativ zu verflüssigen, wird durch das Kreuz heilsam durchkreuzt.

Am Ende ist das Kreuz Zeichen für den österlichen Durchbruch zu einem Leben, das keinen Tod mehr kennt. Die Wunden bleiben sichtbar, aber sie werden geheilt. Paulus, der vor Damaskus aus einem Verfolger des Weges Jesu zu einem Bekenner geworden ist, und schon vorher Maria Magdalena oder die Emmaus-Jünger sind Zeugen der bahnbrechenden Erfahrung, dass Jesus lebt. Die Auferstehung des Gekreuzigten aber reißt einen Horizont der Hoffnung auf, der quersteht zu resignativen oder apokalyptisch gefärbten Einstellungen der Gegenwart. Unsere Biografien werden nicht im Ozean des Nichts untergehen. Wir werden auf der anderen Seite des Todes erwartet und bei unseren Namen gerufen, so die österliche Hoffnung. Christus, der »Anführer des Lebens« (Apg 3,15), ist uns vorausgegangen. Auch diesen österlichen Übergang vom Tod zum Leben symbolisiert das Kreuz.

Jan-Heiner Tück (* 1967 in Emmerich) ist ein deutscher Theologe und Germanist. Seit 2010 ist er Inhaber der Professur für Dogmatik und Dogmengeschichte an der Katholisch-Theologischen Fakultät der Universität Wien und veranstaltet regelmäßig Symposien zur Literatur und Religion. Tück schreibt auch regelmäßig in der *Neuen Zürcher Zeitung*. 2023 ist bei Herder sein Buch *Crux. Über die Anstößigkeit des Kreuzes* erschienen.

Demokratie

Jean Asselborn

Demokratie, wörtlich »Herrschaft des Volkes«, bedeutet, dass der Wille der Mehrheit durch demokratische Wahlen ermittelt, legitimiert und dann von gewählten Vertretern umgesetzt wird. Dies entspricht der repräsentativen Demokratie, wie wir sie in den Mitgliedstaaten der EU vorfinden. Diese Staatsform ist nicht frei von Kritik. Aber wenn von »Demokratiemüdigkeit« die Rede ist, müssen wir wachsam sein. Es gibt Stimmen, die uns glauben machen wollen, dass autoritär geführte Staaten besser in der Lage seien, Herausforderungen wie Korruption, Krieg und Klimawandel zu bewältigen.

Ist die demokratische Staatsform wirklich die beste Antwort auf die Herausforderungen unserer Zeit? Können saturierte Demokratien überhaupt Reformen durchführen, die mit vielen Entbehrungen verbunden sind? In der EU darf es keinen Abbruch des demokratischen Prozesses geben, denn illiberale Regierungen wie die von Viktor Orbán und andere sind Gift für unsere freiheitliche Ordnung.

In Ungarn erleben wir seit 2010 eine systematische Aushöhlung der Zivilgesellschaft, der akademischen Freiheit, der Pressefreiheit sowie der Rechte von Migranten und Minderheiten.

Was können wir noch tun, um die demokratischen Grundrechte in der EU besser zu schützen? Auf EU-Ebene haben wir zum Schutz der Rechtsstaatlichkeit neue Strukturen geschaffen. Präventiv untersucht die Kommission nun in einem neuen Jahresbericht die Rechtsstaatlichkeit in allen Mitgliedstaaten, um Probleme frühzeitig zu erkennen und anzugehen. Darüber hinaus wurde für den EU-Haushalt 2021 bis 2027 ein neuer Rechtsstaatlichkeitsmechanismus eingeführt, der die Auszahlung von EU-Geldern blockieren kann, wenn rechtsstaatliche Risiken bestehen.

Trotz der widrigen Umstände der letzten Jahre haben die Bürgerinnen und Bürger ihr Vertrauen in die EU nicht verloren. Die Mehrheit der Europäer steht der EU positiv gegenüber.

Und dennoch wird die europäische Demokratieidee weiterhin von Populisten angegriffen. Durch extreme Vereinfachung, Schwarz-Weiß-Denken und die Schaffung von Gegensätzen kann der Populismus die politische Debatte so stark polarisieren, dass der notwendige Meinungsaustausch in der Demokratie nicht mehr möglich ist. Demokratie und Populismus vertragen sich nicht! Der Brexit hat gezeigt, dass Populismus ein langsam wirkendes Gift ist.

Das Beispiel des Brexit dient nicht nur als Warnung vor zunehmendem Populismus, sondern wirft auch die Frage auf, wie Demokratien mit diesem Phänomen umgehen sollten. Das demokratische Modell muss an Attraktivität gewinnen und ein überzeugendes politisches Gegengewicht zum Populismus bilden, um das in den letzten Jahren durch Krisen verloren gegangene Vertrauen wiederherzustellen. Dabei spielen Prinzipien wie Rechtsstaatlichkeit, Achtung der Menschen- und Grundrechte, Pluralismus und Medienfreiheit eine wichtige Rolle. Vor allem aber gilt: Frieden in Europa kann nicht nur durch Verträge gesichert werden, sondern auch durch die Art und Weise, wie wir die Werte der europäischen Demokratie leben.

Der Begriff »Demokratie« ist eng mit dem Prinzip der Volkssouveränität verbunden, das auch auf EU-Ebene gilt, wo alle fünf

Jahre eine große demokratische Übung stattfindet – die Europawahlen. Das Europäische Parlament (EP) ist das einzige direkt gewählte supranationale Parlament der Welt und vertritt die Bürgerinnen und Bürger der EU.

Die EU wird weltweit um ihre Errungenschaften beneidet, aber wir müssen auch innerhalb der EU zusammenhalten. Unser Demokratieverständnis muss täglich gepflegt werden, und wir müssen uns immer wieder bewusst machen, dass die Vorzüge unserer europäischen Demokratie nicht selbstverständlich sind. Sie sind erkämpft und müssen bewahrt werden.

Wir dürfen zudem nicht mehr davon ausgehen, dass der westliche Wohlstand, der sich durch Pluralismus und Demokratie auszeichnet, so attraktiv ist, dass andere, nichtdemokratische Staaten nicht widerstehen können und sich früher oder später unserem freiheitlichen Gesellschaftsmodell anschließen werden.

Mit dem europäischen Green Deal strebt die EU an, die Netto-Treibhausgasemissionen bis 2030 um mindestens 55 Prozent gegenüber dem Niveau von 1990 zu senken. Diese Emissionsreduktion im kommenden Jahrzehnt ist ein entscheidender Schritt auf dem Weg Europas, bis 2050 der erste klimaneutrale Kontinent der Welt zu werden. Der European Green Deal wird somit dazu beitragen, gestärkt aus der Klimakrise hervorzugehen.

Willy Brandt hat einmal gesagt: »Demokratie ist keine Frage der Zweckmäßigkeit, sondern der Sittlichkeit.« Dieser Gedanke gilt auch heute noch, aber ich glaube, wir müssen ihn weiterentwickeln. Es liegt in unser aller Verantwortung, an der Stärkung der Demokratie zu arbeiten, um Freiheit und Frieden auch für künftige Generationen zu sichern.

Die EU muss ein Garant für Demokratie und Rechtsstaatlichkeit sein. Sie muss unseren Kindern und Enkelkindern die Angst vor einem Rückfall in nationalistische und menschenverachtende Zustände nehmen. Die EU muss Hoffnung statt Angst, Vertrauen statt Zweifel, Solidarität statt Egoismus verkörpern.

Jean Asselborn (* 27. April 1949 in Steinfort) ist der derzeit dienstälteste Außenminister der Europäischen Union. Seit 2004 ist er Außenminister Luxemburgs und seit 2014 zudem Minister für Immigration und Asyl. Bis Dezember 2013 war Asselborn Vizepremierminister von Luxemburg. Unter Asselborns Leitung erhielt Luxemburg für den Zeitraum von 2013 bis 2014 zum ersten Mal einen nichtständigen Sitz im Weltsicherheitsrat der Vereinten Nationen.
Bei dem hier veröffentlichten Text handelt es sich um eine Rede Asselborns vom September 2021 im St. Paulus-Dom zu Münster.

Deutsch[1]

Sylvie Goulard

Die historischen Zäsuren liegen nicht immer dort, wo wir sie vermuten. Kontinuität kann sich unter Brüchen verbergen, Veränderungen kommen schrittweise, so wie »das Leben diejenigen trennt, die sich lieben, ganz langsam, ohne Lärm zu machen …« (Jacques Prévert im Gedicht »Les feuilles mortes«. Wenn es einen Schriftsteller gibt, der diese Analyse der sichtbaren und unsichtbaren Veränderungen exzellent beherrscht hat, dann ist es Alexis de Tocqueville. Sein Werk *L'Ancien régime et la Révolution* (1856) beschwört das ewige Frankreich herauf, jenes Frankreich, dessen Organisation durch die Revolution nicht erschüttert, sondern vielmehr gefestigt wurde. Er versteht auch die Bestrebungen der Völker durch alle Zeitalter hindurch, insbesondere den Wunsch nach »Angleichung der Lebensbedingungen«, warnt aber auch vor der Gefahr, die tiefgreifenden Transformationen zu übersehen, da unser Blick mehr an den Überbleibseln der alten Welt haftet als an den Anzeichen der kommenden. Was hätte Tocqueville wohl heute über Deutschland gesagt?

Was bleibt?

Wenn man nach der Kontinuität in Deutschland fragt, ist die Prägung durch den Protestantismus sicherlich eines der markantes-

1 Ich danke Prof. Dr. Baasner (Direktor des dfI) für die Mitwirkung.

ten Merkmale des Landes, und zwar auch der mehrheitlich katholischen Bundesländer. Der Philologe Heinz Wismann führte in einem Gespräch mit der Autorin zum Beispiel die in Bayern besonders ausgeprägte Überbetonung der Haushaltsdisziplin auf den vorherrschenden Einfluss des Protestantismus zurück. Trotz der massiven Zuwanderung der letzten Jahrzehnte in die deutsche Gesellschaft scheint es so, als ob die Merkmale des vorherrschenden Wirtschafts- und Sozialmodells erhalten geblieben sind, insbesondere die Tendenz zur Arbeitsdisziplin und zur guten alten Tugend des Fleißes.

Ein weiteres Merkmal Deutschlands ist sein Festhalten an der Dezentralisierung und der Subsidiarität. Im Gegensatz zu Frankreich, dieser »gleichheitsfixierten« Nation (Tocqueville), misstraut Deutschland einheitlichen Standards; so unterscheiden sich beispielsweise die Lehrpläne oder die Regeln für die Stadtplanung von einem Bundesland zum anderen. Die Einigungsbewegung des 19. Jahrhunderts in Deutschland war zum großen Teil auf einen Schock aus Frankreich zurückzuführen. »Am Anfang war Napoleon« (Thomas Nipperdey); es war der Kaiser, der mit imperialer Gewalt der Zersplitterung der Macht zwischen Kurfürsten, Bischöfen und lokalen Adligen ein Ende setzte. Er war es auch, der die nationalistischen Rachegelüste entfachte. Schließlich spielte auch der Zweite Weltkrieg eine Rolle: vom Verlust der Ostgebiete, der die moralische Macht Preußens verringerte, bis hin zur Zusammenlegung historisch fremder Einheiten (Baden und Württemberg, Westfalen und Rheinland) durch die Alliierten. Trotz der Schwierigkeiten der Kultusministerkonferenz oder der Verzögerungen bei der Bewältigung der COVID-Epidemie, die auf die politische Zersplitterung zurückzuführen waren, blieb und bleibt Deutschland vielfältig und stolz darauf.

Die Mehrheit der Deutschen bevorzugt Stabilität, sowohl in der Politik (»keine Experimente«) als auch in finanziellen Angelegenheiten (»keine Schulden«). Dass diese Tendenz manchmal an Risikoaversion grenzt und weder Agilität noch Improvisation fördert, beunruhigt die Gemüter kaum. Es stimmt allerdings auch, dass die theoretische Orthodoxie in der Praxis nicht verhindert hat, dass es im Bundeshaushalt immer mehr außerbudgetäre Sondervermögen gibt.

In Deutschland zieht man es vor, im Voraus zu wissen, wohin die Reise geht. Man veröffentlicht nicht innerhalb weniger Wochen ein Buch und organisiert nicht im letzten Moment eine Konferenz. Zuverlässig zu sein, ist eine der am meisten geschätzten Tugenden. Das führt dazu, dass die Zeit langsamer vergeht. Das fällt jedem auf, der aus Paris oder London über den Rhein fährt: Die Tage vergehen gelassener, und es passiert weniger Unvorhergesehenes. Die Deutsche Bahn gibt im Voraus die Nummer des Bahnsteigs bekannt, auf dem der Zug ankommt. Weder die zahlreichen Verspätungen, die den Zugverkehr beeinträchtigen, noch die Existenz von Computertools, die Änderungen in letzter Minute begünstigen, haben bisher dazu geführt, dass diese Praxis aufgegeben wurde. Vielleicht sind diese Leitplanken, dieser Widerstand gegen Flexibilität, eine gute Sache in unseren Gesellschaften, in denen alles zufällig wird, in denen dauerhafte Bindungen an Wert verlieren und in denen das Fließende allzu oft über die Tiefe siegt. Seltsamerweise oder vielleicht gerade weil ein Ventil in einem so stabilen Universum notwendig ist, ist Deutschland gleichzeitig für heftige politische Auseinandersetzungen bekannt (früher über Atomkraft und Pershing-Raketen, in jüngerer Zeit über Migranten oder Impfstoffe).

Und schließlich lebt man in Deutschland gern »im Grünen«. Man braucht nur zu sagen, dass man in Paris Kinder großzieht, um Blicke zu spüren, in denen sich Mitleid mit Ablehnung mischt. Außer vielleicht in Berlin, der Stadt, die aufgrund ihrer Größe ohnehin viele Grünflächen bietet, ist es der Traum der Deutschen, in einem großen Haus außerhalb der Stadt zu wohnen. Obwohl: Auch die Berliner, die es sich leisten können, haben ihre Datsche außerhalb. Aber mal ehrlich: im Grünen, wirklich? Die Realität ist alles andere als grün; es ist vielmehr eine Natur, die durch den maßlosen Gebrauch des Privatautos gefährdet ist, wobei der Autoverkehr immer Vorrang hat und nur durch die Intensität der Staus eingeschränkt wird. In Wirklichkeit verändert sich das Land, wie auch die Welt, hinter den Reden, hinter einer Wahrnehmung oder sogar einem Wunsch nach Beständigkeit enorm.

Was geht?

Die christlichen Kirchen in Deutschland haben eine positive Rolle bei der Aufnahme von Migranten im Jahr 2015 gespielt; sie haben auch Einfluss auf das politische Leben, wie die Anwesenheit so vieler gewählter Volksvertreter auf den Kirchentagen beweist. Obwohl die christlichen Kirchen in Deutschland auch heute ein dynamisches Forum sind, geht die religiöse Praxis zurück. Die Verbreitung von außerehelichen Geburten, Verhütungsmitteln und gleichgeschlechtlichen Partnerschaften zeigt, wie sehr sich unsere Gesellschaften bereits verändert haben. Die Präsenz zahlreicher, manchmal sittenkonservativer Muslime wird dies in Zukunft vielleicht ändern, vorausgesetzt, die religiöse Praxis der Muslime bleibt bestehen. Auch aus diesem Grund ist die Verteidigung der in dem Grundgesetz festgestellten Werte der Nichtdiskriminierung und der Gleichheit von entscheidender Bedeutung.

Was die Geschlechterbeziehungen zwischen Männern und Frauen angeht, waren die Umwälzungen tiefgreifend, unsichtbar und gleichzeitig unvollendet. Das gilt überall in Europa, aber besonders in Deutschland, wo das Fortbestehen eines Erziehungsmodells, das der Mutter die Last der ersten Jahre des Kleinkinds aufbürdet, zu verzeichnen ist. So haben Frauen zwar politische Rechte (durch das Wahlrecht), finanzielle Unabhängigkeit (durch Arbeit) und sexuelle Freiheit (mit der Pille und der Abtreibung) erlangt, aber sie haben weder die Macht noch die tatsächliche Gleichberechtigung vollständig erobert. Die politischen und wirtschaftlichen Führungseliten leisten Widerstand. Niemand kann die Wucht der #MeToo-Bewegung verstehen, ohne die unterschwellige Frustration über eine gewisse Unbeweglichkeit trotz jahrzehntelanger verbaler Bekundungen einzubeziehen. Frauen werden für gleiche Arbeit immer noch nicht wie Männer bezahlt, und die grapschende Hand gibt es immer noch. Die Gleichberechtigung ist noch nicht erreicht, Teilzeitarbeit und prekäre Arbeitsverhältnisse bleiben vor allem das Los der Frauen.

Ebenso wenig sichtbar in der Öffentlichkeit, auf nationaler wie auf europäischer Ebene, ist das Thema der Demografie, obwohl dessen Folgen unmittelbar greifbar sind. Die Statistiken spiegeln wider, was unsere Spiegel offenbaren, auch wenn wir es kaum wahrhaben wollen: Deutschland altert, wie die europäischen Nachbarländer. Die Demografie belastet die Wirtschaft: Sie verringert die verfügbare Arbeitskraft und den Konsum, erhöht die Sparquote und die Risikoaversion. Sie lässt die Sozialkosten (Rente, Gesundheit, Pflegebedürftigkeit) steigen, was den Spielraum für

Investitionen verringert. Darüber hinaus tendiert das Alter zu Nostalgie und Konservatismus, die dem Wandel abträglich sind.

Was kommt auf uns zu?

Niemand kann die Zukunft vorhersagen, aber wir werden in einer Welt erhöhter Ungewissheit leben, in der die einzige Gewissheit die Beschleunigung des Wandels ist.

Zunächst einmal erfordern die Entwicklung des Klimas und der Schwund der biologischen Vielfalt dringend Änderungen unserer Lebensweise, unseres Konsumverhaltens, unserer Wohnsituation, unserer Mobilitätsformen und unserer Ernährung. Wissenschaftler aus aller Welt, die im IPCC (Intergovernmental Panel on Climate Change) und IPBES (Intergovernmental Platform on Biodiversity and Ecosystem Services) zusammengekommen sind, um den globalen Temperaturanstieg bzw. den durch die Menschheit verursachten Eingriff in die Natur zu messen, kündigen physikalische Veränderungen mit weitreichenden wirtschaftlichen und gesellschaftlichen Folgen an. Wir sind bereits acht Milliarden Menschen auf der Erde. Je nachdem, ob wir die Herausforderung Klima/Natur annehmen, indem wir auf Verbrennungsmotoren und Fleischgerichte verzichten, oder ob wir in Verleugnung und Gewohnheit verharren, wird die Zukunft unterschiedlich aussehen. Eine Verzögerung der unerlässlichen Transformation wird nur zu höheren Kosten führen. Dies gilt umso mehr für ein Land mit einer starken kohlenstoffintensiven Industrie wie Deutschland (Chemie, Automobil, Maschinenbau).

Zweitens wären für den Zusammenhalt unserer Gesellschaften zwei Anstrengungen entscheidend: Erstens müsste die

Geschlechterparität tatsächlich erreicht werden, um die Lasten der Kindererziehung und der Pflege älterer Eltern neu zu verteilen. Zweitens muss die sozialökologische Transformation aktiv begleitet werden, um gesellschaftliche Spaltungen oder gar offene Konflikte zu vermeiden. Es wird »Gewinner« und »Verlierer« geben. Erhebliche Kosten müssen verteilt, riesige Investitionen finanziert werden. Die Idee eines gerechten Übergangs ist in dieser Hinsicht für Deutschland von zentraler Bedeutung, da die Mittelschicht für die demokratische Stabilität des Landes so wichtig ist.

Schließlich entdeckt Deutschland – wie der Rest Europas – gerade, dass scheinbar selbstverständliche Güter wie Frieden, Stabilität und eine friedliche Nachbarschaft in Wirklichkeit zerbrechliche Errungenschaften sind. Die Erkenntnis aufgrund des Krieges in der Ukraine ist umso brutaler, als Deutschland wenig in seine Verteidigung investiert und besser gelebt hat als seine europäischen Partner, insbesondere in den Jahren der Finanzkrise. Dies verdankt es zwar seinen eigenen Bemühungen um Wettbewerbsfähigkeit (Lohnzurückhaltung, Qualität der Ausbildung, Hartz-IV-Reformen), aber es hat auch den amerikanischen Schutzschirm, die Vorteile des Binnenmarkts und eine für seine industrielle Positionierung schwache Währung genossen.

Deutschland läuft vor allem Gefahr, viel stärker von geopolitischen Veränderungen betroffen zu sein: Es hatte auf Russland als Gaslieferant und auf China als Absatzmarkt gesetzt. Es hat es geschafft, seine Versorgung zu diversifizieren, verbrennt aber weiterhin Braunkohle. Die chinesisch-amerikanische Konfrontation deutet darauf hin, dass die Amerikaner irgendwann mehr von ihren Verbündeten verlangen werden, wie es das Konzept des »Friendshoring« (Umschichtung von Wertschöpfungsketten in befreundete Länder) bereits offenbart, wenn sie nicht sogar den

Wettbewerb zwischen den Verbündeten verschärfen (Inflation Reduction Act). In dieser unsicheren Welt disqualifiziert sich ein Geschäftsmodell, das auf massiven Exporten und geringen Militärausgaben beruht. Daher ist es wichtig, dass Bundeskanzler Scholz erkannt hat, dass wir in einer »Zeitenwende« leben, ein Konzept, das allerdings noch konkretisiert werden muss, genauso wie die französische »autonomie stratégique«.

Daraus ergibt sich auch eine Schlüsselfrage für die Zukunft: Sind wir Gefangene unserer nationalen Traditionen, oder können wir uns daraus befreien? Die Lektüre eines kurzen Werkes des italienischen Dichters Giacomo Leopardi *(Discorso sopra lo stato presente dei costumi degl'Italiani)* aus dem Jahr 1824 gibt dem Leser zu denken: Er spricht von den »Italienern« noch vor der politischen nationalen Einigung, und aus heutiger Sicht fällt die Langlebigkeit gewisser den Italienern zugewiesener Charakterzüge auf. Betrachtet man indessen längere Zeiträume, zeigt sich, dass Veränderungen möglich sind. Auch ohne auf Friedrich II. (1194 bis 1250), den deutschen Kaiser und König von Sizilien, zurückzugehen, der bedauerte, dass Sizilien gut organisiert, während sein germanisches Königreich chaotisch sei. Der Protestantismus ist 500 Jahre alt. Für die Chinesen, die in Jahrtausenden denken, ist das wie gestern. Und auf das Auto, das zehn Prozent des deutschen BIP ausmacht, haben die Menschen lange Zeit verzichtet.

Und da wir von historischen Entwicklungen sprechen: Wenn ein Land eine beeindruckende Aufarbeitung seiner Vergangenheit geleistet hat, dann ist es Deutschland. Das stellt einen großen Vorteil dar. Nach 1945 haben sich nicht nur die politischen Strukturen, sondern auch die Sitten und das Verhältnis zur Macht verändert. Bei dieser Anstrengung, die in erster Linie dem deutschen

Volk zu verdanken ist, haben das vereinte Europa und der Westen ebenfalls eine Rolle gespielt: Schumans ausgestreckte Hand von 1950, mit der die junge Bundesrepublik Frankreich gleichgestellt wurde, begleitete die Rückkehr des besiegten Landes an den europäischen Tisch ebenso, wie die NATO Deutschland in den Westen eingliederte.

Heute entsteht überall auf der Welt ein neuer Nationalismus. Die Versuchung, sich für überlegen zu halten, alles besser als die anderen zu wissen oder seine Stärke zu missbrauchen, ist real. Das größte Land Europas sollte sich davor hüten, dieser Gefahr nachzugeben. Im Jahr 2011 erinnerte Ex-Bundeskanzler Schmidt an das Risiko, dass Deutschland seine zentrale Lage und sein großes ökonomisches Gewicht schlecht verwalten könnte (Rede auf dem Bundesparteitag der SPD). Durch den Austausch von Erfahrungen führt uns die EU aus unseren begrenzten, lokalen Perspektiven heraus; durch die Einführung von geordneten Verfahren schützt sie vor dem Recht des Stärkeren. Das ist unsere Chance.

Sylvie Goulard (* 6. Dezember 1964 in Marseille) ist eine französische Politikerin, Politologin und Essayistin, die von 2009 bis 2017 als Mitglied des Europäischen Parlaments tätig war. Im Mai 2017 wurde sie zur Verteidigungsministerin Frankreichs ernannt. Im Januar 2018 wurde sie zum stellvertretenden Gouverneur der Banque de France ernannt. Goulard ist Absolventin der Sciences Po und der École nationale d'administration. Sie ist zudem die Präsidentin des dfi (Deutsch-Französisches Institut (Ludwigsburg).

Deutschland AG

Karl-Ludwig Kley

Schlägt man im Duden den Begriff »Deutschland AG« nach, wird als charakterisierendes Merkmal die »medienwirksame Bezeichnung für die gegenseitige Kapitalbeteiligung großer deutscher Aktiengesellschaften« hervorgehoben. Und weiter: »Unter deutschen Konzernen … bestand jahrzehntelang ein System wechselseitiger Kapitalbeteiligungen, das zu einem feinmaschigen Netz finanzieller Abhängigkeiten und gegenseitiger Einflussnahme von Vorstandspositionen und Aufsichtsratssitzen geführt hatte.«

Vielfach wird vermutet, das Copyright des Begriffs liege bei der *Financial Times*, die ihn 1974 verwendet hat. Der *Economist* zog zehn Jahre später mit der »Deutschland Inc.« nach; zur gleichen Zeit begann auch die wissenschaftliche Verwendung des Terminus. Im breiten Sprachgebrauch etablierte er sich allerdings erst in den 1990er Jahren – um nur wenig später sein beschriebenes Objekt zu verlieren. Denn schon 2005 hatte sich das Netzwerk der deutschen Unternehmensverflechtung weitgehend aufgelöst und so den Begriff im Grunde obsolet gemacht.

Doch trotz ihres Verschwindens vor fast 20 Jahren hat die Deutschland AG keinen wirtschaftshistorischen Staub angesetzt, sondern wirkt bis heute nach. Das ist erstens in der Historie begründet, denn schließlich war sie kein zeitlich isoliertes Phänomen, sondern ist in die lange Linie wirtschaftlicher Entwicklung in Deutschland eingebettet. Zweitens entzündeten sich an ihr seit den 1980er Jahren heftige innenpolitische Kontroversen, die bisweilen auch heute noch durch die öffentliche Debatte geistern. Und drittens ist mit »Deutschland AG« schlichtweg ein griffiges, medial wirksames Label zur Hand, das in alle möglichen Richtungen mäandernd vielseitig verwendbar ist.

Die wirtschaftliche Verflechtung innerhalb eines Landes war übrigens nie allein made in Germany. Österreich kennt die Austria Inc., die Niederlande die Nederlands N.V., Japan die Japan Inc. Und die Netzwerkdichte in Frankreich steht der Anzahl der dortigen Käsesorten keineswegs nach. Bei Vergleichen ist allerdings Vorsicht geboten, täuschen die ähnlich klingenden Etikettierungen doch über zum Teil beträchtliche systematische, kulturelle und historische Unterschiede zwischen den Ländern hinweg.

Der lange Vorlauf

Zwar erlebte die Gründung von Kapitalgesellschaften ihren ersten Höhepunkt in den 1850er Jahren in Preußen und dort vorwiegend bei den Bergbaugesellschaften in den Provinzen Rheinland und Westfalen. Als quasi offizieller Geburtsort der späteren Deutschland AG gilt aber das deutsche Kaiserreich. Geburtshelfer war vor allem die Aktienrechtsnovelle von 1870, die dann ab 1871 mit dem Rückenwind der Reichsgründung zu einem Gründerboom führte. Kapitalverflechtungen nahmen zu und – da das neue Aktiengesetz erstmals den Aufsichtsrat in die Unternehmensgovernance einführte – auch die Personalverflechtungen. Repräsentanten von Großaktionären, Kreditgebern und anderen Geschäftspartnern zogen in die Gremien ein. Gänzlich neu waren derartige personelle Verbindungen zwischen Unternehmen freilich nicht. Auf regionaler Ebene waren umfassende Personenverflechtungen auch vorher schon üblich gewesen; Ausdruck des notwendigen zwischenmenschlichen Vertrauens, das bis heute jenseits rein wirtschaftlicher Erwägungen eine große Rolle in der Unternehmensführung spielt.

Gegen Ende des 19. Jahrhunderts nahm dann die Bedeutung der Banken zu. Sie weiteten ihr Geschäft auf Aktienemissionen aus und avancierten zunehmend zu Aktionären von Industrieunternehmen mit entsprechender Repräsentanz in den Aufsichtsräten. Ihre starke Stellung nutzten sie aber nicht übermäßig; sie regierten kaum in die Unternehmen hinein.

In der Weimarer Zeit drehte sich aber das Blatt. Die hohe Inflation erschwerte es den Banken, den Finanzierungsbedarf der Unternehmen abzudecken; sie wurden zunehmend ihrerseits von ihren Kunden abhängig, vor allem von deren internationalen Transaktionen. Auch kam es zu gewichtigen horizontalen Zusammenschlüssen von Industrieunternehmen, etwa der Gründung der I. G. Farbenindustrie 1925 oder der Fusion von Daimler und Benz 1926. Infolgedessen zogen nun immer mehr Industrievertreter in die Aufsichtsräte der Banken ein.

Die Zeit des Nationalsozialismus war geprägt vom politischen Einfluss des NS-Regimes und seiner Vasallen. Im Rahmen der Kriegswirtschaft übernahm der Staat zunehmend eine planerische und direktive Funktion. In den gegenseitigen Beziehungen des Netzwerks aber kam kein grundliegender Wandel zustande.

Die Neugestaltung der deutschen Wirtschaft nach 1945 setzte schließlich auf all diesen strukturellen Traditionen und persönlichen Kontinuitäten auf. Bis heute sind die den Vorgängern immanenten traditionellen Vorstellungen vorherrschend, etwa die unternehmerische Selbstkontrolle mit den getrennt agierenden

Gremien Vorstand und Aufsichtsrat im Rahmen der deutschen Corporate Governance. Ungebrochen ist allerdings auch der ständige Hang zu mehr staatlicher Einflussnahme, der in den vergangenen Jahrzehnten zu einer immer engmaschigeren Gesetzgebung geführt hat. Der unmittelbar nach dem Krieg postulierte liberale Gedanke einer Unternehmenskontrolle durch den wettbewerblichen Markt verlor demgegenüber sukzessive an Bedeutung.

Wirksamkeit und Auflösung der Deutschland AG

Man kann also bereits von einer Existenz der Deutschland AG sprechen, bevor der Begriff in den 1970er Jahren geprägt und ab den 1990er Jahren zum geflügelten Wort wurde. Diese Deutschland AG war vom Gesetzgeber so nicht gewollt, auch wenn das Aktienrecht erheblich zur Verflechtung beitrug. Sie hatte ihren Ursprung vielmehr in der betriebswirtschaftlichen Eigenlogik der beteiligten Unternehmen, durchaus erleichtert durch den rechtlichen Rahmen.

Das entscheidende Merkmal der Deutschland AG waren weniger die wechselseitigen Beteiligungen als vielmehr der über die Zeit entstandene Netzwerkcharakter. Soziologen haben das als Gelegenheitsstrukturen beschrieben. Die häufigen Kontakte im Rahmen dieses Netzwerks ermöglichten gegenseitiges Verständnis und schufen Vertrauen zwischen den Akteuren. Im Zusammenspiel mit der Mitbestimmungsgesetzgebung führte dies über lange Zeit zu kooperativen Problemlösungen, sowohl in Expansions- wie auch in Krisenzeiten.

Betriebswirtschaftlich ist das Leitbild des deutschen Aktienrechts mit dem zweistufigen Modell Vorstand/Aufsichtsrat nicht überzeugender als andere, z. B. einstufige Modelle. Auch ist das

Aktienrecht kein Allheilmittel – es kann lediglich einen Rahmen abstecken, aber weder die Unternehmenskontrolle wirksam gestalten noch Unternehmen vor Fehlentscheidungen bewahren. Die ständig zunehmende Regelungsdichte bei der Unternehmenskontrolle mag zwar ein politischer Dauerbrenner sein, eine große Erfolgsstory ist sie nicht. Der Praktiker wird dabei eher an den Scheinriesen Tur Tur erinnert, dem Jim Knopf und Lukas der Lokomotivführer begegnen.

Aus rechtlicher Sicht ist eine große Aktienrechtsreform längst überfällig. Natürlich müsste an deren Anfang eine Diskussion über das Leitbild einer solchen Reform stehen. Damit ist in absehbarer Zeit aber nicht zu rechnen, denn mit einer solchen Reform gewinnt man keine Wahlen.

Politisch war die Rezeption der Deutschland AG in der Nachkriegszeit im Großen und Ganzen positiv. Sie sicherte in den Augen vieler den wirtschaftlichen Aufschwung und bot zugleich Schutz vor gefürchteten feindlichen Übernahmen aus dem Ausland. Damit lag sie durchaus im nationalen Interesse, wie auch in dem vieler Unternehmensleitungen.

Das änderte sich schleichend in den 1980er Jahren. Zunächst mit einer kapitalismuskritischen Diskussion, die sich vor allem gegen die Banken als zentrale Akteure der Deutschland AG richtete, deren Macht beschnitten werden müsse. Symbolisch dafür stand der *Spiegel*-Titel vom November 1989, der Deutsche-Bank-Vorstandssprecher Alfred Herrhausen als allmächtigen »Herr(n) des Geldes« charakterisierte. Nach der Wiedervereinigung erklangen dann zunehmend auch von neoliberaler Seite Rufe nach Auflösung der Deutschland AG, um die Chancen der Globalisierung besser wahrnehmen zu können. Dies entsprach der inzwischen gewandelten Interessenlage der Banken.

Die Auflösung der Deutschland AG war zugleich Katalysator und Ergebnis gewandelter politischer und ökonomischer Trends. Entscheidend war der Verkauf von Beteiligungen durch Banken und Versicherungen in den 1990er Jahren, der durch die Abschaffung steuerlicher Privilegien attraktiv wurde. Dieser Schritt wiederum setzte eine ganze Reihe weiterer aktien- und kapitalmarktrechtlicher Gesetzesänderungen in Gang.

Ironie der Geschichte: Nachdem sie die Auflösung der Deutschland AG lange Zeit goutiert oder sogar gefordert hatte, machte die öffentliche Meinung nach deren Vollzug eine Kehrtwende. Am eindrücklichsten tat dies der damalige Vorsitzende der SPD-Bundestagsfraktion Franz Müntefering, als er 2005 von Heuschrecken sprach, »die im Vierteljahrestakt Erfolg messen, Substanz aussaugen und Unternehmen kaputtgehen lassen, wenn sie sie abgefressen haben«. Diese nicht unbedingt mit der Wirklichkeit deckungsgleiche Aussage war letztlich nichts anderes als ein Aufruf zur Rückkehr in den Hafen der vermeintlich sicheren, alten Deutschland AG.

Deutschland AG reloaded?

Die Deutschland AG der zweiten Hälfte des 20. Jahrhunderts dürfte kein Osterwunder erleben. Die Einbindung der Bundesrepublik in die Europäische Union wie auch die Verflechtung Deutschlands in die Weltwirtschaft werden dies ebenso wenig erlauben wie die relative Schwäche der deutschen Banken, die eine den Nachkriegsjahren vergleichbare Rolle heute nicht mehr spielen können.

Der Begriff als solcher ist allerdings zu schön, um ihn nicht weiterzuverwenden. Erste Okkupationen gab es schon. So verkündete der frühere Bundeskanzler Gerhard Schröder im Jahr 2001, er habe nichts dagegen, als Kanzler der Deutschland AG bezeichnet zu werden. Dies deutet schon die Richtung an, aus der künftige Begriffseroberungen kommen könnten.

Die aktuell wieder zunehmende Staatsgläubigkeit äußert sich auch im Anstieg wirtschaftlicher Betätigung des Staates. Vermehrt zeigt die Politik Interesse am Ausbau von Unternehmensbeteiligungen. Auf lokaler Ebene werden Rekommunalisierungen vorangetrieben. Zur Begründung wird entweder die Daseinsvorsorge strapaziert oder der Rahmen für kritische Infrastruktur ausgedehnt. Da ist der Schritt zu einer zumindest in Teilen staatlich organisierten Deutschland AG nicht mehr weit. Und wenn wie im Fall von Viessmann 2023 Teile eines deutschen Unternehmens in die USA verkauft werden, ruft das ebenso eilige wie öffentlichkeitswirksame Ankündigungen des Bundeswirtschaftsministers auf den Plan, diese Entscheidung einer Unternehmerfamilie eingehend prüfen zu wollen.

So erfolgreich wie die alte Deutschland AG dürfte eine neue Form nicht werden. Das Erfolgsrezept der alten Deutschland AG war es ja gerade, dass sie nicht staatlich geplant oder angeordnet war, sondern aus wirtschaftlicher Eigenlogik der Unternehmen entstand – aber zugleich wegen ihrer Struktur und der persönlichen Verpflichtungen durchaus vom Staat in die Verantwortung genommen werden konnte.

Dieser deutsche Sonderweg zeigt, wie erfolgreich eine Wirtschaft sein kann, wenn sich der Gestaltungswille von Unternehmern und Managern entfalten kann, sie aber gleichzeitig in eine Verantwortungsgemeinschaft eingebunden werden. Würden sich Politik und Wirtschaft wieder auf dieses Vorbild besinnen, ihre jeweiligen Stärken ausspielen und so weit wie möglich ideologiefrei zusammenarbeiten, könnte eine Deutschland AG 2.0 auch im veränderten Kontext des 21. Jahrhunderts funktionieren. Wir könnten die großen gesellschaftlichen und ökonomischen Herausforderungen unserer Zeit – etwa die Energiewende – wahrscheinlich besser, kostengünstiger und schneller umsetzen.

Karl-Ludwig Kley (* 11. Juni 1951) ist ein deutscher Manager. Nach einer kaufmännischen Ausbildung bei Siemens und einem juristischen Studium arbeitete er zunächst bei Bayer. 1998 wurde er in den Vorstand der Lufthansa berufen; 2007 übernahm er den Vorsitz der Geschäftsleitung von Merck, den er bis 2016 innehatte. Kley bekleidete verschiedenste Führungspositionen in Aufsichtsräten und Industrieverbänden. Aktuell ist er Vorsitzender des Aufsichtsrats der Lufthansa. Gemeinsam mit Thomas de Maizière veröffentlichte er 2021 bei Herder das Buch *Die Kunst guten Führens. Macht in Wirtschaft und Politik.*

Dienen

Michael Seewald

Ein katholischer Theologe lernt schnell, dass die Bibel in seiner Kirche nicht allzu ernst genommen wird. Dafür, dass von Jesus in der Schrift überliefert wird, er habe seine Jünger aufgefordert, nicht nur keinen Meineid zu leisten, sondern ihnen gesagt, »schwört überhaupt nicht, weder beim Himmel, denn er ist Gottes Thron, noch bei der Erde, denn sie ist der Schemel seiner Füße« (Mt 5,34f.), werden Geistlichen und Theologen allerlei Eide abverlangt. Ein »Treueeid« gegenüber der Leitung der Kirche soll vor der Diakonenweihe, vor der Ernennung zum Professor oder vor der Übernahme eines kirchlichen Amtes geleistet werden. Manche schwören diese Eide tatsächlich. Derart in Distanz gegenüber der Bibel geschult, braucht ein Theologe auch kein schlechtes Gewissen zu haben, wenn er ein anderes Schriftwort nicht einhält: »Niemand kann zwei Herren dienen; er wird entweder den einen hassen und den andern lieben oder er wird zu dem einen halten und den andern verachten.« (Mt 6,24) Ein Theologe – zumindest so, wie ich sein Amt verstehe – dient nicht nur zwei, sondern gleich drei Herrinnen. Er dient der Kirche, er dient der Wissenschaft, und er dient der Öffentlichkeit. Wenn er seine Aufgabe gut macht, kann er zwar nicht alle drei Herrinnen in gleichem Maße lieben, wird aber hoffentlich nicht bloß zu einer halten und die anderen beiden verachten.

Inwiefern dient ein Theologe der Kirche? Theologie ist Nachdenken über den Glauben der Kirche aus einem affirmativen, diesen Glauben bejahenden Blickwinkel. Odo Marquard hat einmal formuliert, dass »der Mensch immer lebt und sich sozusagen zusieht beim Leben; er ist das Doppelwesen, das immer in der Vollzugswelt und in der Reflexionswelt zugleich lebt«. Mit Blick auf die Theologie könnte man sagen: Ein Theologe glaubt und sieht sich zugleich beim Glauben zu. Er lebt in der kirchlich konkretisierten Vollzugswelt des katholischen Glaubens und zugleich in einer Reflexionswelt, die Distanz zu diesen Vollzügen erfordert. Beides, Vollzug und Distanz, ist für die Theologie unentbehrlich. Wer den Glauben betrachtet, wie ein Ornithologe Vögel beobachtet, ist kein Theologe. Wer jedoch keine die religiöse Inbrunst abkühlende Distanz zum Glauben aufbaut und meint, knien sei die adäquate Körperhaltung theologischen Denkens, ist ebenfalls kein Theologe, sondern ein gelehrter Frömmler.

Der Kirche als Theologe zu dienen, ist keine einfache Aufgabe. Denn die kirchliche Vollzugswelt des Glaubens ist – nicht erst heute, sondern sie war es schon immer – von Spannungen geprägt. Der katholische Glaube hat eine kognitive, eine affektive und eine praktische Dimension. Zum Glauben gehören Sachgehalte oder Gegenstände, die für wahr gehalten werden (sein kognitives Moment). Die Aneignung dieser Gehalte sollte jedoch weniger informativ-belehrende als vielmehr existenzielle Wirkung entfalten, wie sie sich in einer Haltung des Vertrauens, der Hoffnung, der Gottesfurcht und der Nächstenliebe zeigt (der affektive Aspekt des Glaubens). Affekt wiederum verlangt nach Ausdruck, und dieser Ausdruck ist communional bestimmt: Christsein bedeutet, einer Gemeinschaft anzugehören, in und mit der sich der eigene Glaube vollzieht (was einen Teil der praktischen Dimension dieses Glaubens ausmacht). Während die affektive Seite des Glaubens etwas Höchstpersönliches darstellt, das sich dem äußeren Zugriff entzieht, wirken auf die kognitive und die praktische Seite des Glaubens unterschiedliche Kräfte ein. Das Lehramt, das der Papst und die Bischöfe ausüben, formuliert normative Erwartungen – seien es nun praktische Normen hinsichtlich des Handelns von Menschen oder der Ausgestaltung von Institutionen, seien es theoretische Wahrheitsansprüche im Kontext der Glaubenslehre. Die gelebte Praxis des Glaubens hat jedoch einen Eigensinn, der diese Normerwartungen nicht eins zu eins umsetzt. Dogma und gelebter Glaube sind zwei verschiedene Dinge.

Die Theologie sitzt zwischen den Stühlen. Sie hat es mit Normenbegründung und Normenkritik zu tun. Dieses normative Interesse rückt sie zumindest in die Nähe dessen, was das kirchliche Lehramt tut, auch wenn ich der Idee, dass es so etwas wie ein Lehramt der Theologie geben soll, skeptisch gegenüberstehe. Das Verhältnis zwischen Lehramt, gelebter Praxis und Theologie ist daher, in jede Richtung betrachtet, spannungsvoll. Nicht jede Praxis ist gut, weshalb die Theologie auch eine Kritik an der gelebten Praxis vornehmen muss. Aus Sicht derjenigen, die sagen, die Praxis werde sich schon selbst regulieren, erscheinen Theologen daher nicht selten als Bedenkenträger, die die Dinge unnötig verkomplizieren. Umgekehrt hat die Theologie gegenüber dem Lehramt gerade in ihrer normbegründenden und normkritischen Funktion die Aufgabe, unberechtigte Normerwartungen zu kritisieren und stattdessen Alternativen zu dem zu erarbeiten, was als lehramtlicher Sollstandard katholischen Glaubens vorgelegt wird. Bei dem Gesagten handelt es sich natürlich um ein idealtypisches Verständnis von Theologie – wohlwissend, dass es die eine Theologie nicht gibt, sondern nur eine Vielzahl von mehr oder minder gut begründeten theologischen Ansätzen, die in Konkurrenz miteinander stehen. Die Form, in der diese Konkurrenz ausgetragen wird, ist der wissenschaftliche Wettstreit.

Die Wissenschaft ist die zweite Herrin, der die Theologie dient. Diese Herrin bindet theologisches Arbeiten an nachvollziehbare, auch für Nichttheologen einsichtige Methoden, an die Benennung von Voraussetzungen und an konkludentes Schlussfolgern. Eine wissenschaftliche Durchdringung des Glaubens macht den Glauben diskutabel und damit rechenschaftsfähig, aber auch kritisierbar. Manche in der Kirche tun sich mit dieser Kritik schwer. Wissenschaftlichkeit als Widersacherin des Glaubens zu sehen, zeugt jedoch eher von mangelndem Vertrauen in den eigenen Glauben als von Glaubensfestigkeit. Richtig verstanden, kann der Kontakt mit anderen universitären Disziplinen die Theologie sogar von einem Gebrechen heilen, das sie in den letzten Jahrzehnten immer stärker befallen hat: der Annahme, alle Theologie habe ihre Bedeutung darin zu zeigen, dass sie gesellschaftlich relevant sei. Die Klassische Philologie und die Geschichte, die Literaturwissenschaft und die Philosophie würden sich auf eine solch verengte Zielsetzung ihres eigenen Tuns vermutlich nicht einlassen. Denn so paradox es klingt: Relevanz wird nicht dadurch gewonnen, dass man versucht, Relevanz zu gewinnen. Relevanz kann nicht erarbeitet werden – sie entsteht entweder beim Arbeiten, oder sie entsteht gar nicht. Für die Theologie heißt das: Theologie gewinnt nicht dadurch an Relevanz, dass sie Forschung und Lehre in relevanzrelevanter Weise umstellt, sondern Theologie wird dadurch relevant, dass sie das, was das ihrige ist, in guter Weise tut. Wenn Relevanz nicht mehr das ist, was beim Arbeiten entsteht, sondern Relevanz selbst der Gegenstand des zu Erarbeitenden wird, geht nämlich eine Kategorie, die für jede

Wissenschaft unerlässlich ist, verloren: die Kategorie des Interessanten.

Theorien zur Entstehung des Pentateuch, die Dyotheletismuskontroverse oder die Theologie der katholischen Aufklärung sind interessant, aber diese Themen sind nicht im engeren Sinne relevant. Sie haben keine Erlebnisqualität für und keinen Einfluss auf die kirchliche Praxis. Trotzdem gehören sie unverzichtbar zu einem Theologiestudium und zur theologischen Forschung dazu. Eine bloß relevante Theologie wäre eine inhaltlich entkernte Theologie, der jener intellektuelle Reiz des Interessanten abhandengekommen wäre, für den die Universität steht und dem auch die Theologie als Wissenschaft verpflichtet bleiben sollte. Der Relevanzdiskurs ist, ähnlich wie die wissenschaftsfeindliche Flucht in den Fundamentalismus, ein religiöses Krisenphänomen. Wo breitengesellschaftliche Relevanz nicht mehr gegeben ist, wird versucht, sie herzustellen – mit der widersprüchlichen Folge, dass gerade das intentionale Herstellen von Relevanz dazu führen kann, dass Relevanz sich nicht einstellt und dazu noch die Freude am Denken jenseits seiner Anwendbarkeit und das Vergnügen an der Erkenntnis jenseits ihrer Verwertbarkeit verloren geht. Die Wissenschaft als Herrin ist also nicht nur methodenstreng, sondern auch großzügig. Sie vermietet der Theologie ein Zimmer im vielgescholtenen Elfenbeinturm, ohne den jedoch keine Wissenschaft auskäme.

Trotzdem hat die Theologie noch eine dritte Herrin, der sie dient: die Öffentlichkeit. Die Öffentlichkeit hat ein Recht darauf, von Theologen in allgemeinverständlicher Weise Auskunft über die Kirche, über Religion und über das, was Theologen der Gesellschaft über die Gesellschaft sagen können, zu erhalten. Spätestens an dieser Stelle zeigt sich, dass Theologie ohne Verlage eine schlechte Dienerin zumindest zweier ihrer Herrinnen – der Wissenschaft und der Öffentlichkeit – wäre. Verlage betreiben, wenn sie seriös sind, wissenschaftliche Qualitätssicherung. Sie nehmen die kritische Auseinandersetzung zwischen Wissenschaftlern zwar nicht vorweg, haben aber sicherzustellen, dass die in dieser Auseinandersetzung öffentlich wahrgenommenen Beiträge ein Mindestmaß an Qualität nicht unterschreiten. Und Verlage sind ein Scharnier zwischen der Wissenschaft und einer interessierten Öffentlichkeit, indem sie akademisch gewichtigen Werken zur Sichtbarkeit verhelfen sowie umgekehrt gegenüber den Theologen als auf Lesbarkeit dringende Anwälte der Öffentlichkeit auftreten.

Der Verlag Herder hat in den letzten gut zweihundert Jahren dem Dienst der Theologie an Wissenschaft und Öffentlichkeit eine Form – die Buchform – gegeben. Möge diese Form, möge der Verlag und möge die Theologie nicht nur auf ein großes Erbe zurückblicken, sondern auch in eine Zukunft hineingehen, in der ihr Dienst wirken kann – zugunsten der Öffentlichkeit, zur Förderung der Wissenschaft und zum Wohl der Kirche.

Michael Seewald (* 13. Juli 1987 in Saarbrücken) ist seit 2016 Professor für Dogmatik und Dogmengeschichte an der Universität Münster. Seewald wurde mit verschiedenen Preisen ausgezeichnet, darunter der Karl-Rahner-Preis für theologische Forschung 2016 und der Heinz Maier-Leibnitz-Preis 2017. Zuletzt erschien bei Herder 2019 sein Buch *Reform. Dieselbe Kirche anders denken.*

Digitalisierung

Cherno Jobatey

Digitale Macht

Aufmerksamkeit ist ein wertvolles Gut in unserer Wissensgesellschaft. Wem das Interesse zufließt, der hat auch die Deutungshoheit. Nie wurde das deutlicher als während der Trump-Präsidentschaft mit ihren von sehr vielen geglaubten »alternativen Fakten«.

Aber die schleichende Veränderung begann bereits in den 1990er Jahren mit der Erfindung eines einfachen Internetzugangsprogramms, des Browsers: Das Internet ist seitdem für alle da. Diese ganz im Stillen gestartete digitale Revolution wirbelt bis heute mehr durcheinander, als vielen lieb ist. Traditionelle Geschäftsmodelle wandeln sich grundlegend. Handwerkliche Fähigkeiten verlieren ihren Wert. Auch die Kommunikation – egal ob privat oder öffentlich – hat sich von Grund auf verändert.

Das erste große, für alle wahrnehmbare Zeichen dafür war der Aufstieg eines politischen Niemand namens Barack Obama, der gegen die Parteieliten US-Präsident werden wollte. Die Obama-Wahl war der erste Sieg einer neuen digitalen Elite, die vor allem auf soziale Medien setzte, über eine »analoge Hemdsärmeligkeit« und machte bereits 2008 deutlich, wie sehr sich die Ökonomie der Aufmerksamkeit verändert hatte.

Was bei der Obama-Wahl oft noch ein Thema für Politfeinschmecker war, ist seit Trump und Brexit für jeden offenkundig:

Der Wettbewerb um die Deutungshoheit wurde härter und funktioniert inzwischen nach sich ständig wandelnden Spielregeln.

Trump verknüpfte 2016 Mechaniken des Reality-TV mit sozialen Medien; 2017 konnte Herausforderer Jeremy Corbyn in Großbritannien mit eher simplen digitalen Methoden überraschend erfolgreich Premierministerin Theresa May ihre absolute Mehrheit abnehmen. Joe Biden gelang es 2020, ein Rezept gegen Trump zu finden. Mit TikTok und dem augenblicklichen Audioboom sind die nächsten revolutionären Trends bereits mehr als da. Und noch weiß keiner, wie sich generative künstliche Intelligenz, also etwa der Chatbot ChatGPT von Open AI, auswirken wird.

Neue Ökonomie der Aufmerksamkeit

Früher galt es, Massenmedien zu beeindrucken, um Reichweite zu erlangen. Heute ist das nicht mehr ganz so wichtig. Wer die Gesetzmäßigkeiten der neuen Ökonomie der Aufmerksamkeit erkennt, sie anerkennt und ihnen folgt, hat enorme Vorteile. Prinzipiell jeder kann (zudem recht preiswert) seine Konkurrenten besiegen, wenn diese nur auf Altbewährtes setzen.

Erfolgreich sein kann nur, wer in der digitalen Welt »vorhanden« ist. Denn Digitales übertrifft die Reichweiten analoger Massenmedien oft um ein Vielfaches. Nur »im Internet zu sein«, reicht jedoch nicht mehr aus. Wer gehört, gelesen, gesehen oder wer seine Dienstleistung genutzt, seine Produkte gekauft wissen möchte, kommt um zwei Grundprinzipien nicht herum. Nur zwei Gebote gilt es zu befolgen, die so wunderbar einfach klingen:

- Sei findbar!
- Sei empfehlbar!

Die »Türsteher des Wissens«, die Suchmaschinen, reagieren am besten auf »gut geölte« digitale Produkte, die den (sich ständig verändernden) Kriterien von Google & Co. entsprechen. Chancen hat nur, was inhaltlich und technisch gut funktioniert. Und das ist ein Produkt von Arbeit und Wissen. Um dieses »Gefundenwerden« hat sich eine ganze Serviceindustrie etabliert.

Für den Hebel der sozialen Medien ist es entscheidend, alles so aufzubereiten, dass es (meist ziemlich spontan) geteilt wird. Denn durchs Weiterempfehlen via soziale Medien, neudeutsch »Socialn«, lassen sich durch Netzwerkeffekte Reichweiten erzielen, die bis vor Kurzem noch unvorstellbar waren.

Ein Beispiel aus der deutschen Digitalzeitung *Huffington Post*, deren Herausgeber ich fünf Jahre lang war: Der Artikel »Der Tag, an dem ich aufhörte, ›Beeil Dich‹ zu sagen«, wäre mit 20 000 Lesern, die direkt zur HuffPost kamen, ein Flop gewesen. Aber diese Geschichte »rannte« via Social-Media-Weiterempfehlung durchs Netz und erreichte dadurch beeindruckende 2 315 826 Leser. Gut das Dreifache der *Spiegel*-Druckauflage.

Was einfach klingt, ist vielschichtiger: Denn neuen Techniken folgen, wie so oft in der Evolutionsgeschichte, neue Kulturtechniken. Gewohnheiten und Habitus gelten durch die Digitalisierung nicht mehr. Und dieser Wandel schreitet überall weiter voran, nicht nur in der Medienwelt.

Das Wie wird wichtiger als das Was

Diese Veränderung betrifft mittlerweile alle, die etwas zu Markte tragen. Denn »Märkte sind Konversationen«, und diese haben sich durch Digitalisierung verändert. Der Auftritt wird entscheidender.

Wer also Ideen, Dienstleistungen oder Produkte zu Markte trägt, muss auch jetzt den entscheidenden Schritt direkt von Mensch zu Mensch gehen: per Kommunikation. Produkte müssen verkauft, neudeutsch »gepitcht« werden. In einem Umfeld, in dem nahezu alles messbar ist, wird das Wie immer stärker zum entscheidenden Faktor und ist womöglich ebenso wichtig wie das Was.

Mit erstaunlicher Konsequenz wird gerade hierzulande leider viel zu oft ignoriert, dass Produkte oder Dienstleistungen nur bei wirksamer Kommunikation an Märkten erfolgreich sein können. Konzentriert wird sich vielfach nur auf das Produkt, auf das Was.

Bekanntester Nutznießer dieser Veränderung ist wahrscheinlich US-Unternehmer Elon Musk, der die Langsamkeit aller Premiumhersteller der Autobranche ausnutzte, um seine Teslas in unseren Köpfen zu verankern.

Auch die deutsche Hip-Hop-Industrie zeigt gerade anschaulich, dass es möglich ist, ohne die »gefühlte« Wahrnehmung einer Helene Fischer, eines Udo Lindenberg oder Grönemeyer, also weitgehend außerhalb etablierter Medien, kommerziell sehr erfolgreich zu sein. Im März 2023 feierte der Ludwigshafener Rapper Apache 207 einen neuen Rekord: Sein Song *Roller* wurde mit 162 Wochen der längstplatzierte Charthit in Deutschland und löste *Last Christmas* von Wham! ab.

Jeder, egal ob DAX-Unternehmenslenker, Mittelständler oder Privatperson, also tatsächlich jeder mit einer E-Mail-Adresse und einem Internetanschluss kann diese neuen Möglichkeiten für sich nutzen.

Wer digital nicht dabei ist, läuft große Gefahr, auf dem heutigen Marktplatz anstelle des bislang gewohnten, zentral gelegenen repräsentativen Marktstandes nur noch einen Tapeziertisch in der dritten Reihe zu betreiben. Und viel zu oft geht unter: Diese schöne neue Welt ist machbar, simpel zu bedienen und zudem bezahlbar!

Wissen ist Macht, daran wird sich nichts ändern. Aber noch nie waren so viele so mächtig.

TV-Moderator **Cherno Jobatey** ist vielfach gefragter Keynote Speaker und Experte für Auswirkungen der Digitalisierung und lehrt Rhetorik an der Uni Tübingen. Mehr: *www.cherno-jobatey.de*

Sie durften heute ihr Lieblingsspielzeug mitbringen.

Drohnenkriege

Markus Reisner

Anfang September 2020 verkündete ein Sprecher der von den Huthi unterstützten jemenitischen Armee in einer Pressekonferenz, dass es gelungen sei, den saudischen Flughafen von Abha mit weitreichenden eigenen Drohnen anzugreifen. Diese Meldung wirft neuerlich Licht auf einen Konfliktherd, der von der öffentlichen Berichterstattung gerne vernachlässigt wird. Im Jemen und in Saudi-Arabien tobt ein regelrechter Drohnenkrieg. Während amerikanische MQ-9 Reaper auf jemenitischem Staatsgebiet Drohnenjagd auf Al-Qaida-Kämpfer machen, wehren sich Huthi-Rebellen gegen die Angriffe einer von Saudi-Arabien geführten Koalition, indem sie selbst mit Sprengstoff beladene Drohnen einsetzen. Drohnen, die wiederum aus dem Iran angeliefert werden. Diese Kampfführung führt immer wieder zu spektakulären Erfolgen. So gelang es den Huthi-Rebellen in einem ähnlichen Angriff im September 2019, die bedeutenden Erdölproduktions- und Verteileranlagen Khurais und Abqaiq mitten in der saudischen Wüste anzugreifen. Einschlägige Fachzeitschriften bezeichneten die resultierenden Folgen als die »größte tägliche Unterbrechung der Ölversorgung in der Geschichte der Menschheit«. Tatsächlich soll der durch den Ausfall verursachte Gesamtversorgungsverlust der saudischen Anlagen rund 5,7 Millionen Barrel Ölproduktion pro Tag – mehr als die Hälfte der jüngsten Produktion Saudi-Arabiens und rund sechs Prozent des weltweiten Angebots – sowie zwei Milliarden Kubikfuß Gasproduktion pro Tag umfasst haben.

Angriffe wie diese zeigen, dass die Kriegsführung mittels Drohnen mittlerweile zum festen Bestandteil jedes Konfliktraums gehört. Sie ist nicht nur potenten State Actors (z.B. den USA, Israel, Großbritannien und Frankreich) vorbehalten, sondern wird vor allem von Non State Actors angewandt. Tatsächlich ist das Phänomen von Drohnenangriffen durch Non State Actors in der Konfliktregion Naher und Mittlerer Osten nichts Neues. Die Konfliktherde im Irak, in Syrien, im Jemen und in der Levante sind bereits seit einigen Jahren voll von Berichten über Drohnenangriffe. Diese reichen vom Einsatz von improvisierten bewaffneten Minidrohnen bis zu unbemannten Systemen in der Größe von Kleinflugzeugen. Bereits im Jahr 2004 machten israelische Soldaten eine unangenehme Entdeckung: Die Terrororganisation Hisbollah hatte offensichtlich damit begonnen, Minidrohnen zur Aufklärung einzusetzen. Innerhalb der nächsten 24 Monate wurde diese Fähigkeit weiter ausgebaut, und im Jahr 2006 erfolgte die nächste Überraschung: Hisbollah-Kämpfer versuchten mit Sprengstoff bestückte Drohnen gezielt bei Angriffen gegen israelische Soldaten zu verwenden.

Die rasanten technischen Entwicklungen der folgenden Jahre führten bis zum heutigen Zeitpunkt dazu, dass Minidrohnensysteme bald für jedermann erreich- und nutzbar wurden. Diese neuen Möglichkeiten blieben Terrororganisationen nicht verborgen. Und so war es schließlich der Islamische Staat (IS), der damit begann, im großen Umfang handelsübliche Minidrohnen einzusetzen. Zuerst vorrangig zur Aufklärung möglicher Angriffsziele für von Selbstmordattentätern gesteuerte fahrende Autobomben (Suicide Vehicle Borne Improvised Explosive Device, SVBIED). Doch rasch entwickelte man noch innovativere Ideen. So wurden von den IS-Kämpfern überaus erfolgreich kleine Sprengsätze aus handelsüblichen Drohnen abgeworfen, oder man ließ mit Sprengstoff beladene Minidrohnen kamikazegleich auf Ziele stürzen. Beim Kampf um Mossul von Oktober 2016 bis Juli 2017 waren die irakischen Sicherheitskräfte zeitweise mit Dutzenden Drohnenangriffen täglich konfrontiert. Nicht jeder der Sprengkörper fand sein Ziel, doch Zufallstreffer, gefolgt von spektakulären Explosionen, stellten die Iraker und die verbündeten Koalitionsstreitkräfte vor große Herausforderungen. Der IS produzierte die abgeworfenen Sprengkörper nach eigenen Qualitätsstandards und verwendete eine Vielzahl unterschiedlicher Minidrohnen in rotierenden und Fixed-Wing-Ausführungen. Die mitgeführten Kameras hatten Multirole-Aufgaben. Sie dienten der Aufklärung, der Zielfindung und -zuweisung sowie der Schaffung nützlicher Propagandaaufnahmen. Diese Fähigkeiten sprachen sich rasch herum und führten dazu, dass der Einsatz von leicht zu beschaffenden Drohnensystemen in allen Konfliktregionen zunahm. Aus dem Nahen und Mittleren Osten wanderten diese Tactics, Techniques and Procedures (TTP) in die Sahelzone, nach Libyen und in die Ukraine.

Dem Vorbild des IS folgten viele andere terroristische Organisationen. So tauchten erste Videos der Taliban auf, in denen deren spektakuläre Anschläge nun praktischerweise mit Minidrohnen festgehalten waren. In der Ukraine hingegen häuften sich ab 2014 Berichte über Minidrohnen, welche von den sogenannten Separatisten geflogen wurden. Eine Analyse der verwendeten Modelle zeigte klar, dass die Fertigung der Drohnen nicht in Luhansk und Donezk erfolgt war, sondern dass es sich um russische Armeemodelle handelte. In Syrien kopierten hingegen Regimetruppen und Rebellengruppierungen die Einsatztaktiken des IS. Aus Syrien wurde auch eine weitere Qualitätssteigerung in der

Einsatzführung bekannt: Ab Januar 2018 griffen hier wiederholt ganze Drohnenschwärme den russischen Luftwaffenstützpunkt Hmeimim an. Mit dem Ergebnis, dass mehrere russische Kampfflugzeuge schwer beschädigt bzw. zerstört wurden. Eine Analyse des Angriffs legt die Vermutung nahe, dass der Angreifer die einzelnen Drohnen über einen Leitstrahl zum Ziel dirigiert hatte – eine Fähigkeit, welche in ihrer Komplexität nicht unbedingt den syrischen Rebellen zuordenbar ist. Der Urheber dieses über eine weite Distanz geführten Angriffs bleibt weiterhin im Dunkeln. Fakt ist jedoch, dass die Einsätze der russischen Luftwaffe entscheidend zu den Erfolgen der syrischen Streitkräfte beitragen, also eine Störung dieser Einsätze im Interesse einer Vielzahl von Akteuren liegt. Es zeigte sich somit, dass der Einsatz von Minidrohnen nicht nur für Non State Actors interessant ist, sondern auch für Staaten, die nicht unbedingt ein Interesse daran haben, mit einem erfolgten Angriff in Verbindung gebracht zu werden. Die Drohne ist dafür das perfekte Einsatzmittel. Ohne Kennzeichnung – und vor allem ohne menschliche Piloten – lässt sich nach Auffindung möglicher Überreste nur darüber spekulieren, wer der Urheber des Einsatzes gewesen ist. Und selbst wenn die technische Bauart auf eine bestimmte Herkunft hinweist, so lässt sich immer behaupten, dass die Verwendung durch andere oder gar missbräuchlich erfolgt war.

Je höher die Fähigkeiten einer Drohne, desto höher der technische Aufwand beim Bau und Einsatz. Einfache Systeme lassen sich im Internet bestellen, größere Modelle entstammen jedoch eindeutig militärischer Forschung und Produktion. So wurden von den ukrainischen Streitkräften und deren Freiwilligenverbänden Modelle vom russischen Typ Forpost und Orlan-10 in der Ostukraine abgeschossen und erbeutet. Eine Analyse der technischen Fähigkeiten ergab, dass sich diese Systeme zu weit mehr als nur zur Aufklärung eignen. So ermöglichen sie die In-time-Zielzuweisung für Artilleriesysteme unterschiedlicher Reichweiten. Delikaterweise ist die russische Forpost eine Weiterentwicklung der israelischen IAI Searcher. Dieser Typ war von Israel bereits in den 1980er Jahren entwickelt worden und hatte sich als Exportschlager erwiesen. Die Liste der erfolgreich von unterschiedlichen Akteuren verwendeten Drohnen unterschiedlichen Typs und variabler Größe ließe sich beliebig erweitern. Bemerkenswert ist jedoch, dass nicht nur für ihre Drohnenkriegsführung bekannte Staaten wie z. B. die USA oder Großbritannien bewaffnete Drohnen verwenden, sondern mittlerweile auch Staaten wie der Irak, Nigeria und der Iran. China hat erfolgreich eine Lücke in der globalen Waffenindustrie erkannt und liefert auf Bestellung bereits Systeme, welche in ihrer Größe und Leistung mit amerikanischen Unmanned Aerial Vehicles (UAV) vom Typ MQ-1 Predator und MQ-9 Reaper vergleichbar sind. Auch arabische Staaten erweisen sich als fleißige Kunden der Chinesen. Als Ergebnis häufen sich Sichtungen von Wracks chinesischer Drohnen oder türkischer Modelle in Libyen und im Jemen.

Das Jahr 2018 brachte eine erste bemerkenswerte Qualitätssteigerung mit sich. Im Februar gelang es einer Drohne vom (iranischen) Typ Saegheh-2, aus Syrien in den israelischen Luftraum einzudringen. Auch hier erfolgte ein rascher Abschuss, beim Angriff auf die Bodenkontrollstation wurde jedoch eine israelische F-16I abgeschossen. Dies stellte eine Zäsur dar. Die abgeschossene Saegheh-2 ähnelte frappant einer amerikanischen Drohne vom Typ RQ-170 Sentinel. Ein Exemplar dieses Typs war im Dezember 2011 im iranischen Luftraum verloren gegangen. Zuerst wurde dies von amerikanischer Seite dementiert, bis schließlich der vormalige US-Präsident Obama die Rückgabe amerikanischen »Eigentums« vom Iran forderte. Es scheint, als ob es dem Iran gelungen sei, die amerikanische Drohne nachzubauen. Das Bedeutende an dem Vorfall in Israel war jedoch der Umstand, dass die Saegheh-2 offensichtlich mit Sprengstoff beladen gewesen war. Dies war selbst für die Israelis eine böse Überraschung. Somit wäre der Gegner in der Lage gewesen, gezielt ein beliebiges Objekt auf israelischem Boden anzugreifen!

Der Krieg im Jemen stellt (wie auch derzeit in Libyen) ein Testgelände für die Technologie von unbemannten Systemen dar. Es gelang bis heute keiner arabischen Koalition, die im Jemen kämpfenden Huthi-Rebellen zu besiegen. Trotz Lieferung und Einsatz von westlichen Präzisionswaffen und auch bewaffneten Drohnen blieben die arabischen Koalitionsstreitkräfte ohne Erfolg. Den aufständischen Huthis gelang es hingegen, durch den Einsatz von Drohnen unterschiedlichen Typs eine gewisse Symmetrie im Konflikt herzustellen. Zwar konnte man den Bombardierungen der arabischen Koalitionsstreitkräfte nichts entgegensetzen, aber man war in der Lage, selbst über Hunderte Kilometer Entfernung Vergeltung zu üben. Im Jahr 2017 setzten die Huthi erstmals »selbst produzierte« Drohnen vom Typ Qasef-1 ein. Im Aussehen klar dem iranischen Modell »Ababil-2« zuordenbar, mit einer Reichweite von 150 Kilometern und beladen mit Sprengstoff, bereits ein potentes Waffensystem. In der Folge häuften sich auch die Berichte über deren Einsatz. So reklamierten die Huthi mehrere Angriffe auf Ziele in Saudi-Arabien und in den Vereinigten Arabischen Emiraten für sich. Die Angriffe richteten sich gegen die kritische Infrastruktur, Flughäfen und Erdölanlagen wurden getroffen. Zum Teil sollen diese Angriffe über mehrere hundert Kilometer geflogen worden sein.

Mit dem neuerlichen Einmarsch der russischen Streitkräfte in die Ukraine kam es zur nächsten Eskalation. Beide Konfliktparteien begannen, im großen Umfang Drohnen einzusetzen. Die russischen Streitkräfte verfügen über verschiedene Drohnen unterschiedlicher Gewichts- und Leistungsklassen wie taktische und kleinere Drohnen, aber auch größere. Russland setzt darüber hinaus Loitering Munition bzw. Loitering Weapons – auch »Kamikazedrohnen« genannt – ein. Dabei handelt es sich um Lenkwaffen, die ohne bestimmtes Ziel gestartet werden und dann bis zur Erfassung eines Zieles über diesem kreisen (»herumlungern« oder auf Englisch »loiter«). Lokalisieren sie ein Ziel, schlagen sie zu. Im derzeitigen Ukrainekrieg setzte Russland beispielsweise das Modell Kub-Bla in Kiew oder das Modell Lancet im Donbass ein. Drohnenaufklärung in Kombination mit Artilleriefeuer erwies sich für Russland als besonders effektiv. Mit der Unterstützung von Drohnen kann auch Elektronische Kampfführung (EloKa) angewandt werden. So kam die russische Orlan-10 beispielsweise als Teil eines Komplexes der EloKa zum Einsatz, mit der gezielt Nachrichten an ukrainische Soldaten als Teil der psychologischen Kriegsführung versendet wurden.

Aus dem Einsatz von russischen Drohnen gegen ihre Streitkräfte ab 2014 konnte die Ukraine lernen und ihre Fähigkeiten in Bezug auf Resilienz bzw. Einsatz von Drohnen verbessern. Die Ukraine verfügt über einige potente und leistungsfähige Drohnenmodelle, erhält seit Kriegsbeginn aber vor allem auch Spenden bzw. Lieferungen anderer Systeme. Die Ukraine beschaffte sich beispielsweise das türkische Modell Bayraktar TB2. Dieses zeichnet sich durch sein kleines, kompaktes Design und die Fähigkeit zum Mitführen von Luft-Boden-Raketen aus. Im Jahr 2020 wurden die türkischen Drohnen erstmals eingesetzt, als die Ukraine damit Radarstationen auf der Krim beobachtete. Ein Jahr später beschoss man mit der Bayraktar TB2 eine Artilleriestellung in den Separatistengebieten der Ostukraine. Auch seit Kriegsbeginn am 24. Februar 2022 bekämpft diese Drohne Ziele auf russischer Seite. Die Ukraine verfügt zudem ebenfalls über Loitering Munition wie das polnische Modell Warmate. Diese Drohne stürzt sich selbst in ein Ziel und zerstört dieses durch den Einschlag. Der Gefechtskopf erlaubt es, sogar starke Panzerungen zu durchschlagen. Hinzu kommen die Lieferungen von Modellen der NATO und der USA.

Die Drohneneinsätze in den Kriegsgebieten der letzten Jahre machen uns bewusst, dass unbemannte Waffensysteme zum Mittel der ersten Wahl in der modernen Kriegsführung geworden sind, und zeigen zugleich, welche Leistungskapazitäten derartige Drohnen heutzutage bereits haben. Die aktuelle Drohnenkriegsführung ist ein klares Phänomen moderner Kriege. Abgesehen von der berechtigten Argumentation westlicher Staaten hinsichtlich der Fähigkeit einer präziseren und somit möglicherweise humaneren Art der Kriegsführung, liegt es auf der Hand, dass auch andere Akteure erkannt haben, welchen Nutzen der Einsatz von Drohnen mit sich bringt. Sie sind ein billiges und effizientes Mittel und können bei richtigem Einsatz strategische Wirkung erzielen. Sie ermöglichen es, dass terroristische Organisationen über große Entfernung zuschlagen können. Doch vor allem haben sie zwei große Vorteile. Erstens: Der Akteur, der Drohnen einsetzt, muss sich keine Sorgen über den Verbleib menschlicher Piloten machen. Und zweitens: Die Zugehörigkeit von Wracktrümmern lässt sich öffentlich immer dementieren. Somit kann man davon ausgehen, dass in Zukunft vermehrt Flugobjekte »unbekannter« Herkunft auf den Kriegsschauplätzen dieser Welt auftauchen werden. Und es ist nur eine Frage der Zeit, bis die erste von Terroristen gesteuerte Drohne ein Fußballstadion oder eine kritische Infrastruktur in vermeintlich sicheren Staaten ansteuern wird – in verbrecherischer Absicht und mit verheerender Wirkung. Bereits jetzt eignen sich Drohnen in einem hohen Maße als Waffenträger, sei es durch das Mitführen von Luft-Boden-Waffen oder durch eine Beladung mit Sprengstoff. Drohnen könnten aber auch für den Einsatz von chemischen oder biologischen Waffen verwendet werden. Würde ein derartiger Einsatz gar in Schwarmform erfolgen, könnte dies tatsächlich katastrophale Auswirkungen haben.

Markus Reisner (* 10. März 1978) ist österreichischer Historiker und Militärexperte. Wiederholte Auslandsaufenthalte führten den Offizier des Österreichischen Bundesheeres nach Bosnien und Herzegowina, in den Kosovo, nach Afghanistan, Irak, Tschad, Zentralafrika und Mali. Seine Forschungsschwerpunkte sind der Einsatz und die Zukunft von unbemannten Waffensystemen sowie historische und aktuelle militärische Themenstellungen.

Ehe

Johannes Hartl

Die Ehe ist tot, lang lebe die Ehe. Wann die Ehe als Bund zwischen Mann und Frau die besondere Aura eines heiligen Versprechens bekam, ist unklar. Fest steht, dass ihr Todeskampf schon etwas länger andauert. Als im Jahre 1969 Kalifornien als erster US-Bundesstaat die »no-fault divorce« einführte, also die Möglichkeit, sich scheiden zu lassen, ohne dass einer der beiden Ehepartner daran Schuld trage, war das nur der vorläufige Höhepunkt einer Entwicklung hin zum Untergang. Denn was genau ist die Bedeutung eines Bundes, wenn er praktisch ohne Konsequenzen aufgekündigt werden kann? Die Allerersten waren die Kalifornier mit diesem Schritt freilich nicht. Es war Friedrich der Große, der im aufgeklärten Preußen des Jahres 1757 Scheidung ohne Übernahme von Schuldverantwortung ermöglichte. Ausgerechnet die Kommunisten der Oktoberrevolution 1917 folgten dem Beispiel erstmalig in einem modernen Staat. Sie hatten auch gute Gründe dafür, witterte doch schon Karl Marx in Ehe und Familie den Kern jener gesellschaftlichen Kräfte, die der revolutionären Befreiung entgegenstehen. Selbstverständlich heiraten auch heute noch Menschen, in manchen Jahren fast eine halbe Million in Deutschland. Drei Dinge jedoch haben sich fundamental geändert. Zunächst die Möglichkeit, sich ohne Probleme scheiden zu lassen; mit der Ehe geht in der Regel nicht die real empfundene Verpflichtung einher, tatsächlich ein Leben lang untrennbar verbunden zu bleiben. Zweitens heiraten rein statistisch deutlich weniger Menschen als vor 50 Jahren; die Ehe ist also eine mögliche Form des Zusammenlebens, keineswegs die einzig legitime für Sexualpartner und Eltern. Drittens hat sich durch die umfassende Verfügbarkeit verhütender Mittel die zuvor noch enge Verbindung zwischen Ehe und Nachkommenschaft entkoppelt. Eine Verbindung, die so eng war, dass beispielsweise das lateinische Wort für Ehe »matrimonium« von dem Wort »mater« kommt, also mit Elternschaft zu tun hat. Wer heute zivilrechtlich heiratet, darf und soll das gerne tun; es sei jedoch darauf hingewiesen, dass es mit dem älteren Konzept »Ehe« nicht mehr viel zu tun hat. Die Ehe als lebenslanges, untrennbares Band zwischen einem Mann und einer Frau, ausgerichtet auf die Weitergabe des Lebens: Das sehen vielleicht konservative Katholiken noch so, doch sonst kaum jemand. Und konservative Katholiken gibt es nicht viele. Ist die Ehe also tot?

Bevor diese Frage emphatisch verneint und im Gegensatz sogar eine bevorstehende Renaissance der Ehe behauptet werden soll, ein kurzer Blick zurück: Was begann eigentlich menschheitsgeschichtlich, als die Ehe erfunden wurde? Die Fortpflanzung unterscheidet den Menschen nicht vom Tier: Ohne Kopulation gibt es keinen Fortbestand der Art. Auch lebenslange Treue zwischen Partnern gibt es mitunter in der Fauna. Das Besondere jedoch begann, als Menschen dieser Partnerschaft den Charakter eines Bundes gaben. Ein Bund ist etwas, das nur Menschen leisten können. Denn in einem Bund sehen (mindestens) zwei Individuen von ihrem jetzigen Zustand ab und beziehen sich auf eine spätere Version ihrer selbst. Sie machen eine Zusage über ihr zukünftiges Handeln und stellen dieses in Beziehung zum zukünftigen Handeln des Bundespartners. All das erfordert eine Denkleistung und eine Entwicklungsstufe von Ichbewusstsein, die den Menschen unter allen Lebewesen auszeichnet. Dass Menschen überhaupt Bünde schließen, gibt aber Zeugnis von einer mindestens ebenso wichtigen Besonderheit des *Homo sapiens sapiens*: unsere weit über alle Tiere erhabene Fähigkeit zu sozialer Interaktion. So ist es nicht verwunderlich, dass die ersten Spuren der Ehe wenig mit Romantik zu tun haben. Es sind Rechtstexte. Bereits die ältesten, die es überhaupt gibt, thematisieren die Ehe, so wie der *Codex Hammurabi*. Er bestraft den Ehebruch, regelt die Bedingungen der Eheschließung. Auch in der philosophischen Reflexion auf die Ehe fehlen Glanz, Glamour und Honeymoon. Dort überwiegt über weite Strecken hinweg der Aspekt, die Ehe als grundlegenden, Recht begründenden Bund zu sehen. So verortet Hegel in seiner Rechtsphilosophie den Ursprung sittlichen Handelns in der Familie. Jeder Mensch wird bereits geboren in ein Geflecht von Verantwortungen. Die Mutter empfindet Verantwortung für das Kind, der Vater für Mutter und Kind und das Kind schließlich auch für die älter werdenden Eltern: die Familie als Quelle sittlicher Empfindungen und zugleich als Grundbaustein der ganzen Gesellschaft, die ja ebenso ein Netz aus Verpflichtungen darstellt, das erst die Freiheit des Einzelnen ermöglicht. Jeder Mensch hat demnach Verantwortung für die Menschen, die ihm am nächsten stehen.

Im Lichte dieser Betrachtung ist die Ehe schlichtweg die Bereitschaft, mit dieser Verantwortung Ernst zu machen. So erhaben das bei Hegel klingt, so wenig deckt sich freilich das Ideal mit der menschlichen Realität. Außereheliche Affären und uneheliche Kinder sind in der Menschheitsliteratur ein ständig wiederkehrender Topos. Bereits das Judentum kennt auch die Möglichkeit der Scheidung, ebenso der Islam. Auffällig ist hier jedoch die große Diskrepanz zwischen den Rechten der Männer und der Frauen: Frauen konnten sich in diesen beiden Weltreligionen kaum, Männer jedoch sehr leicht scheiden lassen. Als Jesus, auf die Ehescheidung befragt, die relativ laxe mosaische Scheidungspraxis kritisiert, schockiert er seine männlichen Jünger zutiefst. Lebenslange Treue? Dann sei es doch besser für einen Mann, gar nicht erst zu heiraten (Mt 19,10). Aus dieser Reaktion wird ersichtlich, was im Zeitalter des Feminismus leicht vergessen wird: Die christliche Ehe war ein Schlag gegen das Patriarchat. Sowohl im jüdischen als erst recht im griechisch-römischen Kulturkreis war die Macht des »pater familias« extrem weitreichend. Das christliche Beharren auf die Unauflöslichkeit der Ehe und das Verbot des Fremdgehens auch für Männer standen im krassen Kontrast zum damals sonst Üblichen und verbesserten die Situation für die Frauen erheblich. Und hier ergibt sich vielleicht eine neue Perspektive auf die alte Institution. Die »sexuelle Revolution« hat die freie Liebe propagiert: unbelastet von ehelichen Verpflichtungen und sexueller Fortpflanzung. Dass Sex tatsächlich nicht nur zur Fortpflanzung da ist, dass Leib und Lust ganz wunderbare Geschenke sind und gefeiert werden dürfen: Das waren wichtige und auch notwendige Erkenntnisse der 68er. Eine von der Verantwortung füreinander entkoppelte Sexualität ist jedoch eine, die Frauen einseitig benachteiligt. Denn kein Verhütungsmittel ist zu 100 Prozent sicher, und schwanger werden im Zweifelsfall tendenziell meist eher die Frauen. Männer können sich allein dadurch grundsätzlich viel leichter und mit weniger Risiko auf das Spiel der Sexualität ohne Bindungsverantwortung einlassen. In modernen Zeiten, wo fast alle Alleinerziehenden weiblich sind, die #MeToo-Bewegung aufgezeigt hat, in welch krassem Umfang Frauen viel häufiger Opfer sexueller Übergriffe werden und Vergewaltigungspornos für jeden Zwölfjährigen nur ein paar Berührungen seines Smartphonedisplays entfernt sind: In solchen Zeiten ist die Frage geboten, ob die sexuelle Revolution für Frauen langfristig wirklich mehr Segen als Fluch war. Doch auch gesamtgesellschaftlich sind die Folgeschäden fast nicht zu zählen. Was genau passiert in der Seele einer Gesellschaft, wenn ganze Generationen von Kindern erleben, dass die Verbindung zwischen ihren Eltern immer brüchiger wird? Selbstverständlich garantiert auch eine Ehe weder, dass die Eltern zusammenbleiben, noch, dass das Miteinander harmonisch ist. Doch fest steht, dass Kinder sowohl von Scheidung als auch vom Fehlen einer der beiden Eltern extrem belastet werden. So vergleicht der Marburger Professor für Jugendpsychiatrie Christian Bachmann die sozialen Folgekosten von Bindung: Kinder, die im Alter von 24 Monaten eine feste Bindung an ihre Mutter hatten, verursachten der Gesellschaft im Durchschnitt nur die Hälfte der Kosten bis zu ihrem Erwachsenwerden. Noch extremer war das Ergebnis, wenn die stabile Bindung an den Vater in Betracht gezogen wurde. Kinder, die im Alter von 24 Monaten eine sichere Bindung an ihren Vater nicht hatten, verursachten das Zehnfache (!) an Kosten für Schulbegleitung, psychologische Betreuung, soziale Beratung etc. Doch nicht nur Kinder leiden, wenn das Beziehungsnetz brüchiger wird. Erstmals in der Geschichte der Menschheit gibt es Großstädte, in denen mehr als die Hälfte aller Menschen als Single leben. Was in jüngeren Jahren als Freiheit und Gestaltungsmöglichkeit verstanden werden kann, wird in der zweiten Lebenshälfte allzu leicht zur Last. Auch hier sind die Frauen die Benachteiligten: Das Fenster zur sexuellen Reproduktion schließt sich für Frauen, Männer können theoretisch auch noch mit 50 oder 60 ein Kind mit der jüngeren Freundin zeugen. Doch wenn immer mehr alte Menschen allein sind und wir ohnehin immer weniger Kinder bekommen, zeichnet sich eine gesellschaftliche Krise unvorstellbaren Ausmaßes ab. Vielleicht hatte der alte Hegel eben doch recht: Der Staat funktioniert nur, wenn die Generationen aufeinander Rücksicht nehmen. Wenn das Leben weitergegeben wird und Kinder sich aufgehoben wissen im stabilen Gefüge einer Struktur, in der Menschen füreinander Verantwortung haben. Die Sehnsucht danach dürfte weiterhin groß sein. Zum Entsetzen mancher »Progressiver« bezeugt die Shell-Jugendstudie mit jeder Ausgabe aufs Neue: Der überwältigende Anteil junger Menschen sehnt sich nach stabiler Partnerschaft, Familie und oft sogar eigenen Kindern. Allein schon aufgrund dieser Sehnsucht wird die Ehe nicht aussterben, sondern vielleicht sogar eine Renaissance erleben. Freilich nur, wenn sie sich neu als verbindliche, auf die Familie hin ausgerichtete Lebensform versteht. Dass die weitgehend aufgeweichte und entkernte zivilrechtliche Ehe dazu imstande sein wird, darf bezweifelt werden; vielleicht wird sie irgendwann auch abgeschafft. Aus einem letzten Grund jedoch könnte die klassische Ehe irgendwann zu einem Schritt der Avantgarde werden. Das hat mit ihren Feinden zu tun. Deren prominentester war der gute alte Platon. In seinem vollkommenen Philosophenstaat sollte die Aufzucht der Kinder verstaatlicht und der sexuelle Verkehr zwischen den Geschlechtern von ehelichen Begrenzungen gelöst werden. Es ist ein totalitärer Staat, der dem Sokrates-Schüler vorschwebte. Wo immer totalitäre Ideologien verkündet werden, geraten Ehe und Familie irgendwann unter Beschuss. Denn das Totalitäre bedeutet eben ein Hineinregieren in jeden intimen Schlupfwinkel. Eine Ehe jedoch stiftet eine Gemeinschaft eigenen Rechts mit Verpflichtungen, die bedeutend schwerer wiegen können als die gegen Staat und Gesellschaft. Das atomisierte, vereinzelte Individuum ist der Traum jeder kollektivistischen Ideologie. Das atomisierte, vereinzelte Individuum ist manipulierbar, formbar. Um im Zeitalter der globalen Vernetzung und der nie zuvor geahnten Fähigkeit der Algorithmen unser Denken und Wollen zu beeinflussen, gilt auch: Das atomisierte, vereinzelte Individuum ist der perfekte Kunde und der perfekte Empfänger für Gehirnwäsche. Einen lebenden Menschen zu wählen und sich ihm auf Gedeih und Verderb zu versprechen, ist aber das Gegenteil solcher Auflösung in unverbundene Ichpunkte. Die Ehe ist ein revolutionärer Akt.

Johannes Hartl (* 17. Januar 1979 in Metten) ist ein deutscher katholischer Theologe und Autor. Er ist Gründer des Gebetshauses Augsburg, einer Gebetsinitiative, die sich für eine Erneuerung des christlichen Glaubens und eine Vertiefung des Gebetslebens einsetzt. Hartl ist ein gefragter Referent auf Kongressen und Veranstaltungen im In- und Ausland. Zuletzt erschien 2021 bei Herder sein Buch *Eden Culture. Ökologie des Herzens für ein neues Morgen.*

Einsamkeit

Anselm Grün

In den 225 Jahren, in denen der Verlag Herder Bücher veröffentlicht hat, war das Thema Einsamkeit immer präsent. Zu allen Zeiten haben Philosophen, Theologen und Psychologen über das Thema der Einsamkeit geschrieben. Denn Einsamsein gehört wesentlich zum Menschen. Doch die Art und Weise, wie die Menschen mit der Einsamkeit umgehen, hat sich gewandelt. Als die ersten Bücher im Verlag Herder erschienen, hat die Aufklärung die Einsamkeit als Quelle des Denkens gesehen. Sich zurückzuziehen von der Menge und in der Einsamkeit neue Ideen zu entwickeln, galt als etwas Erstrebenswertes. Heute leiden viele Menschen an der Einsamkeit. Sie fühlen sich isoliert in der Gesellschaft. Das gilt nicht nur für viele alte Menschen, die sich aus der menschlichen Gemeinschaft ausgeschlossen fühlen, sondern auch für viele junge Menschen, die zwar viele Kontakte in den neuen Medien haben, sich aber nicht wirklich mit anderen Menschen verbunden fühlen.

Viele Menschen fühlen sich heute nicht getragen von einer Familie. Ihre Angehörigen sind entweder gestorben, oder aber sie leben für sich. Der Individualismus, der sich heute ausbreitet, führt auch dazu, dass sich immer mehr Menschen einsam fühlen. Sie fühlen sich isoliert. Im Deutschen unterscheiden wir zwischen Einsamkeit und Vereinsamung. Einsamkeit gehört wesentlich zum Menschen. Der reife Mensch ist fähig, mit sich allein zu sein. Er leidet nicht an seiner Einsamkeit. Denn er ist mit sich selbst verbunden. Menschen, die sich vereinsamt fühlen, haben oft keine innere Verbindung mit sich selbst. Sie brauchen ständig die Kontakte, um sich zu spüren. Aber das ist nur ein sehr oberflächliches Wahrnehmen von sich. Sie fliehen vor der Einsamkeit in viele Kontakte.

Der Philosoph Johannes Lotz sieht den entscheidenden Unterschied zwischen Einsamkeit und Vereinsamung in der Beziehungsfähigkeit. Der Einsame ist in Beziehung zu sich selbst und somit auch fähig, eine Beziehung zu einem Du einzugehen. Der vereinsamte Mensch ist isoliert von den Menschen, aber er hat auch die Beziehung zu sich selbst verloren. Viele Psychologen und Ärzte sprechen heute davon, dass die Isolation häufig Ursache von Krankheit ist und dass isolierte Menschen früher sterben als Menschen, die sich mit anderen verbunden fühlen.

Unter der Isolation leiden heute nicht nur alte, sondern mehr und mehr auch junge Menschen. Sie fühlen sich von ihrer Familie nicht verstanden. Sie pflegen viele Kontakte in den sozialen Medien. Aber wie es ihnen im Innersten ergeht, das trauen sie sich nicht zu sagen. Und sie haben auch niemanden, mit dem sie darüber sprechen könnten. Sobald sie davon anfangen wollen, verstummen die Gesprächspartner. Denn das passt nicht in ihren Smalltalk, in ihr oberflächliches Gerede. Viele haben das Gefühl, dass sie mit dem, was in ihrem Inneren vor sich geht, von niemandem verstanden werden. Daher trauen sie sich auch kaum, sich anderen zu zeigen, wie sie sind. Sie spielen immer nur eine Rolle, die Rolle des coolen Mannes, die Rolle der erfolgreichen Frau, die alles im Griff hat. Doch in Wirklichkeit sind sie voller Angst, dass ihr Leben keinen Sinn hat, dass sie eigentlich nicht als Menschen gesehen werden. Man braucht zwar ihre Arbeitskraft, man braucht von ihnen eine Information, eine Hilfe, aber sie als Person werden gar nicht gesehen.

Isolierte Menschen sehnen sich danach, sich mit anderen Menschen verbunden zu fühlen. Aber da sie oft nicht mit sich selbst verbunden sind, finden sie keinen Weg zur Verbundenheit mit anderen. Sie bleiben in ihrer Inselexistenz und fühlen sich dabei nicht wohl. Alte Menschen, die sich isoliert fühlen, haben den Eindruck, dass ihr Leben sinnlos ist. Sie werden nicht mehr gebraucht. Sie nützen keinem, fallen höchstens anderen zur Last. So verkriechen sie sich in sich selbst, leiden aber an ihrer Vereinsamung. Doch sie finden keinen Weg heraus. Immer mehr verstecken sie sich in ihrer einsamen Wohnung und meiden den Kontakt mit Menschen, nach denen sie sich eigentlich im Innern so sehr sehnen.

Bei all den Phänomenen von Einsamkeit und Vereinsamung gilt es heute Wege aufzuzeigen, wie Einsamkeit gelingen kann. Denn dann ist sie nicht mehr eine Quelle von Qual, sondern von erfülltem Leben. Der evangelische Theologe Paul Tillich meinte einmal: »Religion ist das, was jeder mit seiner Einsamkeit anfängt.« Die Einsamkeit verweist mich auf Gott. Und zugleich verwandelt Gott meine Einsamkeit in einen Ort spiritueller Erfahrung. Der katholische Philosoph Peter Wust meint, Einsamkeit sei das Heimweh nach Gott. Sie kann nur überwunden werden, wenn ich mich in ihr nach Gott als meiner wahren Heimat sehne. Dag Hammarskjöld hat das ähnlich gesehen. Er meint: »Bete, dass deine Einsamkeit zum Stachel werde, etwas zu finden, wofür du leben kannst, und groß genug, um dafür zu sterben.« Die Einsamkeit will uns öffnen für das Geheimnis Gottes. Sie zeigt uns das Geheimnis allen Seins. Das hat auch der Philosoph Friedrich Nietzsche erkannt, auch wenn er nicht Gott als das eigentliche Ziel der Einsamkeit nennt: »Wer die letzte Einsamkeit kennt, kennt die letzten Dinge.« Es geht also darum, sich mit seiner Einsamkeit auszusöhnen. Dann kann sie zu einem Ort spiritueller Erfahrung werden. Daher meint der Philosoph Odo Marquard, dass nicht die Einsamkeit das eigentliche Problem des heutigen Menschen sei, sondern der Verlust an Einsamkeitsfähigkeit.

Wer fähig ist, seine eigene Einsamkeit anzunehmen, der findet in ihr inneren Frieden. Das erleben wir gerade bei alten Menschen. Alte Menschen fühlen sich oft einsam. Viele ihrer Verwandten und Freunde sind gestorben. Wenn sie sich mit ihrer Einsamkeit aussöhnen, geht von ihnen Frieden aus. Doch viele benutzen ihre Kinder oder Verwandten, um der eigenen Einsamkeit zu entfliehen. Dann zwingen sie ihre Kinder, sie ständig zu besuchen, damit sie sich nicht einsam fühlen. Doch damit fliehen sie vor einer wichtigen Aufgabe: die Einsamkeit zu verwandeln in das Heimweh nach Gott.

Im Deutschen sprechen wir nicht nur von Einsamkeit, sondern auch von Alleinsein. Peter Schellenbaum, ein Psychologe der Schule von Carl Gustav Jung, meint, die Kunst der Menschwerdung bestehe darin, das Alleinsein in ein All-Eins-Sein zu verwandeln. Wie geht das? Ich kenne die Erfahrung, dass ich mich am Sonntagnachmittag allein fühle. Das erzeugt ein Gefühl von Traurigkeit. Doch wenn ich durch die Traurigkeit hindurchgehe, in den Grund der Seele, dann spüre ich, dass ich im Grund meiner Seele eins bin mit allen Menschen, gerade auch mit denen, die sich jetzt auch einsam fühlen. Und ich bin eins mit Gott, eins mit der Schöpfung, eins mit mir selbst. Dann spüre ich mitten in der Traurigkeit einen tiefen inneren Frieden. Ich bin dann nicht allein, sondern eins mit allen. Das ist für mich eine wunderbare spirituelle Erfahrung. Wenn ich das Alleinsein in ein All-Eins-Sein verwandle, dann fühle ich mich zugehörig. Dann gehöre ich zu allen Menschen, ich gehöre zu Gott. Wer sich zugehörig fühlt, fühlt sich geborgen und getragen. Er findet in seinem Alleinsein in den Grund allen Seins hinein, in dem er eins ist mit allem, was ist, eins vor allem mit Gott.

Anselm Grün (* 14. Januar 1945 in Junkershausen) ist Mönch der Benediktinerabtei Münsterschwarzach, geistlicher Begleiter und Kursleiter in Meditation, Fasten, Kontemplation und tiefenpsychologischer Auslegung von Träumen. Seine Bücher zu Spiritualität und Lebenskunst sind weltweite Bestseller – in über 30 Sprachen. Sein einfach-leben-Brief begeistert monatlich zahlreiche Leser (www.einfachlebenbrief.de). Sein jüngstes Buch im Verlag Herder: *50 Engel für die Seele* (2023).

Engagement

Anna-Nicole Heinrich

»Ich helfe«, steht in weißer Schrift auf zahlreichen bunten Halstüchern. Hunderte Helfende, die den Weg weisen und Rat geben. Die für die Durchführung einer Großveranstaltung ihren Urlaub opfern, anderen zur Seite stehen und in ganz unterschiedlichen Bereichen, egal ob Technik, Verpflegung oder Programmgestaltung, Verantwortung übernehmen. Was mir hier begegnet? Ein Bild des Engagements! Als Präses bin ich viel mit Kirche, in Kirche, außerhalb von Kirche und für die evangelische Kirche unterwegs. Was unsere Kirche dabei ausmacht? Starkes Engagement und vielfältiges Ehrenamt. Fast alle öffentlichen Veranstaltungen, die ich besuche, wären nicht möglich ohne die vielen Menschen, die sich in ihrer Freizeit dafür engagieren. Und nicht nur dort, in etlichen Bereichen, ob nun in Gottesdiensten, der Kirchenmusik, der Jugendarbeit oder im Rahmen diakonischer Tätigkeiten gilt: Die Vielfalt der kirchlichen Arbeit wäre ohne das Ehrenamt nicht denkbar. Aber auch außerhalb der Kirche treffe ich auf Menschen, die sich bestimmten Anliegen fest verschrieben haben. Die Zuversicht haben, etwas verändern zu können. Die überzeugt sind, dass es sich lohnt, sich für etwas oder für jemanden einzusetzen.

Warum engagiere ich mich persönlich? Nicht weil ich muss, sondern weil ich will. Weil ich anpacken will, mich einbringen möchte, weil ich Sachen unterstützen will, die ich wichtig finde. Engagement ist Ausdruck von innerer und äußerer Freiheit. Ich wünsche mir eine Gesellschaft, in der sich alle einbringen können und dürfen. Wo alle wissen, ich kann den Unterschied machen. Ob es darum geht, bei der Wahl ein Kreuz zu setzen, Transparente für die Demo zu bemalen oder Kinder in der Hausaufgabenbetreuung zu unterstützen. Ich engagiere mich nicht aus einer Pflicht heraus, sondern weil es sich lohnt.

Doch Engagement ist kein Aufopfern. Es macht mir Spaß, darum tue ich es. Per Definition folgt das Engagement zwar keiner materiellen Gewinnabsicht, ist freiwillig und orientiert sich am Gemeinwohl. Aber ich profitiere auch von meinem eigenen Engagement. Für unser Engagement sind nicht nur altruistische, sondern auch selbstbezogene Motive von Bedeutung. Das entspricht auch meiner Erfahrung, ob in der Jugendarbeit, in der Wasserwacht im Freibad oder als Synodale in der Kirchenleitung. Es gibt Dinge und Menschen, für die ich mich einsetzen möchte. Aber ich lerne auch spannende Menschen kennen, baue neue Freundschaften auf und kann mich ausprobieren. Ich habe vieles selbst entdeckt, was ich außerhalb meines Ehrenamts sonst nie kennengelernt hätte. Auch neue Kompetenzen, die ich gut im Berufsleben gebrauchen kann. Ich kann mich da einbringen, wo ich möchte, und nehme ganz viel mit. Neben Beruf, Schule, Ausbildung und Studium kann ich Anschluss finden und mich dort einbringen, wo meine Gaben gebraucht werden. In meinem Ehrenamt merke ich auch immer, dass ich konkret etwas bewege, dass mein Einsatz einen Unterschied macht. Wenn ich eine Jugendfreizeit plane und gestalte, wenn ich im Willkommenszelt am Bahnhof mithelfe oder mich in Gremien einsetze.

Was bleibt? Ich bin überzeugt, auch zukünftig engagieren sich Menschen aus der Freiheit heraus. Nicht weil sie müssen, sondern weil sie wollen. Weil sie überzeugt sind, etwas verändern zu können. Als Kirche bieten wir Raum für sinnstiftende Tätigkeit und abwechslungsreiche Formen des Engagements. Gleichzeitig ist die Vielfalt unserer Arbeit ohne ehrenamtliches Engagement nicht vorstellbar. Unsere Mitgliedschaftsuntersuchungen zeigen, dass »Gemeinschaft erleben und für andere da sein« noch immer die höchsten Zustimmungswerte unter den Motiven für die Beteiligung in Kirche erfährt. Die Bedeutung von kirchlicher Bindung und religiöser Praxis zeigt sich aber auch in Bezug auf das allgemeine Engagement in Deutschland. Menschen mit kirchlicher Bindung engagieren sich häufiger als der Rest der Bevölkerung.

Was geht? Gesellschaft und Kirche verändern sich. Das Engagement bleibt, aber seine Formen werden sich weiterentwickeln. Formate und Zugehörigkeit müssen neu gedacht werden. Bereits heute ist projektbasiertes und kurzfristiges Engagement, das sich gut in den eigenen Lebensentwurf einbauen lässt, stärker nachgefragt. Auch dauerhaftes Engagement muss sich in seiner Ausgestaltung an veränderte gesellschaftliche Anforderungen anpassen. Weniger Bürokratie, mehr digitale Unterstützungsangebote und häufigere Selbstwirksamkeitserfahrungen können die Übernahme von ehrenamtlichen Leitungspositionen wieder attraktiver machen.

Was kommt noch? Als Gesellschaft, aber auch als Kirche müssen wir noch mehr über den Stellenwert und die Ausgestaltung von Engagement und Ehrenamt nachdenken. Noch immer ist Engagement, ob in Kirche oder Gesellschaft, häufig nur für diejenigen möglich, die es sich leisten können. Einkommen und Bildungsstatus haben zu viel Einfluss auf die individuellen Beteiligungsmöglichkeiten. Wer über den gesellschaftlichen Zusammenhalt spricht, muss auch über Zeit für Beteiligung und Räume für Engagement sprechen.

Gerade heute müssen wir über Engagement sprechen. Klimakrise, Pandemie, Krieg und viele katastrophale Nachrichten – Engagement trotz dieser Unsicherheit? Verzweiflung hieße, sich selbst und Gott nicht zuzutrauen, dass es anders werden kann. Aber da sind viele, die Stärke in der Veränderung beweisen und sich für eine gerechtere und bessere Welt einsetzen. Wie schön ist es, sich zu vergewissern, dass da noch andere sind, die sich engagieren, wo es geboten ist. Wir engagieren uns für Veränderung, ob in Kirche oder Gesellschaft. Wir verstehen unsere Welt nicht als statisch, festgeschrieben, gottgewollt und unabänderlich, sondern als veränderbar. Im Engagement für Menschen oder Dinge liegt diese Hoffnung. Hoffnung haben, sich der Veränderung stellen und beherzt anpacken – dieses Engagement wünsche ich mir für unsere Gesellschaft und Kirche von morgen.

Anna-Nicole Heinrich (* 13. April 1996 in Schwandorf) ist seit 2021 Präses der Synode der Evangelischen Kirche in Deutschland. Von 2015 bis 2019 studierte sie Philosophie an der Universität Regensburg. Aktuell befindet sie sich im Masterstudium »Digital Humanities« und »Menschenbild und Werte«.Von 2019 bis 2020 war sie Wissenschaftliche Hilfskraft am Lehrstuhl für Sozialethik, seit 2020 ist sie Wissenschaftliche Hilfskraft bei der Frauenbeauftragten der Universität Regensburg.

Fachkräfte-Weltmeister

Verena Pausder

Deutschland ist ein alterndes, kinderarmes Land. Wenn in den nächsten Jahren die geburtenstarken Babyboomer-Jahrgänge in den Ruhestand gehen, werden die nachfolgenden Generationen diese Lücke nicht schließen können. Sebastian Dettmers beschreibt in seinem Buch *Arbeiterlosigkeit*, wie ernst die Krise ist, die unserer Gesellschaft bevorsteht. Dem ifo Institut zufolge ist fast die Hälfte aller Unternehmen vom Fachkräftemangel betroffen. Der Start-up-Verband meldet bei neun von zehn Start-ups offene Stellen, und alleine im IT-Bereich gibt es laut Bitkom aktuell 137 000 Vakanzen, Tendenz weiter steigend. Bis 2030 fehlen dem Arbeitsmarkt fünf Millionen Menschen, hat der Arbeitgeberverband BDA errechnet.

Im Handwerk sieht die Lage noch düsterer aus, dort beklagt der Zentralverband des deutschen Handwerks rund 250 000 fehlende Handwerkerinnen und Handwerker. Die größten Probleme haben laut Institut der deutschen Wirtschaft Betriebe aus der Sanitär-, Heizungs- und Klimatechnik und der Bauelektrik. Eine ungünstige Entwicklung in einer Zeit, in der der Ausbau erneuerbarer Energien so wichtig ist wie nie zuvor.

Was können wir 2023 also tun, um Fachkräfte-Weltmeister zu werden? Als Erstes müssen wir die stillen Reserven in unserer Bevölkerung heben – die Frauen. Dem Statistischen Bundesamt zufolge waren im Jahr 2020 rund 72 Prozent der erwerbsfähigen Frauen in Deutschland berufstätig. Laut BMWK hat fast die

Hälfte der fünf Millionen Frauen, die nicht arbeiten, als Grund für ihre Erwerbslosigkeit die fehlenden Betreuungsmöglichkeiten von Kindern und Familienangehörigen angegeben. Nicht jede Frau muss arbeiten wollen. Aber jede Frau, die will, sollte können. Dass die fehlende Kinderbetreuung ein entscheidender Grund dafür ist, dass viele Frauen nicht arbeiten können, belegt eine aktuelle Studie der Bertelsmann Stiftung, nach der im kommenden Jahr 380 000 Kitaplätze in Deutschland fehlen werden. Auch hier macht sich der Fachkräftemangel bemerkbar. Der Beruf Erzieher wird zu schlecht bezahlt und erhält zu wenig Wertschätzung. Wenn wir hier ansetzen und den Ausbau der Kitaplätze und Ganztagsschulen konsequent vorantreiben und Erzieherinnen und Erzieher besser bezahlen, dann können deutlich mehr Frauen arbeiten gehen. Das Potenzial der heute nicht oder in Teilzeit erwerbstätigen Mütter mit kleinen Kindern unter sechs Jahren liegt bei knapp 840 000 Personen, so das Institut der deutschen Wirtschaft. Dieses Potenzial dürfen wir nicht ungenutzt lassen.

Zweitens brauchen wir mehr Mut und Umsetzungskraft bei der digitalen Aus- und Weiterbildung. Wir können uns die Fachkräfte nicht herbeizaubern, aber wir können deutlich besser für den Arbeitsmarkt der Zukunft ausbilden. Seit Ende der 1990er Jahre hat eine beispiellose Disruption begonnen, die unsere Welt in vielen Bereichen transformiert und immer weiter digitalisiert. Deutschland hat diesen Trend erst spät wahrgenommen und dümpelt in der digitalen Wettbewerbsfähigkeit im IMD World Competitiveness Ranking auf Platz 19 von insgesamt 63, während China in den letzten sechs Jahren von Platz 35 auf Platz 7 gestiegen ist. Das World Economic Forum hat analysiert, dass 65 Prozent aller heutigen Grundschulkinder später in Jobs arbeiten werden, die wir heute noch gar nicht kennen. Darauf müssen wir viel schneller reagieren, als es unser föderalistisches Bildungssystem zulässt, und unsere Kinder zu digitalen Gestalter der Zukunft ausbilden. Wie das funktionieren kann, zeigt das kleine Estland. Dort gibt es überall kostenloses Internet, und ab der 1. Klasse haben Kinder Zugang zu persönlicher Hardware wie Tablets und Laptops. Coding ist Pflichtfach, und an jeder Schule unterstützt ein »Education Technologist« die Inbetriebnahme und Nutzung digitaler Programme. Digitale Bildung ist Teil der Lehrkräfteausbildung, und regelmäßige Fortbildungen sind Standard. Platz 1 des PISA-Rankings in der EU ist das Ergebnis. Allein die Einstellung der Estinnen und Esten »Wie mache ich Bildung möglichst einfach und digital?« würde hier bei uns schon Berge versetzen.

Drittens müssen wir beim Thema Handwerkernachwuchs den Turbo einschalten. Handwerker verdienen typischerweise weniger als Arbeiter in der Industrie. Aber genau ihre Kreativität und Problemlösekompetenz brauchen wir für die Zukunftsfähigkeit unseres Landes. Wir könnten das Handwerk deutlich höher vergüten, wenn es eine höhere Verlässlichkeit, Standardisierung und Digitalisierung der Leistungserbringung gäbe. Genau da muss die Transformation und Ausbildung des Handwerks ansetzen. Es kann nicht sein, dass in einer dreieinhalb Jahre langen Ausbildung zum Anlagenmechaniker für Sanitär-, Heizungs- und Klimatechnik nur acht Stunden auf die Schulung der Wärmepumpe entfallen, die künftig mit 80 bis 90 Prozent die Zukunft unserer Wärmeversorgung ausmachen soll.

Außerdem brauchen wir ein neues Narrativ und mehr gesellschaftliche Wertschätzung für unser Handwerk, damit das Studium nicht mehr als das Maß aller Dinge gilt. Handwerkerinnen und Handwerker sind nicht mehr die »Macht von nebenan«, sondern die Möglichmacher für die Transformation unseres Landes.

Das ist das Bild, welches wir unbedingt unseren Kindern vermitteln sollten.

Aber selbst wenn alle zuvor genannten Hebel umgelegt würden, würde es nicht reichen, unseren Bedarf an Fachkräften zu decken. Deshalb ist der vierte wichtige Schritt, die im Koalitionsvertrag verankerte Modernisierung des Einwanderungsrechts 2023 umzusetzen.

Laut Erhebung der Berliner Humboldt-Universität müssten jedes Jahr 400 000 qualifizierte Menschen nach Deutschland einwandern, um die Lücke zu schließen. Wie das funktionieren könnte, zeigt das kanadische Punktesystem, über das 60 Prozent der Einwanderer nach Kanada kommen. Noch stehen einige Bundesbürgerinnen und -bürger mehr Zuwanderung skeptisch gegenüber und sind laut einer Umfrage des ifo Instituts der Meinung, Aus- und Weiterbildung von vor allem Langzeitarbeitslosen würden genügen, um das Problem zu lösen. Über diesen Weg haben im vergangenen Jahr 312 000 langzeitarbeitslose Menschen eine Berufsausbildung oder eine arbeitsmarktpolitische Maßnahme begonnen. Nicht annähernd genug, um den Bedarf zu decken. Daher brauchen wir ein grundsätzliches Umdenken beim Thema qualifizierte Zuwanderung und müssen die Eingliederung von zugewanderten Fachkräften in den Arbeitsmarkt so einfach und schnell wie möglich gestalten.

All die hier beschriebenen Hebel können wir 2023 aus eigener Kraft betätigen. Alle Maßnahmen eint, dass sie zu mehr Wettbewerbsfähigkeit, Innovationskraft und Wohlstand führen. Mir macht es Mut, dass wir so viele Bälle haben, die auf dem Elfmeterpunkt liegen. Jetzt müssen wir sie nur noch ins Tor schießen, um Fachkräfte-Weltmeister zu werden.

Verena Pausder (* 12. Februar 1979 in Hamburg) ist eines der bekanntesten Gesichter der Gründerszene in diesem Land. Sie ist Unternehmerin, Expertin für Digitale Bildung, Autorin und Gründerin von Fox & Sheep und den HABA Digitalwerkstätten.

Familienunternehmen

Stefan Hipp

Ein Familienunternehmen ist ein wenig wie ein Ökosystem: Die symbiotische Wechselseitigkeit von Betrieb und Familie macht es ungemein verletzlich, zugleich aber auch zu einer schützenswerten Stütze unserer Wirtschaft. Aus Untersuchungen der Stiftung Familienunternehmen geht hervor, dass mehr als 90 Prozent der deutschen Unternehmen Familienunternehmen sind. Sie stellen fast 60 Prozent aller Arbeitsplätze und erweisen sich auch in konjunkturell schwierigen Zeiten als stabilisierender Faktor auf dem Arbeitsmarkt. Das eigene Unternehmen an der Seite der Familie zu halten, ist ein Balanceakt und eine Bewährungsprobe; insbesondere für die im Geschäft tätigen Familienmitglieder, die sich ihren Angehörigen, Mitarbeitern und der Gesellschaft gegenüber gleichermaßen als richtig zu erweisen haben.

Mein Großvater Georg Hipp, der diesen Prüfstein meisterhaft bestanden hat, verstand das. Er war der Sohn des Pfaffenhofener Konditors und Lebzelters Joseph Hipp, der ab 1899 ein Zwiebackmehl herstellte, das mit Milch oder Wasser zu einem Säuglingsbrei verkocht werden konnte; einem Erzeugnis, das sich zu einer aufstrebenden Ware sowie zum Vorreiter der heutigen Säuglings- und Babykost entwickeln sollte.

Mit 16 begann er das Kinderzwiebackmehl in München und Umgebung zu verkaufen – und als das Geschäft über die Jahre wuchs, trennte er 1932 die Produktion vom elterlichen Handwerksbetrieb ab, machte sich selbstständig und gründete die

Nährmittel Hipp, die er im Laufe der Jahre zu einem wichtigen Hersteller industriell gefertigter Babynahrung ausbaute.

Geprägt vom Umweltbewusstsein des Schweizers Dr. Hans Müller, dem Wegbereiter des organisch-biologischen Landbaus, stellte er ab Mitte der 1950er Jahre die Hipp-Babykost mit Erzeugnissen aus biologischem Anbau ohne den Einsatz von chemisch-synthetischen Pflanzenschutzmitteln her. Dazu wurde zunächst der familieneigene Ehrensberger Hof nahe Pfaffenhofen, heute ein Musterbetrieb für biologische Vielfalt, konsequent auf Bio-Anbau umgestellt. Die christliche Grundeinstellung unserer Familie, die sich unter anderem im verantwortungsvollen Umgang mit der Schöpfung widerspiegelt, findet im Einsatz für den Biolandbau eine konsequente Fortsetzung. Als mein Vater Claus 1968 die Führung des Unternehmens übernahm, baute er gemeinsam mit seinen Geschwistern jenen ökologischen Gedanken weiter aus.

Als heute einer der weltweit größten Verarbeiter biologisch erzeugter Rohstoffe, ist HiPP angewiesen auf ein funktionierendes Gleichgewicht der Natur. Nur wenn Ökosysteme weltweit intakt sind, können Lieferanten die von HiPP verwendeten Rohstoffe produzieren und die hohen Qualitätsanforderungen für Babynahrung erfüllen. Aus diesem Grund engagieren wir uns sehr stark für den Erhalt und die Förderung von Artenvielfalt.

Im Unterschied zu rein gewinnorientierten Großunternehmen verfolgen Familienunternehmen langfristige Ziele. Die Führung eines Familienunternehmens dient nicht nur der Familie und den eigenen Kindern, sondern auch den kommenden Generationen, der Umwelt und der Gesellschaft als Ganzes. In einem Familienunternehmen steht nicht die reine Gewinnmaximierung im Vordergrund, sondern vielmehr das Streben nach einem harmonischen Gleichgewicht zwischen Umwelt, Wirtschaft und Gesellschaft.

Schöpfungsverantwortung heißt für mich deswegen auch, ein soziales Miteinander zu fördern. Als logische Konsequenz haben wir in unserem Unternehmen bereits 1999 eine Ethikcharta veröffentlicht. Damit wollen wir die Welt, in der wir leben, ein Stück weit mitgestalten, damit sie sich zu einer Welt entwickelt, in der wir auch in Zukunft leben wollen. Zentrale Anliegen dieser HiPP-Ethikcharta sind fairer Wettbewerb und respektvoller Umgang mit Geschäftspartnern, Lieferanten, Kunden und Mitarbeitern. In diesem Miteinander erreichen wir eine offene, kollegiale und menschliche Unternehmenskultur.

Gerade Unternehmer haben hier meines Erachtens eine besondere Verantwortung. Denn wie wir uns gegenüber unseren Mitarbeitern, Lieferanten und Mitbewerbern verhalten, prägt diese weit über den direkten Umgang im Arbeitsalltag hinaus. Hier sind wir alle gefordert, unsere Verhaltensweisen immer wieder im christlichen Werterahmen zu überprüfen.

Der Text entstand im Gespräch mit Raban Herder.

Stefan Hipp (* März 1968 in München) ist Bio-Landwirt und Geschäftsführender Gesellschafter des Bio-Babynahrungsherstellers HiPP. Nach einer kaufmännischen Lehre im familieneigenen Unternehmen, studierte er politische Wissenschaften in München und Landwirtschaft- und Lebensmittelindustriemanagement in England. Seit über 30 Jahren ist er in der Unternehmensgruppe tätig und seit 1997 Mitglied der HiPP Geschäftsleitung.

Feiertag

Heiner Wilmer

»Das feier ich.« So lautet ein Spruch bei Jugendlichen, der seit ein oder zwei Jahren angesagt ist. Wer etwas feiert, findet etwas gut, super, toll. Man kann dabei nicht nur etwas feiern, sondern auch jemanden. Wenn ich meine Freundin oder meinen Kumpel feiere, stimme ich ihm zu, sage ich: Das finde ich gut, was du denkst oder sagst oder machst.

Feiern bedeutet also, etwas gut finden und zustimmen. Und das wiederum ist zutiefst biblisch, zutiefst jüdisch-christlich. Im Buch Exodus handelt das 23. Kapitel davon, dass Gott die Israeliten auffordert zu feiern: »Dreimal im Jahr sollst du mir zu Ehren ein Fest feiern.« (Ex 23,14) Davor gibt Gott die Gebote zum Sabbatjahr und anschließend zu den Feiertagen. Zum Sabbat heißt es an anderer Stelle: »Sechs Tage darf man arbeiten, aber am siebten Tag ist vollständiger Ruhetag, ein Tag heiliger Versammlung, an dem ihr keinerlei Arbeiten verrichten dürft. Es ist ein Feiertag für den HERRN überall, wo ihr wohnt.« (Lev 23,3)

Die Feierkultur verbinden Religionen und Gesellschaften

Aus diesen Passagen können wir drei spannende Inspirationen ziehen: erstens das einende Element zwischen Judentum und Christentum, die beide das Fest und die Feier als Grundelement ihrer Religion haben. Man könnte sagen, dass ihnen das Feiern im Blut liegt, im wahrsten Sinne des Wortes. Judentum und Christentum verbindet, dass sie Feierkulturen sind. Feiern kann man nicht einfach, Feiern muss man lernen. Das gilt für Familien, Freundeskreise und sogar berufliche Gruppen. Wenn ein Sportteam oder eine Firma keine Feierkultur hat, fehlen entscheidende Anreize wie Partizipation oder Motivation. Dort, wo gefeiert wird, wird Anteil genommen. Nicht ohne Grund gibt es den schönen alten Begriff des »Werkstolzes«, der verbindet. Eine Gesellschaft wiederum, die nicht feiert, nimmt nicht Anteil aneinander. Überspitzt gesagt: Feste feiern und feste Feiern (feste Feiertage) sind essenziell für jede menschliche Gemeinschaft.

Zeit der Zufriedenheit

Zweitens zeigt sich an dem Sabbat- und Feiertagsgebot eine ökonomische Einsicht, die für unsere heutige Situation ausgesprochen lehrreich sein kann. Der tschechische Ökonom und Publizist Tomáš Sedláček hat das in seinem Buch *Die Ökonomie von Gut und Böse* herausgearbeitet. In diesem Werk streift Sedláček, beim Gilgamesch-Epos beginnend, durch die großen religiösen und philosophischen Überlieferungen und Denkrichtungen der menschlichen Geschichte und natürlich auch durch die jüdische Tradition. Er schreibt: »Das Sabbatgebot vermittelt die Botschaft, dass der Zweck der Schöpfung nicht einfach nur das Erschaffen war, sondern dass sie ein Ziel hatte. Der Prozess war schlicht ein Prozess, kein Zweck. Die Schöpfung erfolgte, damit wir in ihr Ruhe finden können, Stolz auf das Vollbrachte, Freude.« Und er buchstabiert mit Blick auf die Geschichte von Josef, der den

Traum des Pharaos mit den fetten und mageren Jahren deutet, als ersten Hinweis auf einen Konjunkturzyklus, gar dem »allerersten Konjunkturzyklus der Geschichte«. Im Kapitel »Fortschritt, Neuer Adam und Sabbatökonomie« entwirft Sedláček schließlich eine Skizze einer Wirtschaft und Gesellschaft, die Fortschritt nicht mehr nur rein technisch und ökonomisch versteht, sondern wieder auch spirituell und geistig. Er fordert: »Die Lösung (für die wirtschaftlichen Krisen und die ständige Jagd nach einem Mehr an Umsatz, an BIP etc., Anm. d. Autors), nach der wir streben könnten, ist daher nicht der Asketismus, sondern eine Sabbatökonomie. Sich zu entspannen scheint ja etwas sehr Erfreuliches und Angenehmes zu sein. Trotzdem gehört das Gebot, den Feiertag zu heiligen, heute paradoxerweise zu denen, gegen die am häufigsten verstoßen wird.« Sedláček schließt diesen Gedanken so ab: »Gibt es eine Alternative zur ständigen BIP-Maximierung? Es erhebt sich die Frage, ob wir für uns auch eine Art Jubeljahr, eine Zeit der Zufriedenheit, ansetzen wollen. Wenn die alttestamentlichen Hebräer, eine um das Vielfach ärmere Gesellschaft, sich so etwas leisten konnten, müssten wir das doch ebenfalls können!« Feiertage, so könnte man daraus folgern, sind nicht nur einfach eine dringende Pause, die jede und jeder braucht, sondern sie sind auch ökonomisch sinnvoll.

Die dritte und letzte Perspektive können wir ebenfalls der Mose-Geschichte entnehmen. Wir müssen uns selbst und uns gegenseitig wieder etwas zumuten. Die Mose-Erzählung fragt nach dem Woher und dem Wohin und implizit auch nach dem Wie. Wir können unsere Zukunft nur gestalten, wenn wir uns etwas zumuten.

Kirche erleben viele Menschen heute schon längst als Zumutung, aber als unzumutbare Zumutung. An dieser Zumutung ist für sie nichts positiv. Und dennoch, gerade für die Kirche, aber auch darüber hinaus zeigt der Blick in die Mose-Geschichte, dass hinter Zumutung etwas Positives steckt. Zumutung, das ist nicht in erster Linie ein Imperativ, sondern ein Indikativ. Ich mute dir das zu, weil ich glaube, dass du das draufhast, dass du das schaffst. In der Bibel nimmt Gott Mose und die Israeliten in die Pflicht. Und was ist die erste Pflicht? In die Wüste zu ziehen und ein Fest zu feiern. Aber eben kein Freudenfest, sondern ein Opferfest, keine Party, sondern einen Gottesdienst. Dafür fordert Gott von uns, dass wir aufstehen, aufbrechen und ausziehen. Aufstehen gegen die, die den Namen Gottes nicht kennen und uns in Gefangenschaft halten. Aufbrechen in die Ungewissheit der Wüste. Und noch mehr: Wir sollen nicht nur aufbrechen, sondern ausziehen. Nach dem Opferfest in der Wüste ist nicht Schluss, denn es geht nicht zurück in die Enge der Knechtschaft, die mit Berechenbarkeit und Routine lockt, und mag diese noch so beschwerlich sein. Es geht hinaus in die Wüste der Freiheit, in unumkehrbarer Weise geht es hinweg über die Sanddünen des Alltags, hinter denen das Leben mit seinen Unwägbarkeiten liegt, mit wunderbaren, saftigen, erquickenden Oasen ebenso wie mit den wilden Schakalen und heftigen Stürmen, die beide mit rasendem Jaulen auf uns zukommen und an uns reißen, gegen die wir uns mit allem, was wir haben, zur Wehr setzen müssen. Das alles ist Pflicht. In der Pflicht liegt nun – und das ist der tiefe Kern der Erfahrung Moses – das wahre Wesen der Freiheit. Indem Gott sein Volk zum Dienst verpflichtet, entpflichtet er es von der Sklaverei Ägyptens und führt es in die Freiheit. Feiern bedeutet also, frei zu sein. Feiertage sind Freiheitstage. Werden wir zu einer Feier eingeladen, bittet man uns buchstäblich um unsere Zusage. Das ist der Kern der menschlichen Freiheit, die die Feiertage ausdrücken: die Einladung an jeden Menschen und die Möglichkeit der Zusage. Die jüdisch-christliche Feierkultur drückt eine prinzipielle Zusage aus: an den Menschen, an die Menschheit und an die Zukunft. Wer in diesem Sinne feiert, glaubt an das Morgen, individuell und kollektiv, und sagt zu, sich dafür einzusetzen. Oder um es in dem eingangs beschriebenen Sinne zu sagen: Ich feier dich. Ich feier uns. Ich feier die Zukunft.

Heiner Wilmer (* 9. April 1961 in Schapen) studierte Theologie in Freiburg sowie Französische Philosophie in Rom. Er wurde 1991 in Freiburg zum Dr. theol. promoviert. Seit 2007 war er Provinzial der deutschen Ordensprovinz der Herz-Jesu-Priester und seit 2015 Generaloberer der Ordensgemeinschaft. Wilmer wurde 2018 zum Bischof von Hildesheim ernannt. Bei Herder erschien zuletzt 2022 sein Buch *Mose. Wüstenlektionen zum Aufbrechen.*

Föderalismus

Reiner Haseloff

Als jemand, der in der DDR sozialisiert wurde, habe ich – wie so viele andere Menschen in der DDR – die Teilung Deutschlands als schmerzhaft empfunden. Aber wir fühlten uns ohnmächtig, gegen sie anzukämpfen. Selbst Ende der 1980er Jahre konnte mit dem Zusammenbruch der DDR, ja des gesamten Ostblocks kaum jemand rechnen. Doch plötzlich änderte die Geschichte ihren Rhythmus.

An ein Ereignis möchte ich besonders erinnern. In Leipzig fand seinerzeit eine der größten Montagsdemonstrationen in der DDR statt. Rund 500 000 Menschen demonstrierten für Freiheit und Veränderungen. Längst hatte der Ruf »Wir sind das Volk!« seine große Wirkung entfaltet. Auch in vielen anderen Städten der DDR kam es zu Protesten. Die friedliche Revolution hatte eine breite Basis. Allein im Oktober 1989 gab es 330 Demonstrationen in 171 Städten der DDR. Der Freiheits- und der Einheitsgedanke ergänzten sich und wirkten zusammen. Erst kam die Freiheit, dann die Einheit.

Die Predigtkirche Martin Luthers in Wittenberg hat für meine Biografie eine große Bedeutung. Mit ihr verbindet sich vor allem meine Erinnerung an die friedliche Revolution. In dieser Stadtkirche trafen wir uns – Christinnen und Christen – seit Oktober 1989 regelmäßig an jedem Dienstag. Hier fanden nicht nur ökumenische Gottesdienste statt, sondern von hier aus nahmen dann die Demonstrationen mit einer immer größer werdenden Zahl an

Bürgern ihren Anfang. Diese Zeit hat mich sehr stark und nachhaltig geprägt. Und so empfinde ich am heutigen Tag Freude, und ich empfinde große Dankbarkeit für das, was ich seit 1989 miterleben und mitgestalten durfte. Ohne dieses Wunder der Geschichte könnte ich heute nicht die Verantwortung übernehmen, die mir meine Aufgabe als Ministerpräsident verleiht.

Für Millionen Menschen in der ehemaligen DDR änderte sich im November 1989 gleichsam über Nacht ihr bisheriges Leben: eben noch Diktatur, jetzt Demokratie. Eben noch ein sicherer Arbeitsplatz, jetzt plötzlich für sehr, sehr viele Arbeitslosigkeit. Lebensgeschichtlich hinterlassen solche Einschnitte tiefe Spuren. Darüber haben wir viel zu wenig gesprochen, und wenn wir es taten, dann oft mit zu wenig Empathie. Es gab auch große Enttäuschungen und unerfüllte Hoffnungen. Demgegenüber stand aber ein enormer Gewinn an Freiheit. Natürlich birgt auch sie nicht nur Chancen, sondern ebenfalls Risiken. Aber wer die Unfreiheit selbst erlebt hat, wird die Freiheit für immer zu schätzen wissen. Für die allermeisten Deutschen wird deshalb der 9. November 1989 stets ein Tag der großen Freude bleiben.

Vorboten der friedlichen Revolution waren unsere östlichen Nachbarstaaten. Ihre Bedeutung wird allerdings nicht immer gewürdigt. Die polnische Gewerkschaftsbewegung Solidarność und der ungarische Reformkommunismus waren Wegbereiter der friedlichen Revolution. Und natürlich hat die Bestellung Gorbatschows zum Generalsekretär der KPdSU die Demokratiebewegungen in Osteuropa nachhaltig ermutigt. Das vergessen wir nicht. Wir schulden Osteuropa Dank und stehen zu ihm in einer besonderen Beziehung. Unsere gemeinsamen Erfahrungen mit dem Totalitarismus, eine mehr als 40-jährige Schicksalsgemeinschaft und die Überwindung des Kommunismus verbinden und sollten in der Europäischen Union dazu führen, mehr Verständnis auch für die schwierigen Wege der noch jungen Demokratien aufzubringen.

Erst der Freiheitswille von Millionen Menschen im Ostblock haben die Mauer, Stacheldraht und den Eisernen Vorhang zum Einsturz gebracht. Auf diese Freiheitsbewegungen können wir stolz sein. Sie gehören zum Besten des gemeinsamen europäischen Erbes. Darauf sollten wir uns gerade in den schwierigen heutigen Zeiten besinnen.

Wir stehen vor großen Herausforderungen. Globale Umweltprobleme wie der Klimawandel, grundlegende Veränderungen in der Arbeitswelt, weltweite soziale Ungleichheiten, asymmetrische Kriege und weltumspannende Wanderungsbewegungen betreffen uns alle. Die Europäische Union hat ein beachtliches politisches Gewicht. Als Einzelne hätten ihre Mitgliedstaaten diese Bedeutung nicht. Das sollte man nie außer Acht lassen.

Angst ist ein schlechter Ratgeber. Untergangs- und Niedergangsszenarien oder die Verklärung der Vergangenheit sind keine harmlosen Narrative. Sie verstellen den Blick auf die Gegenwart und erzeugen Zukunftsangst. Warum sollte man sich für ein Gemeinwesen überhaupt noch einsetzen, wenn doch die Zukunft nur noch negativ gesehen wird? Wenn doch alles vergeblich ist? Wenn ich mich nicht mit dem Gemeinwesen identifizieren kann?

Aus solchen Einstellungen kann kein Gestaltungswille entstehen. Deswegen müssen wir diesen Narrativen mit aller Entschiedenheit widersprechen. Wir müssen Leitbilder für ein gelingendes Zusammenleben in Vielfalt entwickeln. Wie ist Teilhabe möglich? Wie gelingt Integration? Was verstehen wir unter dem Gemeinwohl? Der Zusammenhalt unserer Gesellschaft ist eine große Herausforderung. Zu ihrer Bewältigung kann nicht zuletzt ein kooperativer und am Grundsatz der gleichwertigen Lebensverhältnisse orientierter Föderalismus viel beitragen. Föderalismus steht für Bürgernähe, Subsidiarität und Einheit durch Vielfalt.

Nie wieder Diktatur, das hieß nach 1945 – meist unausgesprochen – immer auch: Nie wieder Zentralismus. Das war eine der Lehren aus der Geschichte. Wer in Deutschland von der politischen Freiheit spricht, der sollte auch immer vom Föderalismus sprechen. Föderalismus ist der Sinn für Gewaltenteilung. Er ist nicht nur die Antwort auf Vielfalt, sondern garantiert sie auch zugleich. Wenn er, wie Richard Schröder meint, auch Heimat erleichtert, dann kann er zudem im Zeitalter der Globalisierung Orientierung bieten.

Orientierung schafft Vertrauen. Und Vertrauen ist eine der wichtigsten Ressourcen in der Politik. Wie ist es um das Vertrauen in die Politik bestellt? Dazu gibt es unterschiedliche Befunde. Aber wir alle können etwas zum Aufbau und zur Festigung von Vertrauen leisten. So sollten Entscheidungsprozesse transparenter und nachvollziehbarer gestaltet werden. Die Politik darf nicht zu hohe Erwartungen hervorrufen, die sie später nicht einlösen kann. Sie ist aber auch nicht für alle Probleme verantwortlich, und schon gar nicht kann sie alle lösen. Politik vollzieht sich nie unter optimalen Bedingungen. Kompromisse in der Politik sind nicht etwa faul, wie oft behauptet wird, sondern sie sind notwendig. Demokratie ist vor allem ein Kommunikationsprozess. Deshalb ist der Dialog so wichtig. Miteinander reden, Kontroversen austragen und vor allem aushalten und das gemeinsame Ringen um die besten Lösungen zeichnen die Demokratie aus. Das setzt voraus, dass wir uns unvoreingenommen begegnen, einander zuhören und den anderen und seine Argumente ernst nehmen.

Nicht jeder Skeptiker der Coronamaßnahmen ist ein Coronaleugner. Wir dürfen nicht in Schubladen denken. Die Realität ist oft wesentlich vielschichtiger. Tatsächlich sehen sich viele Menschen angesichts der Krise mit existenziellen Sorgen konfrontiert. Das darf nicht ignoriert oder als unbegründet zurückgewiesen werden. Vielmehr müssen wir hierauf Antworten finden. Wenn wir das nicht tun, tun es andere. Und das können wir nicht wollen. Der antipluralistische Populismus ist eine Gefahr für unsere Gesellschaft und ihren Zusammenhalt. Stimmungen werden zur Mobilisierung genutzt und Krisen instrumentalisiert. Tatsächlich richten sich die Proteste der Populisten in ihrer Tiefe gegen den liberalen Staat und seine demokratische Kultur. Ihr Credo lautet: Wir und die anderen. Exklusion tritt an die Stelle von Integration. Demokratie ist aber immer auch Schutz von Minderheiten, und sie fußt auf Solidarität.

Wir stellen in letzter Zeit einen schwindenden Respekt gegenüber demokratischen Normen und Institutionen fest. Die Grenzen des Sagbaren werden immer weiter verschoben. Tabubrüche sind keine Seltenheit mehr. »Man wird das ja noch sagen dürfen!« Das Muster ist bekannt. Unsere Demokratie durchlebt gefährliche Zeiten. Kippaträger sind in der Öffentlichkeit tätlichen Angriffen ausgesetzt. Was viele spürten, wurde am 9. Oktober 2019 zur Gewissheit. Die Grundlagen unserer Zivilisation sind brüchig. Der Terroranschlag von Halle war eine Zäsur. Die größten Gefahren für unsere Gesellschaft gehen vom Rechtsextremismus aus. Die Tür der jüdischen Synagoge in Halle ist zu einem Mahnmal gegen einen neuen Antisemitismus in unserem Land geworden.

Ich bin 1990 in die Politik gegangen. An Prognosen mangelte es damals nicht. Sie waren überwiegend positiv, ja euphorisch, aber leider falsch. Die Geschichte ging weiter. Unter den vielen Prognosen hat sich aber eine als sehr hellsichtig erwiesen. 1989 stellte Fritz Stern, der in Breslau geborene und 1938 in die USA emigrierte deutsch-amerikanische Historiker, dem neuen Deutschland eine gute Prognose aus. Es werde seine zweite Chance nutzten, war er sich sicher. Stern, der fünf verschiedene Deutschlandgebilde erlebt hatte und 2016 im Alter von 90 Jahren starb, wusste, wovon er sprach. Deutschland hat seine Chance genutzt. Es ist heute ein moderner, weltoffener und fest in die europäischen Strukturen eingebundener Staat. Unser Land genießt Vertrauen in der Welt. Seinen Bürgerinnen und Bürgern bietet es sehr viele und gute Lebensmöglichkeiten und -chancen. Mehr als das viele andere Staaten auf dieser Welt tun.

Ohne die föderale Ordnung wäre diese politische Erfolgsgeschichte der Bundesrepublik Deutschland nicht denkbar. Diese Erfolgsgeschichte wollen wir in den kommenden Jahren fortschreiben und gemeinsam Zukunft formen.

Reiner Erich Haseloff (* 19. Februar 1954 in Bülzig) ist ein deutscher Politiker (CDU) und seit dem 19. April 2011 Ministerpräsident des Landes Sachsen-Anhalt. Zuvor war er seit 2006 Minister für Wirtschaft und Arbeit des Landes. Von November 2020 bis Oktober 2021 war er turnusgemäß Präsident des Bundesrates. Grundlage für den vorliegenden Text ist die Rede, die Ministerpräsident Haseloff am 6. November 2020 im Bundesrat anlässlich seiner Übernahme der Bundesratspräsidentschaft gehalten hat.

Fortschritt

Barbara Junge

Vor etwa 1,5 Millionen Jahren hat ein *Homo erectus* irgendwo im südlichen Afrika gelernt, Feuer zu kontrollieren. Ohne ihn würden wir heute weder Kohle noch Erdöl verbrennen, keine Gasheizung aufdrehen und kein Fleisch grillen. Gebratenes Fleisch ist gesünder als rohes totes Tier, das Feuer macht das Kochen sonst nicht verdaubarer Pflanzen möglich, es hält Tiere ab und spendet Wärme. Menschen lebten länger, wurden schlauer und erfanden die Medizin. Sie haben Tiere zu Nutztieren domestiziert, Pflüge geschmiedet, Kohlezechen angelegt, die Stahlproduktion entwickelt, Wälder brandgerodet, Autos erfunden, Nachtarbeit und den globalen Kapitalismus. Alles im Namen des Fortschritts. Wenn der *Homo erectus* gewusst hätte, wohin uns sein Feuer führt, hätte er es sich vielleicht noch einmal anders überlegt.

Das hätte er nicht. Denn Fortschritt ist eine Droge. Eine Droge erhöht den Puls, erzeugt Euphorie, erweitert das Bewusstsein, verlangt nach immer mehr und immer stärkerer Wirkung. Am Anfang des 21. Jahrhunderts befinden wir uns in einem Stadium, in dem die Wirkung gerade nachlässt. Das Abklingen eines Rausches bringt oft Niedergeschlagenheit, Erschöpfung bis hin zu Angstzuständen, Schuldgefühlen und Selbstvorwürfen mit sich. Manche Menschen, die gegen die Klimakrise kämpfen, bezeichnen sich selbst als ausgebrannt.

Fortschritt ist seit dem Beginn der industriellen Revolution in den Kohlezechen Englands über die Ablösung der Pferdekutsche durch das Automobil bis hin zur Globalisierung der Warenwelt (inklusive der Ware Tourist) zu Beginn des 21. Jahrhunderts untrennbar mit der Ausbeutung fossiler Rohstoffe und einem immer weiter wachsenden Bedarf an Energie verbunden. Selbst die Entwicklungen in den Sphären von Quantencomputern und der künstlichen Intelligenz sind allem voran eines: Energiefresser. Fortschritt heißt fortschreitende Ausbeutung der natürlichen Ressourcen. Es ist eine Leistung der menschlichen Spezies, die diese von allen anderen Lebensformen auf der Welt abhebt. Pflanzen und Tiere sind nun einmal nicht in der Lage, ihre eigene Lebensgrundlage zu zerstören.

Fortschritt (Oxford Languages): »Eine positiv bewertete Weiterentwicklung, die Erreichung einer höheren Stufe der Entwicklung«.

England wird oft als das Mutterland der Demokratie bezeichnet. Die Glorious Revolution fand ein Jahrhundert vor der Französischen Revolution statt, auf die englische Aufklärung geht die moderne Gewaltenteilung zurück. Die Ablösung des Feudalstaats und die Entwicklung hin zur Demokratie sind der entscheidende gesellschaftliche Fortschritt der Neuzeit. Reformation und Aufklärung sind Ausgangspunkt eines Fortschritts, der (großen Teilen) der Menschheit den Rechtsstaat, Menschenrechte und einigen sogar eine antiautoritäre Erziehung gebracht hat. Technischer Fortschritt und die Industrialisierung sind Garanten für ausreichende Nahrungsmengen, Beschleuniger für die segensreiche moderne Medizin, Paten der wirtschaftlichen Dynamik und von Reichtum (zumindest für einen Teil der Menschheit), der vor 1,5 Millionen Jahren unvorstellbar war. Anfang des 21. Jahrhundert muss sich die Menschheit nun entscheiden, ob sie Fortschritt vom Feuer lösen kann.

Die Klimakrise macht den Abschied von fossilen Brennstoffen, um mit einem Bonmot der früheren Bundeskanzlerin Angela Merkel zu sprechen, »alternativlos«. Eine positiv bewertete Weiterentwicklung und die Erreichung einer höheren Stufe, Fortschritt, müsste demnach diejenige Entwicklung sein, die die Grundlage des menschlichen Lebens auf der Erde schützt und zugleich Demokratie, moderne Medizin und ausreichend Nahrung und Reichtum (für möglichst viele Menschen) erhält.

Man kann 2023 nicht über Fortschritt schreiben, ohne Yuval Noah Harari zu erwähnen. Der israelische Historiker und Universaldenker mischt der positiven Entwicklungserzählung einen anderen, gleichermaßen unbekömmlicheren Gedanken bei. Fortschritt, so kann man es kurz zusammenfassen, bedeute Effektivitätsgewinne, nicht zwangsläufig Glück. Das hat ja auch Karl Marx schon gesehen. Effektivität teilt die Menschheit in arm und reich. Das macht Sinn, denn wer das Feuer beherrscht, beherrscht zweifelsohne auch seine Mitmenschen. Aber Hararis Vision des Fortschritts mündet im 21. Jahrhundert in eine Spaltung der Menschheit in eine Spezies des via Bioengineering oder als Cyborgs upgegradeten Menschen – und die abgehängten anderen. Harari hat sich im März 2023 der Forderung von mehr als 1000 Expertinnen und Experten aus der Techbranche, Forschung und Wissenschaft angeschlossen, ein sechsmonatiges Moratorium für das Trainieren von KI-Systemen, die »mächtiger als GPT-4« sind, zu beschließen.

Fortschritt ist eine Droge. Deren berauschender Sog scheint heute in den Forschungslaboren der KI-Entwicklung unterwegs zu sein. Der Erneuerungszyklus immer leistungsfähigerer Programme ist der Anpassungsgeschwindigkeit demokratischer Gesellschaften weit überlegen. Seit die Sprach-KI ChatGPT, ihre

Nachfolgeversionen und konkurrierende Tools auf das Internetanhängsel Mensch losgelassen wurde, wächst unter uns die Angst. Die Ahnung, dass sich diese künstliche Intelligenz vom Menschen unabhängig machen und den *Homo sapiens* im Lauf der Evolution noch überholen könnte, führt manche Exemplare zu überraschenden Impulsen. Auch Entwicklungspioniere wie Elon Musk und Steve Wozniak haben den offenen Brief für das Moratorium unterschrieben. Der Fortschritt frisst seine Kinder. Und die UNESCO antwortet mit einer Forderung an die Staaten der Weltgemeinschaft, die Empfehlungen zum ethischen Umgang mit KI endlich in nationales Recht zu übersetzen.

Der Vater der Atombomben, die im Zweiten Weltkrieg über Hiroshima (»Little Boy«) und Nagasaki (»Fat Man«) gezündet wurden, und Leiter des »Manhattan Project« war Robert Oppenheimer. Nachdem Oppenheimer die Wirkung der unter seiner Leitung entwickelten Waffe begriffen hatte, das Ausmaß an Auslöschung von Leben, soll er US-Präsident Harry Truman gesagt haben, er, Oppenheimer, habe Blut an seinen Händen. Letzteres galt für ihn wie für seine Kollegen im Bombenbauercamp. Doch während Oppenheimer zum Gegner der Atomwaffenforschung wurde, machten seine wissenschaftlichen Mitstreiter weiter. Der Moment, als die infernalischste Waffe, die die Menschheit erfunden hat, in Form eines Atompilzes über Hiroshima sichtbar wurde, wäre ein Zeitpunkt gewesen, diesen Fortschritt zu stoppen. Aber hat die Kontrolle, die Begrenzung des Fortschritts je funktioniert? Anfang des 21. Jahrhundert muss sich die Menschheit auch entscheiden, ob sie dem eigenen Fortschritt Grenzen setzen kann.

Weder die Einhegung technologischer Entwicklung noch der Abschied von fossiler Energie steht in Widerspruch zum Fortschritt. Ohne die fortwährende Weiterentwicklung von Technologien der klimaneutralen Energiegewinnung und der CO_2-Reduzierung in der Atmosphäre würde der Kampf gegen die Klimakrise scheitern. Auf künstlicher Intelligenz ruhen insbesondere auch die Hoffnungen der Medizin. Die Verarbeitung riesigen Datenmaterials ermöglicht noch nicht absehbare Verbesserungen bei Diagnose, Behandlung und Forschung. Zur Diskussion steht nicht der Fortschritt an sich, sondern die Frage, ob Fortschritt nur im Geiste des traditionellen olympischen Mottos »höher, schneller, weiter« (oder seiner seit 2020 gültigen Fassung »höher, schneller, weiter – gemeinsam«) interpretiert werden muss.

1985 schrieb Oskar Lafontaine, der ehemalige SPD- und spätere Linken-Politiker, ein Buch mit dem Titel *Der andere Fortschritt*. Darin verhandelte er die These, dass Wirtschaft auch ohne Wachstum ein gutes Leben ermöglichen könne. »Technischer Fortschritt ist nur bedingt ein fortgesetzt positiver Prozeß«, hielt Lafontaine fest. Die Industriegesellschaft sei an ihre Grenzen gestoßen. Zwar hätten in den Industriestaaten Wirtschaft, Wissenschaft und Technik zu gewaltigen Errungenschaften geführt, doch wögen diese nicht auf, was an Zerstörung angerichtet und an existenzieller Gefährdung aufgebaut worden sei: Massenarbeitslosigkeit und Armut, Hungertod, Atomtod, Naturzerstörung und soziale Not. Damals konnte sich Lafontaines Sicht nicht durchsetzen. Er schien seiner Zeit voraus zu sein. Heute debattiert die Transformationsforscherin Maja Göpel dagegen an, Fortschritt in der ökonomischen Analyse mit Wachstum gleichzusetzen. Der Mythos vom ständigen Wirtschaftswachstum als Maxime des Fortschritts schaffe insbesondere eines: Ungleichheit und ein Leben über unsere Verhältnisse als Menschheit. Damit stellt sie jedoch auch die Konstante des Kapitalismus infrage, die nach Karl Marx

Wachstum und Profitmaximierung zur Voraussetzung hat. Für die Annahme, dass der Kapitalismus in den Grenzen der natürlichen Ressourcen überleben könne, ist noch kein Beweis erbracht. Die Grenzen des Wachstums hat der Club of Rome 1972 angemahnt. Die Grenzen des Fortschritts stehen 50 Jahre später im Mittelpunkt der Debatten.

Barbara Junge (* 1968 in Stuttgart) studierte in Freiburg Soziologie und Politik und schloss ihr Studium als Diplom-Soziologin an der Freien Universität Berlin ab. Ihre journalistische Karriere begann sie bei der Berliner *Tageszeitung (taz)* und arbeitete später als USA-Korrespondentin für den *Tagesspiegel* in Washington. Seit 2020 ist sie gemeinsam mit Ulrike Winkelmann Chefredakteurin der *taz*. Junge hat zahlreiche Auszeichnungen erhalten, darunter den Arthur F. Burns Preis für ihre Reportage über Polizeiarbeit in San Diego.

Frieden

Franz Alt

Zeigt die Bergpredigt Jesu auch in unserer Zeit einen Weg zum Frieden? Kann die Kraft der Bergpredigt helfen?

Seit mehr als 2000 Jahren gilt auf der ganzen Welt der altrömische Grundsatz »Wer Frieden will, muss den Krieg vorbereiten« – »Si vis pacem, para bellum«. Ergebnis:2000 Jahre immer wieder Kriege, Massenmord, unermessliches menschliches Elend und Leid, brutale Zerstörungen und Millionen Menschen auf der Flucht. Ganz in diesem Geist fordern die Verteidigungsminister aller NATO-Staaten immer wieder: »Mehr Geld fürs Militär.«

Wir stecken bis heute in der Kriegsfalle, die uns zuflüstert: »Frieden schaffen mit immer mehr Waffen.« In Deutschland wurde 2022 beschlossen, einen militärischen Sonderfonds von 100 Milliarden Euro aufzulegen. Die USA, Russland und China geben Rekordsummen fürs Militär aus und »modernisieren« ihre Atomarsenale, ihre Massenvernichtungswaffen. China bedroht Taiwan immer aggressiver, und im Sudan tobt wieder ein brutaler Bürgerkrieg.

Wir bräuchten in Europa heute viel Geld für Schienen und Schulen, für Klimaschutz und Kitas und für viele Sozialwohnungen, für die Überwindung der Armut und erst recht für die Überwindung der Ungerechtigkeit zwischen Süd und Nord. Also Geld für zivile Sicherheitspolitik. Wie kommen wir von der derzeitigen Spirale der ständigen Aufrüstung zu einer Politik der Abrüstung?

Dass auch Abrüstung möglich ist, hat uns vor über 35 Jahren Michail Gorbatschow erfolgreich vorgemacht, ein Realpolitiker mit Visionen. Weil einer den Mut hatte, voranzugehen und in einem Umfeld von Hardlinern auf realisierbare Visionen zu setzen, konnten erstmals in der Menschheitsgeschichte ganze Waffensysteme einfach verschrottet werden. Kontrolliert verschrottet. Es wurde tatsächlich abgerüstet anstatt aufgerüstet. Europa wurde sicherer, die Mauer fiel, und die friedliche deutsche Einheit wurde möglich.

Und wie sieht es heute aus, nachdem der alte Wahnsinn des atomaren Wettrüstens gerade wieder von vorne beginnt? Kein Gorbatschow weit und breit. Aber schon wieder ein Denken in der alten Kriegslogik. Waren wir nur kurzfristig lernfähig? Haben wir wirklich keine anderen Sorgen, als schon wieder aufzurüsten? Das kann zum dritten Weltkrieg und in den atomaren Abgrund führen. Noch immer wollen wir unsere eigene Angst dadurch überwinden, dass wir »den anderen« immer mehr Angst machen.

Was wäre ein Atomkrieg, fragte ich einst den Fachmann Gorbatschow. Seine Antwort: »Ein Atomkrieg wäre wahrscheinlich der letzte Krieg der Menschheitsgeschichte, weil es danach keine Menschen mehr gäbe, die noch einen Krieg führen könnten. Lasst uns diesen Wahnsinn endlich stoppen.« Darüber schrieben wir 2017 ein gemeinsames Buch: *Kommt endlich zur Vernunft – Nie wieder Krieg!* Es wurde »Gorbis« Vermächtnis.

Meine Geschichte mit Michail Gorbatschow begann Mitte der 1980er Jahre. Ich hatte das Buch *Frieden ist möglich. Die Politik der Bergpredigt* publiziert. Danach traf ich einen russischen General, der Sicherheitsberater von Gorbatschow im Kreml war. Er sagte mir: »Gorbatschow ließ sich Ihr Buch auf Russisch übersetzen. Wir werden in der Sowjetunion jetzt eine Politik im

Geiste der Bergpredigt machen und einfach mit dem Wettrüsten aufhören, weil es keinen Sinn mehr ergibt und gefährlich ist.«

Das war tatsächlich mein Vorschlag in meinem Bergpredigtbuch: Einer muss anfangen aufzuhören. Die Feindesliebe Jesu heißt nicht: Lass dir alles bieten, sondern ganz realistisch: Mach den ersten Schritt auf den anderen zu. Tatsächlich wurde Gorbi der größte Abrüster aller Zeiten, er hat damit den Weg zur friedlichen deutschen Einheit geebnet, den Kalten Krieg beendet und die Welt positiv verändert. 80 Prozent aller Atomwaffen wurden verschrottet. Die Hauptgefahr eines Atomkriegs war beseitigt. »Wie war das möglich?«, wollte ich später von ihm wissen. »Nur durch Vertrauen, das ich zum damaligen US-Präsidenten Reagan aufbauen konnte«, war seine Antwort. Noch kurz vor seinem Tod schickte mir Gorbatschow einen Artikel für die Zeitung *Russia Global Affairs*. Als die dringendsten Probleme unserer Zeit nennt er die Abschaffung der Atomwaffen und die Überwindung der Massenarmut in den Entwicklungsländern sowie die Rettung des Weltklimas.

Das Urethos aller Religionen und Weisheitslehren heißt: »Du sollst nicht töten.« Das meint aber auch: »Du sollst nicht töten lassen«, falls du das verhindern kannst. Deshalb wäre es beim Massenmord in Ruanda 1994 notwendig und moralisch richtig gewesen, wenn die anwesenden UNO-Soldaten versucht hätten, den Massenmord zu verhindern – auch mit Waffen.

Wer hat nun 2023 Recht in Deutschland: diejenigen, die für Waffenlieferungen an die Ukraine sind, oder jene, die dagegen sind? Ich weiß es nicht. Niemand weiß es genau. Beide Seiten können schuldig werden. Jede Entscheidung hat ihre dunkle Seite. Jede Entscheidung fordert Menschenleben. Jede Entscheidung macht schuldig. Die Befürworter der Waffenlieferungen können nicht ausschließen, dass diese zur weiteren Eskalation beitragen. Und die Gegner von Waffenlieferungen können nicht ausschließen, dass sie sich der unterlassenen Hilfeleistung schuldig machen. Wir sind in dieser Frage gespalten. Wir sollten aber gerade jetzt aufeinander hören. Es gibt auch eine Kultur des Zweifelns und der Bedachtsamkeit. Ich bin froh, dass Deutschland jetzt einen Bundeskanzler hat, der zwar Waffen liefert, aber es nur zögerlich tut. Zögern und Zaudern scheint mir in Kriegszeiten klüger als forsches Eskalieren. Wir müssen lernen, dass wirkliche Sicherheit auch immer die Sicherheit des Gegners ist. Der Wiener Kongress 1815 sowie die Nachkriegsordnungen von 1914 und 1945 in Europa haben gezeigt, dass selbst nach furchtbaren Kriegen neue Friedensordnungen möglich sind. Auch heute brauchen wir eine neue europäische Friedensordnung, in der sowohl die ukrainischen wie die russischen Sicherheitsinteressen mehr als bisher berücksichtigt werden.

Auch Papst Franziskus hat in diesen Monaten Zweifel an Waffenlieferungen von außen geäußert, aber zugleich das Recht auf Selbstverteidigung jedes Landes unterstrichen. Jeder wirkliche Pazifist und jede wirkliche Pazifistin muss sich allerdings fragen, wie sich in diesem Vernichtungskrieg Putins die Ukraine ohne Waffen verteidigen soll. Vielleicht brauchen wir jetzt einen Umweg »Frieden schaffen mit Waffen«, um das langfristige Ziel »Frieden schaffen ohne Waffen« zu erreichen. Das wäre ein differenzierter Pazifismus, Realpazifismus. Fakt ist: Deutsche Abwehrraketen haben in den letzten Monaten vielen Ukrainern das Leben gerettet.

Eines sollten wir uns aber auch immer wieder klarmachen – auf welcher Seite wir auch stehen: Betroffen sind immer zuerst die Menschen in der Ukraine. Ihre jungen Männer werden getötet, ihre Frauen werden vergewaltigt, ihre Kinder und ihre Alten werden zur Flucht gezwungen. Da verbietet sich deutsche Besserwisserei. Deutscher Pazifismus kann also nicht heißen, dass wir vom sicheren hiesigen Boden aus den Ukrainern empfehlen könnten: Bitte ergebt euch! Das wäre ein Pazifismus im Sinne des Aggressors. Es wäre ein »Pazifismus«, der dem Aggressor noch die Tür aufhält. Was dabei oft vergessen wird: Schon die deutsche Urpazifistin Bertha von Suttner hielt Verteidigungskriege für legitim. Und der bekannteste deutsche Pazifist Albert Einstein differenzierte zwischen »vernünftigem Pazifismus« und »verantwortungslosem Pazifismus«. Ich unterscheide heute zwischen Realpazifismus und Fundamentalpazifismus.

Jesus hat uns in seiner Bergpredigt »Feindesliebe« empfohlen. Ist das naiv? War Jesus ein Spinner? Feindesliebe heißt ja nicht: Lass dir alles bieten. Sondern: Sei klüger als dein Feind. Hab den Mut zum ersten Schritt. Die Bergpredigt, so hat es mir Gorbatschow mal gesagt, »ist im Atomzeitalter das Überlebensprogramm der Menschheit«. Die Bergpredigt Jesu ist die wahre Zeitenwende.

Immerhin hat Helmut Kohl diesen Vorschlag gemacht: »Frieden schaffen mit immer weniger Waffen.« Also abrüsten statt aufrüsten. Darf man die heutigen Verteidigungsminister der NATO, meist Christen, noch an Jesus und Helmut Kohl erinnern? Oder gar an die Bergpredigterkenntnis von Michail Gorbatschow? Das Ziel wäre dann – vielleicht bis 2040/2050 –, Frieden zu schaffen ohne Waffen. Lasst uns Sicherheit doch mal ganz neu denken. Mit der Bergpredigt kann man Politik machen, ihr lieben Christen in der Politik! Wirkliche Friedenspolitik. Die Bergpredigt ist eine Frohbotschaft und keine Drohbotschaft. Jesus war ein Realist.

Denen, die sagen, mit der Bergpredigt könne man nicht regieren, gilt meine Gegenfrage: Habt ihr es je probiert? Gorbatschow hat es doch vorgemacht. Und zwar erfolgreich. Bundeskanzler Scholz sagte in einem Interview mit der *Süddeutschen Zeitung*, dass er auch 2023 den Kontakt zu Putin halten wolle und Friedensverhandlungen suche. Es gibt in den letzten Monaten zwei Ereignisse, die zeigen, dass Verhandlungen auch jetzt noch besser und erfolgreicher sein können als eine weitere Eskalation: Russland und die Ukraine haben unter dem Vorsitz der Vereinten Nationen das Weizenabkommen geschlossen, und beide Seiten haben auch einen Gefangenenaustausch erfolgreich organisiert. Voraussetzung für einen Frieden in der Ukraine ist ein rascher Waffenstillstand.

Es gibt immer Alternativen. Meine Kronzeugen für diese realistische Einschätzung sind Jesus und seine Bergpredigt, die Abrüstungspolitik von Michail Gorbatschow und die Lehre der Gewaltfreiheit meines langjährigen Freundes, des Dalai Lama. Alle Probleme, die Menschen geschaffen haben, sind auch von Menschen lösbar. Es gibt immer Alternativen.

Franz Alt (* 17. Juli 1938 in Untergrombach) ist Journalist, Autor und Umweltaktivist, der sich für erneuerbare Energien und den Umweltschutz einsetzt. Er hat Politikwissenschaft, Geschichte, Philosophie und Theologie studiert. Alt hat mehrere Auszeichnungen erhalten, und seine Bücher wurden in 25 Sprachen übersetzt. Als bekennender Christ begründet Franz Alt sein Engagement für die Ökologie aus seinem Glauben heraus. Im Herbst 2023 erscheint bei Herder sein Buch *Ich habe einen Traum! Die Zukunft der Kirche ist weiblich.*

Gebet

Martin Werlen

Das Gebet ist und bleibt die Pflege der Beziehung mit Gott. Gerade darum verändert es sich immer wieder. Wenn die Beziehung zwischen zwei Personen stets dieselbe bleibt, stimmt etwas nicht. Bertolt Brecht macht uns in einer seiner Geschichten mit Herrn K. eindrücklich mit wenigen Worten darauf aufmerksam: »Ein Mann, der Herrn K. lange nicht gesehen hatte, begrüßte ihn mit den Worten: ›Sie haben sich gar nicht verändert.‹ ›Oh!‹ sagte Herr K. und erbleichte.« Was lebendig ist, verändert sich. Das gilt für uns selbst, für die anderen, für unsere Beziehungen – auch für die Beziehung mit Gott.

Im Laufe unseres Lebens verändert sich deshalb selbstverständlich auch das Gebet, das diese Bezeichnung verdient. Als Kinder hören wir biblische Geschichten anders als Erwachsene. Die Geschichten bleiben, vergangene Eindrücke gehen, neue Einblicke kommen. Unsere Erfahrungen fordern unser Gottesbild heraus und somit auch unsere Beziehung mit Gott. Und immer wieder staunen wir: Dass ich das vorher nicht bemerkt habe! Erwachsene trauern manchmal, dass sie nicht mehr so beten können, wie sie das als Kinder getan haben. Selbstverständlich können wir darunter leiden, dass unser Gebet nicht mehr so selbstverständlich und intensiv ist. Aber: Immer im Heute dürfen wir unsere Beziehung mit Gott pflegen. Ob, wer sich nach dem Gebet vergangener Zeiten zurücksehnt, nicht bei der Arbeit am Pflug zurückschaut (vgl. Lk 9,62)?

Das Gebet ist nicht nur geprägt von den persönlichen Erfahrungen, sondern auch vom Zeitgeist einer Epoche. Im ersten Jahrtausend war die Christusfigur am Kreuz als der Sieger dargestellt. Erst in der Gotik stand der leidende Christus im Mittelpunkt. Und dementsprechend sind auch die Gebete. Solche Entwicklungen gibt es auch für kürzere Zeitabstände. Was wir erleben, prägt unser Hören auf das Wort Gottes. Die Erfahrung eines Krieges macht plötzlich Aussagen in der Heiligen Schrift zugänglich, die vorher ganz fern und fremd waren. Dies lässt sich gut an den Gebetbüchern nachverfolgen, die seit 1798 bis heute im Verlag Herder auf den Markt gekommen sind. Die Gebete zur Zeit der Französischen Revolution waren anders als in der Aufbruchsstimmung nach dem Zweiten Vatikanischen Konzil. Ebenso unterscheiden sich die Gebete im triumphalen Auftreten der Kirche nach dem Ersten Vatikanischen Konzil von denen nach dem Zerbröckeln der Fassade, das mit der Aufdeckung von Missbrauch und dem Vertuschen im 21. Jahrhundert einherging. Es gibt Gebete aus früheren Jahrzehnten, die wir heute nicht mehr beten können. Kein gutes Zeichen für unser Beten ist es, wenn wir das nicht bemerken.

Ist in den vergangenen 225 Jahren alles schlechter geworden – auch mit dem Gebet –, wie einige meinen? Die Gebetbücher des Verlags Herder lehren uns – Gott sei Dank! – etwas anderes. Was bleibt? Viele Menschen beten. Was geht? Die meisten Menschen verabschieden sich von einem mechanischen Verständnis des Betens. Sie haben es aufgegeben, einfach Gebete zu verrichten. Was kommt? Es ist unübersehbar eine Bewegung, die Freude bereitet: Weg vom Verrichten von Gebeten hin zum persönlichen Gespräch mit dem Gott, der das tiefste Geheimnis unseres Lebens ist. Dieses Geheimnis hat an Weite gewonnen. Neben den patriarchalen Gottesbildern werden in der Heiligen Schrift viele andere entdeckt und ins Gebet aufgenommen. Immer mehr kommt bei den Betenden an, dass sie in einer liebevollen Beziehung sind, die zum Suchen und Ringen herausfordert, uns oft perplex dastehen lässt, uns ermutigt, unseren Horizont weitet und unsere Herzen für die Menschen öffnet und unsere Sorge für das gemeinsame Haus weckt, das wir bewohnen. Alles hat heute im Gebet seinen Platz, auch Zweifel, ja sogar Verzweiflung. Wer die Gebetbücher heute liest und betrachtet, entdeckt erstaunt eine Gebetssprache, die der des Psalmengebetes sehr ähnlich ist. In ihr kommt das Leben in seiner unerschöpflichen Vielfalt vor Gott zur Sprache. Das kommt, das geht, das bleibt.

Martin Werlen OSB (* 28. März 1962 in Obergesteln im Kanton Wallis) ist seit 1983 Benediktiner des Klosters Einsiedeln und war von 2001 bis 2013 der 58. Abt der Gemeinschaft. Er studierte Theologie und Psychologie in Einsiedeln, in den USA und in Italien. Seit 2020 ist er Propst der zum Kloster Einsiedeln gehörenden Propstei St. Gerold in Vorarlberg. 2020 erschien von ihm zuletzt bei Herder: *Raus aus dem Schneckenhaus! Nur wer draußen ist, kann drinnen sein.*

Gedichte

Manuel Herder

Vor 175 Jahren, während der Badischen Revolution von 1848, schrieb und veröffentlichte Gustav Struwe sein Gedicht »Freiheit«. Es beginnt dramatisch mit dem Ausruf: »Freiheit! Du stehst vor uns wie eine Morgenröte, Auf einer alten, neuen heiligen Zeit!« Wenn sich Gedichte mit der Gesellschaft beschäftigen, kann das auch ein Zeichen dafür sein, dass den Verfassern andere Mittel der gesellschaftspolitischen Willensäußerung nicht zur Verfügung stehen. Das Gedicht also als ein Plädoyer in Reimen.

Ein prominentes Beispiel hierfür mögen einige Sonette von William Shakespeare sein. Es ist möglich, dass Shakespeare Katholik war (Hammerschmidt-Hummel, Hildegard, *Die verborgene Existenz des William Shakespeare. Dichter und Rebell im Untergrund*, Verlag Herder 2001). Aber selbst wenn das nicht der Fall gewesen ist, musste er sich im anglikanischen England Elisabeths I. vorsichtig verhalten. Das Land befand sich in politischen und sozialen Spannungen, Kritik war nicht vorgesehen, und Vorwürfe an die Mächtigen konnten schmerzhaft enden. Also formulierte er seine Sozialkritik zurückhaltend, aber dennoch spürbar. »Tired with all these, for restful death I cry«, beginnt eine lange Aufzählung von Missständen und Ungerechtigkeiten, für die er die herrschende Klasse verantwortlich zu machen scheint.

Jahrhunderte später konnte Hans Magnus Enzensberger mit seiner Kritik an der Gesellschaft und ihren Mächtigen ganz anders ansetzen. Mit der persönlichen Sicherheit im Rücken, die ihm der

Rechtsstaat der Bundesrepublik Deutschland bot, brachte er gesellschaftspolitische Dichtung zur Blüte. Da ging es Literaten wie Wolf Biermann, Sarah Kirsch oder Volker Braun in der benachbarten DDR ganz anders. Sie arbeiteten behutsam, indirekt und mit metaphorischen Bildern. Es ging darum, deutlich zu sein und die staatliche Zensur dennoch nicht auf sich und die Werke zu lenken. Das Gedicht als ein Plädoyer der Ohnmächtigen.

Und nun erlaube ich mir einen großen geografischen und kulturellen Sprung auf die andere Seite des Globus. Interessant ist für mich in diesem Zusammenhang nämlich, dass die japanischen Kaiser durch die Jahrhunderte hinweg stets Gedichte schrieben. Das mag zunächst nicht verwundern, denn auch andere Herrscher haben gedichtet. Marc Aurel zum Beispiel, den man gerne auch als Philosophenkaiser bezeichnet, verfasste Gedichte, die sich den schönen Künsten oder philosophischen Betrachtungen widmeten.

Die Gedichtform, deren sich die Kaiser traditionell bedienen, ist das Waka. Es ist eine Gedichtform, die bis ins sechste Jahrhundert zurückreicht. Die Kunst bei diesen Gedichten ist es, einen Text zu verfassen, der aus einer definierten Anzahl von Silben in einer definierten Anzahl von Zeilen besteht. Es geht also darum, Wörter und Sätze so zu wählen, dass sie einerseits die formalen Bedingungen von Silben und Zeilen erfüllen, aber andererseits auch poetisch und darüber hinaus aussagekräftig sind. Das Regelwerk entspricht dem des Haiku, aber Waka sind etwas länger. Sprachlich handelt es sich um ein interessantes Sowohl-als-auch von Zwang und Freiheit oder Vorgabe und Kreativität.

Nun wird man sich fragen, was all das mit dem Gedicht als verstecktem Plädoyer in Reimen zu tun haben mag.

Die japanische Geschichte kennt eine weltweit einzigartige Besonderheit: das Shogunat. Der Shogun war über Jahrhunderte der eigentliche Herrscher des Reichs, auch wenn er im Rang hinter dem Kaiser stand. Man mag an das Schachbrett denken, denn auch hier hat die Dame mehr Macht als der König. Und so wie der König auf dem Schachbrett nur begrenzte Macht und Bewegungsmöglichkeiten hat, so war auch die Macht der japanischen Kaiser über Jahrhunderte begrenzt. Wer wenig politische Macht hat, der greift – und hier schließt sich der Kreis – auf Gedichte zurück, Gedichte, deren Anspruch über das Künstlerische hinausgeht. Gedichte, in denen gesellschaftspolitische Botschaften vermittelt werden. Eine Begebenheit mag das verdeutlichen:

Im Mittelalter musste Kaiser Go Toba (1180–1239) das Zentrum der Macht, also die Region um Kyoto, Nara und Osaka, verlassen und sich unfreiwilligerweise in ein weit entferntes Exil zurückziehen. Seinen Protest dagegen formulierte er in Gedichten. In diesen prangerte er sein Exil an, erklärte die Liebe zur entrissenen Heimat und drückte die Hoffnung aus, sie eines Tages wiederzusehen – und sei es als Wolke. Das Gedicht als Plädoyer eines Ohnmächtigen.

Nach der japanischen Verfassung von 1947 ist das Kaiserhaus heute das Symbol des Staates. Als Symbol spielt es eine wesentlich geringere staatspolitische Rolle als mancher Monarch in den konstitutionellen Monarchie in Europa. Man denke nur an die unerwartete Rede des spanischen Königs Juan Carlos zur Verhinderung des Putschversuchs vom Februar 1981 oder den kurzfristigen Amtsverzicht des luxemburgischen Großherzogs Henri 2008, um Gesetze, die er nicht mit seinem Gewissen vereinbaren konnte, nicht unterschreiben zu müssen.

Auch heute noch spielen Gedichte am japanischen Kaiserhof eine große Rolle. In feierlichen Festakten werden sie dort vorgetragen. Auf den ersten Blick hat es fast liturgischen Charakter, wenn Teilnehmer nach vorne treten, ihre Gedichte vortragen und wieder an ihren Platz zurückkehren. Hier begegnen sich Bürger und ihre Kaiser auf Augenhöhe: Die Vorgaben an Silben und Zeilen sind für alle gleich. Die wenigsten dieser Gedichte werden übersetzt. Eine Ausnahme bilden 50 Gedichte aus der Feder von Kaiserin Michiko. Sie veröffentlichte diese 2017 auf Japanisch und Deutsch. Wie sieht die Kaiserin den Bombenabwurf auf Hiroshima? Wie empfindet sie die deutsche Wiedervereinigung? Äußert sie sich zu islamistischen Anschlägen auf historische Buddhastatuen in Afghanistan? Als Symbol des Staates hat die Kaiserin sich aus allem Politischen herauszuhalten. Das haben japanische Kaiser über Jahrhunderte hinweg so halten müssen. Ihre Gedichte allerdings sind mitunter versteckte Plädoyers in Reimen.

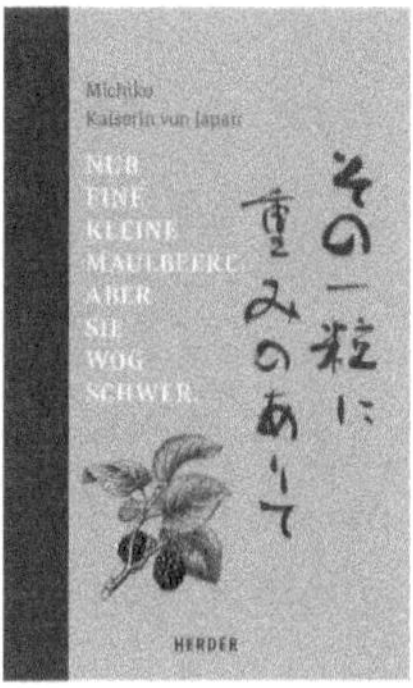

Manuel Herder (*4. März 1966) machte sein Abitur in England und studierte nach dem Wehrdienst als Fallschirmjäger Japanologie, Theologie und Erziehungswissenschaften in Tübingen, Matsuyama und Bonn, wo er mit dem Magister Artium abschloss. Er absolvierte verschiedene Praktika und berufliche Stationen in London, Singapur, Japan und Hannover. 1992 trat er in den Verlag Herder ein, dessen Verleger er heute in der sechsten Generation ist.

Auf Wunsch der Autorin schrieb er das Vorwort zu dem bisher nur auf Deutsch erschienenen Buch *Nur eine Maulbeere, aber sie wog schwer.*

Geduld

Renate Köcher

Wenig hat sich in den letzten zwei Jahrzehnten so tiefgreifend verändert wie das Informationsverhalten und die Mediennutzung. Das Internet hat kontinuierlich an Bedeutung gewonnen; die Mehrheit der Bevölkerung nutzt es heute täglich intensiv, wobei das Smartphone eine immer größere Rolle spielt: Für knapp jeden Zweiten ist das Smartphone mittlerweile die wichtigste Informationsquelle. Gegenläufig werden Printmedien immer weniger genutzt. Das gilt für Zeitungen und Zeitschriften, aber auch die Buchlektüre. Die durchschnittliche Tagesreichweite von Zeitungen ist in den letzten zehn Jahren von 45 auf 32 Prozent zurückgegangen; die Mehrheit liest zwar nach wie vor Tages- und Wochenzeitungen, aber weniger regelmäßig als früher. Im selben Zeitraum ist der Kreis regelmäßiger Buchleser, die täglich oder zumindest mehrmals in der Woche Bücher nutzen, von 37 auf 30 Prozent geschrumpft – einschließlich der E-Book-Leser. Der Kreis der weitgehend Buchabstinenten ist dagegen von 35 auf 43 Prozent angewachsen. Insbesondere die einfachen Bildungsschichten haben ihre Buchlektüre reduziert, zunehmend aber auch die höheren Bildungsschichten.

Diese Entwicklungen werden oft als bloßer Substitutionsprozess interpretiert; das schnellere Medium Internet mit seiner jederzeit und ortsunabhängig verfügbaren Informationsfülle ersetzt herkömmliche Medien, die längere Reaktionszeiten haben und keine vergleichbar flexiblen Nutzungsmöglichkeiten bieten.

Schon bei der Buchlektüre wird jedoch deutlich, dass diese Erklärung zu kurz greift. Bücher sind heute auf E-Readern verfügbar und ähnlich flexibel nutzbar wie generell das Internet. Trotzdem geht die Buchlektüre zurück, statt von dem Siegeszug des Internets zu profitieren.

Die Veränderungen beschränken sich nicht auf einen Austausch von Trägermedien. Vielmehr wandelt sich der Umgang mit Informationen und Texten grundlegend. Es wird heute zwar mehr gelesen denn je, aber anders und anderes. Ein Großteil des täglichen Lesestoffs entfällt auf persönliche Mitteilungen, den Austausch mit anderen, das Teilen von Impressionen und Erlebnissen. Insbesondere die Jüngeren, die mit Internet und Smartphone aufgewachsen sind, kommunizieren intensiv, eng getaktet und impulsgetrieben. Es gibt immer weniger feste Strukturen, Zeitreservate für Kommunikation und Information, wie dies ursprünglich bei der Nutzung von Printmedien oder der Nachrichtensendungen des Fernsehens der Fall war.

Es ist bemerkenswert, dass ein Medium, das wie kein anderes Autonomie bei der Information und Lektüre ermöglicht, von vielen so genutzt wird, dass Kommunikation und Information weniger autonom gestaltet werden, sondern zunehmend impuls- und ereignisgetrieben sind. Viele sind über ihr Smartphone ständig online, erhalten nicht nur persönliche Mitteilungen, sondern auch Push-Nachrichten, die meist unmittelbar rezipiert werden. Die Informationsernährung innerhalb von festen Zeitfenstern wird zunehmend durch zufallsgesteuerte Informationssnacks ersetzt. Jeder Vierte, bei unter 30-Jährigen die Mehrheit, verfolgt das aktuelle Geschehen nicht kontinuierlich, sondern nach dem Motto: »Wenn etwas Wichtiges passiert, bekomme ich das mit, über soziale Netzwerke oder Push-Nachrichten auf mein Handy.« Auch die jederzeitige Verfügbarkeit von Informationen trägt zur Enthabitualisierung bei. So hält es knapp die Hälfte der Bevölkerung – 68 Prozent der unter 30-Jährigen – grundsätzlich nicht für notwendig, sich regelmäßig zu informieren, da die Informationen jederzeit verfügbar sind, wenn sie benötigt werden.

Die Informationsfülle erzieht auch zu einer schärferen Selektion. Es wird gezielt gesucht und genutzt, was von vornherein interessiert. Bei der habituellen Nutzung klassischer Medien steuerte das inhaltliche Angebot von Nachrichtensendungen und Zeitungen, mit welchen Themen man konfrontiert wurde. Natürlich wurden und werden auch gedruckte Zeitungen nicht vollständig gelesen; bei der Internetnutzung wird jedoch von vornherein weitaus schärfer selektiert. Das Internet wird in hohem Maße für die gezielte Informationssuche genutzt, und dies prägt auch die Mediennutzung im Netz erheblich. Schon Kinder und Jugendliche werden zur gezielten Informationssuche und Selektion erzogen. Viele Interessen wachsen jedoch erst mit der geduldigen Befassung mit Themen, die zunächst nicht sonderlich interessieren. Dieser Prozess kommt heute weniger in Gang, und dies hat zur Folge, dass das durchschnittliche Interessenspektrum der Bevölkerung und insbesondere auch der unter 30-Jährigen heute enger ist als vor 20 Jahren.

Zu der schärferen Selektion kommt wachsende Ungeduld. Das Scannen von Überschriften ersetzt häufig die Lektüre längerer Texte. Von Internetnutzern, die sich online über Politik informieren, liest gut die Hälfte meist nur die Schlagzeilen und Kurztexte. Das gilt besonders für unter 30-Jährige, aber durchaus auch für die mittlere Generation. Dieselbe Zeitung wird online anders genutzt als in gedruckter Form, selektiver, kürzer und mit einer geringeren Chance, auch komplexe Sachverhalte zu schildern. Gleichzeitig vermitteln das enorme Informationsangebot und die jederzeitige Zugriffsmöglichkeit den meisten den Eindruck, gut informiert zu sein; das gilt auch für politisch Desinteressierte, die bei Tests ihres Informationsstandes deutlich schwächer abschneiden. Die Informationsfülle erzeugt teilweise eine Informationsillusion.

Ohne Frage hat das Internet die Spielräume für Kommunikation und Information enorm erweitert. Es ist jedoch kein Automatismus, dass diese Spielräume von allen sinnvoll genutzt werden. Dazu gehören Selbstdisziplin und Geduld. Wenn über Medienkompetenz diskutiert wird, spielen diese Aspekte interessanterweise nur eine untergeordnete Rolle, sie sind aber zentral. Eine informierte und kultivierte Gesellschaft braucht Disziplin und Geduld. Wenn beides nicht gezielt gefördert wird, wächst auch eine Spaltung in der Gesellschaft zwischen denjenigen, die mit der Fülle der Optionen umzugehen wissen und davon profitieren, und denen, die sich darin verlieren.

Renate Köcher (*17. Juli 1952 in Frankfurt am Main) ist eine deutsche Meinungsforscherin und Geschäftsführerin des Instituts für Demoskopie Allensbach. Sie studierte Volkswirtschaftslehre, Soziologie und Publizistik und promovierte 1985 in München. Seit 1988 leitet sie das IfD und wurde 2003 zur Professorin ernannt.

Gegenwind

Alexander Marguier

»Gegenwind«: So lautet also das Thema, welches sich Manuel Herder für mich ausgedacht hatte. Da ich aber weder Segelsport betreibe noch über ausgeprägte Fachkenntnis auf dem Gebiet der Aerodynamik verfüge, musste das Sujet offenbar im übertragenen Sinne gemeint gewesen sein. Und weil Manuel Herder und ich das Schicksal teilen, unseren Lebensunterhalt im Wesentlichen mit der Vervielfältigung gedruckter Wörter und kluger Gedanken zu bestreiten (seine Familie schon seit 225 Jahren, in meinem Fall sind es derer immerhin sieben), dürfte es wohl inhaltlich in Richtung Publizistik gehen und um mögliche Reaktionen auf veröffentlichte Meinung.

Cicero, als dessen Chefredakteur und Herausgeber ich fungiere, bezeichnet sich selbst jedenfalls als »Magazin für politische Kultur«. Und weil ich fest davon überzeugt bin, dass Debatte (mitunter vielleicht sogar Streit) ganz wesentliche Grundlagen einer Demokratie sind, scheuen wir bei *Cicero* nicht vor Kontroversen zurück. Wir produzieren also demokratischen Gegenwind – wie sich das für Journalisten gehört, deren vornehmste Aufgabe darin besteht, gesellschaftliche Trends im Allgemeinen oder Regierungshandeln im Speziellen zu hinterfragen und gegebenenfalls zu kritisieren. Dass umgekehrt wir selbst deswegen mit Gegenwind rechnen müssen, ist selbstverständlich. Die Frage ist nur: Wie heftig weht es einem um die Ohren? Hält man den Böen stand? Oder ist das am Ende doch alles nur heiße Luft?

Demokraten müssen Gegenwind aushalten. Nicht aus einem Selbstzweck heraus, sondern weil in offenen Gesellschaften immer um den (vermeintlich) richtigen Weg gerungen werden sollte. Wenn alle scheinbar einer Meinung sind, ist meistens etwas faul im Staate – vor allem, weil solcherlei Konsens, bei Lichte besehen, nur darauf beruhen kann, dass abweichende Meinungen, aus welchen Gründen auch immer, nicht artikuliert werden. Denn ja: Es gibt tatsächlich so etwas wie eine Schweigespirale. Und als Journalist und Verleger entwickelt man sehr sensible Antennen dafür. Für mich war in dieser Hinsicht eine prägende Erfahrung der Umgang mit der Migrationskrise in den Jahren 2015 und 2016. Angela Merkels Ansage von wegen »Wir schaffen das!« blieb nämlich mehr oder weniger begründungslos im Raum stehen: Nachfragen, wer mit »wir« gemeint, was unter »schaffen« zu verstehen und ob »das« nicht etwas unspezifisch sei, verboten sich praktisch von selbst.

Das »von selbst« meine ich übrigens im Wortsinn. Denn selbstverständlich gab es keine Anweisungen an die Medien aus dem Kanzleramt heraus, das Lied der sogenannten Willkommenskultur bitte schön im Brustton der Überzeugung mitzusingen. Mit einer gewissen Fassungslosigkeit musste ich damals feststellen, dass praktisch sämtliche Zeitungen, Magazine, Fernsehsender und Radiostationen ganz freiwillig und wie »von selbst« notwendige Fragen hintanstellten – und somit ihre eigentliche Funktion als journalistisches Korrektiv, als vielbeschworene »vierte Gewalt« in einer gesunden Demokratie in eklatanter Weise vernachlässigten. Gruppendenken hatte kritischen Geist verdrängt.

Jener »Gegenwind«, der eigentlich den Parlamentariern und der Exekutive ins Gesicht hätte blasen müssen, traf stattdessen die paar wenigen Skeptiker wie *Cicero*, wo man sich noch traute, öffentlich auf Probleme und mögliche Spätfolgen unkontrollierter Massenmigration aufmerksam zu machen und das offizielle Willkommensnarrativ zu hinterfragen. Dass wir in diesem Zusammenhang zu keinem Zeitpunkt Ressentiments gegen Menschen schürten, von denen jeder Einzelne sehr gute Gründe hatte, sein Glück in Deutschland zu suchen, verstand sich von selbst. Trotzdem konnte ich dann in einem großen deutschen Nachrichtenmagazin nachlesen, meine Kollegen und ich würden »völkische Propaganda« betreiben. Wie gesagt: Auch so etwas muss man aushalten.

Ich selbst habe damals übrigens viele Politiker erlebt – vom einfachen Abgeordneten bis hin zum amtierenden Ministerpräsidenten –, die mir in vertrauensvoller Runde zuraunten, wie wichtig unsere publizistische Aufmüpfigkeit sei: Es würde sich ja sonst keiner trauen, auch mal Widerworte zu geben und auf offensichtliche Missstände hinzuweisen. Und das alles in einem Land, das sich völlig zu Recht seiner Pressefreiheit rühmt! Aber Freiheit hat eben immer zwei Seiten: Sie muss nicht nur »von oben« gewährleistet sein, man muss sie »von unten« aus auch zu gebrauchen wissen. Das entsprechende Versagen der Medien hat denn auch zu einem massiven Vertrauensverlust der Bürgerinnen und Bürger in Politik und Medien geführt, der auf absehbare Zeit nicht mehr behoben werden wird.

Die politische Kultur in der Bundesrepublik ist mangels Gegenwinds massiv beschädigt worden – mit dem ebenso bedauerlichen wie unvermeidlichen Ergebnis, dass jetzt die Populisten Konjunktur haben. Und denen geht es eben gerade nicht um erfrischende Luftstöße für eine etwas selbstgefällig gewordene Demokratie. Sondern darum, einen politischen Sturm zu entfachen, der alles hinfort wehen könnte, was aufrechten Demokraten lieb sein sollte.

Alexander Marguier (* 21. Juni 1969 in Horb am Neckar) ist ein deutscher Journalist, Publizist und Herausgeber. Seit 2016 ist er Chefredakteur und Herausgeber von *Cicero*. Marguier studierte Volkswirtschaftslehre in Freiburg im Breisgau, Saarbrücken und Bari, volontierte bei der *Saarbrücker Zeitung* und arbeitete für die *Frankfurter Allgemeine Zeitung* und die *Welt am Sonntag*. 2023 erschien bei Herder das von ihm gemeinsam mit Volker Resing herausgegebene Buch *Der Selbstbetrug. Wenn Migrationspolitik die Realität ignoriert*.

Gespräch

Giovanni di Lorenzo

Manuel Herder: *Haben Sie als Journalist ein Gespräch geführt, das Sie besonders faszinierend fanden? Ein Gespräch, das Sie noch lange Zeit in Erinnerung behalten werden?*

Giovanni di Lorenzo: Es ist schwer, ein Ranking aufzustellen, aber es gibt Begegnungen, die man nie mehr vergisst. Zum Beispiel das Gespräch mit Recep Erdoğan. Wobei das Wort Gespräch es nicht richtig trifft, es war eines der unangenehmsten Interviews, das ich je geführt habe – weil er mich weniger als Journalist, sondern vielmehr als verhassten politischen Repräsentanten Deutschlands sah. Es gibt aber auch Gespräche, die mich tief bewegt haben. Wie das mit Papst Franziskus: Er gab bereitwillig Antworten auf meine relativ spontan gestellten Fragen, darunter auch richtige Kinderfragen: Wofür darf man beten? Fühlt er sich manchmal von Gott alleingelassen? Glaubt er an den Teufel? Eigentlich war unser Interview auf 30 Minuten begrenzt worden, ich versuchte es Minute um Minute zu verlängern – und er machte erstaunlicherweise mit. Er hat es dann auch höchstpersönlich autorisiert.

Manuel Herder: *Ich führe ja auch häufig Gespräche, sowohl in meiner beruflichen Rolle als auch als Privatperson. Wenn Sie als Journalist tätig sind, müssen Sie sich ein Stück weit von sich selbst und Ihrer persönlichen Meinung distanzieren, da Sie die Rolle eines neutralen Berichterstatters einnehmen. Das ist ganz* *anders, als wenn Sie als Privatperson sprechen. Unterscheidet sich di Lorenzo in dieser Hinsicht von Giovanni?*

Giovanni di Lorenzo: Ich glaube nicht, dass es gut ist, das Gegenüber mit den eigenen Gefühlen zu belasten, zum Beispiel während eines Gesprächs in Tränen auszubrechen – auch wenn das, was ein Interviewpartner erzählt, sehr berührend ist. Mir ist das allerdings schon mehrmals passiert. Und jedes Mal hat es mir hinterher leidgetan. Ich versuche außerdem, Menschen auf Augenhöhe zu begegnen. Dazu gehört, dass ich als Fragender auch etwas von mir preisgebe. Als Berufsanfänger dachte ich, dass es das Wichtigste sei, auf den Schmerzpunkt des anderen zu zielen. Oft habe ich gleich mit der Eisbrecherfrage begonnen. Das Einzige, was ich damit erreicht habe, war, dass sich der Gesprächspartner komplett verschlossen hat. Stattdessen sollte man versuchen, problematische Dinge auf angemessene Weise anzusprechen – ohne den Interviewten so in die Enge zu treiben, dass er sich auf rettende Floskeln zurückzieht. Ich habe in dieser Hinsicht viel Lehrgeld bezahlt.

Manuel Herder: *Das geht uns allen so. Ich habe manche Dinge auch erst spät gelernt. Man kann immer besser werden. Vielleicht haben Sie gelegentlich mit Menschen zu tun, die Ihnen Floskeln servieren, und Sie merken schnell, dass es nicht ernst gemeint ist. Als Journalist gehören Sie zur meistbelogenen Berufsgruppe, bei der oft versucht wird, falsche Vorstellungen zu vermitteln. Wahlabende sind ein typisches Beispiel dafür. Wie fühlt es sich an, wenn Sie das Gefühl haben, dass Ihr Gesprächspartner Sie nicht als ernsthaftes Gegenüber betrachtet und Sie stattdessen instrumentalisiert?*

Giovanni di Lorenzo: Dann versuche ich durch meine Reaktion, auch durch Gestik und Mimik, zum Ausdruck zu bringen, dass ich das Spiel durchschaue und die Antwort komplett unbefriedigend finde. Aber das ist ja nicht immer so. In den letzten Jahren habe ich oft Menschen interviewt, die die Bereitschaft mitbrachten, etwas von sich preiszugeben. Das gilt sogar für Erdoğan und Viktor Orbán, den ich auch für die *Zeit* getroffen habe. Ich signalisiere im Vorfeld außerdem immer, dass ich das Interview nur führen werde, wenn anschließend keine größeren Veränderungen des Gesagten mehr vorgenommen werden. Die meisten lassen sich darauf ein, insofern ist in den letzten Jahren eine privilegierte Arbeitssituation für mich entstanden.

Manuel Herder: *Das heißt, da gibt's schon mal harte Töne, und ohne dass ich jetzt nach Namen frage, gibt es Leute, zu denen Sie gesagt haben: »... das Interview kannst du behalten. Das haben wir so nicht besprochen, und es deckt sich nicht mit dem, was wir diskutiert haben«?*

Giovanni di Lorenzo: Ich habe jedenfalls damit gedroht. Einmal, in sehr jungen Jahren, habe ich aus Wut ein ganzes Interview mit Gerhard Schröder gekippt, weil er den spannendsten Satz rausgestrichen hat. Ich muss aber im Nachhinein sagen, dass er in diesem Punkt recht hatte. Und dann hatte ich mal das Dopinggeständnis eines berühmten Sportlers, den dann der Mut verließ. Ärgert mich heute noch.

Manuel Herder: *Sympathisch. Es gibt jedoch auch das Gegenteil, also die Problematik, dass man von vorneherein angeflunkert wird und einem krasse Unwahrheiten aufgetischt werden.*

Giovanni di Lorenzo: Also, ich bin nach wie vor der Meinung, dass man im Prinzip jeden interviewen kann. Wenn ich wüsste, dass es ihn gibt – da haben Sie, lieber Herr Herder, sicherlich mehr Fachwissen –, würde ich auch den Teufel interviewen. Nach allem, was er angerichtet hat, möchte ich schon wissen: Was ist das bloß für eine Type? Es gibt aber tatsächlich Gesprächspartner, bei denen man das Gefühl hat, es würde nur auf das Abspulen eines Propagandaprogramms hinauslaufen. Einer meiner Wunschinterviewpartner war viele Jahre lang Wladimir Putin, heute würde ich mir davon gar nichts mehr versprechen. Ich glaube auch, dass ich emotional so belastet wäre, dass ich möglicherweise die journalistische Präzision vermissen lassen würde, die nötig wäre, um ihm angemessen zu begegnen. Ansonsten gibt es für mich keine Beschränkungen. Ich habe auch irrsinnig gerne Udo Jürgens interviewt, obwohl alle dachten, er sei »auserzählt« – was überhaupt nicht der Fall war. Er hat Dinge von sich preisgegeben, die großartig waren. Und ich habe auch Helene Fischer interviewt – nachdem ich vier Jahre lang antichambriert hatte.

Manuel Herder: *Wie gehen Sie mit den verschiedenen Gesprächssituationen um, die Sie als Journalist erleben, sei es schriftlich, vor der Kamera oder im Rahmen von Führungsgesprächen in der Redaktion, und wie passen Sie sich dabei an die jeweilige Situation an?*

Giovanni di Lorenzo: In Talkshows hat man in der Regel mit Medienprofis zu tun. Die müssen auch nur zehn bis 20 Minuten durchhalten. Da nimmt man sich vor allem vor, einen Moment der Wahrhaftigkeit freizulegen – dass der Gast spontan etwas sagt, was er so nicht sagen wollte. Das meine ich nicht im Sinne von »reinlegen«, sondern in dem Sinne, dass die elementarste Frage jeder Fernsehsendung beantwortet wird, nämlich: »Wie ist der oder die eigentlich?« Fernsehen ist das Medium, bei dem die Zuschauer darauf eine Antwort bekommen können. Deshalb ist es so wichtig, in der kurzen Zeit hinter den Panzer der eingeübten und medientauglichen Floskeln zu kommen.

Manuel Herder: *Verstehe. Wenn Sie das vergleichen mit Führungsgesprächen, in denen Sie als Vorgesetzter Leuten Anweisungen geben oder sie ermahnen müssen, anders zu arbeiten: Wie unterscheidet sich das für Sie als Gesprächsführer?*
Giovanni di Lorenzo: Das ist noch mal etwas ganz anderes. Man lernt mit den Jahren, dass Klarheit die wichtigste Führungseigenschaft ist. Und dass man Kritik an der Sache festmachen sollte und nicht an der Person. Keine Du-Botschaften – und das Wort »immer« vermeiden. Wie in einer guten Paartherapie.

Manuel Herder: *Was macht das Gespräch für Sie aus, und warum macht es so viel Freude, mit Ihnen zu reden? Was ist Ihre Kunst dabei?*
Giovanni di Lorenzo: Lieb von Ihnen, aber Kunst ist ein zu großes Wort. Ein gutes Gespräch ist eines, in dem es wirklich gelingt, einen Menschen zu öffnen. Unabhängig davon, ob das Ergebnis berührend oder erschreckend ist. Es ist wichtig, dass der Gesprächspartner oder die Gesprächspartnerin etwas von sich preisgibt. Wenn das gelingt, zum Beispiel bei Politikern oder anderen mächtigen Menschen, kann darin auch ein Demokratisierungsmoment liegen.

Manuel Herder: *Das Gespräch als Demokratisierungsinstrument?*
Giovanni di Lorenzo: Im besten Falle wird die entrückte Person transparenter, im Guten wie im Schlechten.

Giovanni di Lorenzo (* 9. März 1959 in Stockholm) ist ein deutsch-italienischer Journalist, Autor und Fernsehmoderator. Er ist Chefredakteur der Wochenzeitung *Die Zeit*, Mitherausgeber des Berliner *Tagesspiegels* und Gastgeber der Talkshow *3nach9*. Für seine publizistische Arbeit und sein gesellschaftliches Engagement hat er zahlreiche Preise und Auszeichnungen erhalten. Im November 2023 erscheint sein neues Buch *Vom Leben und anderen Zumutungen* im Verlag Kiepenheuer & Witsch.

Globalisierung

Harold James

Wann begann und wie entwickelte sich die Globalisierung? Warum fühlen sich die Menschen oft unwohl dabei? Wir können keinen wirklichen Anfang der Globalisierung festlegen. Einige Wissenschaftler behaupten, dass die Vernetzung der eurasischen Landmasse zur Zeit des Römischen Reiches oder der Han-Dynastie bereits eine frühe Globalisierung darstellt. Oder vielleicht beginnt die Globalisierung schon mit der Vertreibung Adams und Evas aus dem Paradies. Aber die psychische Dynamik der Globalisierung scheint mir doch einen klaren Anfang zu haben.

Zu dem Zeitpunkt, als Herder 1798 sein erstes Buch veröffentlichte, entstand Neues. Napoleon Bonaparte sagte seiner Armee in Ägypten nach der Schlacht bei den Pyramiden: »Soldaten! Ihr seid in diesen Landstrich gekommen, um ihn der Barbarei zu entreißen, die Zivilisation in das Morgenland zu bringen und diesen schönen Teil der Welt dem Joch Englands zu entreißen. Wir werden kämpfen. Denkt daran, dass von diesen Monumenten 40 Jahrhunderte auf euch herabblicken.« Alle Merkmale der neueren Globalisierung finden sich hier wieder: die Idee eines langen historischen Prozesses und auch die einer heroischen Mission, die Welt durch Zivilisation zu vereinen; gleichzeitig das Gefühl, dass die Welt vor einer alternativen Vision der Globalisierung gerettet werden muss, in diesem Fall vor der englischen Tyrannei.

Samuel Coleridge und William Wordsworth veröffentlichten im selben Jahr anonym das, was heute als das erste Manifest der englischen Romantik gilt, die *Lyrical Ballads*. Das berühmteste ihrer Gedichte, Coleridges »The Rime of the Ancient Mariner« (Die Ballade vom alten Seemann), handelt von einer verhängnisvollen, verfluchten Reise zu den äußersten Enden der Erde. Hier stellt der alte Seemann die Zweideutigkeit der Globalisierung vor: menschliche Heroik einerseits und zugleich die Rache der Natur. In der Übersetzung von Ferdinand Freiligrath:

The breezes blew, the white foam flew,
The furrow follow'd free:
We were the first that ever burst
Into that silent Sea.

Der Wind bläst gut, weiß schäumt die Flut;
Wir furchen rasch die Wogen.
Wir waren sicher die ersten Schiffer,
Die diese See durchzogen.

Bei der Globalisierung geht es um mentale Muster, wie die Menschen über internationale Bewegungen oder Ströme denken. Der konzeptionelle Rahmen wird benötigt, wenn eine internationale Ordnung geschaffen werden soll. An diesem Punkt wandelt sich das Konzept der Globalisierung von einem primär wirtschaftlichen – mit der Bewegung der Produktionsfaktoren befassten – zu einem kulturellen oder sogar psychologischen Phänomen. Globalisierung ist dann etwas ganz anderes als das Konzept der Ökonomen: Es geht darum, wie wir mit dem Unbekannten, dem Fremden, dem Anderen umgehen. Es geht darum, wie die Bewohner eines bestimmten Teils der Welt den Rest der Menschheit sehen.

Die Globalisierung fühlt sich dann wie etwas Fremdes an. Das europäische Land, das wahrscheinlich am längsten mit dem Erbe der Globalisierung zu kämpfen hat, ist Italien, wo der moderne Begriff seinen Ursprung hat. Es geht um den relativen Niedergang in jüngster Zeit, aber auch um eine langfristige Entwicklung. Am Ende des Mittelalters waren die norditalienischen Städte zweifellos die Orte mit dem höchsten Einkommen der Welt. Italien war ein Zentrum der handwerklichen Produktion und verfügte über Luxusgüter, die einen globalen Markt besaßen. Die Schließung des östlichen Mittelmeers durch das Osmanische Reich im 16. Jahrhundert fiel jedoch mit der Eröffnung alternativer Handelsrouten zusammen, die um das Kap der Guten Hoffnung und dann sogar von Neuspanien (Mexiko) über den Pazifik nach China führten. Italien fiel relativ zurück, und andere Teile Europas – die Niederlande und dann England – entwickelten eine Vormachtstellung in der Industrie. Qualifizierte Arbeitskräfte wanderten aus und nahmen die Geheimnisse der Seidenproduktion oder der Glasbläserei von Murano mit in andere Länder.

Ein Teil der Globalisierungsangst wird durch die Probleme einst reicher Gebiete, einst führender Sektoren und einst dynamischer Produzenten ausgelöst, die mit dem Wettbewerb konfrontiert sind. Ein Teil entspringt dem Unmut darüber, dass andere imitieren und übertreffen. Und ein Teil entspringt der Angst, dass Teile der lokalen Kultur verloren gehen, weil sie globalisiert werden. Die Globalisierung ist ein andauernder Lernprozess, bei dem Gesellschaften erkennen, wie andere Institutionen, Ideen und Verhaltensweisen ein wertvolles Modell darstellen können. Gleichzeitig hat es etwas Unangenehmes an sich, lernen zu müssen, und diese Notwendigkeit kann als eine Art Niederlage empfunden werden.

Die Geschichte des italienischen Niedergangs nach der Renaissance spiegelt sich im späten 20. Jahrhundert wider. Nach einer dynamischen Wachstumsphase und einem Kreativitätsschub in der Nachkriegszeit spezialisierte sich die italienische Industrie auf Branchen, deren grundlegende Verfahren relativ leicht in andere Länder exportiert und von diesen nachgeahmt werden konnten. Eine der Dynamiken des italienischen Nachkriegswunders war die »weiße Ware«, Haushaltsgeräte wie Kühlschränke, Waschmaschinen, Wäschetrockner, die zur Grundausstattung des großen Konsumbooms in der zweiten Hälfte des 20. Jahrhunderts gehörten. Diese konnten jedoch problemlos außerhalb Europas, insbesondere in Asien, hergestellt werden. Das galt auch für Italiens historische Stärken in den Bereichen Mode, Kleidung und Textilien. Nach dem Ende des Kommunismus begannen italienische Unternehmen, ihre Betriebe nach Osteuropa zu verlegen, insbesondere nach Rumänien, wo es aufgrund der gemeinsamen lateinischen Wurzeln kaum sprachliche Hindernisse gab. Qualifizierte italienische Arbeitskräfte gingen mit mehrjährigen Verträgen nach China und in andere asiatische Länder, um ausländische Arbeitskräfte in den traditionellen italienischen Fertigkeiten auszubilden.

Während die Homogenisierung schockierend erscheint und von vielen Menschen als Verlust empfunden wird (ich stimme ihnen zu), ist dieser Prozess keineswegs neu. Es war genau diese Art der Anleihe von auswärtigen Impulsen, die die mächtigen neuen Nationen des 19. Jahrhunderts auszeichnete: Deutschland, Italien und Japan. Bald nach Napoleons Ägyptenexpedition erkannte insbesondere Georg Wilhelm Friedrich Hegel dies als charakteristisch für das, was er als »welthistorische Nationen« bezeichnete. Der frühe Pionier der Wiederbelebung der deutschen Sprache, Christian Thomasius, beklagte 1687: »Heut zu Tage muß alles bey uns Frantzösisch seyn. Frantzösische Kleider, Frantzösische Speisen, Frantzösischer Haußrath, Frantzösische Sprachen, Frantzösische Sitten, Frantzösische Sünden ja gar

Frantzösische Kranckheiten sind durchgehends im Schwange.« Aber auch das klassische Griechenland, England und sogar die Vereinigten Staaten waren Vorbilder. Die Italiener schauten nach den 1860er Jahren auf Deutschland als Vorbild für die nationale Integration. Japan sandte 1871–1873, unmittelbar nach der Meiji-Restauration, die Iwakura-Mission aus, um von den Vereinigten Staaten und Europa zu lernen, und schuf dann ein Gesetzbuch, ein Universitätssystem, eine Währungsordnung, eine Armee und eine Marine, die sich eng an das anlehnten, was die japanischen Führer für die beste Praxis hielten. Sie waren sogar davon überzeugt, dass der Sieg über China auf die Vielzahl der europäischen Inspirationen zurückzuführen war – französische, deutsche und britische –, während die Qing-Dynastie nur Großbritannien kopierte.

Die Anleihen erfolgten über sehr lange Zeiträume, aber sie erzeugten immer ein Gefühl des Unbehagens und der Entfremdung. Das verstanden Napoleon und Coleridge. 40 Jahrhunderte – nicht nur 225 Jahre – blicken auf uns, die Autoren des Hauses Herder, herab. Die Verantwortung ist groß.

Harold James (* 19. Januar 1956) ist Professor für Geschichte an der Universität Princeton und gehört zu den führenden Experten für die Geschichte der europäischen Integration und Wirtschaftsgeschichte. Bei Herder ist zuletzt sein Buch *Schockmomente. Eine Weltgeschichte von Inflation und Globalisierung 1850 bis heute* erschienen.

Gottesdienst

Antje Jackelén

Wie alle richtig schönen Wörter schimmert auch dieses in seiner Vieldeutigkeit. Wer dient hier wem? Dienen die feiernden Menschen Gott, oder ist der Gottesdienst eigentlich Gottes Dienst am Menschen – ein immer wieder neuer Ausdruck göttlicher Liebe? Die Wortteile »Gott« und »Dienst« stehen in gewisser Spannung zueinander. Dienen, vor allem unfreiwilliges, gilt als eine der geringsten menschlichen Tätigkeiten. Gott wiederum ist immer größer und schöner als das Größte und Schönste, das wir uns denken können. In diesem Sinne kann es kaum ein Wort geben, das eine größere Spannweite hat als das Wort Gottesdienst.

Viel Wahres lässt sich über den Gottesdienst sagen: Liturgie als heiliges Spiel, in dem die als *Homo ludens* verstandene Person zu Gott und gerade so auch zu sich selbst kommt; eine Zeit und ein Raum frei von allen Anforderungen und voller Vergewisserung der unumstößlichen Gnade – alles im Leben ist Gabe, bevor es Aufgabe wird; ein Kalibrieren von Perspektiven und ein Kompass: Im Lichte der Verkündigung des Evangeliums wird nicht selten das Große der Alltagswelt klein und das Kleine groß; eine Entsorgestelle für die Lasten des Lebens und eine Befreiung von Versagen und Sünden; das Erleben eschatologischer Gerechtigkeit und Gemeinschaft im Teilen von Brot und Wein; Atmen in Gemeinschaft mit dem schöpferischen Geist: das Einatmen in der Sammlung um Kanzel und Altar, das Ausatmen im Gesendetwerden in die Welt, die Gott so liebte, dass Gott Mensch wurde, um diese Welt zu retten.

Im Laufe der Kirchengeschichte und im Austausch mit verschiedenen geografischen und kulturellen Kontexten hat sich das Feiern von Gottesdiensten immer wieder verändert – und ist doch erstaunlich gleich geblieben. Liturgische Strukturen lassen sich über die Jahrhunderte hinweg verfolgen. In ein und demselben Gottesdienst können Lieder aus dem vierten, sechzehnten und einundzwanzigsten Jahrhundert gesungen werden. Der Gottesdienst strahlt eine Kontinuität aus, die Aufbrüche nicht nur ermöglicht, sondern auch immer wieder fordert.

Gottesdienst ist auf Gemeinschaft aus, auch wenn bisweilen das Individuelle überhandzunehmen scheint. Sei es, dass der katholische Priester allein feiert, sei es, dass sich säkularisiert fühlende Schweden und Schwedinnen auf dem Nachhauseweg doch schnell mal in die Kirche gleiten, um eine Kerze anzuzünden und einen Moment der Stille zu erleben.

Der Puls des Gottesdienstes braucht beides: den gemeinschaftlichen Ritus und die persönliche Praxis. Das eine ohne das andere erstarrt. Am besten ist es, wenn eine Symbiose entsteht zwischen Sendung und Sammlung, Individualität und Gemeinschaft. Gottesdienst ist, wie gesagt, Atemholen mit dem Heiligen Geist: Einatmen im Sich-Versammeln, ausatmen im Gesendetwerden. Gottesdienst ermöglicht Transzendenzerfahrung, die sich in der Praxis des Lebens konkretisiert.

Die Stabilität der gottesdienstlichen Form erlaubt auch die Gestaltung von Inhalten, die kirchenhistorische Meilensteine ausmachen. Aus der Fülle der Möglichkeiten seien hier in aller Kürze zwei Beispiele angesprochen.

Uppsala 2021

Am 21. November 2021 fand im Dom zu Uppsala, der größten Kathedrale Skandinaviens, ein besonderer Gottesdienst statt. Nach langjähriger und gründlicher Vorarbeit bat die Schwedische Kirche das Urvolk Skandinaviens, die Samen, um Entschuldigung für koloniale Übergriffe. Erzwungene Christianisierung und schwedischer Kolonialismus führten zur Unterdrückung samischer Spiritualität, Kultur und Sprachen. Die damalige Staatskirche spielte eine entscheidende Rolle im Schulwesen, insbesondere für die sogenannten Nomadenschulen, die die Trennung junger Schulkinder von ihren Eltern erzwangen und Sprach-, Kultur- und Identitätsverluste mit sich brachten. Vertreter der Kirche ermöglichten Rassenbiologen entwürdigende Studien der samischen Bevölkerung. Die Kirche legitimierte Verlust und Ausbeutung von traditionellem Rentierland und trug dazu bei, Samen in verschiedene Kategorien einzuteilen, was bis zum heutigen Tag Konflikte innerhalb der samischen Bevölkerung verursacht.

Auch wenn das kirchliche Vokabular gewöhnlich von Vergebung spricht, wurde hier bewusst das Wort »Entschuldigung« gewählt. Wir bitten Gott um Vergebung, weil wir das Versprechen haben, dass Gott vergibt. Ein solches Versprechen kann von einem Volk, das Unterdrückung erlitten hat, nicht verlangt werden. Die Entschuldigung ist ein Bekenntnis zur moralischen Verantwortung für begangenes Unrecht. Sie kann die Gewährung von Vergebung nicht einfordern.

Die Entschuldigung seitens der Schwedischen Kirche wurde im Rahmen eines eucharistischen Gottesdienstes ausgesprochen. Lesungen und Gebete entsprachen dem Kasus. Fünf Zeugenaussagen thematisierten die Übergriffe. Auf sie folgte die Entschuldigungsrede, die in einem Kniefall der Erzbischöfin mit der Bitte um Entschuldigung ihren Höhepunkt fand. Als Antwort wurden die Seligpreisungen der Bergpredigt gelesen. Acht Bischöfe verlasen daraufhin acht Selbstverpflichtungen der Kirche für die künftige Arbeit zusammen mit Samen. Ein Repräsentant des samischen Parlaments respondierte, bevor gemeinsam die Eucharistie gefeiert wurde.

Genauso wichtig wie die gesprochenen Worte war die subversive Umgestaltung des Kirchenraums. Der samische Künstler Anders Sunna hatte in der prachtvollen, hierarchisch strukturierten gotischen Kathedrale einen kreisförmigen Raum geschaffen. Auf Holzbänken um eine Feuerstelle saßen zunächst die samischen Zeugen und später auch die Erzbischöfin. Was geschah, geschah auf gemeinsamer Augenhöhe – das Gegenteil kolonialer Praxis. Die künstlerische Gestaltung enthielt auch Elemente vorchristlicher samischer Religion.

Die robuste Stärke des Gottesdienstes konnte »das Andere« inkludieren, ohne es umzudeuten oder ihm irgendwie Gewalt anzutun. Sie konnte brutale Wahrheit, Schmerz, Trauer, Zorn, Reue, Zweifel und Hoffnung in tief berührender Weise miteinander verbinden. Es wurden viele Tränen der Würde vergossen. Für die Erzbischöfin bewahrheitete sich das Pauluswort »wenn ich schwach bin, so bin ich stark« (2 Kor 12,10). Wenn Staaten um Entschuldigung bitten müssen und wollen, fehlen ihnen wesentliche Elemente, die bei diesem Gottesdienst so eindrücklich waren und auch internationales Interesse weckten.

Lund 2016

Am 31. Oktober 2016 fand im Dom von Lund ebenfalls ein kirchenhistorisch bedeutsamer Gottesdienst statt. Der 499. Jahrestag des Thesenanschlags von Wittenberg wurde als Auftakt für das offizielle Gedenken an 500 Jahre Reformation im Jahre 2017 begangen. Der Gottesdienst kam auf gemeinsame Initiative des Vatikans und des Lutherischen Weltbundes zustande. In Lund wurde 1947 der Lutherische Weltbund gegründet. In einem Europa in Ruinen sahen die lutherischen Kirchen zwei Jahre nach Kriegsende die Notwendigkeit, sich in Liturgie und Diakonie für die Heilung der zerrissenen Welt einzusetzen. Mit seiner ökumenischen und internationalen Geschichte bot sich der Dom von Lund an als ein würdiger Platz für dieses ökumenische Reformationsgedenken.

Mehrjährige Vorbereitungen engagierten den Päpstlichen Rat zur Förderung der Einheit der Christen (heute: Dikasterium zur Förderung der Einheit der Christen) und das Gemeinschaftsbüro des Lutherischen Weltbundes sowie als lokale Gastgeber die Schwedische Kirche und das römisch-katholische Bistum Stockholm, das ganz Schweden umfasst. Das internationale Interesse war groß, nicht zuletzt bei den Medien.

Repräsentanten aus aller Welt versammelten sich, um den Gottesdienst, der gemeinsam von Papst Franziskus sowie dem Präsidenten und dem Generalsekretär des Lutherischen Weltbundes geleitet wurde, im Dom oder an Bildschirmen mitzufeiern. Der Gebetsgottesdienst hatte eine eigens ausgearbeitete Ordnung. Der Gottesdienst sollte die Trauer über den Schmerz der Spaltung der Kirche ausdrücken und dem Leiden, das viele Menschen aufgrund dieser Spaltung erlitten haben, Raum geben.

Er sollte auch Dankbarkeit über die Früchte der Reformation zum Ausdruck bringen. Und er sollte in gemeinsame Verpflichtungen münden. Höhepunkte des Gottesdienstes waren der Austausch des Friedensgrußes sowie das gemeinsame Unterzeichnen von Verpflichtungen für die Zukunft.

Diese Verpflichtungen basierten auf dem 2013 veröffentlichten Bericht der Lutherisch/Römisch-Katholischen Kommission für die Einheit mit dem Titel »Vom Konflikt zur Gemeinschaft«. Dort sind fünf ökumenische Imperative formuliert, nämlich erstens: Katholiken und Lutheraner sollen immer von der Perspektive der Einheit und nicht von der Perspektive der Spaltung ausgehen, um das zu stärken, was sie gemeinsam haben, auch wenn es viel leichter ist, die Unterschiede zu sehen und zu erfahren. Zweitens: Lutheraner und Katholiken müssen sich selbst ständig durch die Begegnung mit dem Anderen und durch das gegenseitige Zeugnis des Glaubens verändern lassen. Drittens: Katholiken und Lutheraner sollen sich erneut dazu verpflichten, die sichtbare Einheit zu suchen, sie sollen gemeinsam erarbeiten, welche konkreten Schritte das bedeutet, und sie sollen immer neu nach diesem Ziel streben. Viertens: Lutheraner und Katholiken müssen gemeinsam die Kraft des Evangeliums Jesu Christi für unsere Zeit wiederentdecken. Und fünftens: Katholiken und Lutheraner sollen in der Verkündigung und im Dienst an der Welt zusammen Zeugnis für Gottes Gnade ablegen.

Auch bei diesem Gottesdienst spielte die Gestaltung im Raum eine große Rolle. Die Einheitlichkeit der liturgischen Kleider, Alba mit roter Stola, unterstrich das Anliegen dieses gemeinsamen Reformationsgedenkens. Ein großes Prozessionskreuz aus Lateinamerika, nunmehr im Ökumenischen Zentrum in Genf zu Hause, ein Kyrie aus Syrien, nunmehr integriertes Element der Gottesdienstagende der Schwedischen Kirche, sowie das Mitwirken von Frauen, Männern und Kindern aus vielen Ländern drückten Einheit in der Vielfalt aus. Das Christusmosaik, das die romanische Apsis des Domes schmückt, sagte voraus, was 2017 vielerorts Wirklichkeit wurde: das Reformationsgedenken gemeinsam als Christusfest zu begehen.

Es war ein entspannter Papst, der mit der Leitung das Lutherischen Weltbundes gleich nach dem Gottesdienst in die Malmöer Arena fuhr. Dort fand der zweite Teil mit dem Thema »Gemeinsam in Hoffnung« statt. Die globale Arbeit von Caritas und World Service stand im Mittelpunkt. Engere Zusammenarbeit wurde vereinbart, was auch zu Früchten geführt hat.

Die ökumenischen Imperative sind auch sieben Jahre nach Lund noch eine Herausforderung. Doch die Erfahrung, dass gemeinsames Gottesdienstfeiern auch zu gemeinsamer Arbeit zum Wohle der von Gott geliebten Welt führt und führen muss, bleibt aktuell.

Dr. Antje Jackelén (* 4. Juni 1955 in Herdecke) ist eine evangelisch-lutherische Bischöfin. Von 2007 bis 2014 war sie Bischöfin von Lund in Schweden, bevor sie von 2014 bis 2022 als Erzbischöfin von Uppsala und Leitende Bischöfin der Schwedischen Kirche tätig war. Sie studierte Theologie in Deutschland und Schweden und wurde 1980 zur Pastorin ordiniert. Von 2001 bis 2007 unterrichtete sie Systematische Theologie an der Lutheran School of Theology in Chicago.

Haltung

Margot Käßmann

Als ich geboren wurde, waren 96 Prozent der Westdeutschen Mitglied der evangelischen oder der römisch-katholischen Kirche. In diesem Jahr sind es in Gesamtdeutschland weniger als 50 Prozent. Das ist eine ungeheuer dramatische Entwicklung innerhalb von nur 65 Jahren.

Nun lässt sich diese Entwicklung bedauern und beklagen, es können Gründe analysiert, Maßnahmen zur Veränderung diskutiert werden. All das geschieht auch. Aber wenn wir darüber nachdenken, was kommt oder geht oder bleibt, dann wird es für die Zukunft wichtig sein, dass diejenigen, die sich als Christinnen und Christen verstehen und auch Mitglied einer Kirche sind, Haltung zeigen.

Das gilt in einem doppelten Sinne: Zum einen geht es darum, das eigene Christsein nicht verschämt zu verstecken nach dem Motto »Ich bin NOCH in der Kirche, aber …«, sondern bewusst und auch selbstbewusst dazu zu stehen. »Ja, ich bin Mitglied der Kirche.« Früher war das einfach selbstverständlich so, heute ist es eine sehr bewusste Entscheidung. Mir ist klar, dass diese Institution immer wieder auf vielfältige Weise versagt hat. Mir ist bewusst, dass es manches Ärgernis gibt. Und mir ist klar, dass der Missbrauch von Kindern im kirchlichen Raum und vor allem das entsetzliche Vertuschen, ja der Schutz der Täter statt der Opfer die Kirchen weltweit in eine abgrundtiefe Vertrauenskrise gestürzt haben. Dennoch, all dem zum Trotz fühle ich mich in meiner Kirche beheimatet. Für mich schließen sich Aufklärung und Glaube nicht aus. Ich glaube an Gott, ohne dass ich die Erkenntnisse der Wissenschaft leugnen muss. Denn auch die moderne Physik weiß, dass die Welt viel größer und weiter ist, als wir Menschen begreifen können. Vor allem die Worte Jesu zeigen mir, dass wir ganz anders zusammenleben könnten. Unsere Welt braucht solche Hoffnung und Visionen. Und ich bin überzeugt, dass der Tod nicht das letzte Wort hat.

Es ist abgrundtief traurig, wenn Kinder in unserem Land von all dem nichts mehr hören und wissen. Denn sie haben ja existenzielle Fragen: Woher komme ich? Warum müssen Menschen sterben? Es sind religiöse Fragen, auf die Erwachsene antworten sollten mit dem, was sie glauben, und mit dem, woran sie auch zweifeln. Kinder in unserem Land müssen doch etwas wissen von den wunderbaren Geschichten der Bibel. Sonst können sie Architektur, Kultur, Literatur, Sprache, Festtage oft gar nicht verstehen und einordnen. Wer das Bild eines Schiffes mit Tieren darauf sieht, muss doch wissen, dass es sich um die Arche Noah handelt, um das Bild im Zusammenhang seiner Geschichte zu verstehen. Es geht darum, Kindern die christliche Tradition zumindest anzubieten als mögliches Geländer auch für ihr Leben. Wie gut, wenn ein Kind in allergrößter Not die Worte anderer über ein Gebet oder ein Lied kennt, mit denen es sein Herz ausschütten kann. Und die biblischen Geschichten, diese so alten Texte erzählen von den großen Dramen der Menschheit, von Liebe und Verrat, von Hass und der Vision vom Frieden. Von der Spannung zwischen Macht und Ohnmacht, von der Rolle der Frau, von Kindern, ja vom realen Leben.

Zum anderen braucht unser Land Menschen mit Haltung. Auf die nachwachsenden Generationen kommen ungeheuer große Herausforderungen zu, die es zu meistern gilt. Da ist ganz dominant die Klimakatastrophe, aber auch der Umgang mit Menschen, die zuwandern, oder die rasante Militarisierung unserer Welt. Haltung erlange ich, wenn ich mich gehalten weiß. Zur Haltung gehört auch zu wissen, dass ich Verantwortung für mein Leben übernehme, aber nicht allmächtig bin. Menschen des Glaubens überschätzen sich nicht selbst, sondern schätzen den, der sie hält und trägt. Wer Orientierung an den großen Worten der Bibel findet, an der Weisheit des Glaubens, wer sich von Gott gehalten weiß und die Kraft der alten Liturgien und Traditionen, der Lieder, Gebete und Rituale kennt, findet Mut, in den großen Konflikten der Gesellschaft zu bestehen.

Gerade in einer Zeit, in der eine abweichende Meinung schnell und massiv niedergemacht wird, sich in sogenannten sozialen Netzwerken übelste Polemik gegen Menschen verbreitet, haben Christinnen und Christen etwas zu sagen von der Würde jedes Menschen, die sich für uns aus der Gottebenbildlichkeit ableitet. Wo nach Waffen gerufen wird, haben wir etwas davon zu erzählen, dass die Friedensstifter seliggesprochen werden. Wo Europa sich abschottet gegenüber dem Leid im globalen Süden, zitieren wir, dass es die Sehnsucht nach Gerechtigkeit ist, die glücklich macht. Die Evangelien zeichnen das, was der katholische Theologe Lohfink eine »Kontrastgesellschaft« genannt hat. Da werden nicht die Durchsetzungsfähigen selig genannt, sondern die Barmherzigen, nicht die Kriegstreiber heißen Kinder Gottes, sondern die Friedensstifter, nicht die Reichen, sondern die Armen. Gut, wenn diese Bilder einer Kontrastgesellschaft zumindest in einigen Köpfen präsent bleiben. Und gut, wenn Christinnen und Christen sich dabei gegenseitig stützen in der Gemeinschaft, zu der sie durch die Taufe gehören. Das ist im Übrigen eine globale Gemeinschaft der Getauften über alle konfessionellen, aber auch über alle nationalen, ethnischen und kulturellen Grenzen hinweg.

Ja, die Kirchen werden sich verändern müssen, das ist keine Frage. Aber auch wenn nur noch eine Minderheit in unserem

Land zu ihnen gehört, können sie doch das Salz der Erde sein. Wie das gelingen kann, haben etwa die Christinnen und Christen in der DDR uns im vergangenen Jahrhundert gezeigt. Sie durchlebten schwierige Zeiten in ihrem Land. Wer zur Konfirmation ging statt zur Jugendweihe, durfte nicht studieren. Wer zur Kirche hielt, wurde am Arbeitsplatz nicht befördert. Aber sie hielten zusammen, auch ökumenisch, haben den Raum geboten für freie Rede in einem unfreien Land. Und zuletzt haben sie den Ruf »Keine Gewalt!« aus den Kirchen von Leipzig, Dresden und Ostberlin auf die Straßen und in die Demonstrationszüge getragen. Menschen mit Haltung, die Hoffnung machen.

Wir sollten sie mehr nach ihren Erfahrungen fragen, denn wir werden Haltung brauchen. Ihre Erfahrung aber macht Mut, sich nicht ängstlich wegzuducken, sondern mit der Freiheit eines Christenmenschen die Zukunft auch im 21. Jahrhundert unter veränderten Umständen mitzugestalten.

Margot Käßmann ist promovierte Theologin, war unter anderem als Pfarrerin, Generalsekretärin des Deutschen Evangelischen Kirchentages, Landesbischöfin der Evangelisch-Lutherischen Landeskirche Hannover und als Vorsitzende des Rates der Evangelischen Kirche in Deutschland (EKD) tätig. Seit 2018 ist sie im Ruhestand und widmet sich vor allem dem Schreiben von Büchern. In diesem Jahr ist bei Herder das Kinderbuch *Die Bibel für Kinder, erzählt von Margot Käßmann* neu erschienen.

Heimat

Markus Söder

»Heimat« – der Begriff hat heute jedes Klischee, das ihm vielleicht noch vor 15 Jahren zu Unrecht anhaftete, verloren. Im Begriff »Heimat« konzentrieren sich vielmehr die Kernaufgaben von Politik: den Bürgerinnen und Bürgern eine hohe Lebensqualität zu ermöglichen, Sicherheit vor äußeren und inneren Angriffen zu gewähren, Chancen für eine gelingende Zukunft zu eröffnen und die Identifikationsmöglichkeiten mit den Werten von Staat und Gesellschaft zu stärken – kurzum: den Menschen in unserem Land ein lebenswertes Zuhause zu bieten.

Bayern bringt wie kaum ein anderes Land Traditionsbewusstsein, Wirtschaftskraft und Modernität in Wissenschaft und Forschung auf einen Nenner. Entsprechend stark ist die Heimatverbundenheit im Freistaat: Über 90 Prozent der Menschen leben gerne in Bayern und fühlen sich hier zu Hause.

Diese Zahlen sind aber kein Ruhekissen, sondern ein Ansporn, unser Land für alle Menschen in Bayern lebenswert und liebenswert zu erhalten – und sogar noch besser zu machen. Dies geschieht durch eine vorausschauende und zugleich wertegebundene Politik – oder, auf einen Nenner gebracht: durch unsere bayerische Heimatpolitik.

Drei wesentliche Komponenten unserer Heimatpolitik sollen im Folgenden kurz ausgeführt werden: die Förderung der kulturellen Überlieferung, die Stärkung des menschlichen Miteinanders und die Schaffung von Zukunftsperspektiven im ganzen Land.

Heimat ist das, was unser Land einzigartig macht und ein Gefühl der Geborgenheit vermittelt: Kultur und traditionelles Brauchtum, Trachten, regionale Dialekte, Volksmusik und Volksfeste. Dass sich ein Großteil unserer kulturellen Überlieferung aus dem Christentum speist, sei dabei ausdrücklich betont; auch für eine sich zunehmend säkular gebende Gesellschaft wäre es fatal, diese Wurzeln zu ignorieren oder gar durchtrennen zu wollen.

Bayern hat eine 1500-jährige Geschichte und ist damit einer der ältesten Staaten Europas. Diese lange Entwicklung hat zur Ausformung einer einzigartigen Kulturlandschaft beigetragen. Die staatliche Verpflichtung, diese zu pflegen und zu fördern, findet ihren Niederschlag in der Bayerischen Verfassung von 1946, in der unser Land ausdrücklich als »Kulturstaat« bezeichnet wird. Als eines der obersten Bildungsziele genießt ausdrücklich auch die »Liebe zur bayerischen Heimat« Verfassungsrang. Deshalb ist Bayern besonders engagiert, die Kulturhoheit der Länder uneingeschränkt aufrechtzuerhalten.

Doch ist es auf dem Gebiet von Kultur und Brauchtum nicht damit getan, dass der Staat Regeln aufstellt und Geld zur Verfügung stellt: Die Menschen müssen die Geschichte ihres Landes und ihrer Vorfahren in den Herzen tragen, das Brauchtum muss aktiv in den Städten und Dörfern gelebt werden. In Bayern ist dies der Fall, weil hier das Bewusstsein für die Bedeutung von Traditionen stark ausgeprägt ist: Über 80 Prozent der Menschen in Bayern finden es wichtig, Traditionen, Dialekte und Bräuche zu bewahren, zu leben und zu pflegen. Ihren Ausdruck findet diese Haltung vor allem in einer großen Fülle an Traditionsvereinen, die es in allen Regionen unseres Landes gibt, im Tragen von Tracht auch im Alltag oder im Dialekt, der gerade im ländlichen Raum ganz selbstverständlich gesprochen wird.

Heimat – das sind vor allem auch die Menschen, das ist der soziale Zusammenhalt. Dafür ist die Intensität des ehrenamtlichen Engagements der zentrale Indikator: In Bayern ist fast jeder Zweite über 14 Jahre ehrenamtlich engagiert, ja das Ehrenamt erlebt derzeit sogar einen regelrechten Boom, weil sich die Anzahl der Vereine in Bayern in den zurückliegenden zehn Jahren um zehn Prozent gesteigert hat. Diese Kultur der Mitmenschlichkeit und des Verantwortungsbewusstseins kann seitens der Politik gar nicht genug gewürdigt und unterstützt werden – sie ist der Kitt unserer Gesellschaft, und sie bildet das besondere Bayern-Gefühl, um das uns viele andere in Deutschland beneiden.

Heimat ist zwar ein emotional geschützter Raum – Heimat ist aber kein windstiller Winkel und ganz gewiss nichts Statisches. Im Gegenteil: Es ist der große Vorzug eines ausgeprägten Heimatbewusstseins, dass Veränderungsprozesse dann besonders gut gelingen können, wenn die Menschen Sicherheit finden in ihren Wurzeln und in ihrer gesellschaftlichen Verankerung.

Die Motoren gesellschaftlicher Veränderung sind die Städte, das ist eine jahrtausendealte kulturhistorische Konstante. Von den positiven Aspekten einer Veränderung muss aber das ganze Land profitieren, sonst kommt es zu schweren gesellschaftlichen und politischen Verwerfungen. In Bayern leben fast 60 Prozent der Bevölkerung im ländlichen Raum, er umfasst 90 Prozent des Staatsgebiets. Deshalb ist die Herstellung gleichwertiger Lebensverhältnisse im ganzen Freistaat Bayern die vordringliche Aufgabe unserer Heimatpolitik: Es geht nicht um Gleichartigkeit, sondern um Chancengleichheit. Es geht darum, dass der ländliche Raum die gleiche Wertschätzung erfährt wie die Metropolen.

Um diesem Ziel politisch wirkungsvoll Nachdruck zu verleihen, wurde in Bayern im Jahr 2013 das Heimatministerium gegründet: in der Form in Deutschland ein Novum, aber – wie vieles, was aus Bayern kommt – ein Erfolgsmodell. Als erster bayerischer Heimatminister durfte ich von Anfang an die Konzeption der bayerischen Heimatpolitik bestimmen und dann bereits 2014 eine Heimatstrategie auflegen, mit der wichtige Maßnahmen zugunsten des ländlichen Raums strukturiert in Angriff genommen wurden.

Wirkungsvolle Politik für und im ländlichen Raum setzt zunächst handlungsfähige Kommunen voraus: Bayern wird nicht nur von München aus regiert, sondern auch in den über 2000 Kommunen. Hier werden die Entscheidungen getroffen, die die Menschen unmittelbar betreffen. Deshalb sorgen wir für eine solide finanzielle Ausstattung der Städte und Gemeinden durch unseren kommunalen Finanzausgleich. Dieser erreicht heuer ein Rekordvolumen von elf Milliarden Euro – Geld, das gut angelegt ist, weil unsere Kommunen damit höchst verantwortungsvoll umgehen, um ihren Bürgerinnen und Bürgern eine möglichst hohe Lebensqualität zu bieten.

Wir haben in Bayern glücklicherweise durch jahrzehntelange seriöse Haushaltspolitik eine finanzielle Basis geschaffen, um durch gezielte Investitionen die aktuellen Transformationsprozesse nicht über uns ergehen lassen zu müssen, sondern diese aktiv mitzugestalten. Das heißt konkret, dass wir stark in Wissenschaft, Forschung und Technologie investieren, denn das sind die Schlüssel, um Herausforderungen wie die Vermeidung von Pandemien, die Bekämpfung der Erderwärmung oder die Steuerung der Digitalisierung zu meistern.

Deshalb hat die Staatsregierung mit der Hightech Agenda Bayern eine Technologieoffensive gestartet, die auch im internationalen Maßstab beachtlich ist: 3,5 Milliarden Euro für die

Schlüsseltechnologien der Zukunft, 13 000 neue Studienplätze, 1000 neue Professuren, davon allein 100 für den Fachbereich Künstliche Intelligenz.

Die Hightech Agenda beinhaltet ein 400 Millionen Euro schweres Mittelstandspaket: Damit fördern wir den Wissens- und Technologietransfer von der Forschung zu den kleinen und mittleren Unternehmen und besonders auch zum Handwerk. Damit werden wir unserem Ziel gerecht, technologischen Fortschritt nicht nur den Metropolen zugutekommen zu lassen, sondern auch den ländlichen Räumen. Diese profitieren auch vom Bau der sogenannten Technologietransferzentren, die wir bewusst im ländlichen Raum ansiedeln.

Um gerade der jungen Generation Bleibeperspektiven schon in der Ausbildung zu bieten, sind zwölf unserer insgesamt 17 Hochschulen für angewandte Wissenschaften im ländlichen Raum angesiedelt worden. Das dortige Studienplatzangebot wurde in den letzten zehn Jahren um 34 Prozent auf jetzt über 40 000 Studienplätze erhöht. Damit wird auch der ländliche Raum zum Zukunftslabor für Fortschritt und Innovation.

Um den reibungslosen Austausch der dafür nötigen Daten zu gewährleisten, ist der Breitbandausbau integraler Bestandteil unserer Heimatstrategie. Durch entschlossene Ausbaumaßnahmen haben wir – obwohl größtes Flächenland – die vollständige Versorgung aller Haushalte mit schnellem Internet fast schon erreicht.

Doch nicht nur Daten müssen mobil sein, sondern auch die Menschen. Deshalb schließen wir uns dem Schlechtreden des Autos nicht an, schaffen aber durch den Ausbau des öffentlichen Personennahverkehrs und des Radwegenetzes attraktive Alternativen.

Die zunehmende Anziehungskraft des ländlichen Raums verstärken wir staatlicherseits durch die Verlagerung von Behörden mit Tausenden von Arbeitsplätzen weg aus den Ballungsräumen. Dadurch vergrößern wir auf dem Land die Anzahl hoch qualifizierter und sicherer Arbeitsplätze und schaffen eine neue Zentralität, weil staatliches Regierungshandeln nicht mehr nur in der Landeshauptstadt stattfindet.

Man kann nicht über Heimat und den ländlichen Raum sprechen, ohne die zentrale Rolle der Landwirtschaft zu betonen. Unsere Bäuerinnen und Bauern sind die Seele des ländlichen Raums und haben unsere besondere Wertschätzung verdient: Sie stellen die Versorgung mit regionalen Nahrungsmitteln sicher, liefern der Wirtschaft Rohstoffe, erzeugen Energie und pflegen unsere reiche Kulturlandschaft. Auch für den Naturschutz und die Erhaltung der Biodiversität ist der praxisnahe Beitrag der Landwirtschaft unverzichtbar. Unverzichtbar ist dabei auch die Tierhaltung, die das Rückgrat der bäuerlichen Landwirtschaft darstellt und essenziell ist für die Ernährung der Bevölkerung.

All die vorgestellten Maßnahmen – es ließe sich noch eine Fülle weiterer nennen wie die Steigerung der Kinderbetreuungsquote, der Erhalt kleiner Schulstandorte oder die Aufrechterhaltung einer guten medizinischen Versorgung – tragen Früchte: Seit zehn Jahren verzeichnet der ländliche Raum in Bayern einen Wanderungsgewinn, und mehr als jedes zweite Kind in Bayern wird hier geboren. Auch bei der Arbeitslosigkeit gibt es keine Schere zwischen Stadt und Land, die auseinandergeht.

Unsere Heimatpolitik stellt den Menschen in den Mittelpunkt, seine Lebensqualität und seine Zukunftschancen – so leisten wir unseren Beitrag dazu, dass die Menschen ihre Heimat bewahren oder sich eine neue Heimat schaffen können.

Deshalb lassen sich die Fragen des Buchtitels abschließend folgendermaßen beantworten:

Was kommt? Heimat als Synonym für Chancengleichheit, Freiheit und Geborgenheit.

Was geht? Heimat als Chiffre für Enge, Ausgrenzung und Rückwärtsgewandtheit.

Was bleibt: der Freistaat Bayern als Heimat auch für den Verlag Herder und viele interessante Autorinnen und Autoren, neugierige Leserinnen und Leser, denen der Verlag Herder mit seinem breiten Themenspektrum wiederum eine intellektuelle Heimat bietet. Damit schließt sich der Kreis.

Markus Söder (* 5. Januar 1967 in Nürnberg) ist seit 2018 Ministerpräsident des Freistaats Bayern. Zuvor war er unter anderem Bayerischer Staatsminister für Bundes- und Europaangelegenheiten, Bayerischer Staatsminister für Umwelt und Gesundheit sowie Bayerischer Staatsminister der Finanzen, für Landesentwicklung und Heimat. Markus Söder studierte Rechtswissenschaften an der Friedrich-Alexander-Universität Erlangen-Nürnberg, schloss das Studium mit dem Ersten Juristischen Staatsexamen ab und wurde zum Dr. iur. promoviert.

Hoffnung

Tomáš Halík

Sowohl Europa als auch das Christentum sind doch lebendige, folglich dynamische Tatsachen, die im Laufe der Geschichte immer wieder Änderungen, Umwandlungen durchmachen. Europa ist nicht nur ein bestimmtes Territorium, sondern eine unablässig fortschreitende Geschichte. Was sich im Christentum vor allen Dingen ändert, ist die Art und Weise der Einverleibung des Glaubens in das Denken und das Leben der Menschen. Beim Auftreten von Änderungen in kulturellen Paradigmen erscheinen und entwickeln sich auch neue Arten des Christseins. Die biblischen Texte und die Glaubensartikel bleiben im Laufe der Zeit unverändert. Aber wie die Christen sie verstehen, sie in die Sprache und die Kultur ihrer Zeit »übersetzen« und ins Leben einführen, das ändert sich im Laufe der Geschichte.

Das Christentum von gestern kann schwerlich eine Hoffnung für das Europa von heute und von morgen sein. Aus jedem Traum, auch aus dem Traum der Romantiker vom prämodernen Europa, muss man einmal erwachen. Die »Christianitas« (»das christliche Europa«, das Christentum als politische Ideologie Europas) ist in der Tat längst tot. Im Christentum geht es nicht um eine ewige Wiederkehr des Gleichen. Die Auferstehung ist keine Resuszitation, keine Rückkehr in die Vergangenheit, sondern ein Durchbruch der Zukunft in die Gegenwart. Der auferstandene Jesus erschien unter den Seinen als ein unbekannter Wanderer, als ein Fremder, von den Seinen nicht erkannt, sie hielten ihn für ein Gespenst – und nur dies wiederholt sich wahrscheinlich immer wieder nach jedem »Karfreitag der Geschichte«. Das *heutige* europäische Christentum wirkt jedoch zu müde und wenig überzeugend, es scheint vielmehr eine Religion im Abklingen zu sein als eine starke Quelle der Hoffnung für Europa von heute und morgen.

Die Zahl der sich zum Christentum bekennenden Menschen in Europa wird immer geringer, und diejenigen, die ihren Glauben in der von kirchlichen Institutionen angebotenen traditionellen Form »praktizieren«, sind eine Minderheit geworden, und auch sie werden immer weniger.

Aus der gegenwärtigen Entwicklung geht jedoch hervor, dass auch in Europa – der Mutter der Säkularisierung – die Säkularisierung nicht das letzte Wort der geschichtlichen Entwicklung sein wird. Der Soziologe Peter L. Berger schlug bereits vor Jahrzehnten vor, den Begriff »Säkularisierung« durch den der »Pluralisierung« zu ersetzen.

Dies wird insbesondere heute deutlich, wo sich infolge der Migrationswelle nicht nur die ethnische, sondern auch die religiöse Zusammensetzung der Bevölkerung Europas ändert. Viele Europäer stellen sich die Frage, ob es möglich sein wird, in Zukunft die Identität der europäischen Kultur oder die »christliche Identität Europas« zu bewahren, ob die neuen Bewohner Europas »unsere christlichen Werte« achten werden. Wo aber werden die aus anderen Kultursphären kommenden Menschen heute einem lebendigen Christentum begegnen, welches sie wirklich hochachten und als inspirativ wahrnehmen könnten?

Ich kämpfe gegen die Skepsis in mir. Ich kämpfe um die Hoffnung, das *Christentum der Zukunft* möge für das heute unter schweren Umständen entstehende Europa eine große Bedeutung haben. Ist dies bloß ein unbegründeter Wunsch, ein utopischer

Traum? Damit dieser Traum Wirklichkeit werden kann, muss das Christentum in Europa offensichtlich eine tiefe Reform durchmachen.

Diese Reform mag bereits begonnen haben. Das Pontifikat von Papst Franziskus kann unter bestimmten Umständen zum Beginn eines neuen Kapitels in der Geschichte des Christentums werden.

Die »christliche Agenda« konzentrierte sich jahrzehntelang – wohl als Reaktion auf die sexuelle Revolution der Sechzigerjahre – hauptsächlich auf Fragen, die mit der Sexualmoral zusammenhingen. Papst Franziskus hebt die Themen hervor, die in den Schatten geraten waren – wie die Barmherzigkeit Gottes, Solidarität mit den Armen, Verantwortung für die Umwelt, Entgegenkommen beim Dialog mit anderen Kulturen und Religionen, Verständnis für Menschen, die sich in moralisch komplizierten Situationen befinden, die Rolle des eigenen, persönlichen Gewissens in sittlichen Entscheidungen. Ein Christentum, das für das Europa von heute und morgen inspirierend werden kann, wird weder die Form einer politischen Ideologie haben noch die einer Kirche, die ihre Aktivitäten auf klassische Seelsorge in Pfarrgemeinden beschränkt. Gläubige Christen werden in Europa immer mehr eine Minderheit bilden, eine noch kleinere als heute. Sie dürfen aber nie zu einem abgesperrten Ghetto, sondern – um den gern verwendeten Ausdruck Papst Benedikts XVI. zu zitieren – zu einer »schöpferischen Minderheit« werden.

Der christliche Glaube soll gewiss in die Welt der Politik treten, allerdings nicht als Ideologie und Machtinstrument. In der durch religiös begründete Verbrechen, durch politischen, ideologischen Missbrauch der Religion tragisch heimgesuchten Welt hat das Christentum eine andere Gestalt und eine andere Rolle der

Religion zu zeigen, nämlich die therapeutische Stärke des Glaubens. Die Kirche soll nach Papst Franziskus' Worten ein »Feldlazarett« sein.

Zur Diakonie der Kirche gehört auch eine Kultivierung des sozialen Klimas von der präventiven Fürsorge bis zu langfristigem Heilen von Wunden und moralischen Folgen, verursacht durch Konflikte und Regime, die die Würde des Menschen zertraten.

Ich bin jedoch überzeugt, dass das Christentum dem immer bunteren Angebot auf dem globalen Markt standhalten kann, und zwar vor allem als *tiefgehende Spiritualität,* als offene Inspirationsquelle fürs Leben, als Schule der Hoffnung, des Glaubens und der Liebe, als Schule mit breit offenen Türen.

Jesus sagte, ein guter Hirt verlasse neunundneunzig Schafe seiner Herde und breche auf, das eine verlorene zu suchen. Papst Franziskus hat das Gleichnis einmal aktualisiert: Der heutige Hirte dürfe sich nicht dem einen aus der großen Herde übrig gebliebenen Schafe widmen, sondern er solle die neunundneunzig verlorenen suchen gehen.

Auch die Evangelisation, die Hauptaufgabe der Kirche sollte, falls sie wirklich *neu* sein soll, nicht die Form bloßen religiösen Agitierens und Mobilisierens annehmen, wie sie bei eifrigen Sekten typisch ist. Zum Unterschied von *Christianisierung*, die die Bekehrung von Heiden und deren Eingliederung in die bestehende Christianitas (öfter mit Feuer und Degen) bedeutete, sollte die *Evangelisation auf eine Bekehrung von Christen* gerichtet sein, auf Bekehrung vom statischen »Christsein« Eingewohnter zum dynamischen »Christwerden« auf der Suche nach der Tiefe. Wer von der Tiefe weiß, weiß von Gott, hat Paul Tillich gelehrt.

Das Christentum lehrt uns, dass die Konversion, Abwendung vom oberflächlichen »Ego« (und von der oberflächlichen

Religiosität) zum »Du« des lebendigen Gottes hin nicht nur durch einsames Praktizieren von Meditation und privater Askese geschieht, sondern auch vor allen Dingen durch Hinneigung zu den anderen, zu Verantwortung und Solidarität.

Wenn die christlichen Gemeinschaften zu Schulen einer solchen Lebensweise werden und diese allseitig unterstützen, brauchen sie keine Angst zu haben, nur eine Minorität zu sein. Sie können Salz und Sauerteig, eine kreative Minderheit sein, bedeutend für die ganze Gesellschaft. Sie können Trägerinnen der Hoffnung für Europa und die Welt von morgen sein.

Tomáš Halík (* 1. Juni 1948 in Prag) wurde 1978 heimlich zum Priester geweiht und war enger Mitarbeiter von Kardinal Tomášek und Václav Havel. Er ist Professor für Soziologie und Pfarrer der Akademischen Gemeinde Prag. Benedikt XVI. verlieh ihm den Ehrentitel Päpstlicher Prälat. 2010 erhielt er den Romano-Guardini-Preis. 2014 wurde er mit dem Templeton-Preis ausgezeichnet. Im Jahr 2022 erschien von ihm zuletzt bei Herder: *Der Nachmittag des Christentums. Eine Zeitansage*.

Hören – Suchen

Stephan Burger

Als Christinnen und Christen glauben wir an die Frohe Botschaft der unendlichen Liebe Gottes zu uns Menschen und zu seiner ganzen Schöpfung. Wir glauben an die Erlösung von Sünde, Tod und Ungerechtigkeit. Wir glauben, dass Gott sich auch heute in dieser Welt zeigt und wir ihn erfahren können. Und wir glauben daran, dass wir dadurch in die Nachfolge gerufen werden, auf den Weg Jesu, der uns schon hier und jetzt das Reich Gottes erleben lässt und zur Mitarbeit daran befähigt.

Ja, wir glauben daran, dass diese Frohe Botschaft unser Leben wandelt und uns damit zu einer ganz besonderen Gott-Welt-Beziehung führt. Und doch wirkt die Frohe Botschaft oftmals abstrakt und irrelevant. Wir kennen theoretisch den Inhalt, doch fühlen wir ihn oft nicht. Wir wissen um die Befähigung zur Nachfolge und spüren dennoch nicht immer diese Befähigung. Gerade angesichts von Krise, Chaos und Leid um uns herum und in der ganzen Welt können die Hoffnung und der Glaube an die Frohe Botschaft und ihre befreiende Kraft verblassen.

Der Theologe Karl Rahner hat davon gesprochen, dass wir zu »Hörern des Wortes« werden müssen, damit die Frohe Botschaft, das Wort Gottes, auch unsere Herzen erreicht.

Aber wie soll man die Offenheit des Hörens umsetzen, wenn man geschockt, ängstlich und verzweifelt ist und die Meldungen über Kriege und Zerstörung so viel lauter sind? Wie hinhören, wenn in den Ohren die Warnungen vor dem Klimawandel und seinen Folgen lautstark dröhnen? Und wie überhaupt eine Bereitschaft zum Hören gewinnen, wenn die Institution, die die Frohe Botschaft predigt, in den letzten Jahrzehnten durch Skandale wie die des Missbrauchs oder verschiedener Finanzdebakel unglaubwürdig geworden ist?

In einer Welt, die zunehmend Herausforderungen und Krisen an uns heranträgt, können der Glaube an und die Hoffnung auf diese Frohe Botschaft schwinden. Konfrontiert mit den großen Problemen dieser Zeit, bleiben kaum mehr Ressourcen, sich auf diese geistige Haltung des Hörens einzustellen. Und selbst bei dem Versuch des Hörens scheinen Katastrophen, Leid und Verzweiflung, wie sie tagtäglich über diverse Medien an uns herangetragen werden, viel zu laut, um die Ansprache Gottes, seine Frohe Botschaft an uns, zu vernehmen.

Vielleicht ist es an der Zeit, eine neue Haltung zu finden. Vielleicht ist es an der Zeit, eine neue Einstellung einzuüben und einzunehmen, damit die Frohe Botschaft wieder unsere Herzen erreicht. Und es ist Jesus, der uns hier ein Vorbild ist. Jesus selbst hat keineswegs in einer Zeit gelebt, die einfacher war als unsere heutige Gegenwart. Katastrophen, Leid, Armut, Krankheit und Machtmonopole, Unterdrückung und Krieg prägten auch die damalige Lebenswelt. Jesus war konfrontiert mit zahlreichen Missständen. Aber Jesus war trotzdem ein Hörender und konnte die Stimme Gottes vernehmen, seinen Willen erkennen, den er sich zu eigen machte. Jesus war Hörender des Wortes – doch er war selbst zugleich ein Suchender. Er suchte vor allem jene, die mit ihm auf Gottes Wort hören wollten. Deshalb fragte er auch und hinterfragte. Er kritisierte, aber nicht um der Kritik willen, sondern um der Wahrheit auf den Grund zu gehen, die sich in seinem Leben offenbarte. Jesus wuchs im jüdischen Glauben auf. Er schaute sich seine Welt an und begehrte auf gegen die Probleme und Ungerechtigkeiten. Er begehrte auf, weil die Welt nicht so war, wie sie vor Gott sein sollte, wie sie sein könnte. Er suchte den Menschen, der hören wollte, in Synagogen und auf öffentlichen Plätzen. Er suchte ihn in Gesprächen und Diskussionen. Er suchte unter den Ärmsten und in den mächtigen Institutionen. Er suchte ihn und brachte sein eigenes Menschsein ein in das Gespräch mit Gott. Er suchte mit anderen gemeinsam und in der Einsamkeit. Er wollte nichts anderes, als den Menschen seinen geliebten Vater näherzubringen, diesen Vater, bei dem alles seinen Ursprung hat und zu dem alles zurückkehren wird. Jesus, der Sohn Gottes, war im wahrsten Sinne ein Hörer des Wortes Gottes. Zugleich war in ihm dieses Wort so gegenwärtig und präsent, dass es andere ins Herz treffen, dass Gottes Liebe Zugang zum Menschen finden konnte.

Was kann das für uns heute bedeuten? Es bedeutet, dass gerade in Krisen auch Chancen liegen. Es bedeutet, dass wir bei den Problemen und Herausforderungen nicht verharren müssen, sondern aus ihnen ein Potenzial entfalten können.

»Pandemie, Krieg, Klimawandel, ein globaler Finanzkapitalismus, der die Schere zwischen explodierendem Reichtum dank Kapitalerträgen und Lohnerträgen ohne Sparerfolgen immer weiter aufreißt: Wo soll da die Lösung sein? Ist das nicht hoffnungslos? In dieser Erschütterung liegt auch eine große Kraft. Denn nur wer versteht, dass es kein Weiter-so geben kann, stellt sich die richtige neue Frage: Wie wollen wir morgen leben?«, so beschrieb es ein Journalist Ende Dezember in der *Frankfurter Rundschau* treffend.

Denn ja: In der Ausweglosigkeit steckt selbst schon die Frage, die zur Hoffnung werden will. Angesichts der vielen Probleme und Katastrophen führt die Frage »Wie wollen wir leben?« schon ins Suchen und hat damit bereits eine bessere Version der Welt vor Augen. Im Wahrnehmen, Kritisieren des Istzustands, im Fragen und Suchen geschieht die Auseinandersetzung mit Um- und Mitwelt. Im Suchen und Ringen wächst schon die Kraft, an einer besseren Welt mitzuarbeiten. Im Suchen machen wir einen Realitätsabgleich von Ist und Soll, von Froher Botschaft und Realität.

»Kehrt um und vertraut auf die Frohe Botschaft«, diese jesuanischen Worte können uns einladen, eine neue Haltung anzunehmen. Wir können uns selbst entscheiden, angesichts dieser Welt mit all ihren Krisen und Herausforderungen zu Suchenden zu werden. Wir können zu Suchenden werden und fragen, welche Bedeutung die Frohe Botschaft heute noch haben kann. Und damit sind wir am Kern der Sache. Damit sind wir am Herzstück dessen, was Jesus gewollt hat. Die Frohe Botschaft erzählt vom Schöpfergott, der uns alle bejaht. Die Frohe Botschaft erzählt von der menschlichen Wärme und Hingabe zu- und füreinander. Die Frohe Botschaft erzählt von der universalen Menschenwürde. Die Frohe Botschaft erzählt von der Liebe, die sich unter uns entfalten will. Und dabei geht es um eine Liebe, die Raum und Zeit zu sprengen vermag und die imstande ist, das zu vollenden, was menschlichem Wollen und Vollbringen allein nie gelingen wird.

»Liebe ist eine Aktivität und kein passiver Affekt. Sie ist etwas, das man in sich selbst entwickelt, nicht etwas, dem man verfällt. Sie ist in erster Linie ein Geben und nicht ein Empfangen«, so Erich Fromm. Wobei die Fähigkeit des Empfangens, so mag ich ergänzen, nicht minder wesentlich ist für ein gelingendes Beziehungsgeschehen. Wie könnte die göttliche Liebe denn wirken, wären wir nicht fähig, sie zu empfangen?

Gerade weil wir sie empfangen, will sie sich in uns so entwickeln, dass die Frohe Botschaft, die Jesu in Wort und Tat verkündet hat, uns dazu befähigt: Handelt aus Liebe zum und am Menschen.

Damit ist die Frohe Botschaft ein Gegengewicht in Zeiten des Krieges. Sie ist Aufschrei und Protest, wo gegen die Menschenwürde verstoßen wird. Sie ist Mahnung und Aufruf zur Schöpfungsverantwortung. Und die Frohe Botschaft ist eine Aktivität, sie holt uns ins Handeln, weil Liebe und Nächstenliebe nicht Nachdenken oder Wünschen bedeuten, sondern Umsetzen und Leben.

Wir sind heute mit vielen Herausforderungen konfrontiert. Wir haben Angst vor den Katastrophen und verzweifeln an dem Leid und der Not, die uns weltweit umgeben. Wir dürfen und müssen an diesem Punkt jedoch nicht stehen bleiben. Wir dürfen und müssen zu Suchenden werden, um die Frohe Botschaft wiederzuentdecken, die uns ins Handeln holt. Wir dürfen kritisierend, aufbegehrend, fragend und zweifelnd unserer Lebenswelt begegnen und hinterfragen, wo hier die Frohe Botschaft verfehlt wird. Wir dürfen Sucher der Botschaft sein, um eine Antwort auf die Frage »Wie wollen wir morgen leben?« zu geben.

Diese Antwort wird lauten: In Frieden, im Einklang mit einer heilen Schöpfung, in Respekt und Verantwortung füreinander, in Liebe. Suchen wir also gemeinsam nach Wegen, um diese Antwort Wirklichkeit werden zu lassen. Suchen wir danach, und lassen wir uns von dem anleiten, der weiß, worauf es ankommt, Jesus Christus.

Stephan Burger (* 29. April 1962 in Freiburg) wurde 2014 von Papst Franziskus zum Erzbischof der Erzdiözese Freiburg ernannt. Vor seiner Ernennung absolvierte er ein theologisches Studium in Freiburg und München sowie ein kirchenrechtliches Lizenziatsstudium in Münster. Er leitet die für Misereor zuständige Kommission für Entwicklungsfragen sowie die »Kommission für caritative Fragen der Deutschen Bischofskonferenz. 2019 erschien im Verlag Herder sein Buch *Weltbegegnungen. Reisenotizen eines Bischofs*.

Hut

Maite Kelly

Mein Vater hat in seinem Leben vieles ausprobiert. Als junger Mann studierte er Theologie und Philosophie bei den Jesuiten, danach war er Lateinlehrer, Politiker, Antiquitätenhändler und später ein Hippie, der mit ganzem Herzen Vater von zwölf Kindern war. Er musste den schmerzlichen Verlust eines Kindes durch einen Unfall durchleben, auf den die Scheidung von seiner ersten Frau folgte. Mit seiner zweiten Frau Barbara entschied er sich, als Hippie durch die Welt zu reisen. Er verkaufte opulente Antiquitäten und war passionierter Kunstsammler. Dann erkrankte meine Mutter an Krebs. Nach ihrem Tod durchlebten wir als Familie eine dunkle Zeit voller Trauer. Doch die Straßenmusik war der Neuanfang. Es war wie eine neue Form von Freiheit. Wir reisten als Künstlerfamilie durch ganz Europa und sangen unsere Lieder. Wir waren natürlich keine Wohlfahrtsorganisation, sondern wir mussten von unserer Kunst leben. Deshalb hatten wir einen Hut dabei. In diesen Hut konnte unser Publikum Geld einwerfen. Mal war der Hut voller, mal war er leerer. Mein Vater sagte immer: »Der Hut lügt nicht.« Damit meinte er, dass man an dem Hut den Erfolg eines Liedes beobachten konnte. Wenn der Hut bei diesem oder jenem Lied regelmäßig gut gefüllt war, gehörte es zum Repertoire. Der Hut zeigte uns, was die Leute berührte und was nicht. Der Hut war essenziell für uns.

In den 1990er Jahren sangen wir als Kelly Family in den größten Konzerthallen. Der Hut war aber in unseren Gedanken immer mit dabei. Trotz allen Erfolgs war es schon damals für uns wichtig, demütig zu bleiben und uns von der Inspiration leiten zu lassen. Demut war ein hoher Wert meines Vaters. Es gibt Künstler, die nur für sich selbst Kunst machen wollen. Das ist natürlich auch in Ordnung, denn das Wichtigste ist, sich selbst treu zu bleiben. Aber selbst ein Picasso wusste, dass er seine Bilder verkaufen musste, um davon leben zu können.

Mein Vater wollte immer frei bleiben und sich keinen Institutionen wie zum Beispiel Plattenfirmen unterwerfen. Er hatte schlechte Erfahrungen damit gemacht, denn noch vor dem Tod meiner Mutter hatte er Verträge unterschrieben, die nicht gut waren. Er schwor sich, so etwas nie wieder zuzulassen. Und so suchten wir die Freiheit und den Erfolg auf der Straße, und der Hut war immer mit dabei.

Das, was wir damals als poetische Familie gelebt haben, sah er in der Tradition der Commedia dell'arte. Die Commedia dell'arte war die Straßenschauspielkunst im Italien des 16. bis 18. Jahrhunderts. Das »arte« in Commedia dell'arte steht für die Kunst, aber auch das Handwerk, was bedeutet, dass die Künstler allein das Schauspiel als Lebensunterhalt hatten. Die Commedia dell'arte hatte ihre Anfänge auf Märkten und war, wenn man so will, das Theater des kleinen Mannes. Später gelangte sie in höhere Kreise. Doch wir sangen lieber für den kleinen Mann, denn da war der Hut voller und der Applaus lauter.

Nachdem wir rund sechs Jahre auf der Straße gespielt hatten, kam der große Durchbruch. Ich bin meinem Vater noch heute dankbar, dass er entschieden hatte, dass wir, also die Familie, an allen Arbeiten beteiligt waren und so die volle Kontrolle über unsere musikalischen Werke behielten. Wir waren eine der wenigen Künstlergruppen, die keine Verträge mit großen Labels eingingen. Wir beschützten unsere Lizenzen. Heute ist das gang und gäbe. Mein Vater hatte sich geschworen, sich nie wieder zu verbiegen. Mit unserem Erfolg hat er viele andere Künstler ermuntert, es genauso zu machen und sich eine Alternative zu den Plattenfirmen aufzubauen.

Die Plattenfirmen zu umgehen, barg ein Risiko: Ab jetzt brauchten wir eigenständiges Wachstum. Am Anfang spielten wir auf Stadtfesten und stellten uns an eine gute Ecke. Wir legten eine Decke über Bierkästen, und unsere Bühne war fertig. Dann wurden wir mutiger und investierten in eine richtige Bühnenanlage. Wir professionalisierten die Straßenkultur immer weiter. Irgendwann hatten wir unsere eigenen Doppeldeckerbusse, in denen sich unser Leben abspielte. Ich kochte und buk, und in den Pausen zwischen den Auftritten verkaufte ich unsere Kassetten. Unser Spitzenangebot war, eine Kassette für 10 DM oder zwei für 15 DM anzubieten. Das hat gut funktioniert, es war ein großer Teil unseres Erfolgs. Es war wie mit dem Hut, denn auf diese Weise haben wir gemerkt, was beim Publikum ankommt und was nicht. Und egal wie erfolgreich wir wurden, wir behielten die Tradition mit dem Hut bei.

Irgendwann hatten die anderen Einnahmen den Hut abgelöst. Also wurde der Hut durch eine Spendendose für die Krebs- und Aids-Forschung ersetzt. Dank ihr konnten wir immer noch sehen, welche Lieder gut und welche weniger gut ankamen.

Mein Vater erkannte, dass eigene Lieder zu schreiben, ein ganz neuer Schritt für uns werden könnte. Er träumte davon, selbst Hits zu schreiben und Lizenzen vergeben zu können. Unsere eigenen Lieder mussten aber neben den großen Evergreens, die wir sangen, Bestand haben. Mein Vater weigerte sich, Lieder zu veröffentlichen, die schlechter resonierten als die großen Hits.

Also mussten die neuen Lieder, die wir schrieben, die Menschen mindestens genauso emotional berühren wie unser bisheriges Programm – denn eines war uns immer klar: »Der Hut lügt nicht.« Der Hut blieb der Maßstab.

Bei all dem spielte mein Vater die wichtigste Rolle. Ich mag die Redewendung mit dem halb vollen Glas nicht so sehr, aber irgendwie fällt sie mir jetzt doch ein, auch wenn das meinen Vater nicht wirklich beschreibt. Er war immer er selbst. Und auch in Situationen, in denen andere sagen würden: »Schlimmer geht es nicht«, blieb er stark. Er hatte eine fast unermüdliche Kraft, aus Lebenslagen, an denen jeder andere zerbrochen wäre, wieder aufzustehen und neue Wege zu gehen. Er hat dieses Leben immer als Chance begriffen.

Sein Beispiel hat mich geprägt: Ich lasse mich nicht so leicht verunsichern. Habe ich eine Vision, dann habe ich auch einen langen Atem, so wie er. Mein Vater sagte sogar schon in der Zeit, als wir noch auf der Straße spielten: »Wir werden einmal in Stadien spielen.« Er war ein großer Realist und ein großer Träumer.

Mein Vater war ein Löwenherz, ein Philosoph und ein Mann mit theologischem Idealismus. Er war nicht nur für meine Familie und für mich ein Mentor, sondern auch für viele andere Menschen. Er hatte die Gabe, Menschen in ihrer Berufung zu unterstützen und sie zu lancieren. Wenn sie noch nicht wussten, wohin sie gehen sollten, traute er ihnen mehr zu als sie sich selbst. Und er wusste, dass er ihnen immer mehr zutrauen konnte, als sie sich selbst zutrauten – solange sie demütig und aufmerksam blieben.

Dieses Gedicht schrieb ich über ihn:

Die Liebe ist größer als das Leben
Papa, das Leben hat es dir nicht leicht gemacht
Und doch hat es dich nie verbittert
Papa, das Schicksal hat dich oft betrogen
Du schienst verloren, verloren im Gewitter
Doch du nahmst meine Hand
Und gabst mir den Rat
Die Liebe ist größer als das Leben
Sie überdauert die Zeit
Durchbricht die Dunkelheit
Die Liebe ist größer als das Leben
Sie lebt in Ewigkeit
Stirbt nie, und doch ist sie immer zum Sterben bereit
Papa, das Leben hat es trotzdem nicht geschafft
Dich zu brechen, zu zerbrechen
Du hast dem Schicksal die Stirn geboten
Keine Träume waren dir je verboten
Denn die Liebe ist größer als das Leben
Sie überdauert die Zeit
Durchbricht die Dunkelheit
Die Liebe ist größer als der Tod
Sie lebt in Ewigkeit
Stirbt nie, und doch ist sie immer zum Sterben bereit
Bereit warst du für mich
Du lachtest wie ein Clown
Du kämpftest wie ein Löwe
Befreit hast du dich
Von allen Ketten und Zwängen

Nein, der Alltag hatte keinen Platz für dich
Deine Liebe war größer als das Leben
Sie überdauert die Zeit
Durchbricht die Dunkelheit
Die Liebe war größer als der Tod
Sie lebt in Ewigkeit
Stirbt nie, und doch ist sie immer zum Sterben bereit
Papa – du bleibst

Alles, was ich als Mutter, als Frau, Künstlerin und Unternehmerin gelernt habe, habe ich vorgelebt bekommen. Die Vaterschaftskraft strahlt, inspiriert und baut einen für das Leben auf. Sie reißt mit, hallt nach und bleibt im Herzen tief verankert. Und ja, so etwas bleibt.

Der Text entstand im Gespräch mit Benedikt Herder.

Maite Kelly ist eine der bekanntesten deutschen Künstlerinnen und Autorinnen, die als Teil der Kelly Family berühmt wurde. Ihre Alben erreichten Spitzenpositionen und wurden mit Gold und Platin ausgezeichnet. Ihre Kinderbuchfiguren wurden mittlerweile in über 17 Länder veröffentlicht. Zuletzt erschien im Verlag Herder ihr Kinderbuch *Püttchen und der Himmelskönig* (2022).

Influence

Michelle Nadine (@Cafeidos)

Jesús Hernandez Orea: *Guten Morgen, Michelle, wir begrüßen dich ganz herzlich hier in der Herder Buchhandlung in Mexiko-Stadt und freuen uns auf ein Gespräch mit dir über Philosophie und soziale Medien. Welchen Mehrwert hat es deiner Meinung nach, Philosophie zu verbreiten?*

Michelle Nadine: Danke für die Einladung, über die ich mich sehr freue. Viele Menschen glauben fälschlicherweise, dass Philosophie ausschließlich für Philosophen da sei. Das ist problematisch. Ich betone meinen Schülern gegenüber immer, dass Philosophie nicht darin besteht, Philosophen auswendig zu lernen, sondern dass es vielmehr darum geht, eine Denkstruktur zu entwickeln, die es uns ermöglicht, die Welt zu problematisieren. Es geht dabei nicht nur darum, die Welt zu hinterfragen, sondern auch sich selbst und all das infrage zu stellen, was wir als selbstverständlich erachten. Für mich ist dies ein zentraler Aspekt der Philosophie.

Doch es geht nicht nur um die Theorie der Philosophie, sondern auch um die Praxis. Es ist wichtig, auch zu leben, woran man glaubt. Gleichzeitig müssen wir offen dafür sein, dass sich unsere Gedanken und Überzeugungen ändern können.

Daher halte ich es für wichtig, die Philosophie zu verbreiten, damit Menschen eine gewisse Nichtkonformität mit ihrer Realität und mit sich selbst entwickeln können. Das eröffnet neue Wege des Lebens und der Wahrnehmung der Welt.

Jesús Hernandez: *Ja, da stimme ich dir zu. Ich glaube, dass die Philosophie hilft, die eigene Selbstwahrnehmung zu hinterfragen; und zwar basierend auf der Umgebung in der wir aufwachsen: Konzepte, die uns etwa von Familie und Politik auferlegt werden, können wir weiter ausbauen oder dekonstruieren. Es ist interessant, wie vor einigen Jahren die öffentliche philosophische Diskurs auf nur wenige Plattformen beschränkt war, die überwiegend von der akademischen Welt bestimmt wurden. Heutzutage hat sich das mit den sozialen Medien verändert. Praktisch jeder kann öffentlich über Philosophie reden. Welche Vorteile und Risiken ergeben sich aus dieser Entwicklung?*

Michelle Nadine: Ich denke, einer der Vorteile besteht darin, dass die Philosophie nun endlich ihren rein akademischen Rahmen verlassen hat. Früher war Philosophie hauptsächlich in Schulen, Universitäten und Fachzeitschriften präsent. Wenn man sich dafür interessierte, konnte man ein Buch zur Hand nehmen und anfangen zu lesen, um zu sehen, wie man damit zurechtkommt. Dabei gab es Texte, die mehr oder weniger komplex waren, und oft begannen die Menschen mit Büchern wie *Sofies Welt* als einem ihrer ersten Zugänge zur Philosophie. Die jüngste Entwicklung ist, dass sich die Menschen viel stärker als zuvor dem Selbststudium widmen. Die Tatsache, dass Philosophie nun auf verschiedenen Plattformen präsent ist – also nicht nur an Universitäten, sondern auch in den sozialen Medien –, ermöglicht es uns, Dinge zu entdecken, von denen wir nicht einmal wussten, dass wir sie mochten oder daran interessiert sind. Es öffnet neue Türen der Problematisierung, was von großer Bedeutung ist.

Nachteile gibt es natürlich auch: Bei der Verbreitung von Inhalten besteht immer das Risiko der Desinformation. Es ist immer auch entscheidend, wie gut das Wissen ist, das verbreitet wird, und in welcher Form es präsentiert wird. Wenn Inhalte voreingenommen oder indoktrinierend sind, kann das dazu führen, dass Menschen in bestimmte Denkmuster gedrängt werden, was äußerst gefährlich ist. Die Menschen müssen lernen, wie sie Information filtern und wie sie wertvolle von wertlosen Inhalten unterscheiden.

Jesús Hernandez: *In der Buchbranche bemühen sich auch Verlage nun zunehmend, aus ihren Schützengräben heraus Reichweite zu schaffen. Wie siehst du die Rolle der Verlage heutzutage? Was sollten Verlage in der Zukunft deiner Meinung nach tun, um eine ähnliche Reichweite zu erlangen wie Influencer?*
Michelle Nadine: Das Buch soll es in jedem Fall auch in Zukunft geben, finde ich. Wenn die Augen vom stundenlangen Bildschirmgebrauch müde sind, kann man stattdessen ein Buch in die Hand nehmen, was viel angenehmer ist. Ich bin der Meinung, dass das Lesen eines Buchs, das Unterstreichen von Passagen und das Anfertigen von Notizen dazu beitragen, Informationen besser zu verstehen und zu erfassen. Um deine Frage zu beantworten: Die Schönheit des Buches ist etwas, das Verlage unbedingt aufgreifen sollten. Verlage sollten in den sozialen Medien präsent sein und ansprechende Inhalte über Bücher teilen. Die Menschen sollten dazu ermutigt werden, eine eigene Sammlung oder Bibliothek zu Hause zu pflegen und zu schätzen. Denn die Leidenschaft für Bücher und das Sammeln von ihnen kann ein wertvolles Hobby sein, das Freude und Bereicherung bietet.

Jesús Hernandez: *Ich frage mich, ob Verlage auch etwas unternehmen können – in Bezug auf den Preis von Büchern. Denn für Studenten ist es oft eine Herausforderung, Zugang zu Büchern zu* *haben. Wenn man einen Text lesen muss, geht man in die Bibliothek. Doch wenn man sich etwas Eigenes anschaffen muss, benötigt man dafür finanzielle Mittel, die Studenten manchmal nicht zur Verfügung haben. Hältst du es für angebracht, dass Verlage hier Maßnahmen ergreifen?*

Michelle Nadine: Nun, es wurden bereits verschiedene Maßnahmen ergriffen. Zum Beispiel können Bücher im PDF-Format direkt vom Verlag erworben werden, und es gibt auch Abonnementdienste, bei denen man online Zugang zu den gewünschten Büchern erhält. Man muss aber dazu sagen, dass viele Bücher ihren Preis einfach wert sind. Ein gedrucktes Buch ist eine Investition. Natürlich haben wir nicht immer das Geld, um all die Bücher zu kaufen, die wir mögen oder lieben. Aber letztlich ist es auch eine Frage der Prioritätensetzung. Es gibt Bücher, die kosten nicht mehr als ein Kinobesuch.

Jesús Hernandez: *Michelle, wir haben darüber diskutiert, wie wichtig das Studium der Philosophie ist. Die Philosophie ist eine Disziplin, die im besten Fall die Menschen auf radikale Weise verändert. Doch wie können wir Menschen für dieses Fach begeistern, wenn wir die beruflichen Risiken bedenken, die zumindest in Mexiko und Lateinamerika mit dem Philosophenberuf einhergehen? Wie können wir jemandem sagen: »Widme dich dieser Aufgabe, die dein Leben verändern wird und dir neue Perspektiven eröffnet, um die Welt zu verstehen«, wenn es andererseits so schwierig erscheint, als Philosoph in der realen Welt zu bestehen?*

Michelle Nadine: Natürlich glaube ich, dass man als Philosoph in der Welt überleben kann. Es gibt dieses Stigma, das besagt, dass man mit Philosophie nicht seinen Lebensunterhalt verdienen kann. Das ist Unsinn, zumal nicht nur Philosophen berufliche Probleme haben können. Ein Hochschulabschluss ist nicht immer eine Garantie. Erfahrung und Anpassungsfähigkeit sind ebenfalls entscheidend.

Es gibt Philosophen, die ein gutes Gehalt, ein Stipendium oder eine feste Stelle an einer Universität haben, ohne am Ende des Monats knapp bei Kasse zu sein.

In der Philosophie ist es im Übrigen wichtig, interdisziplinär zu sein. Man denkt vielleicht, dass Philosophsein nur bedeute, Vorlesungen zu halten, aber Philosoph kann auch bedeuten, in einem Verlag oder in der politischen Beratung zu arbeiten. Ich habe eine Zeit lang beispielsweise im Marketing und auch in einer Personalberatung gearbeitet. Es ist schlicht falsch zu denken, dass Philosophie nur im akademischen Bereich stattfindet.

Es ist wichtig, ehrlich zu sich selbst zu sein und darüber nachzudenken, welchen Lebensstil man sich wünscht. Wenn du den Wunsch hast, ein Millionär zu sein, ist die Philosophie vielleicht nicht das Richtige für dich. Denn in der Regel ist man aus Leidenschaft und Interesse Philosoph. Letztendlich glaube ich, dass man durchaus von einer Karriere in der Philosophie leben kann. Ich zumindest kenne niemanden in der Philosophie, der in Armut lebt.

Die Mehrheit meiner Schüler sind übrigens Ingenieure. Sie sagten mir, dass sie sich für Philosophie interessieren, aber aufgrund des Stigmas Sätze hörten wie: »Du wirst verhungern«, »Das bringt nichts«, »Du wirst anfangen, Marihuana zu rauchen, und nicht mehr denken.« Und das ist falsch. Was sie jedoch fasziniert, ist, dass sie endlich über Dinge nachdenken oder Probleme analysieren können, über die sie zuvor noch nicht einmal nachgedacht hatten. Das ist etwas, das die Philosophie bietet: nicht nur ein wirtschaftliches Überleben, sondern auch ein Leben mit

Philosophie. Ich glaube, dass ich durch die Philosophie auch eine größere emotionale und intellektuelle Belohnung erhalte, und ja, die wirtschaftliche Seite ist auch wichtig, denn wir müssen uns schließlich ernähren. Aber gleichzeitig ist es meiner Meinung nach wichtig, sowohl mit beiden Beinen fest auf dem Boden zu stehen als auch zu wissen, dass es Dinge gibt, die über das Geldverdienen hinausgehen.

Jesús Hernandez: *Du hast einmal erwähnt, dass du sowohl aus Venezuela kommst als auch seit zehn Jahren in Mexiko lebst. In Bezug auf die Nutzung von sozialen Medien in einem Land mit einer so vielfältigen Bevölkerung wie Mexiko stelle ich mir vor, dass du auch vor einigen Herausforderungen stehst. Insbesondere in einem Land, in dem Themen wie Sexismus nach wie vor stark präsent sind. Könntest du etwas mehr darüber berichten, mit welchen Schwierigkeiten du dich in diesem Zusammenhang konfrontiert siehst?*

Michelle Nadine: Ja, es war wirklich interessant, denn während meines Studiums hatte ich nie Erfahrungen mit sexistischen Vorfällen gemacht. Vor drei Jahren, als die Pandemie begann und ich 20 Jahre alt war, begann ich als Hobby, Philosophievideos auf TikTok zu machen. Ich dachte mir, vielleicht interessiert es jemanden. Dabei stieß ich auf eine Herausforderung, nämlich die häufige Missinterpretation meiner Inhalte. Anstatt den Philosophen zu hinterfragen, wurde ich selbst infrage gestellt.

Ich denke, in den sozialen Medien muss man aber auch für Missverständnisse oder Fehlinterpretationen offen sein, denn das passiert sehr häufig. Es kann es passieren, dass die Leute das, was du sagst, aus dem Zusammenhang reißen, aber am Ende musst du einigermaßen gelassen damit umgehen und denken: »Ich wollte über dies sprechen, aber es wurde auf eine andere Art verstanden, und das ist auch in Ordnung.«

Aber es stimmt leider auch, dass ich Sexismus ausgesetzt bin. Wenn ich ein Philosophievideo mache, kommentieren manche Leute etwa mein Aussehen, und ich frage mich dann, was das jetzt mit dem Video zu tun hat. Ich verstehe, dass wir Influencer öffentliche Figuren sind und dass die Leute auch auf uns und unsere Persönlichkeit schauen. Aber ich glaube, dass die Philosophie und das Wissen im Vordergrund stehen sollen und nicht ich. Ich bin das Mittel und nicht der Zweck meiner Inhalte.

Jesús Hernandez: *Danke, Michelle für das tolle Gespräch.*
Michelle Nadine: Vielen Dank für die Einladung. Bye!

Das Gespräch wurde moderiert und übersetzt von Raban Herder.

Michelle Nadine, 24 Jahre alt, ist philosophische Influencerin in Mexiko. Unter dem Alias @Cafeidos verbreitet sie Philosophievideos in den sozialen Medien. Auf TikTok hat sie über 300 000 Follower. Sie hat einen Abschluss in Philosophie, macht derzeit einen Master in Sozialphilosophie und gibt online Philosophieunterricht. Das Interview führte Jesús Hernandez Orea, studierter Philosoph und Buchhändler in der unabhängigen Herder Buchhandlung in Mexiko-Stadt.

Jubiläum

Alain Berset

Für die Schweiz jährt sich in diesem Jahr 2023 ein wichtiges historisches Ereignis. Vor 175 Jahren, im Jahre 1848, wurde unsere Bundesverfassung beschlossen.

Ein solches Jubiläum in einer unsichereren, ja bedrohlichen Zeit stellt uns vor die Frage: Feiern wir es, indem wir uns auf die Schultern klopfen? Oder indem wir denen auf die Schultern klopfen, auf deren Schultern wir stehen? Das wäre zwar akrobatisch attraktiv – aber dafür politisch etwas billig.

Oder gedenken wir des Aufbruchs von 1848, indem wir selber einen mentalen Aufbruch wagen? Indem wir die Errungenschaften nicht einfach verwalten, sondern diese vielmehr vorwärtsverteidigen in einer Welt, in der die Grundrechte sogar in demokratischen Staaten unter Druck stehen – von den autoritären Staaten ganz zu schweigen, von denen einige inzwischen leider eher totalitären Staaten gleichen?

Wenn ein historisches Jubiläum einen Sinn hat, dann ist es dieser: dass unser Bewusstsein dafür gestärkt wird, dass es auch hätte anders kommen können. Dass das Selbstverständliche nicht selbstverständlich ist. Genau das könnte auch das Leitmotiv unserer Gegenwart sein: Das Selbstverständliche ist nicht mehr selbstverständlich.

Seit einem Jahr herrscht Krieg in Europa. Die internationale Ordnung, die seit dem Ende des Zweiten Weltkriegs für eine historisch bemerkenswerte Stabilität gesorgt hat, droht zu erodieren.

Die Zahl der Demokratien, die nach 1989 weltweit gewachsen ist, nimmt seit ein paar Jahren wieder ab.

Im unheilvollen Jahr 1939, in einer Zeit des auftrumpfenden Gebarens des Nationalsozialismus, als die Demokratie vielen als Auslaufmodell erschien, warnte der amerikanische Philosoph John Dewey davor, Demokratie als etwas »sozusagen Fertiges« zu verstehen: »Lange Zeit taten wir so, als ob unsere Demokratie etwas wäre, das automatisch fortbesteht, als ob es unseren Vorfahren gelungen wäre, eine Maschine zu bauen, die das Problem des Perpetuum mobile in der Politik löst.« Der Vergleich hat seine Grenzen. 1939 ist nicht 2023. Aber von dieser Reflexion dürfen auch wir in der Schweiz uns angesprochen fühlen.

Gewiss: 1848 gelang nach Jahren innenpolitischer Wirren mit der Bundesverfassung eine beeindruckende Leistung. Fünf Tage nach Einberufung der Verfassungskommission brach in Paris die Revolution aus und kurz darauf auch in jenen monarchischen Staaten Europas, die eine liberal verfasste Schweiz unbedingt verhindern wollten. Kurz: Die großen Mächte waren mit sich selbst beschäftigt; ein Zeitfenster, das die Verfassungsmacher beherzt nutzten, um den Bundesstaat zu schaffen – in nur 51 Tagen! Also mit einer Geschwindigkeit, von der kritische Geister sagen würden, dass sie in Bundesbern seither nie wieder erreicht wurde.

Trotz der Genialität unserer Verfassung muss uns bewusst sein: Was wir in diesem Jahr feiern, ist kein Perpetuum mobile – es ist eine beeindruckende Maschine, die jedoch stehen bleibt, falls wir sie nicht immer wieder ankurbeln.

Die gegenwärtige Verunsicherung birgt ein politisches Potenzial, das wir nutzen sollten. Indem wir unsere Überzeugungen hinterfragen. Und vor allem, indem wir wieder stärker zwischen Unwesentlichem und Wesentlichem unterscheiden. Das könnte die positive Wirkung der gegenwärtigen Multikrise sein: zurück zu den Fundamenten, zurück zu dem, was essenziell ist für ein zivilisiertes Zusammenleben.

Ohne Grundrechte keine Freiheit. Ohne Grundrechte kein Leben in Würde. Ohne Grundrechte kein Schutz vor Diskriminierung. Ohne Grundrechte keine Sicherheit vor einem übergriffigen Staat.

Der eminente Stellenwert der Grundrechte, auf den wir beim Blick zurück auf 1848 schauen, schärft unser Bewusstsein dafür, dass die Institutionen nicht unerschütterlich sind. Dass Demokratie und Rechtsstaat davon abhängen, wie wir selber uns verhalten. Jede und jeder von uns. Sie macht uns die Relevanz der Grundrechte für unseren Alltag klar. Und sie schärft unser Sensorium für die Gefahr einer schleichenden Erosion der Grundrechte, indem sie uns – immer aus einer Grundrechtsperspektive – an die großen Debatten der Gegenwart heranführt. Hat die Meinungsfreiheit Grenzen? Wieso ist das Recht auf ein faires Verfahren so wichtig? Und wie lässt sich der Schutz der Privatsphäre im Zeitalter von Google, Facebook und TikTok noch gewährleisten?

Gerade in diesen unsicheren Zeiten stärken wir unser Fundament als Gesellschaft, indem wir deren Fragilität erkennen. Das ist anspruchsvoll. Einfacher wäre es, selbstzufrieden auf erfolgreiche 175 Jahre seit der Bundesverfassung von 1848 zurückzublicken und sich zurückzulehnen. Aber genau das ist eine Gefahr. Denn es ist nur ein schmaler Grat, der die Selbstzufriedenheit von der Selbstgerechtigkeit trennt.

1848 war, was die Grundrechte anbelangt, ein Aufbruch. Aber es war ein Aufbruch mit schweren Konstruktionsfehlern. 1848 war der Beginn einer Männerdemokratie. Genauer: einer Demokratie der Schweizer Männer christlicher Konfession. Jüdinnen und Juden hatten bis 1866 keine Niederlassungsfreiheit. In gewissen Kantonen waren Dienstboten, Armengenössige und strafrechtlich Verurteilte vom Stimm- und Wahlrecht ausgeschlossen. Und Frauen hatten bekanntlich bis 1971 keine politischen Rechte.

Die Schweizer Geschichte ist eine Geschichte der fortschreitenden Inklusion immer weiterer Bevölkerungskreise in unsere demokratische Kultur. Die Frage, wer politische Rechte haben soll und wer nicht – sie bleibt bis heute hochrelevant. Nicht zuletzt im Hinblick auf die Partizipation der ausländischen Wohnbevölkerung.

Feiern wir 1848 deshalb als Anfang eines Prozesses. Eines Prozesses mit offenem Ausgang. Feiern wir in diesem Jubiläumsjahr unsere Institutionen. Aber noch mehr den Geist, der sich in diesen Institutionen verfestigt hat. Und denken wir dabei an die Bürgerrechtlerinnen und Bürgerrechtler in aller Welt, die sich, oft unter Einsatz ihrer Gesundheit und manchmal auch ihres Lebens, dafür einsetzen, dass die Menschen in ihrem Land ihr Leben nicht in Angst vor Willkür fristen müssen. Sondern in Würde und Sicherheit leben dürfen. Unterstützen wir also all jene Menschen, die diesen Geist des Mutes und des Aufbruchs in der heutigen Zeit verkörpern, die für ihr Land im Jahre 2023 das anstreben, was die Schweiz seit 1848 für selbstverständlich hält. Begreifen wir deren mutiges Engagement als Weckruf für uns alle, nicht dem zeitgeistigen Pessimismus zu verfallen, der die Demokratie zur Projektionsfläche von allerlei Unzufriedenheit macht. Und vergessen wir nicht, dass es nur eines gibt, was noch gefährlicher ist als die Feinde des demokratischen Rechtsstaats. Nämlich unsere eigene Gleichgültigkeit.

Alain Berset ist seit Januar 2023 Bundespräsident der Schweizerischen Eidgenossenschaft. Er ist ein Politiker und Mitglied der Sozialdemokratischen Partei (SP). Er wurde 1972 in Fribourg geboren. Nach seinem Studium der Politikwissenschaften engagierte er sich in verschiedenen politischen Ämtern auf lokaler und nationaler Ebene. Im Jahr 2012 wurde er in den Bundesrat gewählt und übernahm das Departement des Innern. Er hat sich besonders für soziale Anliegen und die Gesundheitspolitik eingesetzt.

Kinderwahlrecht

Jörg Maywald

Die großen politischen Themen unserer Zeit wie Klimawandel, Energiewende, globale Fluchtbewegungen und soziale Ungleichheit betreffen in erster Linie die Jüngsten. Der Einfluss junger Menschen auf die Politik ist jedoch gering – aufgrund des Altersaufbaus der Bevölkerung und weil Kinder und Jugendliche kein Recht haben, an politischen Wahlen teilzunehmen. Vor diesem Hintergrund liegt es nahe, über ein Wahlrecht ohne Altersgrenze nachzudenken.

Wer sich für ein Wahlrecht für Kinder einsetzt, hat es nicht leicht. Zwar kann er sicher sein, mit dieser Forderung schnell Aufmerksamkeit zu erregen, der Zuspruch jedoch hält sich in Grenzen. Die Reaktionen reichen von ungläubigem Staunen über Lächerlichkeit (»Wähler in Windeln«) bis hin zu schroffer Ablehnung (»mit der Vorstellung von Demokratie als Zusammenschluss mündiger Bürger unvereinbar«).

Wenn starke Emotionen im Spiel sind, empfiehlt sich ein nüchterner Blick auf das Thema. Sind Jugendliche oder gar Kinder in der Lage, die Konsequenzen einer politischen Wahlentscheidung zu überblicken? Darf das Recht auf Beteiligung an Wahlen an eine bestimmte verstandesmäßige Reife geknüpft werden? Wer wäre dazu berufen, darüber – quer über alle Altersgruppen – zu wachen? Wie hat sich das Recht, an politischen Wahlen teilzunehmen, als »vornehmstes Recht des Bürgers im demokratischen Staat« (Bundesverfassungsgericht 1, 242) historisch entwickelt, und wo stehen wir heute?

Das allgemeine Wahlrecht – ein unvollendetes Projekt

Ein Blick in die Geschichte zeigt, dass die Allgemeinheit der Wahl nur Schritt für Schritt verwirklicht wurde, jede Veränderung heftig umstritten war und dieser Prozess keineswegs abgeschlossen ist. Während sich das Wahlrecht zunächst auf vermögende Männer im fortgeschrittenen Erwachsenenalter beschränkte (Preußisches Dreiklassenwahlrecht), wurden mit der Gründung des Deutschen Reichs alle deutschen Männer ab 25 Jahren wahlberechtigt. Es folgten die Einführung des Frauenwahlrechts zu Beginn des 20. Jahrhunderts und eine Absenkung der Wahlaltersgrenze nach Inkrafttreten des Grundgesetzes.

In einigen Bundesländern wurde in den vergangenen Jahren eine Absenkung des aktiven Wahlalters auf 16 Jahre bei Kommunal- bzw. Länderparlamentswahlen beschlossen. Die Ausdehnung des Wahlrechts auf alle Kinder und Jugendlichen würde diese Entwicklung hin zu einem wirklich allgemeinen Wahlrecht konsequent weiterführen.

Wahlrecht und Grundgesetz

Zu den ehernen Prinzipien einer modernen Demokratie gehört das Prinzip »Ein Mensch – eine Stimme«. In Art. 20 Abs. 2 Grundgesetz heißt es daher: »Alle Staatsgewalt geht vom Volke aus.« Von einer Beschränkung auf das volljährige Volk ist nicht die Rede, und niemand bestreitet ernsthaft, dass auch Minderjährige Teil des Volkes sind. An anderer Stelle in der Verfassung, in Art. 38 Abs. 2 Grundgesetz, heißt es dann jedoch, dass wahlberechtigt ist, wer das 18. Lebensjahr vollendet hat. Immerhin rund jeder sechste deutsche Staatsbürger ist damit allein aufgrund seines Alters vom Grundrecht der Wahl ausgeschlossen.

Verfassungsrechtlich spricht nichts gegen eine Absenkung der Wahlaltersgrenze. Die in Art. 38 Abs. 2 Grundgesetz festgelegte Wahlaltersgrenze kann mit einer Zweidrittelmehrheit von Bundestag und Bundesrat geändert werden. Tatsächlich ist dies zu Beginn der 1970er Jahre bereits einmal geschehen, als der Gesetzgeber die Altersgrenze für das aktive Wahlrecht von zuvor 21 auf 18 Jahre absenkte. Da das Volljährigkeitsalter zu diesem Zeitpunkt noch bei 21 Jahren lag, wird hier auch deutlich, dass das Wahlalter nicht mit dem Beginn der Volljährigkeit zusammenfallen muss.

Wahlausübung und kognitive Reife

Es ist eine historische Errungenschaft, das Wahlrecht nicht an eine bestimmte Intelligenz oder Urteilsfähigkeit zu knüpfen. Auch ein Mindestmaß an Bildung ist dafür keine Voraussetzung. Weder ein bestimmtes Mindest- noch ein Höchstwahlalter ist mit dem Recht zu wählen vereinbar. Zu beachten ist auch, dass das Recht zu wählen nicht bedeutet, an Wahlen teilnehmen zu müssen. Wahlrecht ist keine Wahlpflicht.

Die Ausübung des Wahlrechts ist individuell sehr verschieden und hängt unter anderem von der kognitiven Reife ab. Wenn Kinder an politischen Wahlen teilnehmen dürften, würden sie ihr Wahlrecht höchstpersönlich ausüben, sobald dazu ein entsprechender Wille vorhanden ist. Die Tatsache, dass der Wille von Kindern insbesondere durch die Eltern beeinflussbar ist, steht dem nicht entgegen. Auch der Wille Erwachsener entwickelt sich unter dem Einfluss anderer Menschen. Dies ist sogar wünschenswert, soll sich die politische Willensbildung doch gerade von individuellen Interessen lösen und auf das Allgemeinwohl gerichtet sein.

Selbstverständlich ist es wünschenswert, dass Wähler unabhängig von ihrem Alter über ein möglichst hohes Maß an kognitiver und moralischer Reife sowie über politische Bildung verfügen, die es zu fördern gilt. Eine Voraussetzung für die Einräumung des Wahlrechts können diese Fähigkeiten jedoch nicht sein, denn wie der Entwicklungspsychologe Rolf Oerter schreibt, »dann müssten wir (…) einer geradezu überwältigenden Mehrheit der Bevölkerung das Wahlrecht abstreiten. Es erscheint daher außerordentlich problematisch, ein bestimmtes Alter und die mit ihm verbundene kognitive und moralische Reife als Voraussetzung für die Erteilung des Wahlrechts zu machen.«

Modelle der Umsetzung eines Kinderwahlrechts

Drei Modelle einer Umsetzung des Kinderwahlrechts sind bisher vorgeschlagen worden: (1) Wählen als höchstpersönliches Recht, (2) Elternwahlrecht und (3) Stellvertreterwahlrecht.

Wählen als höchstpersönliches Recht: Der Vorschlag eines höchstpersönlichen Wahlrechts für Kinder sieht vor, dass Kinder selbst entscheiden können, ab welchem Alter sie ihr Wahlrecht ausüben möchten. Bei diesem Modell stehen die Forderung nach Gleichberechtigung zwischen Kindern und Erwachsenen und der Wunsch nach einem generationenübergreifenden Interessenausgleich im Vordergrund. Abgeschwächte Modelle eines höchstpersönlichen Wahlrechts für Kinder zielen auf eine schrittweise Absenkung der Wahlaltersgrenze.

Elternwahlrecht: Vereinzelt wird ein Elternwahlrecht gefordert, das auf eine Stärkung der Familien in der Gesellschaft zielt. Bei diesem Modell würden Eltern entsprechend der Zahl ihrer Kinder zusätzliche Stimmen erhalten. Dies hätte zur Folge, dass es Wahlberechtigte mit mehrfachem Stimmengewicht gäbe, nämlich alle Eltern mit minderjährigen Kindern. Es liegt auf der Hand, dass auf diese Weise der Gleichheitsgrundsatz nach Artikel 3 Absatz 1 Grundgesetz – »Alle Menschen sind vor dem Gesetz gleich« – und auch der in Artikel 38 Absatz 2 Grundgesetz enthaltene Wahlrechtsgrundsatz der »gleichen« Wahl verletzt würde. Ein Elternwahlrecht ist daher mit der Verfassung unvereinbar.

Stellvertreterwahlrecht: Der dritte Vorschlag wird als Stellvertreterwahlrecht bezeichnet. Dieses Modell sieht vor, dass die Eltern das Wahlrecht ihres Kindes treuhänderisch, das heißt nicht als eigenes, sondern als das Recht ihres Kindes und daher für das Kind ausüben. Bei der Ausübung des Wahlrechts müssten sich die Eltern allein am Wohl des Kindes orientieren. Gemäß § 1626 Absatz 2 BGB wären die Eltern bei diesem Modell gehalten, ihre Wahlentscheidung zuvor mit dem Kind altersgemäß zu besprechen und Einvernehmen anzustreben.

Das Stellvertreterwahlrecht ist mit einer Herabsetzung der Wahlaltersgrenze kombinierbar. So könnte beispielsweise festgelegt werden, dass die Eltern nur bis zu einem gewissen Alter des Kindes dessen Stimme stellvertretend wahrnehmen dürfen, bevor dann das Kind selbst sein Wahlrecht höchstpersönlich ausübt. Denkbar ist auch, dass das Kind durch einfachen Willensakt selbst den Zeitpunkt bestimmt, ab dem es die Ausübung seines Wahlrechts nicht mehr den Eltern überlassen, sondern sein Stimmrecht selbst wahrnehmen will.

Was würde sich durch ein Kinderwahlrecht ändern?

Die Forderung nach Einführung des Kinderwahlrechts ist nicht parteipolitisch begründet. Alle Parteien hätten gleiche Chancen, die dann rund 14 Millionen neuen Stimmen für sich zu gewinnen. Absehbar ist allerdings, dass sämtliche Parteien ihre Wahlprogramme ändern und die Interessen der jungen Generation stärker in den Mittelpunkt stellen würden. Langfristige Zukunftsfragen würden an politischer Bedeutung gewinnen.

Zu erwarten ist auch, dass in den Familien und in den Bildungseinrichtungen intensiver als heute über politische Fragen gesprochen und Kinder und Jugendliche früher als bisher an die Politik herangeführt würden. Aufgabe der Eltern wäre es, ihre Kinder entsprechend deren Alter und Reife an den Wahlentscheidungen zu beteiligen. Das Interesse junger Menschen an politischen Fragen könnte steigen und die Politikverdrossenheit zurückgehen.

Lothar Krappmann, ehemaliges deutsches Mitglied im UN-Ausschuss für die Rechte des Kindes, hat deutlich gemacht, dass das »Gebäude der Kinderrechte« keineswegs abgeschlossen ist und einer beständigen Renovierung und Weiterentwicklung bedarf. Das Recht zu wählen darf dabei nicht ausgespart bleiben: »Der Logik der Kindermenschenrechte nach führt meines Erachtens kein Weg daran vorbei, auch Kindern von Beginn an eine Stimme in Wahlen zu geben.«

Jörg Maywald (*1955) ist ein deutscher Soziologe, Pädagoge und Hochschullehrer. Der langjährige Geschäftsführer der Deutschen Liga für das Kind ist Honorarprofessor an der FH Potsdam. Er ist Mitbegründer des Berliner Kinderschutz-Zentrums und war viele Jahre in der Kinder- und Jugendhilfe tätig. 2019 erschien im Verlag Herder sein Buch *Gewalt durch pädagogische Fachkräfte verhindern. Die Kita als sicherer Ort für Kinder*.

Klimaaktivismus

Achim Wambach

Der Brockhaus beschreibt Aktivismus als »zielbewusste Willenstätigkeit, Tätigkeitsdrang«. Im Duden wird die Bedeutung mit »aktives Verhalten, [fortschrittliches] zielstrebiges Handeln, Betätigungsdrang« aufgeführt. Auch wenn einige Handlungen mancher Klimaaktivisten wohl eher unter »Betätigungsdrang« fallen mögen, sind die Anliegen doch viel zu wichtig, um sie damit abzutun. Eine zielbewusste Willenstätigkeit, also eine Bewegung zur Durchsetzung bestimmter politischer Ziele, definiert sich über eben diese Ziele und die geforderten Maßnahmen. Dahinter verbirgt sich auch das Dilemma der deutschen Klimaaktivisten.

Internationaler Aktivismus für globale Klimaziele

2018 hat die damals 15-jährige Greta Thunberg mit ihrem »Skolstrejk för klimatet« eine weltweite Bewegung ausgelöst. Die daraus entstandene Gruppierung Fridays for Future (FFF) erstreckt sich von Australien bis Brasilien, von Indien bis in die USA. Ziel ist es, die Einhaltung des Übereinkommens von Paris, das Erreichen des 1,5-(bis 2)-Grad-Ziels, sicherzustellen. Die nationalen Untergruppen von FFF setzen sich dafür ein, dass die jeweiligen Länder ihren Beitrag zur weltweiten Minderung von klimaschädlichen Emissionen leisten. Zahlreiche Fridays-Bewegungen haben sich als Unterstützungsorganisationen den Schülern angeschlossen, z. B. Parents for Future, Health for Future oder Scientists for Future.

Deutscher Aktivismus für nationale Klimaziele

Auch die deutschen Klimaaktivisten folgen diesem internationalen Anspruch. Fridays for Future Deutschland fordern »eine Politik, die dieser Aufgabe (der Bewältigung der Klimakrise) gerecht wird«. Die Gruppe Letzte Generation will »auf unserem zerstörerischen Kurs die notwendige Umkehr … bewirken«. Insofern der Adressat die deutsche Politik ist, werden nationale Maßnahmen eingefordert. Bei FFF sind dies unter anderem ein »sozialverträglicher Ausstieg aus allen fossilen Energien in Deutschland«, das »Einleiten einer radikalen, sozial gerechten Mobilitätswende« sowie eine »Versiebenfachung des Ausbaus« von Sonnen- und Windenergie. Auch soll ein »1,5-Grad-konformes CO_2-Budget« verabschiedet werden. Die Letzte Generation sieht als erste Maßnahmen ein Tempolimit von 100 km/h sowie ein dauerhaftes 9-Euro-Ticket, auch soll ein Gesellschaftsrat eingerichtet werden, der darauf hinwirken soll, dass Deutschland bis 2030 emissionsfrei wird.

Was ist der deutsche Beitrag zur Erreichung der weltweiten Klimaziele?

Die Aktivisten sehen die Reduktion der CO_2-Emissionen in Deutschland als wesentlichen Beitrag zum Erreichen des 1,5-Grad-Ziels von Paris. Dabei können Deutschland und Europa viel mehr bewirken, damit es zu einer weltweiten Reduktion an Emissionen kommt.

Die Länder der Europäischen Union tragen etwa zehn Prozent zu den weltweiten Emissionen bei. Europäische klimapolitische Maßnahmen sind dann besonders wirksam, wenn sie auch einen Beitrag zur Reduktion der restlichen 90 Prozent an Emissionen leisten. Erst damit zeigt sich die vielbeschworene Vorbildfunktion. Wenn die Emissionsreduzierung in Europa mit einem industriellen Kahlschlag und einem substanziellen Wohlstandsverlust einhergeht, taugt eine solche Politik nicht als Vorbild. Sie ist dann nicht »kopierfähig« für Länder wie Indien oder China, die auf Wirtschaftswachstum nicht verzichten können. Dafür sind diese Länder zu arm. Eine rein nationale Politik mit solch hohen Kosten kann dann sogar kontraproduktiv sein, da sie andere Länder abschrecken mag, eigene Maßnahmen zu initiieren.

Eine Klimapolitik aber, die Emissionen reduziert und gleichzeitig den Wohlstand erhält und industrielle Arbeitsplätze bewahrt, kann als Vorbild dienen. So gesehen, geht es also nicht darum, *dass* Deutschland und Europa ihre Klimaziele einhalten, sondern *wie* sie sie einhalten. Maßnahmen, die effizient und kostengünstig sind, haben das Potenzial, in die Welt hinauszuwirken. Der Emissionshandel ist z. B. ein solches Instrument, das mittlerweile von etlichen Ländern kopiert wurde.

Insbesondere die technologischen Fortschritte, die im Bereich der Stromerzeugung aus erneuerbaren Energien bereits beeindruckend zu sehen sind, leisten einen wichtigen Beitrag, um weltweite Anstrengungen im Klimaschutz zu fördern. Strom aus Solar- und Windkraftanlagen ist um ein Vielfaches günstiger als vor 20 Jahren. Wenn Maßnahmen in Europa diesen technologischen Fortschritt beschleunigen, helfen sie auch den Ländern außerhalb Europas, Emissionen zu reduzieren. Hier zeigt sich auch die besondere Aufgabe, die Europa in der Weltklimapolitik hat. Europa mag zwar nur zehn Prozent der Emissionen verursachen, es ist aber Heimat von 30 Prozent der weltweiten Wissenschaftler.

Eine europäische statt einer nationalen Perspektive einnehmen

Eine Fokussierung auf rein nationale Ziele greift deshalb zu kurz, auch weil in Europa gemeinsam Klimapolitik gemacht wird. Die Auseinandersetzungen um den Kohleabbau unter Lützerath sind dafür exemplarisch. Für die Erreichung der deutschen Klimaziele spielt es natürlich eine Rolle, wie viel Kohle in Deutschland verbrannt wird. Der Verzicht auf die Kohle unter Lützerath würde zu diesen Zielen einen Beitrag leisten. Einen Beitrag zur Emissionsminderung in Europa leistet er aber nicht: Der europäische Emissionshandel sorgt mit seiner »Cap and trade«-Logik dafür, dass ein Mehrverbrauch an Kohle in Deutschland heute zu einer Minderung der Emissionen an anderer Stelle oder zu einem anderen Zeitpunkt führt. Automatisch. Unternehmen aus der Stromerzeugung und der Industrie müssen für die von ihnen verursachte CO_2-Verschmutzung Zertifikate erwerben. Die Anzahl der Zertifikate ist bis 2030 gedeckelt und wird nach und nach reduziert. Wenn Kohlekraftwerksbetreiber nun mehr Zertifikate benötigen, müssen sie diese zusätzlich kaufen. Die Zertifikate stehen dann den anderen Unternehmen nicht mehr zur Verfügung. Die europäischen CO_2-Emissionen ändern sich dadurch nicht.

In Europa global denken

Der Klimawandel ist das drängendste globale Problem unserer Zeit. Die durch Greta Thunberg gestartete Bewegung von Klimaaktivisten hat in beeindruckender Weise dazu beigetragen, dass diese Thematik jetzt oben auf der internationalen Agenda steht. Während es in vielen Ländern der Welt darum geht, die Regierungen für diese Thematik weiter zu sensibilisieren und ambitionierte nationale Klimapolitiken zu erreichen, sollten die Ansprüche an die hoch entwickelten Länder darüber hinausgehen.

Neben der Erreichung der nationalen Klimaziele geht es hier vor allem darum, Verfahren und Technologien zu entwickeln, die von den ärmeren Ländern kopiert werden können. Klimapolitik muss günstiger werden. Vor diesem Hintergrund spricht einiges dafür, mehr Gelder in Forschung und Entwicklung zu investieren.

Auch sind die reicheren Länder in der Verantwortung, die ärmeren bei ihrer Klimapolitik finanziell zu unterstützen. Die Zusage, 100 Milliarden US Dollar pro Jahr ab dem Jahr 2020 für Klimaschutz in Entwicklungsländern bereitzustellen, ist nach wie vor nicht eingelöst.

Europa hat diese besondere Verantwortung in der internationalen Klimapolitik. Die globale Perspektive sollte auch bei den nationalen Forderungen der Klimaaktivisten berücksichtigt werden. Aktivismus – als zielbewusste Willenstätigkeit – steht und fällt mit seinen Zielen.

Achim Wambach (* 1968) ist Professor für Volkswirtschaftslehre an der Universität Mannheim. Seit April 2016 ist er Präsident des ZEW – Leibniz-Zentrums für Europäische Wirtschaftsforschung. Er gehört dem Wissenschaftlichen Beirat des Bundesministeriums für Wirtschaft und Klimaschutz an. Achim Wambach promovierte zunächst in Physik an der Universität Oxford, seine Habilitation in Volkswirtschaftslehre schloss er an der Universität München ab. 2022 erschien bei Herder sein Buch *Klima muss sich lohnen. Ökonomische Vernunft für ein gutes Gewissen.*

Konsequenz

Thomas Frings

Niemand mag Konsequenzen! Schon in Kindertagen kommen sie wie eine Drohung daher, um den jungen Erdenbürger einzuführen in das, was wir Leben nennen: »Wenn du dies oder das tust, dann …!« Und wenn Hänschen es nicht gelernt hat, dann landet Hans im schlimmsten Fall vor den Schranken des Gerichts und lernt – hoffentlich –, dass sein Handeln Konsequenzen nach sich zieht, die er als Erwachsener wahrscheinlich gewusst, aber ausgeblendet hat. Konsequenzen sind Notwendigkeiten, und Notwendigkeiten werden bestenfalls eingesehen und akzeptiert, aber so richtig mögen tut man sie nicht, denn sie tragen nicht bei zur Steigerung des Glücksgefühls.

Hingegen respektieren, vielleicht sogar bewundern die meisten Menschen diejenigen, bei denen Reden und Handeln übereinstimmen, die konsequent sind. Es sind Menschen, die sich der Konsequenzen ihres Handelns bewusst sind und die bereit sind, diese zu akzeptieren, wahrscheinlich sogar zu tragen, denn es handelt sich eher um einen wie auch immer gearteten Nachteil. Wer aus Überzeugung etwas tut oder unterlässt und möglicherweise einen damit einhergehenden Nachteil in Kauf nimmt, der gilt als konsequent. Diese Bezeichnung gebrauchen wir jedoch nicht für Menschen, die durch ihr Reden und Handeln einen Vorteil erlangen oder einen Gewinn erzielen.

Jede Handlung des Menschen ist mit Konsequenzen verbunden, die besser vorher bedacht und in die Entscheidung mit einbezogen werden. Doch aus jeder unterlassenen Handlung folgen ebenfalls Konsequenzen. Das heißt: Ob wir etwas tun oder nicht, immer hat es Folgen. Unsere Entscheidungen – wir gehen hier einmal von wichtigen Entscheidungen mit größerer Tragweite aus – spielen sich im weitesten Sinne ab im Koordinatensystem, wie wir es im Titel dieses Buches wiederfinden: Was kommt, was geht, was bleibt? Welche Konsequenzen hat unser (Nicht-)Handeln für die Gegenwart und besonders die Zukunft?

Mitte der Zehnerjahre unseres Jahrhunderts kam ich nach langen Überlegungen an den Punkt, dass ich nach 25 Jahren meine Tätigkeit als Pfarrer in einem immer noch volkskirchlich orientierten Gemeindemodell nicht mehr mit Überzeugung ausüben konnte. Angefangen habe ich als Pfarrer in einer Gemeinde mit 1500 Mitgliedern, übernahm dann eine mit 3000, um schließlich in eine bereits aus drei Gemeinden zusammengelegte mit 10 000 zu wechseln. Alle vorherigen Stellen, auch die als Diakon und Kaplan, gab es schon längst nicht mehr, und es war absehbar, dass auch die letzte Stelle mit dem Übergang ins Rentenalter aufgelöst werden würde. Das hieß, ein Leben lang wäre ich der Letzte gewesen, wie lange die Arbeit und wie gut auch immer das Engagement war.

Gleichzeitig erwarteten fast alle Gemeindemitglieder, auch die Fernstehenden, ja selbst die längst aus der Kirche Ausgetretenen, dass Traditionen vollzogen wurden, deren Inhalt in ihrem Leben längst keine Rolle mehr spielten. Die meisten Kinder wurden getauft und zur Erstkommunion geführt, während man gleichzeitig eine religiöse Erziehung ablehnte und zur Kirche auf Distanz ging.

Diesen Spagat vermochte ich irgendwann nicht länger auszuhalten, und in der Konsequenz bat ich meinen Bischof um Beurlaubung, die mir auch gewährt wurde. Die Begründung, die ich der Gemeinde gab, erfuhr viel Resonanz, auch in den Medien.

Als ich nach einem Jahr zurückkam und mich wieder in den Dienst nehmen lassen wollte, wo auch immer ich gebraucht würde, traf mich die Aussage doch sehr unerwartet, man habe derzeit nichts Passendes für mich im Bistum. Trotz größten Priestermangels fand ich mich mit einem halben Gehalt auf der Straße wieder. Mehrmalige Versuche, mich auf Stellen zu bewerben, wurden alle abschlägig beschieden. Begründet wurde die Ablehnung mit der Aussage: »Ihrer Analyse der pastoralen Situation haben viele Menschen zugestimmt, doch dass Sie daraus Konsequenzen gezogen haben, das wird Ihnen von den Mitbrüdern vorgeworfen.«

Die Frage, ob ich meinen Schritt bereue, wurde und wird mir nicht nur von anderen gestellt – ich stelle sie mir selbst auch. Manche Konsequenzen lassen sich eben vorher nicht absehen, und man darf nicht vergessen, dass die Mitmenschen möglicherweise aus derselben Handlung andere Konsequenzen ziehen.

Am Abend muss man in den Spiegel schauen können.

Unter dem Blickwinkel der Konsequenz würde ich die drei Fragen des Buchtitels folgendermaßen beantworten:

Was kommt? Mehr Freiheit!

Was geht? Der Druck.

Was bleibt? Mehr Überzeugung.

Thomas Frings (* 1960 in Kleve) wurde 1987 zum Priester geweiht. Von 2009 an war er Pfarrer der Heilig-Kreuz-Gemeinde in Münster, seit 2010 Mitglied und seit 2014 Moderator des diözesanen Priesterrats. Durch seine Amtsniederlegung im Frühjahr 2016 wurde er national bekannt, sein Buch *Aus, Amen, Ende?* wurde ein Bestseller. Zwischenzeitlich wohnte er in einem Benediktinerkloster in den Niederlanden, jetzt lebt er in Köln. Zuletzt bei Herder: *Das Unglaubliche glauben. Gott setzt bei der Sehnsucht an* (2023).

Konservativ

Winfried Kretschmann

Seit einigen Jahren geben sich Krisen die Klinke in die Hand: Euro und Staatsfinanzen, Flucht und Migration, Corona und der russische Angriffskrieg auf die Ukraine. Hinzu kommen – in den Konsequenzen noch viel tiefgehender – die Klimakrise und das Artensterben. Das alles verursacht eine große Verunsicherung. Die Sehnsucht nach Halt, Sicherheit und Orientierung ist überall zu spüren. Eigentlich wäre das der Nährboden für ein konservatives Denken, das Verlässlichkeit und den Bestand des Vertrauten ins Zentrum stellt. Doch auch ein solches Denken scheint heute an Rückhalt zu verlieren. Radikalisierte konservative Kräfte in den USA und Großbritannien heizen die Verunsicherung an. Und in vielen kontinentaleuropäischen Ländern ist ein christdemokratisch geprägter Konservatismus ebenfalls in der Krise. Auch in Deutschland hat er einiges von seiner Bindekraft verloren. Deshalb stellt sich die Frage, welche Idee diese Aufgabe heute übernehmen könnte: Orientierung geben und Vertrauen schaffen in Zeiten stürmischer Veränderung. Gibt es eine neue und zeitgemäße Idee des Konservativen, die die Leerstelle füllen könnte?

Ich nehme gleich vorweg, dass meine Antwort auf die Frage eher tastend ausfällt. Aber vielleicht taste ich mich ja in die richtige Richtung vor. Eine Diskussion darüber, wie eine neue Idee des Konservativen für unsere Zeit aussehen könnte, scheint mir jedenfalls überfällig zu sein.

Conservare: Die Schöpfung bewahren

Als Gründungsmitglied der Grünen habe ich mich lange gewundert, dass ökologische Ideen im konservativen Lager der Bundesrepublik zunächst relativ wenig Anklang fanden. Denn das christliche Gebot der Bewahrung der Schöpfung ist ja letztlich urkonservativ. Warum wurde dieses »Conservare« nicht viel früher und stärker im Sinne einer christlich-ökologischen Schnittmenge gedacht – etwas, das doch schon beim heiligen Franziskus angelegt ist? Für mich war das ein Rätsel der politischen Zeitgeschichte.

Es war dann der Christ und Sozialdemokrat Erhard Eppler, der einiges zu dessen Auflösung beitrug, und zwar mit seiner wichtigen Unterscheidung zwischen Struktur- und Wertkonservatismus. Diese Unterscheidung ist nicht bloß eine begriffliche. Sie ist auch ein Gesprächsangebot für Politik und Gesellschaft. Die Eröffnungsfrage lautet dabei: Wie wäre es denn, wenn wir unsere politischen Positionierungen nicht nur an der »Gesäßgeografie« von links und rechts ausrichten, sondern auch daran, ob faktische Strukturen oder unsere Werte unsere Handlungen bestimmen? Anders gefragt: Wie wichtig nehmen wir unsere Werte gegenüber dem faktisch Vorfindlichen? Müssen wir uns ganz und gar an dem ausrichten, was sich als Imperativ der Sozial- und Wirtschaftsstrukturen aufdrängt – und auch von starken Interessengruppen vorgetragen wird? Oder tun wir gut daran, wichtige Werte – wie etwa den des Erhalts der Schöpfung – mit einigem Nachdruck gegen strukturelle Forderungen zu verteidigen? Und dann in der Folge auch manche Struktur zu verändern? Die gemeinsame Antwort der Wertkonservativen lautet: Wir sollten unsere Werte tatsächlich viel ernster nehmen.

Die damit angerissene Frage ist nicht abstrakt. Sie betrifft auch nicht bloß Debatten aus den 1970er und 1980er Jahren. Denn der Klimawandel und das Artensterben machen sie zu einer dringlichen und umfassenden Frage für unsere Zeit. Die Bewahrung des Planeten und seiner reichen Natur ist – trotz aller anderen Krisen und Verwerfungen – die Menschheitsaufgabe des 21. Jahrhunderts.

Um die ganze Tragweite des Problems zu erkennen, müssen wir zunächst anerkennen, dass wir im Zeitalter des Anthropozäns leben. Die Welt, so wie wir sie kennen, ist nicht einfach mehr eine bloß vorgefundene, sondern eine durch Menschen weithin veränderte – bis hinein ins Klimasystem, das unser aller Leben trägt und das wir in 250 Jahren fossilen Wirtschaftens aus dem Lot gebracht haben. Deshalb gilt es heute, den Übergang ins postfossile Zeitalter zu organisieren. Ohne einen solchen Übergang ist ein Bewahren der Schöpfung, so wie wir sie kennen, nicht mehr möglich.

»Transformare«: Bewahren heißt verändern

Das heißt aber auch, das Conservare kann kein einfaches Festhalten am Bestehenden sein. Es ist nicht einfach auf Vergangenheit, sondern auch auf eine Zukunft gerichtet, in der etwas anders wird. Bei Klima und Artenvielfalt brauchen wir sogar eine Große Transformation – eine tiefgreifende Veränderung unserer Lebensweise, unserer Technik und Wirtschaft. Schöpfung bewahren heißt deshalb heute: viel verändern, vieles anders machen. Conservare und Transformare werden zu zwei Seiten einer Medaille, zwei Seiten einer »Politik des Und«, die Ökologie *und* Ökonomie, Klimaschutz *und* Prosperität verbindet.

Bei der Bestimmung dieser Aufgabe kommt der Unterschied von Struktur- oder Wertkonservatismus eindringlich ins Spiel. Die vier Bundesregierungen zwischen 2005 und 2021 standen deutlich auf der strukturkonservativen Seite. Alte Strukturen und Geschäftsmodelle wurden über viele Jahre zu wenig auf ihre ökonomischen und ökologischen Grenzen hinterfragt. Eine boomende Zukunftsindustrie, die Solarbranche, wurde ihrem Schicksal überlassen und wanderte nach China ab. Eine einseitige Ausrichtung der Energieimporte auf Russland führte in die Energieabhängigkeit von Putin. Und eine Vollbremsung bei der Windkraft führte zu einem stockenden Ausbau gerade im Süden der Republik. In Epplers Begriffen: Ein Zuviel an Strukturkonservatismus hat einem weitsichtigeren Wertkonservatismus das Leben schwer gemacht.

Dies brechen wir nun auf und treiben die grünen Schlüsseltechnologien voran, die unsere Wettbewerbsfähigkeit in den kommenden Jahrzehnten sichern. Denn wir wissen: Die Leitmärkte der Zukunft entstehen jetzt – rund um erneuerbare Energien, intelligente Netze, grünen Wasserstoff und eine nachhaltige Kreislaufwirtschaft. Technologien wie diese ermöglichen unseren Wohlstand im 21. Jahrhundert. So tragen wir zudem auch unserer Verantwortung für die Welt Rechnung. Denn wer, wenn nicht das führende Hochtechnologieland Deutschland mit seinen herausragenden Ingenieuren und Wissenschaftlern, soll die nachhaltigen Technologien von morgen entwickeln? Wir müssen ein Modell klimaverträglichen Wohlstands finden, an dem sich andere orientieren können, weil sie sehen, dass es funktioniert. Unterm Strich wird ein solcher Beitrag Deutschlands für die weltweite Klimawende weit wichtiger sein als die CO_2-Einsparungen, die wir bei uns im Land nun schnell erzielen müssen.

Dabei ist das Zeitfenster für eine Transformation, die auch bei den Bürgerinnen und Bürgern breite Akzeptanz finden könnte, kleiner geworden. Es droht eine Zwickmühle: zu schnell vorgehen und die Bürger verlieren oder zu langsam vorgehen und den Kampf gegen den Klimawandel verlieren.

»Colligare«: Zusammenhalt im Wandel

Ich kenne keinen einfachen Ausweg aus dieser Zwickmühle. Klar ist nur: Wir müssen mehr Ressourcen für den gesellschaftlichen Zusammenhalt mobilisieren, um ehrgeizige Klimaschutzmaßnahmen zu ermöglichen. Das Colligare, das Verbinden und Zusammenführen, kommt nun also zur Doppelaufgabe des Bewahrens und Veränderns noch hinzu. Nur so wird es gelingen, das Vertrauen in das demokratische Gemeinwesen und die Zukunftszuversicht zu bewahren. Dabei sind Staat, Markt und Bürgergesellschaft in der Pflicht – also wir alle. Die Transformation kann nur dann ein Erfolg werden, wenn wir sie als gemeinsame Aufgabe begreifen. Für die politisch Verantwortlichen heißt das: zuhören, wo es Sorgen gibt, und Brücken bauen, statt Gräben aufzureißen. Aber auch die Bürgerinnen und Bürger sind gefordert. Sie müssen Verantwortung für das Ganze übernehmen und die Transformation aktiv mitgestalten.

Das Conservare braucht also das Colligare – im Sinne eines breiten Konsenses für die Veränderungen, die die Klimawende mit sich bringt. So verstanden, kann der Klimaschutz – im Sinne von Hannah Arendt – die große gemeinsame Idee sein, hinter der wir uns versammeln und gemeinsam handeln. Ich finde, das ist eine großartige Vorstellung!

Winfried Kretschmann (* 17. Mai 1948 in Spaichingen) war verbeamteter Gymnasiallehrer und ist langjähriger Abgeordneter des baden-württembergischen Landtags. In den 1970er Jahren war Kretschmann Vorsitzender des Allgemeinen Studentenausschusses und engagierte sich in der Hochschulgruppe des Kommunistischen Bundes Westdeutschland. Er war Mitbegründer der Grünen Baden-Württemberg und ist seit 2011 Ministerpräsident von Baden-Württemberg. 2012 erschien bei Herder Winfried Kretschmanns Buch *Reiner Wein. Politische Wahrheiten in Zeiten knapper Ressourcen.*

Krieg

Nikola Eterović

Die Katholische Kirche ist grundsätzlich gegen den Krieg. Jeder Krieg wird als eine Niederlage der Menschheit betrachtet. Für den Heiligen Vater Franziskus ist der Krieg »ein Wahnsinn, denn es ist wahnsinnig, Häuser, Brücken, Fabriken, Krankenhäuser zu zerstören, Menschen zu töten und Ressourcen zu vernichten, anstatt menschliche und wirtschaftliche Beziehungen aufzubauen. Es ist ein Irrsinn, mit dem wir uns nicht abfinden dürfen: Niemals darf der Krieg mit der Normalität verwechselt oder als unvermeidlicher Weg zur Austragung von Meinungsverschiedenheiten oder gegensätzlichen Interessen angesehen werden. Niemals.«[1]

Die internationale Gemeinschaft verfügt heute über zahlreiche Mittel zur Lösung von Krisen und Spannungen zwischen den Staaten. Leider lässt sich nicht immer der Einsatz von Gewalt vermeiden. Sind einmal alle friedlichen Möglichkeiten ausgeschöpft, haben die Staaten das Recht auf Verteidigung, auch mit Waffengewalt. Auch in Fällen, in denen der Einsatz der Waffen gerechtfertigt ist, sind bestimmte, vor allem moralische Grundsätze zu befolgen. Diese werden unter anderem im *Katechismus der Katholischen Kirche* genauer definiert:

»Die Bedingungen, unter denen es einem Volk gestattet ist, sich in Notwehr militärisch zu verteidigen, sind genau einzu-

1 Franziskus, *Ansprache*, Besuch in Bari aus Anlass der Konferenz »Friedensgrenze im Mittelmeer«, Basilika des hl. Nikolaus (Bari), Sonntag, 23. Februar 2020.

halten. Eine solche Entscheidung ist so schwerwiegend, dass sie nur unter den folgenden strengen Bedingungen, die gleichzeitig gegeben sein müssen, sittlich vertretbar ist:

- der Schaden, der der Nation oder der Völkergemeinschaft durch den Angreifer zugefügt wird, muss sicher feststehen, schwerwiegend und von Dauer sein;
- alle anderen Mittel, dem Schaden ein Ende zu machen, müssen sich als undurchführbar oder wirkungslos erwiesen haben;
- es muss eine ernsthafte Aussicht auf Erfolg bestehen;
- der Gebrauch von Waffen darf nicht Schäden und Wirren mit sich bringen, die schlimmer sind als das zu beseitigende Übel. Beim Urteil darüber, ob diese Bedingung erfüllt ist, ist sorgfältig auf die gewaltige Zerstörungskraft der modernen Waffen zu achten.«[2]

Der Heilige Vater Papst Franziskus führt dazu weiter aus: »Deshalb können wir den Krieg nicht mehr als Lösung betrachten, denn die Risiken werden wahrscheinlich immer den hypothetischen Nutzen, der ihm zugeschrieben wurde, überwiegen. Angesichts dieser Tatsache ist es heute sehr schwierig, sich auf die in vergangenen Jahrhunderten gereiften rationalen Kriterien zu stützen, um von einem eventuell ›gerechten Krieg‹ zu sprechen. Nie wieder Krieg!«[3]

In jedem Fall schließt der Heilige Stuhl den Gebrauch von Massenvernichtungswaffen aus, seien sie nun direkt wirksam

---

2 *Katechismus der Katholischen Kirche*, Nr. 2309.
3 Franziskus, *Fratelli tutti*, 258.

oder indirekt, seien es atomare, chemische oder biologische Kampfstoffe.

Während seines Besuchs in Japan sagte Papst Franziskus am Friedensdenkmal in Hiroshima: »Einer der tiefsten Wünsche des menschlichen Herzens ist der nach Frieden und Stabilität. Der Besitz von Atomwaffen und anderer Massenvernichtungswaffen ist nicht die geeignete Antwort auf diesen Wunsch; vielmehr scheinen diese ihn ständig auf die Probe zu stellen.«[4] Er zeigte sich überzeugt, dass »der Friede nur ›Schall und Rauch‹ ist, wenn er nicht auf der Wahrheit gründet und mit Gerechtigkeit erbaut wird, wenn er nicht durch die Liebe beseelt und vervollständigt und nicht in der Freiheit verwirklicht wird«.[5] Papst Franziskus schloss mit der Aussage, dass nicht nur der Gebrauch von Atomwaffen unmoralisch sei, sondern auch ihr Besitz.[6] Sowohl Besitz wie auch Gebrauch von Atomwaffen hatte der Papst bereits 2017 in seiner Rede an die Teilnehmer des Internationalen Symposiums »Perspektiven für eine Welt ohne Atomwaffen und eine ganzheitliche Abrüstung« verurteilt. Dabei sagte er, der Einsatz von Nuklearwaffen »sowie ihr Besitz«[7] seien entschieden zu verurteilen.

---

4 Franziskus, *Ansprache über Atomwaffen,* Atombombenpark (Nagasaki), Sonntag, 24. November 2019.

5 Franziskus, *Ansprache beim Friedenstreffen,* Friedensdenkmal (Hiroshima), Sonntag, 24. November 2019.

6 »Aus tiefer Überzeugung möchte ich bekräftigen, dass der Einsatz von Atomenergie zu Kriegszwecken heute mehr denn je ein Verbrechen ist, nicht nur gegen den Menschen und seine Würde, sondern auch gegen jede Zukunftsmöglichkeit in unserem gemeinsamen Haus. Der Einsatz von Atomenergie zu Kriegszwecken ist unmoralisch, wie ebenso der Besitz von Atomwaffen unmoralisch ist, wie ich schon vor zwei Jahren gesagt habe.« A. a. O. Dieser Überzeugung hatte Papst Franziskus bereits bei anderen Gelegenheiten Ausdruck verliehen.

7 Franziskus, *Ansprache,* Internationales Symposium zum Thema Abrüstung, Vatikan, 10. November 2017. Ähnlich äußerte er sich auch während der Pressekonferenz auf dem Rückflug der Apostolischen Reise nach Myanmar und Bangladesch am 2. Dezember 2017.

Der Heilige Stuhl in seiner realistischen Weltsicht ist also nicht für den Frieden um jeden Preis. Ihm ist bewusst, dass die Menschheit nicht frei ist von Sünde und damit von Egoismus, Ausbeutung, Machtmissbrauch und Gewalt und daher der Gebrauch von Waffen unter Umständen gerechtfertigt oder sogar notwendig ist. Der Heilige Stuhl befürwortet das »humanitäre Eingreifen«, also die militärische Intervention aus humanitären Gründen. So sagte zum Beispiel Kardinalstaatssekretär Angelo Sodano, dass die internationale Gemeinschaft einen Angreifer zu entwaffnen habe, um ihn daran zu hindern, weiter zu töten und der wehrlosen Zivilbevölkerung Schaden zuzufügen.[8] Es ging damals um den Krieg in Bosnien und Herzegowina und damit um eine humanitäre Katastrophe. In so gelagerten Fällen ist der Gebrauch von Gewalt gerechtfertigt, unter bestimmten Bedingungen aus Gewissensgründen für die Verantwortlichen der internationalen Gemeinschaft sogar verpflichtend. Johannes Paul II. sprach bei der Generalaudienz am 12. Januar 1994 von der Pflicht zur humanitären Intervention[9] und in der Botschaft zum Weltfriedenstag 2000 über das Eingreifen aus humanitären Gründen. Unter anderem erläuterte er einige Bedingungen, die der Heilige Stuhl dafür als unabdingbar betrachtet:

8 Angelo Sodano, *Disarmare l'aggressore,* in: *La Santa Sede per la Pace nei Balcani*, Quaderni de L'Osservatore Romano, 33, Città del Vaticano, 1996, S. 7.128.

9 »Der Apostolische Stuhl erinnert seinerseits immer wieder an das Prinzip der humanitären Intervention. Nicht in erster Linie eine militärische Intervention, sondern jede Art von Aktion, die darauf abzielt, den Aggressor zu ›entwaffnen‹. Dieses Prinzip findet bei den besorgniserregenden Ereignissen auf dem Balkan eine präzise Anwendung. In der moralischen Lehre der Kirche wird jede militärische Aggression als moralisch böse beurteilt; die legitime Verteidigung hingegen wird als zulässig und manchmal als notwendig erachtet. Die Geschichte unseres Jahrhunderts hat dieser Lehre zahlreiche Bestätigungen gegeben.« Johannes Paul II., *Generalaudienz*, 12. Januar 1994.

»Wenn die Zivilbevölkerung Gefahr läuft, unter den Schlägen eines ungerechten Angreifers zu erliegen, und die Anstrengungen der Politik und die Mittel gewaltloser Verteidigung nichts fruchteten, ist es offensichtlich legitim und sogar geboten, sich mit konkreten Initiativen für die Entwaffnung des Aggressors einzusetzen. Diese Initiativen müssen jedoch begrenzt und in ihren Zielen klar bestimmt sein, sie müssen unter voller Achtung des internationalen Rechtes durchgeführt und von einer auf übernationaler Ebene anerkannten Autorität garantiert werden. Keinesfalls dürfen sie der reinen Logik der Waffen überlassen bleiben.«[10]

Die Entscheidung des Heiligen Stuhls, in seinen internationalen Aktivitäten *super partes* zu bleiben, wird besonders in Zeiten militärischer Konflikte wirksam, wie zum Beispiel während des Ersten und Zweiten Weltkrieges. Diese Haltung wird zumeist als »positive Neutralität« bezeichnet. Sie meint »nicht die Neutralität derer, die am Fenster stehen und zusehen, wie sich die Konflikte zwischen den Mächten entfalten, sondern die Neutralität derjenigen, die, ohne für den einen oder den anderen Partei zu nehmen, positive Maßnahmen ergreifen, um zur Überwindung des Konflikts beizutragen«.[11] So setzt sich der Heilige Stuhl bei den anhaltenden Auseinandersetzungen für die Achtung des in bewaffneten Konflikten geltenden Völkerrechts ein (ius in bello) und besonders für die Rechte der Opfer von Kriegen und bewaffneten Konflikten. Zudem tut er das Mögliche, um durch seine vielfältigen Einrichtungen und Initiativen den Opfern von Gewalt und Krieg geistlichen und allgemein humanitären Beistand zu leisten.

10 Johannes Paul II., *Botschaft zum XXXIII. Weltfriedenstag*, 1. Januar 2000, 11.
11 Pietro Parolin, *Relazione conclusiva*, in: Matteo Carnì (Hrsg.), *Santa Sede e Stato della Città del Vaticano nel nuovo contesto internazionale* (1929–2019), Roma, 2019, S. 192.

Die Katholische Kirche ist sich bewusst, dass die Ursachen von Krieg und Gewalt bekämpft werden müssen. Das bedeutet, die Armut großer Teile der Weltbevölkerung zu bekämpfen, lokale vergessene und schwelende Konflikte zu beenden und die ganzheitliche Entwicklung der Gesellschaft zu fördern, ausgehend von Bildung und Erziehung. Zu den Konflikten tragen oft genug neoimperialistische und neokolonialistische Tendenzen einzelner Staaten und Gruppen bei, die ihre Interessen auch mit Waffengewalt durchzusetzen bereit sind. Nicht nur deshalb müssen hoch entwickelte und gefährliche Waffen zerstört werden. Tatsächlich können nukleare Abschreckung und die Androhung einer gegenseitig zugesicherten Zerstörung »nicht die Grundlage für eine Ethik der Brüderlichkeit und der friedlichen Koexistenz zwischen Staaten und Menschen bilden«.[12]

Die Katholische Kirche betet und arbeitet für den Frieden. Schon Papst Pius XII. mahnte am 24. August 1939, kurz vor Ausbruch des Zweiten Weltkriegs: »Nichts ist verloren durch den Frieden, alles kann verloren werden durch den Krieg.«[13]

12 Paul Richard Gallagher, *Statement at the 26th Ministerial Council of the OSCE*, Bratislava (Slowakei) 5.–6. Dezember 2019, zitiert nach: *L'Importanza dell'etica della responsabilità*, in: *L'Osservatore Romano*, 7. Dezember 2019, S. 2.

13 Pius XII., *Radiomessaggio rivolto ai governanti ed ai popoli nell'imminente pericolo della guerra*, 24. August 1939 in: AAS, XXI, 1939/11, S. 334.

Nikola Eterović (* 20. Januar 1951 in Pučišća) ist Kurienerzbischof der römisch-katholischen Kirche und Diplomat des Heiligen Stuhls. Seit dem 21. September 2013 ist er Apostolischer Nuntius in Deutschland und Doyen des diplomatischen Corps. Eterović trat in das Priesterseminar in Split ein, studierte Philosophie und Theologie und promovierte an der Päpstlichen Universität Gregoriana. 2023 erschien bei Herder sein Buch *Die leise Macht. Die Diplomatie des Heiligen Stuhls*.

Künstliche Intelligenz

Alexander Van der Bellen

Wenn ein wissenschaftlich geprägter und in den Geisteswissenschaften beheimateter Verlag auf das erste Buch seines Gründers vor 225 Jahren zurückblickt, ist das ein guter Grund, den Blick nach vorn zu richten. Ein Blick nach vorn ist in unserer Welt immer auch ein Blick auf zukünftige Entwicklungen. Technische Neuerungen haben schon immer das Verhalten von uns Menschen geprägt und werden es weiter prägen. Die große Neuerung unserer Zeit ist die breit zugängliche künstliche Intelligenz. Im Mai dieses Jahres war ich zu Gast bei der Österreichischen Akademie der Wissenschaften. Meine Rede dort war als Experiment gedacht und hat folgendermaßen begonnen:

»Sehr geehrte Mitglieder der Österreichischen Akademie der Wissenschaften! Ich freue mich sehr, heute vor Ihnen zu stehen und die Leistungen und Herausforderungen von und für Wissenschaft und Forschung in Österreich zu betonen. Unsere Wissenschaftlerinnen und Wissenschaftler leisten täglich herausragende Arbeit und tragen maßgeblich dazu bei, unser Verständnis von der Welt und unserem Platz darin zu erweitern. Die Geisteswissenschaften sind dabei genauso wichtig wie die Lebenswissenschaften. Die Erkenntnisse, die wir aus beiden Bereichen gewinnen, sind unverzichtbar, um die Herausforderungen unserer Zeit zu bewältigen. Dabei können wir uns glücklich schätzen, dass wir in Österreich Forschungseinrichtungen wie die Österreichische Akademie der Wissenschaften haben. Die Leistungen dieser Einrichtungen sind beeindruckend, ob es nun um die Erforschung von Sprachen, Kunst und Kultur geht oder um die Entwicklung von Medikamenten und Therapien. Doch wir stehen auch vor großen Herausforderungen. Eine davon ist die Wissenschaftsskepsis. Während es immer wichtig war, die Wissenschaft zu hinterfragen und kritisch zu betrachten, sehen wir heute eine wachsende Skepsis gegenüber wissenschaftlichen Erkenntnissen und Methoden. Um diese zu verringern, müssen wir uns bemühen, Wissenschaft besser zu vermitteln und aufzuklären. Nur so können wir sicherstellen, dass unsere Gesellschaft auf Basis fundierter Erkenntnisse Entscheidungen trifft. Wichtig ist dabei auch zu betonen, dass die Wissenschaft nach Wahrheit forscht, sie aber nicht besitzt. Es kann vorkommen, dass Forschungsergebnisse sich als falsch herausstellen oder dass neue Erkenntnisse unsere bisherigen Annahmen infrage stellen. Das bedeutet jedoch nicht, dass die Wissenschaft generell fehlerhaft ist oder keine Bedeutung hat. Im Gegenteil, sie lernt aus ihren Fehlern und entwickelt sich stetig weiter. Dies ist ein wichtiger Aspekt, den wir im Umgang mit Wissenschaft und Forschung immer berücksichtigen sollten. Ich danke Ihnen für Ihre Aufmerksamkeit und wünsche Ihnen weiterhin viel Erfolg in Ihrer Arbeit.«

Nach einer kurzen Pause, um die Reaktion des Publikums abzuwarten, habe ich die Rede fortgesetzt:

»Meine Damen und Herren! Meine bisherige Rede, also alles, was ich bis jetzt hier gesagt habe, hat kein Mensch komponiert. Als Urheber trat ChatGPT auf. Erstaunlich, oder? Beängstigend auch? Das kann ich nicht beurteilen. Sehr wohl aber weiß ich, dass wir uns mit der Thematik künstlicher Intelligenz befassen müssen. Ich hatte unlängst ein Gespräch mit der Bundesschülervertretung, in dem deutlich wurde, dass auch im Bildungsbereich ganz massiv die Frage im Raum steht: Was bedeutet künstliche Intelligenz für unser Bildungswesen? Und für die jungen Menschen war eines klar: Verbote und Verbannen wird auf die Dauer nicht funktionieren. Wichtiger ist es, die Möglichkeiten und Risiken der neuen technischen Möglichkeiten zu erkennen und in unseren Alltag gesellschaftlich nutzbringend zu integrieren.

Wir wissen nur zu genau, dass die ›Querelle des Anciens et des Modernes‹, der Streit zwischen Alt und Neu, nur kurzfristig für das Althergebrachte entschieden werden kann. Das Neue setzt sich ›in the long run‹ jedenfalls durch, das ist ein Charakteristikum der Kulturgeschichte. Stecken wir daher nicht den Kopf in den Sand. Der technische Fortschritt wird nicht zum Erliegen kommen. Und ob künstliche Intelligenz nur kreativ sein kann oder nicht, ist als theoretische Frage dabei von geringer Bedeutung. Sie stellt jedenfalls eine Herausforderung dar. Eine, die wir annehmen und an der auch wir als Forschende und Lernende wachsen können. Und nun danke ich Ihnen ein zweites Mal für Ihre Aufmerksamkeit.«

Gerne steuere ich das Erlebnis dieser Rede – oder genauer gesagt, der beiden Reden – diesem Band bei. Die Erstellung des ersten Teils hat 15 Minuten gebraucht. Die Gespräche, die ich im Anschluss mit den Wissenschaftlern an der Akademie der Wissenschaften führen konnte, bestärken mich darin, Universitäten, Schulen, Unternehmen, Behörden und natürlich auch Verlagen den Rat mit auf den Weg in die Zukunft zu geben, sich mit dieser neuen Technologie so bald als möglich zu beschäftigen und dazu beizutragen, dass sie zum Wohle unseres Landes und unserer Gesellschaft zum Einsatz gebracht werden wird.

Alexander Van der Bellen (* 18. Januar 1944 in Wien) ist ein österreichischer Wirtschaftswissenschaftler und Politiker. Von 1976 bis in die 1990er Jahre war er als Universitätsprofessor tätig. Van der Bellen war von 1997 bis 2008 Bundessprecher der Grünen und von 1999 bis 2008 Klubobmann seiner Partei im österreichischen Nationalrat. Seit dem 26. Januar 2017 ist er Bundespräsident der Republik Österreich und wurde am 26. Januar 2023 für eine zweite Amtszeit angelobt.

Quercus robur, Stiel- oder Sommereiche. Cirka 75 Jahre alt. Leichter Befall durch Prozessionsspinner und Nonne. Splintholzqualität maximal 2A. Geschätzte Wurzelleistung...
He! Der spickelt!
?
Ra

Lachen

Armin Laschet

Kurt Tucholsky war einer der bedeutendsten Schriftsteller und Publizisten der Weimarer Republik. Die Blütezeit seines Schaffens fällt in die Zeit vor etwa einhundert Jahren. Damals legte er seine Finger gern in die Wunden des untergehenden Wilhelminischen Kaiserreiches und der jungen deutschen Demokratie. In *Fromme Gesänge* schrieb Tucholsky 1919, der Satiriker »kann nicht wägen – er muss schlagen«.

Wenige Jahre vor seinem Tod fielen Tucholskys Werke 1933 der Bücherverbrennung des Nationalsozialisten zum Opfer. Diktaturen kennen keine Satire, jedenfalls nicht, wenn sie oder ihre Ideologie Gegenstand dessen sind, was es zu schlagen gilt. Lachen zu dürfen, ist das Privileg einer freien Gesellschaft.

Vor ein paar Wochen bereitete ich mich auf eine Laudatio für Dieter Nuhr anlässlich einer Ausstellungseröffnung in Rom vor. Nuhr ist neben seiner Arbeit als Kabarettist auch ein international geschätzter Fotograf. Unter anderem bemerkte Dieter Nuhr einmal, im Rheinland werde mehr gelacht als in Nordkorea oder Iran. Es bestätigt die These, dass Lachendürfen ein Privileg der freien Gesellschaft ist. Aber es freute mich auch, denn der rheinische Humor ist legendär.

Einer seiner bekanntesten Vertreter war Konrad Adenauer, kein Geringerer als der erste Kanzler der Bundesrepublik Deutschland. Er verstand es, mit sehr einfachen Worten die Dinge klar und unmissverständlich auf den Punkt zu bringen. »Die einen kennen mich, die anderen können mich.« Das ist so ein typisches Adenauer-Zitat.

Ebenso zum Schmunzeln bringt mich Adenauers entwaffnende Schlagfertigkeit, zum Beispiel: »Irritieren Sie mich nicht mit Tatsachen, meine Meinung steht fest.«

Dennoch führt mich gerade dieser Satz zu der Frage, ob diese humorvolle Schlagfertigkeit heute noch möglich ist. Unsere Zeit hat sich verändert und mit ihr auch der Humor. Aber dürfen sich Politiker heute noch Humor leisten?

Politikerinnen und Politiker leben heute besser damit, sich keinen Humor mehr zu erlauben. Was zu äußern ist, muss im Rahmen einer disziplinierten Sprache erfolgen, die – wenn ich den Begriff »politisch korrekt« vermeiden will – unpersönlich und steril bleiben muss.

Um mich nicht misszuverstehen: Ich bin dagegen, Menschen durch Sprache herabzusetzen. Ein negatives Beispiel lieferte der frühere US-Präsident Donald Trump, als dieser einen behinderten Journalisten nachäffte und sich damit über ihn lustig machte. Das ist kein Humor. Das ist Menschenverachtung.

Oft ist zu hören, dass der Politik die kantigen Typen der Vergangenheit fehlten: Adenauer und Strauß, Schmidt und Wehner. Wer das will, muss aber auch Kante zulassen. Ich meine keine Verletzungen, aber Individualität. Und Humor ist individuell.

Humor ist aber auch eine Grenzüberschreitung. Wir lachen nicht über Logik und Sachlichkeit. Wir lachen über kleine Missgeschicke und über besondere Merkmale. Humor ist eine Geschichte des harmlosen Scheiterns. Es ist auch nicht immer das Scheitern der anderen, auch das eigene Scheitern mit Humor nehmen zu dürfen, würde uns entkrampfen.

Aber wie reagiert die öffentliche Meinung in Zeiten von Twitter-Shitstorms auf verkürzte Ausschnitte? Als ich den »Orden wider den tierischen Ernst« erhielt, habe ich mir Reden meiner Vorgänger Konrad Adenauer und Norbert Blüm, Helmut Schmidt und Walter Scheel, Bernhard Vogel und Johannes Rau angeschaut. Ihre Reden wären heute unhaltbar. Und ich selbst dachte bei jedem Satz, den ich auch über eigene Parteikolleginnen und -kollegen machen würde: Wird das missbraucht? Wird es im falschen Moment abgespielt? Sollen wir nur steril und lustlos reden?

Lachen ist menschlich. Bäume und Tiere lachen nicht. Die Freiheit, lachen zu dürfen, ist auch heute unbestritten. Daran können auch die Sprachdisziplin und das Phänomen der Cancel Culture nichts ändern. Gemeint ist der Versuch, Meinungen und jene Form von Humor, die einem selbst wehtun, aus der Öffentlichkeit zu verbannen. Ohnehin wird das Geschmähte in Zeiten sozialer Netzwerke keine wirkliche Verbannung finden.

»Wer sich nicht zum Besten geben kann, gehört nicht zu den Besten!«, soll der große Dichterfürst Johann Wolfgang von Goethe gesagt haben. Damit tut sich unsere Gesellschaft heute sehr schwer. Ein Vorbild ist an dieser Stelle auch der frühere Bundeskanzler Willy Brandt. Es kursiert der Witz über ein Gespräch mit dem früheren DDR-Staats- und SED-Parteichef Walter Ulbricht. Brandt sagt in diesem Gespräch, er sammle Witze, die die Leute über ihn erzählen. Und Ulbricht entgegnet, er sammle die Leute, die die Witze über ihn erzählen. Der Witz passt zu Brandt, denn der frühere Bundeskanzler hat tatsächlich ein Buch mit einer Witzsammlung über sich selbst veröffentlicht.

In schwierigen Verhandlungen, die ich leitete und bei denen die Atmosphäre verfeindet und aggressiv zu werden drohte, habe ich oft durch eine humorvolle Bemerkung allgemeines Lachen ausgelöst. Danach konnte man wieder sachlicher und entspannter reden.

Auch in internationalen Gesprächen habe ich oft erlebt, dass Humor geschätzt wird und Nähe möglich macht. Humor macht menschlich. Und Menschlichkeit fehlt heute zu oft.

Armin Laschet (* 18. Februar 1961 in Aachen) ist ein deutscher Politiker (CDU). Er war Kanzlerkandidat der Union bei der Bundestagswahl 2021 und diente von 2017 bis 2021 als Ministerpräsident von Nordrhein-Westfalen. Zudem war er von Januar 2021 bis Januar 2022 der Bundesvorsitzende der CDU. Seit Oktober 2021 ist er Mitglied des Deutschen Bundestages und seit Januar 2022 Vizepräsident der Parlamentarischen Versammlung des Europarates.
2016 gab er im Verlag Herder das Buch *Europa im Schicksalsjahr* heraus.

Leere

Sylvia Wetzel

Alles ist abhängig entstanden. Alles ist leer. 24,18

Wenn Leerheit möglich ist, ist alles möglich.
Wäre Leerheit nicht möglich, wäre nichts möglich. 24,14

Buddhas sagen, Leerheit ist das Aufgeben von Ansichten.
Wer an Leerheit glaubt, ist unheilbar. Vers 13,8

Nagarjuna. Verse aus der Mitte. Mula Madhyamaka Kakarika.
2. Jhd. n.Chr.

Diese Verse haben mich im Sommer 1977 im nordindischen Dharamsala, dem Sitz der tibetischen Exilregierung und des Dalai Lama, mitten ins Herz getroffen. Zusammen mit der zweiten großen Botschaft des tibetischen Mahayana-Buddhismus, dem Wunsch, ein Leben zum Wohle aller zu führen. Das war das, wonach ich unbewusst das ganze Leben gesucht hatte. Eine Lehre, die mir hilft, ohne Feindbilder zu leben und mit allen Menschen möglichst freundlich und klug umzugehen, aus Einsicht in unsere tiefe Verbundenheit und in die Vorläufigkeit aller Meinungen und Ansichten über uns selbst und die Welt.

Der technisch klingende Fachbegriff »Bedingtes« oder »Abhängiges Entstehen« weist darauf hin, dass alles mit allem zusammenhängt. Die indische Tradition spricht auch von Indras Netz, in dem jedes Wesen eine Perle ist. Leerheit, Sanskrit »sunyata«, bedeutet weder Nichts noch Nihilismus, sondern weist darauf hin, dass die Wirklichkeit leer ist von allem, was wir ihr zuschreiben. Sie ist offen für unterschiedliche Interpretationen.

In meinen Worten: Weil alles leer ist, kann es bedingt entstehen. Und weil alles bedingt entsteht, eine Weile besteht und wieder vergeht, ist es leer von Selbstexistenz. Leer von einer objektiven Existenz, die unabhängig wäre von unseren Zuschreibungen. Ist das eine absolute Wahrheit? Kann man sie beweisen oder widerlegen? Mit dem Verstand sicher nicht, aber wir können sie mit dem Herzen verstehen. Vor allem wenn uns diese Thesen einleuchten und wir sie im Alltag ausprobieren. Das ist zumindest meine Erfahrung der letzten 46 Jahre.

Leben ist Leben ist Leben

Wir können einzelne Erfahrungen beschreiben, aber niemals vollständig. Alle Aussagen und Bilder sind wie Finger, die auf den Mond zeigen. Alles, was wir sagen und in Worten, Bildern und Modellen fassen können, ist immer weniger als das, was ist. Das ist erstens ein Aufruf zur Bescheidenheit, der uns an die Grenzen unseres Wissens erinnern soll. Und zweitens kann diese Aussage Herz und Geist öffnen für das Anderssein der anderen.

Je tiefer ich verstehe, dass alles, was ich über mich und andere sagen kann, bestenfalls gültige Konzepte sind, die mir Orientierung im Leben geben, desto bereiter bin ich zuzuhören, wenn Menschen ihre Erfahrungen anders interpretieren als ich.

Ein Konzept ist nach buddhistischer Auffassung dann gültig, wenn ich weiß, dass das eine Vorstellung ist, die zumindest für eine Weile funktioniert. Seit den 1980er Jahren hinterfrage ich meine Überzeugungen und Ansichten über das, was ich für richtig halte, immer wieder anhand dieser buddhistischen Faustregel: Was ist ein richtiges Team? Ein richtiges Meditationszentrum? Eine richtige Beziehung? Eine richtige Frau? Ein richtiger Mann? Eine richtige Gesundheits- und Klimapolitik usw.? Dann wird mir schnell klar, dass ich das nicht wirklich weiß. Und so öffne ich mich leichter für andere Perspektiven.

Mein Wunsch, anderen möglichst offen zuzuhören, bedeutet nicht, dass ich ihre Ansichten kritiklos akzeptiere, vor allem dann nicht, wenn sie von Abgrenzung und Arroganz, Ohnmacht oder Angst geprägt sind. In solchen Situationen versuche ich, zumindest hinterher, besser zu verstehen, aus welchen Erfahrungen heraus diese Ansichten und reaktiven Emotionen entstanden sind.

Ich bleibe, soweit möglich, freundlich oder zumindest höflich und versuche, irgendeine kleine Gemeinsamkeit zu finden, etwas, was wir teilen und auf dessen Grundlage wir uns begegnen können. Das klappt leider nicht immer. Aber ich gebe die Hoffnung nicht auf, denn ich weiß, dass wir irgendwie verbunden sind in dieser Welt, als Teile des großen Ganzen, jenseits von Worten und Begriffen.

Leerheit und bedingtes Entstehen

Eine immer tiefere Einsicht in Leerheit und Bedingtes Entstehen öffnet Herz und Geist für die Verbundenheit mit allen und allem und für die Bedingtheit und Vorläufigkeit aller Standpunkte und Meinungen. Beide Einsichten sind schon notwendig für ein einigermaßen respektvolles Miteinander in einem demokratischen Verfassungsstaat und ganz sicher für ein Leben zum Wohle aller, wie auch immer wir das leben wollen und können.

Leerheit und Bedingtes Entstehen gehören untrennbar zusammen, wie die zwei Seiten einer Medaille. Warum und wie? Alles kann bedingt entstehen, *weil* alles leer ist von unseren Zuschreibungen. Und alles ist leer von dem, was wir darüber denken, *weil* es bedingt entsteht. Die moderne Systemtheorie spricht von Komplexität, die wir nie ganz verstehen können. Das ist ein Hinweis darauf, dass Kausalität nur in sehr einfachen mechanischen Zusammenhängen eine brauchbare Erklärung ist.

Leben ist komplex: die Drei Daseinsmerkmale

Die Welt, das Leben und die Natur, wir Menschen und unser Zusammenleben sind so komplex in sich und miteinander, dass wir keine heile Welt schaffen können. Das passt zu einer der Grundthesen des Buddha über die Merkmale des Lebens. Die drei Daseinsmerkmale sind Leiden, Unbeständigkeit und Nicht-Ich oder in meinen Worten »Unkontrollierbarkeit, Pali dukkha, anicca, anatta«. Diese Dreiergruppe beantwortet eine der großen Menschheitsfragen: Warum gibt es Leiden? Natürliches Leiden kommt vor, weil alle Bedingungen und Erfahrungen unbeständig sind und so komplex, dass wir sie nie völlig in den Griff bekommen. Denn es gibt kein fassbares Ich, sondern nur ein Ichgefühl auf der Grundlage wechselnder Erfahrungen. Sehr viel zusätzliches Leiden entsteht, wenn wir das nicht verstehen und akzeptieren können.

Ich übersetze den missverständlichen Begriff Nicht-Ich im Kontext seiner klassischen Bedeutung. Da heißt es: Es gibt keine

Instanz in uns oder in der Welt, die Erfahrungen besitzt und daher kontrollieren könnte, also kein fassbares Zentrum der Person. Nagarjunas Verse über Leerheit und Bedingtes Entstehen gelten als Weiterentwicklung des Konzepts Nicht-Ich, bezogen auf alle Phänomene. Nicht nur ist »das menschliche Ich« leer von allem, was wir ihm zuschreiben, sondern alle Phänomene sind leer von dem, was wir darüber denken.

Auch unsere Naturwissenschaften gehen davon aus, dass alle Erklärungen vorläufig und fehleranfällig sind. Jetzt komme ich noch einmal auf unser so sehr überschätztes Ichgefühl zurück. Das Ichgefühl gilt im Buddhismus als »bloße Benennung auf der Grundlage der fünf Skandhas«, der fünf Haufen, »skandha«, von Erfahrungen, die wir alle kennen. Das sind in Kürze: körperliche Empfindungen, Grundgefühle, Benennungen, komplexe Funktionen bzw. Muster und Bewusstsein.

Wer bin ich?

Ich verwende lieber den Begriff Ichgefühl und spreche nicht von »dem Ich«, weil das suggeriert, es gäbe da ein fassbares Etwas in uns, auch wenn dieses »Ich« weder von Menschen, die damals meditierten und das auch heute tun, noch von modernen Psychologinnen oder Hirnforschern jemals gefunden wurde. Die tibetischen Traditionen betont: Das Ichgefühl – tibetisch »dagdzin«, wörtlich: nach einem Ich, »dag«, greifen, »dzin« – ist eine bloße Benennung auf der Grundlage der fünf Skandhas.

Ganz praktisch bedeutet das: Wenn mir der Rücken wehtut oder ich die sanfte Frühlingssonne genieße, beziehe ich mich auf körperliche Empfindungen. Wenn ich traurig oder fröhlich bin, sage ich das auf Basis von drei Grundgefühlen – angenehm, unangenehm und neutral – und meiner reaktiven Emotionen – mag ich, mag ich nicht, ist mir egal – in ihren vielen Varianten. Wenn ich etwas gut oder gar nicht verstehe, beziehe ich mich auf die Fähigkeit, Begriffe und Vorstellungen zu bilden. Folge ich kulturellen oder persönlichen Gewohnheiten, steuert mich ein »Haufen«, *skandha*, von Mustern. Und denke ich über mich und die anderen und die Welt nach oder bemerke ich gar ab und zu, was ich denke, sage und tue, bewege ich mich in der Dimension des Bewusstseins.

Je nach Situation verändert sich die Basis des Ichgefühls. Wenn wir das ein bisschen bemerken und beobachten, lockern sich starre Selbstbilder und Ansprüche an Eindeutigkeit mit der Zeit. Auch aus dem Grund schätze ich die stille Sitzmeditation, in der die Dynamik der fünf Skandhas spürbar wird und sich ab und zu sogar verlangsamt.

Leerheit und Politik

Leiden gehört zum Leben, weil alles unbeständig ist und es keine fassbare Instanz namens Ich gibt. Diese Hinweise entlasten mich sehr von meinen kulturellen und politischen Ansprüchen, alles in den Griff bekommen zu wollen. Denn das fordert ja unser Zeitgeist lautstark. Am besten mit Unterstützung sogenannter künstlicher Intelligenz, von Algorithmen und Digitalisierung. Ich möchte meine Überlegungen aber nicht mit einer Polemik gegen den technikgläubigen Zeitgeist abschließen, sondern mit einem Vers. Er kann Sie von überzogenen Ansprüchen an ein perfektes Leben entlasten und das Wissen um Verbundenheit mit allen und allem fördern und stärken.

Die Lehren über Leerheit und Bedingtes Entstehen stärken mein Vertrauen in die Welt und in die Menschen. Und das brauchen wir alle für ein konstruktives Zusammenleben in einer immer komplexer werdenden Welt. Ich singe gerne das Loblied der Vier Siegel. Das sind die Drei Daseinsmerkmale – Leiden, Unbeständigkeit, Nicht-Ich oder Unkontrollierbarkeit – und der Frieden des Herzens. Er entsteht, wenn wir sie als Gesetze des Lebens annehmen und das Beste daraus machen wollen und können, zum eigenen Wohl und dem der anderen. In meiner Fassung nach einem skandinavischen Volkslied (Wer kann segeln ohne Wind …) lautet das so:

Leben ist tragisch und erhaben.
Alles, was kommt, muss auch wieder gehn.
Leben geschieht, niemand hat es im Griff.
Nur das Ende des Haderns bringt Frieden.
Lied zu den Vier Siegeln des Buddha

Sylvia Wetzel (* 5. Juli 1949 in Wolfach im Schwarzwald) ist Publizistin und eine der bekanntesten buddhistischen Lehrerinnen im deutschsprachigen Raum. Sie ist Mitbegründerin der Buddhistischen Akademie Berlin-Brandenburg und integriert in ihren zahlreichen Büchern, Vorträgen und Kursen die Erkenntnisse der westlichen Psychologie und Philosophie mit den Einsichten der buddhistischen Weisheit. Mehr Informationen unter: www.sylvia-wetzel.de. Bei Herder erschien zuletzt ihr Buch *Fühlen ist Leben. Mit schwierigen Gefühlen umgehen* (2018).

Leid

Monika Renz

Leiden ist vielschichtig

Leid fordert heraus. Es gibt jenes schwerste Leiden, das Menschen an ihrem Gott irrewerden lässt. Wie kann der Mensch das Leiden annehmen, ohne daran zu zerbrechen? In ihrem Buch *Leiden* fragt Dorothee Sölle: »Wie unterscheidet sich ein Leiden, das blind und taub macht, … von einem Leiden, das für uns produktiv wird?« Sie spricht von einem physischen, psychischen und sozialen Leid. Leiden muss sinnhaft und darf nicht masochistisch verarbeitet werden. Eigenes Leid sensibilisiert für das Leiden anderer. Weil wir selbst leiden, wird unsere Empathie »synchron«. Alle »Hilfe für Leidende braucht Synchronisation, dieses Gleichzeitigwerden; andernfalls bleibt sie überlegene Caritas, die sich von oben herabneigt«.

Leid ist anstößig und doch Anstoß

Die Frage, wie man Leiden annehmen kann, ohne zu zerbrechen, bleibt in all dem offen. Annahme geschieht meist nicht in Realitätsferne, sondern in Realitätsnähe: Man sagt Ja, weil es so ist, wie es ist. Leid ist Zumutung und birgt doch die Chance zur Reifung in sich.

Der Umgang mit Leiden kann nie von außen, aus der Beobachterperspektive, eingefordert werden, denn inmitten des Leidens fühlt es sich immer anders an: unmittelbarer, verletzlicher. Nur im letzten Respekt vor dem leidenden Menschen und seiner eigenen Erfahrung werden Fürsorge und Fürsprache nicht zum Hohn für ihn. Leidende brauchen Behutsamkeit vonseiten ihrer Nächsten. Aber auch, wenn es sein darf, eine auf ihre Situation antwortende Gotteserfahrung. Dies lehrt uns die biblische Geschichte von Ijob.

Ijob – Prototyp des Leidenden

Ijob, ein gerechter und frommer Mann, wird trotz seiner guten Lebensführung von Leiden überhäuft und darin auch noch ausgegrenzt. Er steht geradezu für den ungerecht Leidenden. Viele Leidende finden sich in Ijob wieder und möchten doch nicht »Ijob sein«. Sie brauchen eine entsprechende Interpretation der Erzählung, um mitschwingen zu können.

Ijob hatte eine beeindruckende Kraft. Mit ihm als Vorbild können wir unsere Schicksalsschläge und Leiden zwar nicht abstreifen, wohl aber zusätzliche Hürden wie übermäßige Gewissenhaftigkeit oder Hadern etwas überwinden. Dies geschah bei Ijob über die Klage und die Gotteserfahrung. Nachfolgend wird aus der Geschichte von Ijob berichtet. Kürzungen, Übersetzungen und deutende Anregungen sind meist meiner 2022 im Verlag Herder erschienenen *Krankenbibel* entnommen.

Ijobs Rechtschaffenheit

Ijob 1,1–5: »Ijob … war untadelig und rechtschaffen (schuldlos und aufrecht); er fürchtete Gott und mied das Böse. Sieben Söhne und drei Töchter wurden ihm geboren, und er besaß viele Tiere und viel Gesinde. An Ansehen übertraf dieser Mann alle Bewohner des Ostens. Seine Söhne pflegten Gastmahle zu halten, und Ijob hatte die Eigenart, seine Kinder nach jedem Mahl zu entsühnen. Frühmorgens stand er auf und brachte so viele Brandopfer dar, wie er Kinder hatte. Denn er sagte sich: Vielleicht haben meine Kinder gesündigt und Gott in ihrem Herzen gelästert. Das tat Ijob alle Tage.«

War Ijob in solcher Sühnegewohnheit selbst erlösungsbedürftig?

Der Satan und Gott

1,6–12: »Eines Tages kamen die Gottessöhne, um vor den Herrn hinzutreten; unter ihnen war auch der Satan. Der Herr sprach zum Satan: Woher kommst du? Der Satan erwiderte …: Ich habe die Erde durchstreift, hin und her. Und der Herr sprach zum Satan: Hast du auf meinen Knecht Ijob geschaut? Auf der Erde ist keiner so wie er … Der Satan entgegnete …: Geschieht es ohne Grund, dass Ijob Gott fürchtet? … Das Tun seiner Hände hast du gesegnet; seine Herden haben sich im Land weit ausgebreitet. Doch streck nur deine Hand gegen ihn aus, und taste all das an, was sein ist; wahrhaftig, dann wird er dir ins Angesicht fluchen. Da sprach der Herr zum Satan: Gut, all seine Habe ist in deiner Hand, nur gegen ihn selbst streck deine Hand nicht aus.«

War das wirklich Gott, der Ijob so viel Leid zufügte, oder entspricht dieses Erleben eher dem tief verletzten Menschen? Für diesen ist es wahrlich so, als wäre Gott im Verbund mit dem Satan. Das Buch Ijob wurde auf der Grundlage einer volkstümlichen Sage sowie sumerischer, babylonischer und ägyptischer Quellen komponiert.

Unglück überkommt Ijob

1,13–22: Nun wurden Ijobs Knechte erschlagen, Feuer verzehrte die Schafe, die Kamele wurden entwendet, das Haus stürzte im Wind über Söhnen und Töchtern ein und erschlug sie. »Da stand Ijob auf, zerriss sein Gewand …, er fiel auf die Erde, warf sich vor Gott nieder und sprach: Nackt kam ich aus dem Mutterschoß hervor; nackt kehre ich dahin zurück. Der Herr hat gegeben, der Herr hat genommen; gepriesen sei der Name des Herrn. Bei alldem sündigte Ijob nicht …«

2,1–10: Nochmals forderte der Satan Gott heraus: »… Streck deine Hand« gegen Ijob »aus, und taste sein Gebein und Fleisch an; wahrhaftig, dann wird er dir ins Angesicht fluchen.« Erneut gab der Herr Ijob in Satans Hand, nur sein Leben solle geschont werden. … Der Satan schlug »Ijob mit bösartigen Geschwüren von der Fußsohle bis zum Scheitel. Und …« Ijobs »Frau sprach zu ihm: Hältst du an deiner Frömmigkeit immer noch fest? Lästere Gott und stirb! Er aber sprach zu ihr: Wie eine Törin … redest du. Nehmen wir das Gute von Gott an, sollen wir dann nicht auch das Böse annehmen?«

Ijobs Freunde

2,11–13: »Die drei Freunde Ijobs … kamen, … um ihm ihr Mitleid zu bezeugen und um ihn zu trösten. Als sie ihn aus der Ferne erblickten, erkannten sie ihn nicht; sie schrien auf und weinten, … saßen bei ihm auf der Erde sieben Tage und sieben Nächte, und keiner sagte ein Wort zu ihm. Denn sie sahen, dass sein Schmerz sehr groß war.«

Ijobs Freunde sind sprichwörtlich geworden: Wir erinnern sie als Verhöhnende. Ihre anfängliche Betroffenheit geht leicht vergessen. Doch jetzt verändert sich der Stil des Buches hin zu Streitgesprächen. Der sich selbst verfluchende Ijob wurde von den Freunden mit Ratschlägen überhäuft. Dieser Hauptteil des Buches hat eine etwas andere Entstehungsgeschichte.

Ijobs Klage gegen sich selbst

3,1–26: »Danach … verfluchte Ijob seinen Tag …: Ausgelöscht sei der Tag, da ich geboren wurde … Warum starb ich nicht vom Mutterschoß weg? … Noch bevor ich esse, kommt mir das Seufzen … Was mich beängstigte, das hat mich getroffen …«

Viele Menschen inmitten von schwerem Leiden verlieren auch ihr Selbstwertgefühl.

Ijobs Mut, Gott selbst anzusprechen

Inmitten der Belehrungen durch die Freunde wuchs in Ijob der Wunsch, Gott persönlich anzureden. In eindrücklicher Glaubensgewissheit sprach er: »… ich weiß: Mein Erlöser (Anwalt) lebt.« (Ijob 19,25) Ijobs Schicksal wendete sich – doch warum?

Da antwortete ihm der Herr aus dem Wettersturm

Ijob 38,1–40,2: »… Wo warst du, als ich die Erde gegründet? Sag es denn, wenn du Bescheid weißt! Wer setzte ihre Maße? … Wer verschloss das Meer mit Toren, als schäumend es dem Mutterschoß entquoll, … hast du des Urgrunds Tiefe durchwandert? … Hast du der Erde Weiten überblickt? … Kennst du die Satzungen des Himmels …? … Wer verlieh dem Ibis Weisheit, oder wer gab Einsicht dem Hahn? Wer zählt in Weisheit die Wolken …?«

Wie können solche Gottesworte das Herz eines schwer Leidenden erreichen? Die Frage ist wohl Antwort: Die Worte sind von Gott selbst, und dies im mächtigen Gesichte des Wettersturms gesprochen, man höre sie im Tonfall der Liebe und des Bundes. Gott zeigte sich als Herr über Menschen, Tiere und die Schöpfung. Ihm unterstehen Raum und Zeit, aber auch alles, was Raum und Zeit übersteigt.

Ijob war vielleicht seinerseits genau durch das Leiden in seine innerste Seelentiefe gefallen und durfte dabei erfahren, dass hier nicht nichts ist, sondern ER. Ijob hatte vom Erkennen-Wollen und von der Ebene des Hörensagens zur Gotteserfahrung gefunden.

Ijobs Antworten

40,3–5: »Da gab Ijob dem Herrn Antwort …: Siehe, ich bin zu gering. … Ich lege die Hand auf meinen Mund.«

Nochmals antwortete der Herr dem Ijob aus dem Wettersturm. Und erneut ließ sich Ijob berühren. Er sprach:

42,1–6: »Ich habe erkannt, dass du alles vermagst. Kein Vorhaben ist dir verwehrt. … Fürwahr, ich habe geredet, ohne zu verstehen, über Dinge, die zu wunderbar für mich und unbegreiflich sind. … Vom Hörensagen nur hatte ich von dir gehört, jetzt aber hat mein Auge dich geschaut. Darum widerrufe ich. Ich bereue in Staub und Asche.«

42,10: »Der Herr wendete das Geschick Ijobs …«

Die Gotteserfahrung führte Ijob zwar an die Angst vor dem Numinosen (Wettersturm) heran, aber auch durch sie hindurch in einen wunderbaren Zustand der Annahme und des Staunens. Genau dies geschieht oft in schwerem Leiden. Man lässt, spirituell betrachtet, so tief los, dass man findet und gefunden wird. Als Leidende wie auch als ein ihnen Beistehende.

Gedicht: Hiobs Freundin

Du – bist mein Geliebter,
ich – bin Deine Liebste. Bin ich?
Ich sitz' nicht sieben Tage und Nächte
schweigend neben Dir.

Du – überfallen von Leid –
willst nicht Hiob sein. Bist Du?
Tag um Tag versinkst Du ins Namenlose,
hast Dich und Gott längst aufgegeben.

Du, ich leg' mich auf den Boden neben Dein Bett.
Erreich' ich Dich? – Der Boden ist kalt.
Du fragst nur: »Was machst Du?«
Nachts, ein Schrei – noch nie hast Du geschrien.

Und ich weiß: Gelingt es mir, Deine Seele zu ›halten‹,
dann bist Du gehalten, Dich lassend wie Dich tragend.
Hilfe, ich kann nicht mehr, als ich kann!
Ich kann.

(aus Monika Renz, Erlösung aus Prägung. Paderborn: Junfermann 2017)

Die Theologin und Musik- und Psychotherapeutin **Monika Renz** (* 1961 in Zürich) arbeitet seit 1998 als Psychoonkologin, Musik- und Psychotherapeutin am Kantonsspital St. Gallen. Aufgrund ihrer praktischen Erfahrung und ihrer Forschungstätigkeit in den Bereichen Sterben, Spiritualität und tiefenpsychologische Exegese gilt sie als Pionierin der Spiritual-Care-Bewegung. Ihre Veröffentlichungen finden international Beachtung. Zuletzt erschien 2022 ihr Buch *Krankenbibel. Sich selbst und Gott finden* im Verlag Herder.

Liebe

Gerald Hüther

Versuchten in den vergangenen Jahrhunderten die Wissenschaften noch, der Welt ihre Geheimnisse zu entreißen, indem sie diese in immer kleinere Teile zerlegten, so sind heute immer mehr Wissenschaftler darum bemüht, die auseinandergebrochenen Teile über die Grenzen der Disziplinen hinweg zu einem Ganzen zusammenzufügen. Die Pioniere und Wegbereiter eines neuen systemischen Weltbilds aus der Physik haben schon im letzten Jahrhundert nachgewiesen, dass das, was ein Lebewesen lebendig macht, nicht in den isolierten Einzelteilen zu finden ist, sondern erst durch die Wechselwirkung und die Beziehungen zwischen den Teilen entsteht. Die Welt enthüllt sich somit als ein integrales Ganzes, das weit mehr ist als eine Ansammlung von unverbundenen Teilen, sondern ein Lebensnetz hervorgebracht hat, das auf Verbundenheit, Kooperation und gegenseitiger Abhängigkeit basiert. Mit diesem Systemdenken vollzieht sich eine tiefgreifende Umwälzung in den wissenschaftlichen Disziplinen. Sie hat nun endlich auch die sogenannten Life Sciences erreicht. In der Biologie setzt sich die Erkenntnis durch, dass alle Lebewesen miteinander verbunden sind – sosehr sie sich auch als Einzelne um ihr eigenes Überleben und die Entfaltung der in ihnen angelegten Potenziale bemühen.

Dieser Schulterschluss zwischen moderner Wissenschaft und Spiritualität mag manche zwar erst einmal verwundern, doch innerhalb der Quantenphysik hat er sich längst vollzogen. Viele der großen Naturwissenschaftler, die durch die Erforschung der atomaren und subatomaren Welt in Fühlung mit einer unerwarteten und überaus seltsamen Wirklichkeit gerieten, bei der ihnen die Grundlage ihrer wissenschaftlichen Disziplin – die Materie – förmlich zwischen den Fingern zerrann, wurden sich der Begrenztheit rein analytischer und rationaler Erkenntnismethoden bewusst. Als Folge wandten sich diese Quantenphysiker von der mechanistischen Betrachtungsweise der Welt ab und einer holistischen und systemischen Weltsicht zu, die die Verbundenheit aller Phänomene in einem komplexen Netz von Beziehungen herausstellt.

Nun ist die wissenschaftliche Entdeckung, dass alles mit allem verbunden ist, alles andere als eine neue Erkenntnis. Bereits zu allen Zeiten und in allen Kulturen wurde sie von Menschen gemacht. Das holistische Weltbild der auf das Verstehen des Lebendigen und nicht auf dessen Nutzbarkeit ausgerichteten Wissenschaft bestätigt in neuer Form das, was die Weisheitstraditionen aus Ost und West immer schon lehrten: Es gibt nur das Eine. In diesem lebendigen Kosmos existieren keine getrennten Teile, nichts kann aus diesem Netz herausgenommen werden, ohne gravierende Folgen für das gesamte Gefüge nach sich zu ziehen. Solch eine Weltsicht, in der alles, was existiert, ein dynamisches, miteinander verwobenes und voneinander abhängiges Beziehungsgeflecht ist, stellt jedoch nach wie vor eine Herausforderung für das von Dualismen und Trennungen geprägte Weltbild des westlichen Abendlandes dar, dem seit dem 19. Jahrhundert zudem die Maximen des Wettbewerbs und die Darwin'sche Doktrin vom »Kampf ums Dasein« eingeschrieben sind.

In keinem anderen gesellschaftlichen Bereich hat die Darwin'sche Ideologie von der »natürlichen Auslese« einen solch gnadenlosen und rücksichtslosen Konkurrenzkampf entfesselt wie in der Wirtschaft. Die von Darwin in seiner Evolutionslehre proklamierte These vom »Survival of the fittest« wurde zum bestimmenden Paradigma unseres Zusammenlebens. Damit wurde das Band menschlicher Verbundenheit radikal durchtrennt und Konkurrenz statt Kooperation, Egoismus statt Ethik zu den Leitmotiven des neuzeitlichen Menschen gekürt.

Die ökonomische Grundlagentheorie von der »Vernunft des Marktes«, die Idee also, dass die Märkte sich rational verhalten und daher selbst korrigieren würden, hat sich mittlerweile jedoch nicht nur als unhaltbar, sondern als geradezu absurd erwiesen. Die Märkte sind längst zu einem Spielfeld von Global Playern geworden, deren Egoismus und Gier einen weltweiten Wettbewerb um die Überlebensressourcen der Menschheit anheizt. Der mit der Entstehung des kapitalistischen Wirtschaftssystems im 19. Jahrhundert auf der Bildfläche erschienene Menschentyp, zu dessen Charakteristika rationales Kalkül, selbstsüchtiges Verhalten und Profitgier zählen, feierte seine Exzesse im entfesselten Neoliberalismus des ausgehenden 20. Jahrhunderts und mutierte zur neuen Kaste der superreichen Spekulanten und Investmentbanker.

Es ist heutzutage nicht leicht, den Wandel hin zu einem auf das Leben und die Zukunft ausgerichteten Wirtschaften zu vollziehen. Denn die meisten von uns haben zugelassen und sogar aktiv dazu beigetragen, dass sich dieses Wirtschaftssystem in dieser Weise entwickeln konnte. Es verschaffte uns Vorteile. Wir haben es dazu benutzt, um ein möglichst angenehmes und bequemes Leben zu führen – und das auf Kosten anderer, die in diesem inzwischen global gewordenen Wettbewerb auf der Strecke geblieben sind. Die heutige Krise wurzelt tief in unseren Einstellungen und Ansichten. Sie ist die Folge unserer Abspaltung und Trennung aus dem lebendigen Netz des Lebens. Gingen Gründerväter der Marktwirtschaft wie Adam Smith noch unbesehen davon aus, dass in der Brust eines jeden Menschen selbstbezogene Interessen dominierten, widerlegen neueste Untersuchungen aus der Gehirn- und Verhaltensforschung ebenso wie Experimente aus der Spieltheorie diese ökonomischen Glaubenssätze des Eigennutzes. Vertreter aus allen Wissenschaftsdisziplinen fördern mittlerweile ein Menschenbild zutage, dem Empathie, Altruismus und Mitgefühl eingeschrieben und innewohnend sind.

Wir erleben derzeit zum ersten Mal in der Menschheitsgeschichte, wie an vielen unterschiedlichen Orten dieser Welt menschliche Gemeinschaften, die zum Teil über lange Zeiträume hinweg getrennt waren und verschiedene Wege gingen, in Kontakt miteinander kommen, sich austauschen und nach gemeinsamen Lösungen suchen. Das große Projekt der Verbundenheit, das Menschen seit jeher versucht haben, in die Tat umzusetzen, ist nun im 21. Jahrhundert erstmals als globales Unternehmen in Gang gekommen. Damit ein Projekt von einer solchen Tragweite gelingen kann und der wechselseitige Austausch ermöglicht wird, muss das Band gestärkt werden, das Menschen über ihre Unterschiedlichkeit hinaus miteinander verbindet. Gelingen kann das nur, wenn das Denken, Handeln und Fühlen von immer mehr Menschen von dem befreit wird, was es über so viele Jahrhunderte hinweg bestimmt hat: die Angst vor dem Fremden. Hierfür gilt es Brücken zu bauen, Vertrauen zu stiften, Umsicht und Geduld an den Tag zu legen, um das zur Entfaltung zu bringen, was wir in der heutigen Zeit so dringend brauchen: Verständnis für Menschen aus anderen Kulturen und Kreativität bei der Suche nach gemeinsamen Lösungen der großen Menschheitsprobleme. Wer sich weiterentwickeln will, muss in Beziehungen denken und in Beziehungsfähigkeit investieren. So können wir alle miteinander und aneinander wachsen und unsere Potenziale als Menschen entfalten.

Die vielen jungen Menschen der Gegenwart, die ganz selbstverständlich »wir« zu sich und allen anderen Menschen sagen, die sich gegenseitig unterstützen und für den Erhalt der Umwelt und der Vielfalt kultureller Lebensformen eintreten, leben dies bereits vor. Sie sind die Gestalter einer Zukunft des Miteinanders.

Weltweit vernetzt können sie, wenn sie es wollen, innerhalb kürzester Zeit jede neue Information über den ganzen Erdball verbreiten. Der gemeinsame Geist, der sie locker und nicht ideologisiert zusammenhält, schließt andere nicht aus und kann sich rasant schnell für gemeinsame Aktionen formieren. Sie sind die Wegbereiter hin zu einer Weltgesellschaft, in der wir uns zunehmend mit allen anderen Menschen verbunden wissen.

Anders als unser derzeitiges Gesellschafts- und Wirtschaftssystem, das den Eigennutz des ökonomischen Menschen ins Zentrum rückt, hat diese neue weltweite Bewegung den empathischen Menschen zum Leitbild, der das Gemeinwohl aller im Auge behält. Der Physiker und Zukunftsforscher Fritjof Capra spricht in diesem Zusammenhang von einem globalen Immunsystem, das zum Schutz der Erde aktiv wird, einer kollektiven und geradezu instinktiven Antwort der Menschheit auf die akute Bedrohung ihrer Lebensgrundlagen. Dieses Immunsystem besteht aus zahllosen Menschen und Gruppierungen, die an allen Orten der Welt unermüdlich damit beschäftigt sind, die schädlichen Einflüsse, die das Leben bedrohen, zurückzudrängen und zu überwinden. Allerorten sind ökologische Gruppierungen dabei einzugreifen, instand zu setzen, zu bewahren und zu erneuern – und doch dringt davon nur erstaunlich wenig ins öffentliche Bewusstsein vor. Vielmehr führen uns die Medien täglich die Katastrophen und Störfälle menschlicher Bemühungen vor Augen. Und so hören wir immer nur den Krach der fallenden Bäume und erfahren nichts vom stillen und beharrlichen Wachsen des Waldes. Wir übersehen die zahllosen Menschen, die täglich zum Erhalt der Welt beitragen. Alleine in Afrika gibt es 6000 Frauengruppen, die Bäume pflanzen. In Nordamerika gibt es mehr als 4000 Organisationen, die Patenschaften zur Reinerhaltung von Flüssen übernommen haben. Auch diese Informationen müssen in das öffentliche Bewusstsein eingespeist werden. Sie machen Mut, geben Zuversicht, regen zum Mitmachen und Nachahmen an. Es wird Zeit, unseren Blick für das zu schärfen, was das Leben bewahrt, was Neues in die Welt bringt, was Hoffnung und Zuversicht weckt.

Wenn die Tendenz aller Teile, in Resonanz zu treten, als ein universelles Prinzip verstanden wird, dann ist die Liebe Ausdruck und Ziel dieses Prinzips, und Kooperation, Empathie, Mitgefühl und Verbundenheit sind seine essenziellen Bestandteile.

Das bedeutet, Abschied vom Machbarkeitswahn zu nehmen, von »Ressourcenausnutzern« zu »Potenzialentfaltern« zu werden, uns nicht mehr länger getrennt von der Welt, von den Tieren, Pflanzen und Natur wahrzunehmen und unsere Achtung und Ehrfurcht vor allem Lebendigen wiederzuentdecken. Sobald wir erfahren und spüren können, dass wir selbst Teil des lebendigen Organismus der Erde sind, dass wir weder über noch jenseits von ihr stehen, sondern zutiefst in ihr beheimatet und in ihren Kreislauf eingebunden sind, dann läutet dies das Ende unserer anthropozentrischen Herrschafts- und Allmachtsfantasien ein. Dann erleben wir uns nicht mehr länger als Bezwinger, sondern als Beschützer des auf der Erde in seinen vielfältigen Formen entstandenen Lebens. »Liebe ist das unbedingte Interesse an der

Entfaltung des Geliebten« – das ist es, was es immer schon gab, was nun immer spürbarer wird und was bleiben wird, solange es lebendige Menschen gibt.

Gerald Hüther (* 15. Februar 1951 in Emleben, www.gerald-huether.de) zählt zu den bekanntesten Hirnforschern Deutschlands und versteht sich als »Brückenbauer« zwischen wissenschaftlichen Erkenntnissen und gesellschaftlicher bzw. individueller Lebenspraxis. Für den Verlag Herder hat er zuletzt zusammen mit Robert Burdy den *Spiegel*-Bestseller *Wir informieren uns zu Tode. Ein Befreiungsversuch für verwickelte Gehirne* (2022) geschrieben.

Linksextremismus

Klaus Schroeder und Monika Deutz-Schroeder

Unter einer »extremistischen Einstellung« verstehen wir eine politische Einstellung, die die freiheitlich-demokratische Gesellschaft, ihre Verfassungswerte und ihre Institutionen prinzipiell ablehnt und an ihre Stelle ein (unterschiedliches) neues System mit einem »neuen Menschen« setzen will.

Extreme politische Strömungen sind fast immer gewaltaffin, d.h., sie schließen Gewalt zur Veränderung der Gesellschaft nicht aus. Gleichwohl verbietet es sich, extremistisches Denken und Gewaltausübung von Extremisten gleichzusetzen. Eine extremistische Einstellung bedeutet zwar meist die prinzipielle Ablehnung der Werte einer freiheitlich-demokratisch verfassten Zivilgesellschaft bzw. Bürgergesellschaft, aber nicht automatisch die Bereitschaft zur Gewaltanwendung.

(Links- und rechts-)extremistische Einstellungen und Bewegungen hält der italienische Philosoph Noberto Bobbio für Fundamentalbewegungen gegen das freiheitlich-demokratische Gesellschaftssystem, denn beide lehnen westliche Werte und Lebensstile ab, beide haben ein eher taktisches Verhältnis zur Demokratie bzw. zum demokratischen Verfassungsstaat. Beide streben ein anderes politisches System an, das zwar auch als Demokratie (wahre Demokratie, Volksdemokratie, Basisdemokratie etc.) bezeichnet wird, aber – aus der Perspektive des pluralistischen Verfassungsstaats – auf ein diktatorisches System (zum Beispiel die »Diktatur des Proletariats«) hinausläuft. Beide akzeptieren nicht das, was Bobbio für die »Anerkenntnis der unveräußerlichen Singularität eines jeden Individuums« hält. Beide teilen die Überzeugung, dass eine grundsätzliche Gesellschaftsveränderung Entschlossenheit und Bereitschaft zum Kampf mit einschließt. Beide vertreten ein fundamentalistisches antipluralistisches Weltbild.

Wesentliche Unterschiede zwischen links und rechts bestehen jedoch auch in der extremistischen Variante: Linke Positionen betonen Gerechtigkeit und Gleichheit und postulieren eine horizontale egalitäre Gesellschaftskonzeption; rechte Positionen gehen von einer anthropologischen Ungleichheit aus und proklamieren ein hierarchisches, antiliberales Gesellschaftsbild.

In allen politischen Lagern gibt es neben extremistischen politischen Einstellungen auch radikale und gemäßigte Strömungen, die das System verändern, aber nicht generell zerstören wollen. Sie stehen für Reformen und nicht für Umsturz. Wer auf der linken Seite des politischen Spektrums die Wirtschaftsordnung, die soziale Marktwirtschaft (»den Kapitalismus«), überwinden will, mag den Wohlstand gefährden und die unternehmerische Freiheit einschränken wollen, ist jedoch kein Verfassungsfeind, mithin kein Extremist, sondern ein Radikaler. Diese Differenzierung zwischen Linksradikalismus und Linksextremismus ist unverzichtbar, obwohl in der Praxis die Trennlinien zwischen radikalen und extremen Linken nicht zuletzt deshalb schwer zu ziehen sind, weil sich viele radikale Linke nicht prinzipiell von extremen Linken und deren Gewaltbereitschaft distanzieren.

Unter Linksextremismus werden politisch-ideologische Vorstellungen verstanden, die mit oder ohne Gewalt die bestehende politische und gesellschaftliche Ordnung abschaffen und an ihre Stelle eine »neue Gesellschaft« mit einem anderen politischen System – einer »echten Demokratie« – setzen wollen. Der Linksextremismus propagiert als Ziel eine egalitäre Gesellschaft, die allen Menschen gleiche Perspektiven und Lebenslagen garantiert. Das Individuum wird dabei seiner Freiheit beraubt und dem Kollektiv untergeordnet. Insofern strebt der Linksextremismus die politische Gleichschaltung und soziale Nivellierung einer Gesellschaft an, in der soziale Marktwirtschaft und parlamentarische Demokratie abgeschafft sind.

Linksextreme orientieren sich an unterschiedlichen Ideen und Ideologien sowie existierenden oder untergegangenen sozialistischen/kommunistischen Staaten. Das Spektrum der Gruppen reicht von Anhängern der DDR über Maoisten und (Post-) Autonome bis hin zu Anarchisten, die jegliche Herrschaftsform ablehnen. Eine Mehrzahl orientiert sich nach wie vor an Marx, Engels und Lenin sowie ihren »Nachfolgern«. Ihre marxistische oder marxistisch-leninistische Ideologie lässt sie glauben, im (alleinigen) Besitz der wissenschaftlichen und politischen Wahrheit zu sein. Indem sie in ihren Gesellschaftsmodellen keine anderen Parteien oder politisch-ideologischen Auffassungen akzeptieren, sind sie freiheitsverachtend und letztlich totalitär.

In den letzten Jahrzehnten hat sich die linksextreme Szene allerdings zumindest in der Breite »entintellektualisiert«. Sie führt nicht mehr langatmige theoretische Debatten wie die 68er-Bewegung, sondern diskutiert stattdessen über konkrete Aktionen gegen das herrschende System. Selbstdefinierte Aktionsfelder des aktuellen Linksextremismus sind »Antifaschismus und Antirassismus«, »Antiimperialismus«, »Antiglobalisierung«, »Antirepression«, »Antikapitalismus« sowie »Antidemokratie« als Kampf gegen die parlamentarische Demokratie sowie in Verbindung mit den selbsternannten Klimaschützern der Letzten Generation die Klimadebatte. Linksextreme wittern überall Verschwörungen, angezettelt vom »Kapital« und von seinen Helfershelfern, und praktizieren eine Entlarvungsstrategie, die ihre Feinde und die »Handlanger« der Herrschenden bloßstellen soll.

Das heutige linksextreme Milieu mit seinen unterschiedlichen Strömungen steht in der Tradition der Anfang des letzten Jahrhunderts in Deutschland entstandenen kommunistischen Bewegungen und insbesondere der 68er-Bewegung. Mit ihr teilen Linksextreme die Ablehnung des Mehrheitsprinzips und des Pluralismus sowie die Fixierung auf eine historische Mission, die sie zu erfüllen hätten. Linksextremisten, aber auch viele verfassungskonforme Linksradikale glauben, alles sei besser als ein vom Kapitalismus geprägtes System. In ein ähnliches Horn blasen die marxistischen Theoretiker Slavoj Žižek und Alain Badiou, die sogar den Stalinismus mit seinen Massenmorden auch an eigenen Anhängern für humaner halten als den Kapitalismus, weil das stalinistische Regime »einen gewissen Raum utopischer Erwartungen« eröffnet habe, so Žižek. Er pflichtet Badious Behauptung »lieber den schlimmsten stalinistischen Terror als die liberalste kapitalistische Demokratie« bei.

Für die Bundesrepublik zeichnen sich insbesondere die gewalttätigen Aktionen der RAF und anderer linksterroristischer Gruppen durch eine grundlegende Missachtung ziviler und moralischer Werte aus. Aber ebenso deuten gewalttätige Auseinandersetzungen wie beim G20-Gipfel in Hamburg im Juli 2017 auf eine hohe Gewaltaffinität hin, verbunden mit einem unberechenbaren Zerstörungswillen, wie zuletzt auch die Krawalle in Leipzig nach der Verurteilung von Lina E.

Linke Gewalt wird zielgenau und bewusst eingesetzt, um nicht anerkannte Institutionen und Werte der bürgerlichen Gesellschaft anzugreifen und zu zerstören und als Feinde deklarierte Personen zu treffen. Sie kann als explizit politisch motivierte Gewalt charakterisiert werden. In Zeiten, in denen weder eine Revolution vor der Tür steht noch vorrevolutionäre Zustände herrschen, dient diese Gewalt vor allem der Einschüchterung von Personen und Gruppen, die linksextremen Ansprüchen und Vorhaben entgegenstehen.

Linksextreme Gewalt wird von den Akteuren stärker als rechtsextreme bewusst eingesetzt und politisch begründet. Sie muss nicht immer zielgerichtet ausfallen, entscheidend für linke Gewalttäter ist ihre Wirkung. Die Gewalt soll das System unabhängig von den jeweiligen unterschiedlichen Angriffszielen insgesamt infrage stellen. Im Verständnis linksextremer Akteure ist das System ein »Gewaltsystem«, gegen das »Gegengewalt« oder, wie oftmals behauptet wird, »Widerstand« gerechtfertigt sei. Typisch für linke Extremisten ist die »Selbstermächtigung«, mit der sie ihr Handeln rechtfertigen.

Klaus Schroeder (* 1949) ist Professor am Otto-Suhr-Institut der Freien Universität Berlin und wissenschaftlicher Leiter des Forschungsverbundes SED-Staat; ein Schwerpunkt seiner Forschung ist der Linksextremismus in Deutschland. **Monika Deutz-Schroeder** (* 1953) ist Diplompolitologin und wissenschaftliche Mitarbeiterin im Forschungsverbund SED-Staat. Ihre Arbeitsschwerpunkte sind u. a.: Alternativbewegung, DDR, Linksextremismus.
Der vorliegende Text ist ein überarbeiteter und aktualisierter Auszug aus ihrem 2019 bei Herder erschienenen Buch *Der Kampf ist nicht zu Ende. Geschichte und Aktualität linker Gewalt.*

Mainstream

Wulf Schmiese

»Mainstream« kam als Schimpfwort vor knapp zehn Jahren auf. Es ist das milder klingende Synonym von »Lügenpresse«. Auch den staatstragenden Parteien wird Mainstream vorgeworfen – alles nur in eine Richtung, querstellen zwecklos.

Mainstream bedeutet Hauptstrom. Es ist der größte Fluss, sagen wir: der Rhein. Der fließt seit Ende der Eiszeit, seit über 10 000 Jahren in eine Richtung. Was ihm schwerlich vorzuwerfen ist. Aber klar, die Kritiker meinen es anders.

»Alles fließt«, hatte Heraklit schon vor über 2500 Jahren festgestellt. Alles ist in Bewegung und verändert sich. Aber zeigt »panta rhei« wirklich, wenn man es auf den Rhein bezieht, dass nichts bleibt, wie es ist?

Eben nicht. Denn das macht den Mainstream doch aus, den Hauptstrom: Alles fließt, weil der Fluss ein Bett hat und Ufer, die ihn begrenzen. Mit Mainstream wird versucht, die vermeintlichen Begrenzer anzuklagen. Weil die – also Deutschlands führende Medien und Parteien – keine Weite von Meinungen zuließen, keinen rechten und keinen linken Rand, nur Mitte.

Da allerdings ist der eigene Blickwinkel entscheidend: Wer weit rechts steht, für den ist die Mitte links. Wer ganz links im Flachen schwimmt, für den ist sie rechts. Und wer jenseits der Uferzone im Schlamm steht, findet den ganzen Flusslauf falsch ausgerichtet und fühlt sich nicht mitgenommen.

Für Randständige läuft der Mainstream immer falsch. Doch

der Hauptstrom ist die Demokratie in ganzer Breite. Mainstreammedien fahren auf diesem Fluss mit klaren Uferkanten seit bald 75 Jahren. Weil der Staat wir alle sind, trifft auch »Staatsmedien« als Schimpfwort nicht. Denn jedes Medium im breiten Fluss Bundesrepublik Deutschland ist doch prinzipiell für alle unterwegs, ob es nun rechts oder links besser vorankommt. Den meisten, das stimmt allerdings, gelingt es in der Mitte am besten.

Unser Auftrag ist es, auch die Ränder abzufahren, von der Mitte aus mal nach rechts und mal nach links. Wir müssen auch jenseits der Begrenzungen schauen, wo Wasser über die Ufer schwappt, ob Sumpf entsteht oder ob Gift von außen in den Fluss gelangt.

Mehr noch als die Uferkanten sind für traditionelle Parteien die eigenen Randzonen zum Problem geworden. Das erleben derzeit die Grünen. Auf kurz oder lang droht ihnen, was SPD und CDU schon hinter sich haben: Verengung und folglich Verkleinerung.

Die Lage ist paradox: Je stärker eine Partei wird und je weiter sozusagen ihre Fahrrinne, desto schwieriger ist ihre Positionierung. Die Grünen sind längst keine Klientelpartei mehr. Ihre eigentlichen Konkurrenten sind die Großen, genauer gesagt, die vormals Großen: SPD und CDU. Diese drei Parteien schwimmen dicht beieinander in der Mitte. Und alle drei haben ein Problem mit ihren Rändern.

Die SPD hat es zuerst erlebt. Vor 20 Jahren knirschte es bei ihr gewaltig links. Bundeskanzler Gerhard Schröder hatte es allzu gut gefallen, »Genosse der Bosse« genannt zu werden. Das war ihm ein Wegweiser auf der Suche nach der »Neuen Mitte«. Den Sozialstaat wollte er reformieren, »beschneiden«, wie seine parteiinternen Gegner schimpften. Schröder und sein damaliger Generalsekretär Olaf Scholz waren kompromisslos bis hinein ins Parteiprogramm.

Die Folge ihres gesamten Erneuerungsprozesses war der Abriss: Der bis dahin breite Tanker SPD hat backbord einen ganzen Teil verloren. Daraus gründete sich die WASG (Arbeit & soziale Gerechtigkeit – Die Wahlalternative), die später mit der PDS zur Partei »Die Linke« fusionierte. Die SPD war wie amputiert und blieb, im Grunde bis heute, eine 20-Prozent-Partei.

Kanzlerin Angela Merkel ging ein Jahrzehnt später ähnlich vor – und zwar am rechten Rand ihrer CDU. »Alternativlos« war ihr Synonym für Kompromisslosigkeit in der Euro-Krise. Und wie Schröder das »Genosse der Bosse« schmeichelte, so gefiel Merkel später ihr Beiname »Flüchtlingskanzlerin«.

Damit konnte sie die linke Mitte begeistern. Nationalisten wie Alexander Gauland aus dem einstigen »Berliner Kreis« der Union machten die junge AfD zur Anti-Merkel-Partei. Das wurde von der Mitte-Kanzlerin hingenommen. Heute sind CDU wie SPD geschrumpfte Parteien, für die in bundesweiten Umfragen 30 Prozent unerreichbar scheinen.

Nun ist heutzutage das Mitte-Thema schlechthin die »Klimarettung«, also das Gründungsmantra der Grünen. Noch versuchen sie, es all ihren Anhängern recht zu machen. Sie haben Verständnis für die Ziele der Letzten Generation, lehnen allzu radikale Klimaproteste aber ab. Sie zeigen auch ein großes Herz für Geflüchtete, verweigern sich aber nicht grundsätzlich dem Schutz der EU-Außengrenzen. Wie lange kann diese Breite gut gehen?

SPD und CDU wollten bei ihren jeweiligen Themen nicht weiter einen linken beziehungsweise rechten Rand hinnehmen; den empfanden sie als zu sperrig und aufhaltend während ihrer damals so schnellen Fahrt in der Mitte. Doch genau das hat sie am Ende zerrissen und so schmal gemacht. Die SPD hatte jahrelang keine gemeinsame Antwort darauf, was soziale Gerechtigkeit ist. Die

CDU war sprachlos auf die Frage, was konservativ bedeutet. Die Grünen werden immer hitziger gefragt, was für sie grün ist. Fehlt den Grünen hier eine gemeinsame, identitätsstiftende Antwort, könnten auch sie ihre radikalökologischen Ränder verlieren – nicht heute oder morgen, aber auf ihrem längst beschrittenen Weg zur Volkspartei.

Die große Leistung der Volksparteien SPD und Union war in den ersten fünf Jahrzehnten der Bundesrepublik das Aushalten ihrer Ränder; mehr noch: die Inklusion der politisch am Rande Stehenden. Inzwischen ist das Parteienspektrum vielfältiger geworden – so wie es das in vielen anderen EU-Staaten schon lange ist. Was belegt, dass Demokratien auch ohne große Volksparteien überleben können.

Voraussetzung dafür ist aber ein Mainstream, ein Hauptstrom, dessen Randzonen im Blick behalten werden. Das ist die Aufgabe von Mainstreammedien. Denn uferlos kann ein Strom gefährlich werden – alles mit- und einreißend – oder zum stehenden Gewässer.

Wulf Schmiese (* 20. März 1967 in Münster) schloss sein Studium der Geschichte, Politikwissenschaft und Nordamerikanistik in Berlin mit der Promotion ab. Er absolvierte eine Journalistenausbildung an der Henri-Nannen-Schule in Hamburg. Schmiese war ein Jahrzehnt lang politischer Korrespondent für die *FAZ*. Von 2010 bis 2014 moderierte er das *ZDF-Morgenmagazin* und ist seit 2017 Redaktionsleiter des *heute-journal*.

Marktwirtschaft

Roland Koch

Zwei Ereignisse sind in diesem Jahr besonders zu würdigen: zum einen das 225-jährige Jubiläum des ersten Erscheinens eines Buches im Verlagshaus Herder und zum anderen der 75. Geburtstag unserer Wirtschafts- und Gesellschaftsordnung, die wir »soziale Marktwirtschaft« nennen. Dieses Zusammentreffen darf sicherlich als Zufall betrachtet werden. Aber immerhin kann man feststellen, dass diese Jahre in der Zeit der Bundesrepublik Deutschland dem Verlag sehr gutgetan haben und die Eigentümer mit Stolz darauf blicken können. Und sicher kein Zufall war, als im Juni 1948 Ludwig Erhard in seiner Funktion als Direktor für Verwaltung der Wirtschaft die federführend von der US-Militärregierung organisierte Währungsreform mit einer Wirtschaftsreform verband und in einem so kühnen wie mutigen Akt einen großen Teil der Preise aus der Bewirtschaftung freigab und so die Marktwirtschaft im westlichen Teil des besetzten Deutschland einführte.

Freie Preise sind das Wesen der Marktwirtschaft

Ludwig Erhard war überzeugt, dass erst der freie Preis als Kern der Marktwirtschaft, der als Knappheitsanzeiger für Waren und Dienstleistungen fungiert und so Angebot und Nachfrage zum Ausgleich bringt, eine wirtschaftliche Dynamik in Gang setzen würde. Der Erfolg dieser theoretisch fundierten, aus den Präferenzen von Verbrauchern und Produzenten abgeleiteten Überzeugung ließ sich am schnell einsetzenden »Wirtschaftswunder« ablesen, in dessen Folge sich die Schaufenster schnell wieder mit Waren füllten, die Produktion rapide stieg und die Arbeitslosigkeit sank.

Zur Notwendigkeit einer staatlich organisierten Wettbewerbsordnung

Dabei ist klar, dass der Markt nicht sich selbst überlassen bleiben darf. Gleichwohl die industrielle Revolution ab Mitte des 18. Jahrhunderts – ausgehend von der Erfindung der Dampfmaschine und weiteren Innovationen – den Lebensstandard im Gesamten hatte steigen lassen, so war doch offensichtlich, dass ohne staatliche Regulierung Monopole, Kartelle, Machtpositionen sowie inakzeptable soziale Zustände die Folge waren. Der extreme Gegenentwurf zu diesem sogenannten Manchesterkapitalismus war eine sozialistische Gesellschaftsordnung – die sich jedoch bald als Utopie herausstellte, welche in der Realität zu Misswirtschaft sowie durch die Fokussierung auf das Kollektiv und die angeblich klassenlose Gesellschaft zur Unterdrückung und letztlich zur Abschaffung des frei und eigenverantwortlich handelnden Individuums führt.

Die Marktwirtschaft bedarf daher einer staatlich zu organisierenden Ordnung, in der die individuelle Freiheit durch Wettbewerb eingehegt wird, sodass das auf die Steigerung des eigenen Nutzens gerichtete Verhalten des Einzelnen durch die »Peitsche des Wettbewerbs« zum Wohle und zum Nutzen aller geschieht und erst so zu einer sozialen Marktwirtschaft wird. Das seit 1958 und somit seit 65 Jahren geltende sowie über die Jahrzehnte mehrfach an aktuelle Entwicklungen angepasste »Gesetz gegen Wettbewerbsbeschränkungen« adressiert ebendiesen Anspruch und formuliert in Paragraf 1 ein Verbot von Kartellen und anderen Verhaltensweisen zur Beschränkung oder Verfälschung des Wettbewerbs, weshalb das Gesetz bisweilen auch jovial »Grundgesetz der sozialen Marktwirtschaft« genannt wird.

Ordnungspolitische Verlässlichkeit und Subsidiarität in der Sozialpolitik

Der Begriff »Ordnungspolitik«, mit dem das von Ludwig Erhard formulierte Anliegen verfolgt wird, »die wirtschaftenden Menschen aller sozialen Schichten« davor zu schützen, »nicht ständig unvorhersehbaren politischen Entscheidungen ausgesetzt zu sein«, ist inzwischen aus dem öffentlichen Diskurs leider nahezu vollständig verschwunden. Das ist gefährlich, weil die verlässliche Gestaltung als Wettbewerbsordnung die Voraussetzung dafür schafft, dass die Marktwirtschaft eine soziale Funktion erfüllt und das Attribut »sozial« verdient. Das jedoch ist unerlässlich, um von der Bevölkerung akzeptiert zu werden.

Dass das Konzept der sozialen Marktwirtschaft auch integral über ein System der sozialen Sicherung verfügt, ist selbstverständlich – wird von seinen Kritikern aber gern unterschlagen. Dem Gedanken des Subsidiaritätsprinzips folgend, hat die staatliche Absicherung jedoch dort haltzumachen, wo der Einzelne selbst für sich und seine Familie sorgen kann. Jede Leistung des aus den finanziellen Mitteln der Bürger finanzierten Sozialsystems kann nur eine Hilfe zur Selbsthilfe und keine Vollkaskoversorgung sein.

Erfahrungen mit 75 Jahren sozialer Marktwirtschaft

75 Jahre soziale Marktwirtschaft bedeuten eine Erfolgsgeschichte, die geprägt ist von auf den Werten von Freiheit und Verantwortung geschaffenem materiellen Wohlstand und die sich zudem durch die Flexibilität auszeichnet, auch gegebenenfalls eingeschlagene Irrwege zu verlassen und Fehlentwicklungen zu korrigieren. Beispielsweise gelang es 1982 mit Übernahme der Regierungsgeschäfte durch Bundeskanzler Helmut Kohl, die öffentlichen Finanzen zu konsolidieren, nachdem dem Staat von der sozialliberalen Koalition vor allem in den 1970er Jahren zu viele Aufgaben übertragen worden und die Grenzen der Finanzierungsfähigkeit erreicht waren.

Auch die Deregulierungen vor allem im Telekommunikations- und Verkehrssektor in den 1990er Jahren und die Reformen im Sozialsektor zu Beginn des neuen Jahrtausends im Zuge der Agenda 2010, die der Eigenverantwortung und der Selbstvorsorge wieder mehr Geltung verschafften, sind weitere Beispiele für die Notwendigkeit, die Staatstätigkeit permanent auf den Prüfstand zu stellen und gegebenenfalls zurückzuschneiden, denn: Wo der Staat sich ausdehnt, werden private Initiative und Kreativität verdrängt. Zugleich zeigt die Erfahrung, dass marktwirtschaftliche Reformen und ebendas politisch umgesetzte Vertrauen in Marktprozesse stets mit sinkenden Schulden- und Staatsquoten sowie mit mehr Wachstum und Beschäftigung belohnt werden.

Auch über die deutschen Außengrenzen hinweg hatte und hat die Idee von einer marktwirtschaftlichen Ordnung Strahlkraft. So wurde 1992 die Wirtschaftspolitik der Mitgliedstaaten der Europäischen Union dem Grundsatz einer »offenen Marktwirtschaft mit freiem Wettbewerb verpflichtet«, was die Mitgliedstaaten im EU-Binnenmarkt zu einem dynamischen und global relevanten Wirtschaftsraum werden ließ.

Umbau zu einer »sozialökologischen Marktwirtschaft«?

In jüngerer Zeit ist in der Berliner Regierungsprogrammatik von der Notwendigkeit einer »Großen Transformation« zu lesen und zu hören. Die aktuelle Regierung aus SPD, Grünen und FDP hat mit Antritt im Dezember 2021 den Umbau der sozialen Marktwirtschaft zu einer »sozialökologischen Marktwirtschaft« im Programm. Von diesem Ansinnen ist abzuraten, denn der Ordnungsrahmen der sozialen Marktwirtschaft enthält mit Instrumenten, die nicht Verbote, sondern das Setzen von marktwirtschaftlichen Anreizen in den Vordergrund stellen, bereits alles, was für ökologisch verträgliches und somit nachhaltiges Wirtschaften nötig ist.

Eine dirigistische Strategie hingegen, nach der der Staat und seine Behörden nur bestimmte Technologien zulassen, würgt die Innovationskräfte und die Kreativität freier Unternehmer ab – und missachtet letztlich die Wünsche der Verbraucher. Mit dieser »Anmaßung von Wissen«, mit welcher Technologie die ehrgeizigen, im Jahr 2015 in Paris vereinbarten Ziele zum Schutz des Weltklimas am besten zu erreichen seien, gerät die Marktwirtschaft ins Hintertreffen. Planwirtschaftliche Ambitionen jedoch sind nicht nachhaltig und werden scheitern, wie der Untergang der sozialistischen Wirtschaftssysteme vor allem im östlichen Teil Europas gezeigt hat.

In diesem Sinne sei ein marktwirtschaftliches Plädoyer Ludwig Erhards aus dem Jahr 1962 wiederholt, welches auch heute mahnende Leitlinie für die politischen Entscheidungsträger sein muss: »Selbst wenn wir wider alle Vernunft handeln und gegen alle Warnungszeichen blind und taub bleiben – die inneren Gesetze eines weltweiten freien Marktes werden uns zur Besinnung und zur Wiederherstellung einer gedeihlichen Ordnung zwingen.«

Roland Koch (* 24. März 1958 in Frankfurt am Main) ist ein deutscher Manager, Rechtsanwalt und ehemaliger Politiker der CDU. Er war von 1999 bis 2010 Ministerpräsident von Hessen und von 1998 bis 2010 Landesvorsitzender der CDU Hessen. Nach seiner politischen Karriere war er Vorstandsmitglied und Vorstandsvorsitzender des Baukonzerns Bilfinger. Seit November 2017 ist er Professor an der Frankfurt School of Finance & Management. 2010 erschien bei Herder sein Buch *Konservativ. Ohne Werte und Prinzipien ist kein Staat zu machen.*

Nachbarn

Gerd Krumeich

Wenn ein Freiburger Verlag einen Historiker, der auf die Geschichte Frankreichs spezialisiert ist, um einen Beitrag zum Thema Nachbarn bittet, dann geht es fast naturgemäß um Deutschland und seinen von Freiburg aus so nahen Nachbarn Frankreich, deren Verhältnis auch der Verlag von seinen Anfängen an publizistisch begleitete.

»Seit 1813 druckte er (Bartholomä Herder) die ›Teutschen Blätter‹ mit den offiziellen Armeenachrichten und begleitete 1815 als k. k. Feldbuchdrucker im Gefolge Metternichs die Verbündeten nach Paris.« (*Meyers Konversations-Lexikon*, 8. Auflage 1895)

Bartholomä Herder, der Gründer des Verlags, war also zutiefst verstrickt in die von kriegerischer Auseinandersetzung geprägten deutsch-französischen Beziehungen seit der revolutionären Expansion des napoleonischen Frankreich in Europa. An der mit der Umwälzung der politischen Verhältnisse verknüpften Ausweitung der Medienlandschaft partizipierte der Verleger klug. Und so formulierten die *Teutschen Blätter* in ihrer ersten Ausgabe vom 6. Januar 1814, dass nie zuvor das Bedürfnis nach schneller, zuverlässiger und authentischer Information stärker geboten gewesen sei, um den in der letzten Zeit so sehr gestörten »Funken des Nationalgeistes« wieder zur Zündung kommen zu lassen. Mit der neuen Zeitung wolle man »eine Niederlage (= Plattform) patriotischer Ansichten, Wünsche, Erhebungen« schaffen.

Bartholomä Herder konnte seit 1808 in Freiburg hautnah miterleben, was das von Napoleon bewirkte Ende des alten Reiches für Konsequenzen hatte. Neben allen Unbilligkeiten und Kriegslasten – nicht zuletzt die Hunderttausende von Deutschen, die in der Grande Armée des Imperators kämpfen und sterben mussten – gab es ja auch sehr positive Neuerungen, nicht zuletzt die Formierung des neuen Großherzogtums Baden, was allerdings in Herders Lexikon, Ausgabe 1906, unter dem Eintrag »Napoleon« keinerlei Erwähnung fand.

Frankreich war und blieb der höchst ungeliebte und stets kritisch beäugte »Nachbar am Rhein«, aus dem für mehr als 100 Jahre schlicht der »Erbfeind« werden sollte. Schon 1840 drohte ein neuer Krieg wegen der vieldiskutierten Rheingrenze: »Sie sollen ihn nicht haben, den deutschen Rhein« von Nikolaus Becker war noch im Ersten Weltkrieg ein Marschlied der Soldaten. Alphonse de Lamartines beruhigende und auf Versöhnung zielende Antwort »Coule libre« ist erst heute, nahezu 200 Jahre später, auf Dauer realisiert.

Unter Napoleon III. ging es darum, ob Frankreich seine Vorrangstellung in Europa gegenüber dem nach Vereinigung strebenden Deutschland würde behalten können. Und da es Bismarck, dem großen Antipoden Napoleons III., gelang, mit »Blut und Eisen« in den Kriegen gegen Dänemark und Österreich-Ungarn 1864/66 diese deutsche Einheit immer stärker zu realisieren, schien ein Krieg zwischen Preußen und Frankreich unausweichlich. Zumal Bismarck es verstand, die wiederholten Kompensationsforderungen des »Empereur« und seiner Regierung ins Leere laufen zu lassen und Napoleon III. in der sogenannten Luxembourg-Krise von 1867 bis zur Lächerlichkeit zu desavouieren. Natürlich erschien den Franzosen dieses Verhalten als ein typisch deutscher

»mauvais procédé«, gesteigert noch durch die 1868 zwischen dem Norddeutschen Bund und den süddeutschen Staaten geschlossenen »Schutz- und Trutz«-Bündnisse. Die Drohung des Kaisers der Franzosen, er könne zur Not auch genau wie sein großer Onkel 1805 mit der »bataille d'Ulm« Deutschland in zwei Teile trennen, war eine echte Gefahr. Und im Übrigen ein wichtiges – und heute kaum noch bekanntes – Motiv für die »Wegnahme« der großen und für offensive Operationen bestens geeigneten Festung Straßburg und die Annexion des Elsass.

Die latente Verfeindlichung zwischen Deutschen und Franzosen explodierte förmlich mit dem Krieg von 1870/71. Wer diesen ausgelöst bzw. verschuldet habe, hat unendliche Historikerkontroversen ausgelöst, die hier nicht ausgeführt werden sollen. Fest steht, dass Napoleon III. und seine Minister sowie die bürgerliche Pariser Öffentlichkeit keineswegs bereit waren, die »mauvais procédés« der Preußen und Deutschen weiter hinzunehmen. Fest steht auch, dass Bismarck dies genau wusste und mit der »Emser Depesche« den Zündfunken an das Pulverfass legte, um diesen auch von ihm als unabwendbar angesehenen Krieg zu einem günstigen Zeitpunkt hervorzurufen. Jedoch konnte niemand ahnen, dass es tatsächlich gelingen würde, die berühmte Armee des Empire in wenigen kurzen Schlachten entscheidend zu schlagen.

Allerdings bekam das deutsche Heer ab dem Spätherbst 1870 auch zu spüren, wie ernst es die Franzosen mit der nationalen Verteidigung meinen konnten. Besonders schwerwiegend war das neue Phänomen der »franc-tireurs«, also der nur notdürftig oder gar nicht mit militärischen Insignien versehenen Kämpfer, welche den deutschen Truppen schwere Verluste beibrachten und als nichtlegitime Krieger erschossen oder erhängt wurden. Der Streit über die Legitimität dieser Kriegführung setzte sich in der Folgezeit fort und hatte noch im Ersten Weltkrieg schreckliche Konsequenzen. Aus jener Kriegserfahrung resultierte auch die Überzeugung der preußisch-deutschen Offiziere und Feldherren, dass die französische Armee zwar quantitativ bedeutend und einigermaßen großspurig, aber in Wirklichkeit kein ernsthafter Gegner sei. Der berühmt-berüchtigte deutsche Aufmarschplan von 1914, der sogenannte Schlieffen-Plan, sah dann auch vor, dass die französische Armee binnen weniger Tage umzingelt sein werde und man dann die Franzosen wie Hasen vor sich hertreiben könne.

Die schwerwiegendste Folge des 1870er-Krieges war die Annexion von Elsass und Lothringen durch die Deutschen. Die oft genannten historischen und kulturellen Gründe (das Elsass als »kerndeutsches« Land) waren für Bismarck lange nicht so entscheidend wie die machtpolitisch-strategische Bedeutung insbesondere des Elsass. Allerdings war das ein recht kurzfristiges Denken und Planen, denn in Wirklichkeit brachte diese Annexion es mit sich, dass ein politischer Ausgleich zwischen Deutschland und Frankreich nicht mehr möglich war. Die Franzosen verlangten die Restitution der »provinces perdues« und fingen auch alsbald mit Militärreformen aller Art an, sich auf einen Revanchekrieg vorzubereiten, wodurch sich die Stimmung zwischen den beiden Nationen noch einmal verschlechterte. Und wenngleich der Ruf nach »Revanche« in Frankreich nach 1900 immer schwächer wurde, blieb der französische »Revanchismus« für die deutsche Politik und militärische Planung bis zum Ersten Weltkrieg ein vielgebrauchter Topos.

Der Erste Weltkrieg hat diese Verfeindlichung der beiden Nationen auf die Spitze getrieben. Dies umso mehr, als die deutsche Armee bei ihrer »Vorwärts«-Verteidigung seit Kriegsbeginn zehn französische Provinzen besetzt hatte, die zum Hauptkriegsschauplatz der Westfront wurden. Hunderte von Städten und Dörfern wurden dem Erdboden gleichgemacht, die Gegend um Verdun ist heute noch »zone rouge«, wo nichts angebaut werden und gedeihen kann. Und das Bewusstsein der Franzosen, Opfer einer brutalen Aggression geworden zu sein, war immens und ist heute noch stark. Demgegenüber hat die deutsche These, man habe vor Verdun und an der Somme nichts als eine vorgeschobene »Wacht am Rhein« aufgestellt und somit verhindert, dass Deutschland von seinen Gegnern erobert und zerstört werden konnte, nicht nachhaltig gewirkt, auch wenn das Argument im Nachkriegsdiskurs und gegen »Versailles« noch häufig vorgebracht wurde.

Was allerdings eine riesige Rolle für die Zukunft spielte, war die von den Franzosen durchgesetzte Klausel von der Alleinschuld und der daraus resultierenden Verpflichtung, alle in Frankreich angerichteten Schäden wiedergutzumachen. Diese im Artikel 231 des Versailler Vertrags von 1929 festgehaltene deutsche Kriegsschuld ließ in der Folgezeit die Gemüter nicht zur Ruhe kommen und führte zu schweren politischen Verwerfungen. Und einer der wichtigsten Gründe, warum die Deutschen später Hitler zujubelten, war sein immer wiederholtes Versprechen, den »Schandfrieden« von Versailles zu zerreißen. Nie war Hitler in Deutschland so beliebt wie 1940, als ihm mit dem Sieg über Frankreich genau dies gelang – so die Feststellung des großen Hitler-Biografen Ian Kershaw.

Diese bald 150 Jahre andauernden politischen Verwerfungen lassen erahnen, wie schwierig der schließlich so erfolgreiche Weg zur deutsch-französischen Freundschaft von heute gewesen ist. Und neben den nach 1950 zielstrebig von beiden Seiten aufgebauten wirtschaftlichen Verschränkungen, etwa im Monnet-Plan, spielten hierfür auch die symbolischen Aktionen im Zusammenhang mit der Kriegserinnerung eine große Rolle. Sehr wichtig wurde, nach dem Deutschlandbesuch von Charles de Gaulle 1962, der wohl ebenso spontane wie nachhaltige Händedruck zwischen Helmut Kohl und François Mitterrand 1984 vor dem Beinhaus von Douaumont, in dem die Überreste von rund 150 000 unbekannten Soldaten bestattet sind. Dass wohl die Hälfte davon unbekannte deutsche Soldaten sind, diese Erkenntnis brauchte dann immer noch mehr als 30 Jahre, bis sie schließlich 2016 als Inschrift in die Kuppel des Beinhauses eingraviert wurde.

Die letzte große Manifestation auf diesem Wege des gegenseitigen Verstehens ist das 2017 eröffnete Historial franco-allemand du Hartmannswillerkopf im Elsass, das von den Staatschefs beider Nationen eingeweiht wurde und zum Besuchermagnet nicht zuletzt für Schulklassen aus beiden Ländern geworden ist.

So können wir heute mit Fug und Recht davon ausgehen, dass die so lange Periode der deutsch-französischen Erbfeindschaft zu einer hoffentlich mindestens so lange andauernden Periode des freundschaftlichen gegenseitigen Verstehens wird.

Gerd Krumeich (* 4. Mai 1945 in Düsseldorf) ist ein renommierter deutscher Historiker und ausgewiesener Jeanne-d'Arc-Spezialist. Von 1990 bis 1997 hatte er in Freiburg eine Professur für Geschichte des romanischen Westeuropa inne, von 1997 bis 2010 war er Inhaber des Lehrstuhls für Neuere Geschichte an der Heinrich-Heine-Universität Düsseldorf. Zahlreiche Veröffentlichungen zur deutschen und französischen Zeitgeschichte, insbesondere zum

Ersten Weltkrieg und zu seinen Nachwirkungen; Gerd Krumeich ist Mitherausgeber der *Enzyklopädie Erster Weltkrieg*. 2021 erschien bei Herder sein Buch *Die unbewältigte Niederlage. Das Trauma des Ersten Weltkriegs und die Weimarer Republik.*

Neutralität

Barbara Schmid-Federer

Der Begriff »Neutralität«, vom lateinischen »neuter«, was »keiner von beiden« bedeutet, bezeichnet im Allgemeinen die Haltung einer Person oder Organisation, die in einer Debatte mit unterschiedlichen Meinungen oder in einem Streit keine Partei ergreift. Im humanitären Völkerrecht bezieht sich der Begriff auf einen Staat, der sich bewusst aus einem bestimmten bewaffneten Konflikt heraushält. In ihrer üblichen Bedeutung hat Neutralität also nichts besonders Tugendhaftes an sich. Als kühle und distanzierte Zurückhaltung lässt sie eher auf eine gleichgültige Haltung schließen, die wenig erfreulich ist.

Doch hinter diesen vordergründig negativen Konnotationen verbirgt sich eine Bedeutung, die viel umfassender und komplexer ist, als es scheint. In Wirklichkeit hat Neutralität zahlreiche Nuancen. Sie erlaubt verschiedene Interpretationen, je nachdem, ob sie auf einer philosophischen oder rechtlichen Grundlage beruht oder politischer, militärischer oder humanistischer Art ist.

Eine missverstandene Neutralität wird häufig schlecht akzeptiert. Dies trifft in Kriegszeiten umso mehr zu: Ist die Neutralität noch hörbar inmitten der manichäischen Auseinandersetzungen, bei der sich zwei unvereinbare Sichtweisen der Zivilisation gegenüberstehen? Diese heikle Frage ist durch die Rückkehr des Krieges in Europa wieder aktuell und löste erneut eine hitzige Debatte über die Berechtigung des Grundsatzes der Neutralität aus. Die Schweiz als traditionell neutrales Land und das Internationale Komitee vom Roten Kreuz (IKRK) als internationaler Fahnenträger der humanitären Werte sind dieser Kritik besonders ausgesetzt. Den Kritikern ist die Neutralität angesichts der ideologischen Gegensätze des Krieges suspekt. Sie bezeichnen sie gerne als naiv oder halten sie für eine Form von Feigheit.

Doch gerade in Kriegszeiten, an vorderster Front, erweist sich die Neutralität als Grundsatz der humanitären Arbeit am sinnvollsten. Für das IKRK und für die gesamte Rotkreuz- und Rothalbmondbewegung stellt die Neutralität einen Grundwert dar. Sie ist eine der sieben Rotkreuz-Grundsätze und folgendermaßen definiert: »Um sich das Vertrauen aller zu bewahren, enthält sich die Rotkreuz- und Rothalbmondbewegung der Teilnahme an Feindseligkeiten wie auch, zu jeder Zeit, an politischen, rassistischen, religiösen oder ideologischen Auseinandersetzungen.« Was bedeutet das konkret?

Erstens ist die Neutralität des Roten Kreuzes ein notwendiges Mittel zur Erfüllung seines humanitären Auftrags. Dank ihr kann es eine Vertrauensbasis schaffen, die eine unerlässliche Voraussetzung ist, um ungehinderten Zugang zu hilfsbedürftigen Personen zu erhalten. Die Aufrechterhaltung des gegenseitigen Vertrauens bedingt eine zurückhaltende Haltung gegenüber den beteiligten Parteien, aber auch einen permanenten Dialog. Obwohl uns das Vertrauen aller als entscheidende Voraussetzung für den Erfolg der Einsätze des IKRK in Konfliktgebieten erscheint, ist es nicht sein Vorrecht.

Das Vertrauen stellt eine moralische Stärke dar, die für alle Mitglieder der Rotkreuz- und Rothalbmondbewegung wichtig ist: Ohne das Vertrauen der politischen Behörden und der Bevölkerung in ihrer Gesamtheit und Vielfalt könnten die nationalen Gesellschaften ihre »rôle d'auxiliaire des pouvoirs publics«

nicht wahrnehmen. In der Schweiz erweist sich die Neutralität beispielsweise in der äußerst polarisierenden Migrationsfrage als zentral: Indem sich das Schweizerische Rote Kreuz (SRK) aus Parteikampagnen und politischen Auseinandersetzungen im Migrationskontext heraushält, geht es nicht das Risiko ein, eine Seite zu befremden oder zu enttäuschen, wodurch es ihr Vertrauen verlieren könnte. Auch hier dient die Neutralität der Arbeit: Sie ist ein Mittel, um Zugang zu einer Gruppe von verletzlichen Menschen zu erhalten.

Zweitens hat der Grundsatz der Neutralität eine Schutzfunktion. Diese Idee geht auf Henry Dunant zurück, der als Erster das Konzept der »Neutralität von verwundeten Soldaten« vorgeschlagen und formalisiert hat: Ein außer Gefecht gesetzter verwundeter Soldat nimmt nicht mehr an den Kampfhandlungen teil und gehört folglich keiner Seite mehr an. Sein Leben muss geschützt werden, unabhängig von seiner nationalen, ethnischen oder religiösen Zugehörigkeit. In seinem Buch *Eine Erinnerung an Solferino* forderte der Gründer des Roten Kreuzes die Festlegung eines »internationalen, rechtsverbindlichen und allgemein hochgehaltenen Übereinkunft«, die nicht nur verwundete Soldaten, sondern auch Hilfspersonen auf dem Schlachtfeld schützen soll.

Die Idee von Dunant konkretisierte sich 1864 mit der Unterzeichnung der ersten Genfer Konvention, die den Grundstein für das humanitäre Völkerrecht legte. Anschließend wurde der humanitäre Schutz schrittweise auf andere Personengruppen ausgeweitet, wie Kriegsgefangene, Deserteure und Zivilpersonen. Das Emblem mit dem roten Kreuz bzw. roten Halbmond auf weißem Grund hat eine Schutzfunktion, sowohl für Personen als auch für Ambulanzen, Spitäler und mit dem Roten Kreuz oder dem Roten Halbmond verbundene Einrichtungen. Somit erfüllen diese für neutral erklärten Bereiche – wahre Zufluchtsorte mitten im Kriegsgeschehen – eine äußerst wichtige Rolle. Obwohl sie längst nicht alle Übel des Krieges lindern können, ist ihr Ziel, die menschliche Würde wiederherzustellen, indem sie Hilfe und Hoffnung dorthin bringen, wo blinde Gewalt und Rechtsfreiheit herrschen.

Abschließend müssen wir uns fragen, wo die Grenzen dieses Grundsatzes der Neutralität liegen. Kann er der Belastungsprobe der gegenwärtigen Konflikte und Krisen standhalten? Die Einhaltung der Rotkreuz-Grundsätze ist und bleibt eine ständige Herausforderung. Der Erfolg ist niemals garantiert. Ich wage kurz zwei Schwierigkeiten zu nennen, die das fragile Boot der Neutralität zum Kentern bringen könnten: erstens die Gefahr einer Instrumentalisierung der Neutralität durch die Konfliktparteien. Es gibt zahlreiche mögliche Arten von staatlichem oder nichtstaatlichem Druck, um die Neutralität des Roten Kreuzes in Verruf zu bringen. Hinsichtlich der Kommunikation können die neuen Informationstechnologien die Schwierigkeiten verschärfen, besonders die sozialen Medien. Denn die Herausforderung liegt nicht nur in der Einhaltung der Neutralität, sondern auch darin, wie diese von den betroffenen Akteuren und Gemeinschaften wahrgenommen wird. Zweitens ist die Verzerrung bei der Aufstellung der Grundsätze der humanitären Arbeit zu erwähnen: ihr historischer Eurozentrismus. Obwohl die Rotkreuz-Grundsätze weltweit gelten und anerkannt sind, wurden sie vom westlichen Denken im europäischen Kontext des 19. Jahrhunderts geprägt. Angesichts der steigenden Zahl an humanitären Akteuren und der zunehmenden ideologischen Polarisierung, die in einigen Regionen der Welt mit starken geopolitischen Spannungen zu beobachten ist, kann die Neutralität als Mittel zur politischen Einmischung des Westens aufgefasst werden. Die Wahl der externen Partnerschaften ist daher entscheidend: Jede Organisation, die einer UNO-Agentur oder einer NGO zu nahe steht, kann dem Neutralitätsbild des Roten Kreuzes schaden. Die Förderung der humanitären Arbeit des Roten Kreuzes erfordert einen vertieften Dialog innerhalb der Bewegung, die weitere Vermittlung der Rotkreuz-Grundsätze vor Ort sowie die Sensibilisierung der breiten Öffentlichkeit für diese Thematik.

Barbara Schmid-Federer (* 10. November 1965 in Zürich) war von 2007 bis 2018 Nationalrätin, zuletzt als Mitglied der Kommission für soziale Sicherheit und Gesundheit. Sie war Co-Präsidentin der parlamentarischen Gruppe Familienpolitik und Vorstandsmitglied bei Alliance F und bekleidete von 2022 bis 2023 das Amt der Präsidentin des Schweizerischen Roten Kreuzes.

Optimismus

Mojib Latif

Ich bin ein durch und durch optimistischer Mensch und glaube an eine gute Zukunft. Wenn es um den durch die Menschen verursachten Klimawandel in Form der globalen Erwärmung geht, braucht es allerdings schon eine gehörige Portion Optimismus, um die Hoffnung nicht zu verlieren, dass wir unsere Lebensgrundlagen schützen werden. Ich warne schon seit Jahrzehnten vor den Risiken einer ungebremsten globalen Erwärmung und mahne – so wie viele meiner Kolleginnen und Kollegen auch – eine der Dringlichkeit des Problems angemessene Klimapolitik an, bisher allerdings mit wenig Erfolg. Die Welt scheint immer noch nicht zu verstehen, in welcher Lage sie sich befindet. Trotzdem ist ein gewisser Optimismus angebracht. Warum? Weil wir die Ursache des Klimaproblems kennen und auch wissen, wie wir es lösen können.

Der Weltklimarat schrieb 2021 in seinem sechsten Sachstandsbericht: »Es ist eindeutig, dass menschliche Aktivitäten den Klimawandel verursachen.« Im ersten Sachstandsbericht, der 1990 erschienen war, hieß es schon, dass man sich sicher sei, dass der menschliche Ausstoß sogenannter Treibhausgase zu einer Erwärmung der Erdoberfläche führen werde. Hierbei geht es in erster Linie um die Art der Energiegewinnung, die auf der Verbrennung der fossilen Brennstoffe – Kohle, Erdöl und Erdgas – fußt, wodurch seit dem Beginn der Industrialisierung enorme Mengen des Treibhausgases Kohlendioxid (CO_2) in die Atmosphäre gelangen, die die Erde aufheizen. Die Menschen emittieren darüber hinaus weitere Treibhausgase wie Methan und Lachgas, die u.a. in der Landwirtschaft entstehen. Insgesamt hat sich die Erde im weltweiten Mittel schon um ein gutes Grad Celsius gegenüber der vorindustriellen Zeit erwärmt, was für die letzten Jahrtausende beispiellos ist. Die Auswirkungen der globalen Erwärmung sind überall auf der Erde spürbar. So häufen und intensivieren sich die Wetterextreme, die Meeresspiegel steigen, und die ohnehin durch die Menschen gestressten Ökosysteme zu Land und in den Meeren leiden noch zusätzlich unter den höheren Temperaturen.

Der Ort des Ausstoßes von Treibhausgasen spielt keine Rolle für die globale Erwärmung, was daran liegt, dass sie eine äußerst lange Verweildauer in der Atmosphäre besitzen. Das CO_2 beispielsweise verweilt für Jahrhunderte bis Jahrtausende. Da sich das Gas um den Erdball verteilt – was übrigens nur einige Wochen dauert –, sitzen alle Länder im selben Boot. Sie sind gemeinsam für die globale Erwärmung verantwortlich – wenngleich mit unterschiedlichen Anteilen –, und sie alle sind von ihr betroffen. Alle Länder müssen handeln, national ist das Klima nicht zu schützen. Das ist die Krux. »Die Menschheit hat die Wahl: kooperieren oder zugrunde gehen«, sagte UN-Generalsekretär António Guterres 2022 zu Beginn der 27. Weltklimakonferenz in Ägypten und warnte vor einem »Highway zur Klimahölle«. Zuallererst müssten die großen Emittenten wie die Industrieländer und allen voran China beim Klimaschutz vorangehen und ihre CO_2-Emissionen drastisch senken. Allein China besitzt derzeit einen Anteil an den weltweiten Emissionen von rund 30 Prozent. Die Topemittenten tun zu wenig, um es vorsichtig auszudrücken. Der Gehalt der Treibhausgase in der Atmosphäre steigt mit einer atemberaubenden Geschwindigkeit an. Die Welt ist im Begriff, ihre planetare Geisterfahrt fortzusetzen. Die Erde droht zu überhitzen. Das ist der Konsens innerhalb der internationalen Klimaforschung.

»Gefahr erkannt, Gefahr gebannt!«, hieß vor etwa 40 Jahren ein Werbespruch. Die Weltgesellschaft hat die Gefahr einer Klimakatastrophe schon längst erkannt, was die alljährlichen Weltklimakonferenzen zeigen. Die Welt scheint allerdings nicht fähig zu sein, Maßnahmen zur Begrenzung der globalen Erwärmung zu ergreifen, und verharrt stattdessen in einer Art Schockstarre. Der Klimakollaps könnte aber immer noch abgewendet werden, so viel steht fest. Die Menschen halten die Lösungen zur Begrenzung des Klimawandels in den Händen. Ein Beispiel sind die erneuerbaren Energien, die der Welt eine nachhaltige Energieversorgung ohne den Ausstoß von CO_2 ermöglichen würden. Es gibt kein Energieproblem auf der Erde. Wir haben saubere Energie im Überfluss. So müssten wir nur einen Bruchteil der auf die Erdoberfläche einfallenden Sonnenenergie nutzen, um den Weltenergiebedarf zu decken. Hinzu kommen Windenergie, Erdwärme und andere Formen erneuerbarer Energie wie die Energie aus den Gezeiten, die wir nutzen können. Speichertechnologien stehen ebenfalls zur Verfügung wie zum Beispiel in Form von grünem Wasserstoff. Die Technologien zur Nutzung und Speicherung der regenerativen Energien sind entwickelt. Das Geld für die nötigen Investitionen wäre vorhanden angesichts der riesigen Finanzströme, die heute in nichtnachhaltige Investments fließen. Eine globale Energiewende wäre innerhalb weniger Jahrzehnte möglich, wenn der politische Wille vorhanden wäre. Technologiewandel kann ziemlich schnell vonstattengehen. Das zeigt die Vergangenheit. Die Wende vom Pferdewagen zum Automobil hat nur wenige Jahrzehnte gedauert. Ebenso wie der Übergang vom Festnetztelefon zum Mobiltelefon.

Wer hätte noch vor zwei Jahrzehnten gedacht, dass in Deutschland inzwischen fast die Hälfte des Stroms aus erneuerbaren Quellen kommt? Wir sollten die Energiewende bis zum Ende durchziehen und der Welt ein Beispiel sein. Und dies aus ganz unterschiedlichen Gründen. Da wären natürlich die Umweltaspekte wie die Begrenzung der globalen Erwärmung oder die Verringerung der Luftverschmutzung. Vergessen wir dabei aber auch nicht, was für gewaltige Umweltschäden allein durch die Förderung der fossilen Brennstoffe entstehen. Ein Blick auf die Braunkohlereviere bei uns in Deutschland reicht, um sich dessen zu vergewissern. Strom aus Sonne oder anderen erneuerbaren Quellen ist zudem die billigste Art der Stromerzeugung überhaupt. Die konventionellen Energien, die fossilen und die Atomkraft, würden im Markt nicht überleben, gäbe es nicht die direkten und indirekten Subventionen, die sich global schätzungsweise auf mehr als 500 Milliarden US-Dollar belaufen. Wieso zahlen wir so ungeheuer viel Geld für die konventionellen Energien, die doch viel teurer sind als die erneuerbaren Energien und deren Nutzung enorme Risiken birgt? Warum können sich viele Menschen Energie kaum noch leisten, obwohl immer mehr Sonnen- und Windenergie in unserem Strommix enthalten sind? Warum nutzen wir die erneuerbaren Energien nicht dezentral und standortangepasst unter Verwendung künstlicher Intelligenz, anstatt sie in eine Netzinfrastruktur zu pressen, die für sie nicht geschaffen ist? Wir sollten Energiesysteme entwickeln, die nicht nur die konventionellen ersetzen, sondern in denen die erneuerbaren Energien ihre Vorteile ganz ausspielen können. Die erneuerbaren Energien bieten darüber hinaus die Möglichkeit eines fairen Ausgleichs zwischen den Ländern. So könnte Südeuropa von seinen riesigen Potenzialen an erneuerbarer Energie in einem europäischen Strom- und

Wasserstoffmarkt enorm profitieren, wodurch sich das wirtschaftliche Gefälle zwischen den Regionen verringern ließe, was auch für die Festigung der Demokratie hilfreich wäre.

Wir werden in den nächsten Jahrzehnten eine Dynamik im Energiebereich erleben, die man sich heute noch gar nicht vorstellen kann. Die nächste industrielle Revolution ist in vollem Gange, und die erneuerbaren Energien sind ein Teil von ihr. Die Investitionen in den Ausbau der erneuerbaren Energien steigen in allen Weltregionen rasant an, auch in China und in den USA, den beiden größten CO_2-Emittenten. Diese Dynamik muss und wird die Politik unterstützen, zum Beispiel durch einen steigenden CO_2-Preis. »Wer zu spät kommt, den bestraft das Leben«, sagt man. Wer bei den sauberen Technologien nicht vorne dabei ist, der wird auch ökonomisch das Nachsehen haben und Wohlstandsverluste hinnehmen müssen.

Deutschland hat es früh begriffen und die Energiewende eingeleitet. Deutschland hat damit der Welt einen großen Dienst erwiesen, indem es die erneuerbaren Energien bezahlbar gemacht hat, weswegen sie überall auf der Welt boomen. Dieses Verdienst wird bleiben. Immer mehr Länder werden begreifen, dass sie sich von den konventionellen Energien lösen müssen, auch um Abhängigkeiten abzubauen. Es kommt das Zeitalter der sauberen Energien, es geht das Zeitalter der schmutzigen Energien, und es bleibt die Erkenntnis, dass technologischer Fortschritt und Vernunft nicht aufzuhalten sind. Insofern ist Optimismus durchaus angebracht.

Mojib Latif (* 29. September 1954 in Hamburg) ist Klimaforscher, Meteorologe, Professor am GEOMAR-Helmholtz-Zentrum für Ozeanforschung Kiel sowie Präsident der Deutschen Gesellschaft Club of Rome und Präsident der Akademie der Wissenschaften in Hamburg. Bei Herder sind u. a. die *Spiegel*-Bestseller *Countdown* (2022) und *Heißzeit* (2020) von ihm erschienen.

Qualität

Gabriele Haug-Schnabel

Ich beginne das Thema »Qualität« bewusst mit einem Elfchen:

Qualität!
Qualität erwarten!
Gute Bildungsqualität erkennen!
Den Qualitätsstand bewusst sichern!
Wichtig!

Was kommt?

Niemand kann voraussagen, welche Herausforderungen in Europa und überall sonst auf der Welt auf uns Menschen in den nächsten Jahren zukommen werden.

Gerade deshalb muss es bei der Bildung und Ausbildung unserer Kinder um die jeweils bestmögliche Qualität gehen. Bildung ist die größte Chance zur Weiterentwicklung – startend und langjährig im familiären Umfeld, erweitert durch Krippen, Kindergärten oder in der Tagespflege und schließlich in Schulen und weiterführenden Ausbildungsstätten in Richtung eines Berufes.

Ein solcher Weg war in der bisherigen Menschheitsgeschichte in heutiger Vielfalt und zusätzlich in außerfamiliären Qualitätsangeboten nur für einige privilegierte Menschen möglich.

Dennoch stehen uns allen momentan – und sicher auch weiterhin – große Veränderungen bevor. Es geht um die Akzeptanz von Diversität, die höchst unterschiedliche Situationen betreffen kann und möglichst sensible Reaktionen sowie neue Wege zur Bewältigung von noch unbekannten Hürden von uns fordert.

Mit Vielfalt umgehen zu lernen, ist ein Auftrag, der die Lebensqualität aller verbessern kann. Für jede Kita ist die Vielfalt ihrer Fachkräfte, aber ebenso auch die Unterschiede zwischen den Kindern, ihren Eltern und Familienstrukturen groß. Vielen multiprofessionellen Teams gelingt es inzwischen beeindruckend gut, den Kitaalltag zu meistern.

Die Diversität unter den Erwachsenen, die heute in einer Kita arbeiten, kommt auch durch die verschiedenen Ausbildungsmöglichkeiten sowie Studiengänge zustande. Vielerorts entstehen multiprofessionelle Teams, was bei einer guter Leitung und echter Zusammenarbeit im Team die Gesamtqualität einer Einrichtung steigern kann. Fachkräfte mit unterschiedlichen Zusatzausbildungen fallen im Alltag der Kita durch ihre meist unaufdringliche Begleitqualität einzelnen Kindern gegenüber auf. Ihre überraschende Vielfalt wird schnell in der Öffentlichkeit und in Gesprächen sichtbar. Besonders in Diskussionen werden die unterschiedlichen Blickwinkel qualitativ unterschiedlich spürbar.

Kinder und ihre Eltern aus der ganzen Welt mit höchst unterschiedlichen Erfahrungen, mit unerwartet vielen Sprachen, mit mehreren Berufen oder ohne jede Ausbildung brauchen individuell unterschiedliche Formen der Begleitung und Anregung, jedoch alle möglichst von hoher Qualität und zugewandter Professionalität.

Wir müssen die vielfältigen Bedarfe der Kinder und auch ihrer Eltern im Blick haben, um selbst eine für uns »schwierige« Situationen besser zu verstehen. Es geht dabei nicht um Kontrolle, sondern um den Qualitätsanspruch, als pädagogische Fachkraft auf das Kind und auf sein Tun zu reagieren. Das Kind in einem qualitativ positiven Sinne beobachten, es auf diese Weise fördern und schützen. Es geht um professionelles Agieren und emotionale Zugewandtheit.

Was geht?

Für die Verabschiedung der über Jahrzehnte dominierenden Angebotspädagogik, anfänglich auch als »Pädagogik zur Beschäftigung von Kindern« bezeichnet, haben sich Entwicklungsforscher zusammen mit Kitaträgern und pädagogischen Fachkräften engagiert, um neben einer neuen Qualität zur Anregung auch eine eher dezente Begleitung der von den Kindern selbsgewählten Aktivitäten möglich werden zu lassen.

Was brauchen Kinder in besonderen Situationen von uns? Hilfe, Trost, unser Interesse und meist Zeit zum Spielen oder Vorlesen. Diese vier Punkte stünden mit Sicherheit weit oben auf ihrer Qualitätsliste!

Kinder sind geniale Weltentdecker. Deshalb sollten sie an vielem, was sie in der Kita anregend und spannend finden, was sie anspricht und lockt, teilhaben können. Das ist für mich ein klares Qualitätsmerkmal.

Erst durch seine Teilnahme, durch seine Involviertheit ins Geschehen ist für ein Kind ein Ergebnis »der Überlegung und der Rede wert«. So kann das Ergebnis als Erkenntnis für »Ich habe das hinbekommen, es sogar gut gemacht«, der eigenen Qualität zugeschrieben werden.

Zu viele Jahrzehnte dominierte in den Kindergärten die Angebotspädagogik, ausgedacht, vorbereitet und meist eng begleitet von den Fachkräften, mitunter sogar unter Zeitdruck.

Kinder haben Qualitätsansprüche an uns. Sie sind Weltentdecker mit höchst verschiedenen Interessen und unterschiedlichen Kenntnissen. Deshalb müssen sie mit vielem, was sie »anspricht« und zu untersuchen lockt, Kontakt aufnehmen und von uns einen Namen dafür genannt bekommen und auf Besonderheiten hingewiesen werden.

Was bleibt?

Erkannte eigene Stärke, aber genauso erlebte Unterstützung durch Freunde oder sogar uns fremde Menschen bleiben uns lange, vielleicht zeitlebens in Erinnerung.

Wenn etwas besonders schön gewesen ist, behalten wir davon einzelne Szenen – sogar mit typischen Kleinigkeiten – in Erinnerung und rufen diese immer wieder ab, um uns erneut daran zu erfreuen. »Weißt du noch, als wir uns bei der Wanderung entlang der Jagst verlaufen hatten und das heftige Gewitter begann? Das wird mir noch lange in Erinnerung bleiben.«

Wenn etwas uns anfangs als nicht bewältigbar erscheint, ist unsere Freude, es dann dennoch geschafft zu haben, im Nachhinein von einer ganz anderen Qualität. Das passiert mir in vergleichbaren Situationen immer wieder.

Gabriele Haug-Schnabel ist Verhaltensbiologin und Ethnologin. Sie führt beobachtungsbasierte Erhebungen in Kindertagesstätten durch und hat langjährige Forschungserfahrung im Bereich der kindlichen Entwicklung. Haug-Schnabel ist Gründerin und Leiterin der Forschungsgruppe Verhaltensbiologie des Menschen (FVM) sowie Lehrbeauftragte an der EH Freiburg und an der Universität Salzburg. Zuletzt erschien bei Herder ihr Buch *Umgang mit aggressivem Verhalten von Kindern. Praxiskompetenz für Kitas* (2020).

Rechnen

Ille C. Gebeshuber

Der Mensch ist ein eigentümliches Wesen. Er blickt auf diese ach so komplizierte Welt und versucht, sich einen Reim aus ihr zu machen. Er will eine Ordnung, die ihm behagt und mit der die seltsamen Dinge, die um uns geschehen, erklärbar oder zumindest kontrollierbar werden. Dazu bedarf es gewisser Methoden und Systeme, deren Ursprünge bis in eine weit entfernte Vorzeit zurückreichen. Das klassischste dieser Systeme ist das Rechnen. Ganz einfach ausgedrückt, ist das Rechnen, so wie die Mathematik im Allgemeinen, ein System, das einen Ausschnitt unserer Umgebung in einem Modell nachbildet und es erlaubt, gewisse Vorhersagen zu treffen. Je genauer das Modell der »Wirklichkeit« entspricht, desto genauer sind die Aussagen. Bei zwei und zwei Äpfeln ist es einfach, aber bei der Wettervorhersage »rechnen« die Experten nicht immer so genau, wie es sich so mancher Ausflügler wünschen würde.

Das Rechnen selbst ist so alt wie die Menschheit. Es gab wahrscheinlich keinen prähistorischen Einstein, der es erfand, denn unsere Finger eignen sich hervorragend zum Addieren kleiner Summen. Unsere entfernten Vorfahren, die Jäger und Sammler, erfuhren sehr schnell, dass Rechnen bei der Ermittlung der Anzahl der Beutetiere eine gute Methode war, um den Erfolg der Gemeinschaft rasch zu ermitteln. So kamen die Zahlen ins Spiel. Und dann wurde es schnell sehr kompliziert, denn die gerechte Aufteilung der Nahrung nach Stamm, Familie, Kopf und Rang war keine einfache Sache. Das Addieren der Zahlen war hier nicht genug, sie mussten auch wieder aufgeteilt werden. Zudem kommt zur Quantität der Dinge auch eine gewisse Qualität. Eine Mahlzeit erlesener Früchte erschien wohl begehrter als ein Büschel Kräuter. Da war es nur natürlich, sehr genau zu überlegen und den jeweiligen Dingen Werte zuzuordnen, die in gewisse Beziehungen zueinander gesetzt wurden. Das mehrdimensionale Rechnen war geboren, und das war erst der Anfang.

Was geht – der rechnende Mensch

Wohl werden die Rechenkünstler der Vergangenheit ausgerufen haben: »Warum haben wir Menschen nur keine zwölf Finger?« Dies vor allem, weil die Zahl zehn, die die Grundlage unseres dezimalen Zahlensystems ist, sich nicht sehr gut teilen lässt. Nur die Zahlen zwei und fünf teilen die Zahl zehn einfach. Bei der Zahl zwölf ist das schon anders. Hier sind die Teiler zwei, drei, vier und sechs. Das bietet so viele Vorteile, dass in wichtigen Bereichen, in denen das schnelle und einfache Rechnen wichtig war, die Zahl zwölf dominiert. Neben der Navigation ist die Zeitmessung eine Domäne des sogenannten Duodezimalsystems. Die Sekunden, Minuten, Stunden und Monate sind durch zwölf teilbar. Nur die Tage der Monate nicht, da die Erde sich untersteht, die Tage eines Jahres nicht durch zwölf teilbar zu machen.

Aber wir erkennen das System. Die Menschen haben Abläufe der Natur sehr klug unterteilt, damit sie leichter damit rechnen konnten. Das Individuum, das sich der Welt gegenübersah, konnte so seine Zeit viel besser einteilen; Kapitäne und Vermesser taten sich im System der 360 Grad sehr leicht, die gängigsten Winkel schnell zu verarbeiten. Und hier ist nicht Schluss. Mit dem Fortschreiten unserer Zivilisation konnte man mit immer mehr Dingen rechnen. Standards gaben Maße und Abläufe vor, und wir können fest davon ausgehen, dass die Tabellen, die an den verschiedenen Stationen die Ankunft der Transportmittel angeben, verlässlich sind. Auch haben viele Lebensmittel Zahlenangaben aufgedruckt, die es den interessierten Kunden erlauben, ihren Tagesbedarf an Zutaten zu bestimmen. Wir rechnen also ständig und sind inzwischen sehr gut darin, da unser System sehr rechenfreundlich angelegt ist.

Aber das wird nicht so blieben. Mit zunehmenden Assistenzsystemen wird die Notwendigkeit des individuellen Rechnens marginalisiert. Es wird immer leichter werden, einfach eine Frage zu stellen und das Rechnen spezialisierten Systemen zu überlassen. Dies auch, weil in einer multimodalen Welt immer mehr Faktoren einbezogen werden müssen, um optimale Ergebnisse zu erzielen. Das rechnende Individuum, das fast alle notwendigen Planungen ohne externe Unterstützung vollbringen konnte, wird bald der Vergangenheit angehören.

Was bleibt – der berechnende Mensch

Die Reaktion auf unsere immer komplexer und komplizierter werdende Welt sind Werkzeuge, die dem nicht sehr gut rechnenden menschlichen Gehirn helfen, schnell zu Rechenlösungen zu gelangen. Zahlentabellen mit Winkelfunktionen, Rechenschieber, Taschenrechner, aber auch Tabellenkalkulationen haben sich im Laufe der Zeit zu hervorragenden Hilfsmitteln im rechnerischen Alltag entwickelt. Und weil man in der elektronischen Datenverarbeitung nur zwei Zustände unterscheiden kann, war es notwendig, wieder ein neues Zahlensystem zu etablieren: das Dualsystem, das nur 0 und 1 als Zustände kennt. Man möchte meinen, dass das duale System dem Dezimalsystem unterlegen sei, und das stimmt auch in gewisser Weise. Allerdings kompensieren Rechenmaschinen diesen Nachteil durch ihre Geschwindigkeit. Moderne Smartphones erreichen unglaubliche fünf Billionen Rechenoperationen in der Sekunde.

Es ist also kein Wunder, dass der moderne Mensch inzwischen mit Zahlen agiert, deren Verarbeitung in der Vergangenheit unmöglich erschien. So waren vor 1000 Jahren nur ca. zehn Stellen der Zahl Pi bekannt, vor etwa 300 Jahren ungefähr 100 Nachkommastellen, vor 100 Jahren etwa 600 und heute über 1,2 Billionen Ziffern. Das zeigt, dass die Werkzeuge zum Rechnen immer fähiger werden und es dem sie nutzenden Menschen erlauben, sehr gute Ergebnisse zu erzielen.

Und hier hören die Vorteile nicht auf. Die Vernetzung und Anbindung an das Internet machen die Systeme noch besser. Aktuelle Daten, die für die Rechnungen gebraucht werden, erlauben die Berücksichtigung von dynamischen Systemen. So stellen zum Beispiel vernetzte Rechenanlagen auf Reiseknotenpunkten, aber auch an vielen Haltestellen die wirkliche Ankunft der Transportmittel sehr genau dar. Das Mobiltelefon erlaubt über entsprechende Apps auch privaten Nutzern sehr genaue realitätsbezogene Berechnungen in allen Bereichen. Diese Kombination aus Mensch und Rechenwerkzeug wird so schnell nicht aus der Mode kommen. Denn diese Kombination hat einen entscheidenden Vorteil gegenüber den noch weiterentwickelten Systemen: Der Mensch behält die Kontrolle über das Rechenwerkzeug und kann die Genauigkeit der Ergebnisse in gewisser Weise noch selbst beeinflussen.

Was kommt – der berechnete Mensch

Heute, nach der technischen Revolution und mitten im Informationssturm, blicken wir zurück auf Legionen von Technikern, Mathematikern, Logikern und Informatikern, deren Ideen und neue Methoden uns eine Darstellung der Welt ermöglichen, die aus der Sicht der Vergangenheit atemberaubend ist. Die Arten des Rechnens sind so vielfältig und komplex geworden wie die Aufgaben, die sie erfüllen müssen. Das Ziel ist immer noch, verlässliche Voraussagen zu treffen, aber die Größe der Systeme, die Komplexität der betrachteten Beziehungen sowie die Menge an Informationen haben überproportional zugenommen. Erschwerend kommt hinzu, dass in relativistischen und hyperkomplexen Systemen genaue Aussagen immer schwerer zu treffen sind. In den einfachen Rechensystemen ist eine Zahl der genaueste Indikator für eine Menge, in einem dynamischen System kann eine Zahl eventuell sogar den ungenauesten Faktor darstellen, da sie nur einen Zustand von vielen beschreibt. Man denke nur daran, dass eine stehende Uhr zumindest zweimal am Tag genauer geht als die beste Atomuhr.

Die Grenze der rechnerischen Möglichkeiten des Menschen mit oder ohne Rechenwerkzeug sind schon lange erreicht. Neue Systeme wurden notwendig. Von Rechenmaschinen führte die Entwicklung über die klassische Datenverarbeitung hin zur künstlichen Intelligenz, die die Daten im Gegensatz zu den Vorgängersystemen auch interpretiert und für uns zusammenfasst.

Und in der Interpretation der Rechenergebnisse liegt eines der aktuellen Hauptprobleme der Menschheit. Denn das, was wir für wahr halten, und unser Verhältnis zur Wirklichkeit hängen von unseren Informationen ab. Vor vielen Jahren wurden die Inputs noch einfach durch unsere Sinne bereitgestellt, und die eigene Lebenserfahrung machte es leicht, diese auszuwerten. Die Realität wurde vor allem deswegen real, weil wir Teil dieser Realität waren. Inzwischen sind unsere einfachen Sinne in vielen Bereichen durch komplexe Informationsebenen überlagert. Die Welt ist digital geworden, und damit wurde unser Weltbild in gewisser Weise gepixelt. Systeme filtern die Vielzahl an Informationen und erstellen daraus ein Bild, das eine mögliche Wirklichkeit darstellt, aber nicht unbedingt die Realität. Das, was früher ein genaues Rechnen mit einem eindeutigen Ergebnis war, ist mit der Evolution der Methoden und Systeme zu einer Informationswolke geworden, die klare Abgrenzungen nur in Sonderfällen erlaubt. Das Individuum rechnet immer noch, sieht sich aber einer hohen Quantität und geringen Qualität an Informationen gegenüber. Die Wahl, die bleibt, ist ernüchternd: Die einen zimmern sich ein ihnen attraktiv erscheinendes Weltbild zurecht und wählen aus dem Ozean von Überinformation jene Storys aus, die ihren zusagen, die anderen beschließen, den intelligenten Systemen zu vertrauen, und sehen sich zunehmend einer digitalen Bevormundung gegenüber. Leider ist für die einfachen Nutzer schwer zu erkennen, wer die Systeme der künstlichen Intelligenz bevormundet. Denn diese sind nach wie vor von ihren menschlichen Betreibern abhängig, entsprechend einer Variation des alten Mottos: »Wes' Strom ich zieh, des' Lied ich sing.« Wir bewegen uns somit auf die Entscheidung zwischen zwei Welten zu. Jene der digitalen Menschlichkeit oder jene der menschlichen Digitalisierung. Beide Szenarien können sich leicht zu Dystopien entwickeln.

Mit all dem hätte Bartholomä Herder, als er 1798 das erste Herder-Buch verlegte, nicht gerechnet. Aber er kannte das Potenzial neuer Medien. Denn damals kam dem bedruckten Papier eine ähnliche Bedeutung zu wie heute den digitalen Systemen. Nicht wenige Bücher feuerten damals die Menschen an, eine bessere Welt zu erträumen und zu fordern. Die Geschichte des modernen Europa wurde somit nicht nur mit Blut, sondern auch mit Druckerschwärze geschrieben. Und die Entwicklung geht weiter. In diesem Zusammenhang bleibt zu hoffen, dass in weiteren 225 Jahren die heutige Zeit als eine Ära des Aufbruchs der Menschheit gesehen werden wird und nicht als eine Zeit der digitalen Unterwerfung. Seien wir optimistisch, denn es kann sehr gut sein, dass der nächste Bartholomä Herder schon unter uns wandelt.

Ille C. Gebeshuber (* 10. April 1969) ist Professorin am Institut für Angewandte Physik an der Technischen Universität Wien. Sie beschäftigt sich mit der Anwendung von Nanotechnologie und Biomimetik, um globalen Problemen entgegenzuwirken. Im Jahr 2017 wurde sie als Österreicher des Jahres in der Kategorie Forschung ausgezeichnet, und im Jahr 2018 erhielt sie den Look! Business Award im Bereich Mint Industries. 2020 erschien im Verlag Herder ihr Buch *Eine kurze Geschichte der Zukunft. Und wie wir sie weiterschreiben.*

Rechtsextremismus

Matthias Meisner

Es ist ein Musterbeispiel für rechtsextreme Radikalisierung: Juni 2015, in Freital in Sachsen, einer Kleinstadt bei Dresden, kommen neue Geflüchtete an. AfD, NPD-Leute und »besorgte Bürger« demonstrieren gegen ein vermeintliches »Glücksritter-Heim«. Pegida-Anführer Lutz Bachmann hetzt gegen eine »Überrumpelungsaktion«, bei der »unangemeldet 150 Asylanten angekarrt« worden seien: »Das muss ein Ende haben! Auf die Straße! Wehrt Euch!« Auf der Facebook-Seite »Freital wehrt sich. Nein zum Hotelheim« wird zu einem Brandanschlag auf den Bus mit Asylsuchenden aufgerufen: »Kann nicht jemand auf den Tank vom Bus schießen?« Es war ein Aufruf, der später sogar Eingang in den sächsischen Verfassungsschutzbericht fand.

Und so schaukeln sich die Dinge hoch, die sächsische Stadt Freital ist dafür nur eine Schablone. Und ein warnendes Beispiel: Die rassistische Gewalt dort wird zum Auftakt einer ganzen Serie rassistischer Aktionen in Sachsen. Die Kleinstadt wird zur Keimzelle einer Bürgerwehr, benannt nach einer Buslinie FTL/360, deren Mitglieder »Kontrollfahrten« organisieren. Aus der Bürgerwehr entsteht die »Gruppe Freital«, von März 2017 an wird ihr nach Ermittlungen der Bundesanwaltschaft vor dem Oberlandesgericht Dresden der Prozess gemacht. Sieben Männer und eine Frau, unter anderem mehrerer Anschläge auf Asylunterkünfte und ein alternatives Wohnprojekt überführt, werden ein Jahr später zu Haftstrafen zwischen vier und zehn Jahren verurteilt. Aus »besorgten Bürgern« sind Rechtsterroristen geworden.

Der Rechtsextremismus, der Rechtsterrorismus in Freital führt in der Stadt nicht zu einem Aufschrei. Beobachter haben eher den Eindruck einer Mischung aus Wegschauen, Verdrängen und Versagen. Oberbürgermeister Uwe Rumberg, zu jener Zeit noch in der CDU, erklärt 2016: »Eine Neonaziszene, wie man sie klischeehaft aus den 1990ern kennt, gibt es in Freital nicht.« 2022 wird man wieder von Rumberg hören, der die CDU inzwischen wegen des »blanken Wahnsinns« bei der staatlichen Coronapolitik verlassen hat: Publik wird, dass er 2021 eine Audienz bei einer der schillerndsten Figuren der Reichsbürgerszene hatte und dafür nach Lutherstadt Wittenberg reist, bei Peter Fitzek, dem selbsternannten Staatsoberhaupt des »Königreichs Deutschland«. Rumberg gehört inzwischen zu einer Wählervereinigung namens »Konservative Mitte«.

Bürgerliche Politikerinnen und Politiker spielen nicht immer eine gute Rolle bei der Verurteilung rechtsextremer Taten. Das legendäre Attest des von 1990 bis 2002 amtierenden sächsischen CDU-Ministerpräsidenten Kurt Biedenkopf »Die Sachsen sind immun gegen Rechtsextremismus« ist eine Facette. Eine andere Form der Verharmlosung sind Dialogformate, bei denen mit Rechtsextremen auf Augenhöhe diskutiert wird. 2018 sagt Sachsens Ministerpräsident Michael Kretschmer (CDU) nach den rechtsextremen Krawallen in Chemnitz: »Es gab keinen Mob, es gab keine Hetzjagd, und es gab keine Pogrome in dieser Stadt.« Er spielt mit diesem Satz in seiner Regierungserklärung dem Nochpräsidenten des Bundesamtes für Verfassungsschutz (BfV), Hans-Georg Maaßen, in die Hände, der von rechtsextremen Hetzjagden in Chemnitz nichts wissen will.

Maaßen pflegt inzwischen Feindbilder, die sich von denen von AfD & Co. kaum unterscheiden. Er schwadroniert von »Politikjournalisten in den Staatsmedien, die aus der gewaltbereiten Antifa-Szene kommen«. Er sieht Berlin und Brüssel von einer »linksextremen Woke-Ideologie« beherrscht. Und beklagt, dass »unsere Spitzenpolitiker« das deutsche Volk als »Kartoffeln« und »Weißbrote« ansähen, »die minderwertig sind und aussterben sollen«. Das Denken dieser »Politiker und Haltungsjournalisten« sei »Ausdruck einer grün-roten Rassenlehre, nach der Weiße als minderwertige Rasse angesehen werden und man deshalb arabische und afrikanische Männer ins Land holen müsse«, wie Maaßen im Januar 2023 im Interview mit einem verschwörungsideologischen Blog äußert, der sich selbst zu den »Alternativmedien« zählt.

Kann ein Verfassungsschutz, dessen Ex-Chef sich auf Pegida-Niveau äußert, wachsam sein für die wachsende rechtsextreme Bedrohung im Land? Oder hat das Land nichts oder viel zu wenig gelernt aus der Terrorserie des Nationalsozialistischen Untergrunds (NSU), der Ermordung des Kasseler Regierungspräsidenten Walter Lübcke, aus den Anschlägen in Halle und Hanau und vielen weiteren Skandalen? Sind die Sicherheitsbehörden und auch viele führende Politiker zu naiv, was die Bedrohung des Rechtsstaats angeht?

An Absichtserklärungen mangelte es zuletzt nicht. Im November 2020 erklärt die Bundesregierung: »Die Anschläge von Halle und Hanau und andere erschreckende Taten fordern Politik und Gesellschaft auf, sich Rechtsextremismus, Rassismus, Antisemitismus, Muslimfeindlichkeit und anderer gruppenbezogenen Menschenfeindlichkeit noch stärker entgegenzustellen.« Ein Kabinettsausschuss unter Leitung der damaligen Bundeskanzlerin

Angela Merkel wird eingesetzt, fast 90 konkrete Maßnahmen werden beschlossen. Mit diesem Paket will die Bundesregierung nach eigener Aussage »die Ursachen insbesondere von Rechtsextremismus und Rassismus besser verstehen lernen, dem Handeln von Rechtsextremen als starker Staat Antworten geben und die Förderung der demokratischen Zivilgesellschaft stärken«.

Als der damalige Bundesinnenminister Horst Seehofer (CSU) im Frühjahr 2021 seinen letzten Verfassungsschutzbericht vorstellt, nennt er als größte Bedrohungen Rechtsextremismus und Antisemitismus: »Wir haben einen Alarmzustand.« Nach der Bundestagswahl 2021 schreibt die neue Bundesinnenministerin Nancy Faeser (SPD) diese Analyse fort. Sie sagt im März 2022: »Die größte extremistische Bedrohung für unsere Demokratie ist der Rechtsextremismus.« Ein neuer Aktionsplan wird vorgestellt. Zu den Zielen gehört nun auch, rechte Finanzströme auszutrocknen – oder zu verhindern, dass sich Verfassungsfeinde im öffentlichen Dienst festsetzen können, etwa mit einer Novelle des Beamtenrechts.

Gerade das Thema der Rechtsextremisten in den Sicherheitsbehörden hat die Bundesregierung jahrelang unterspielt. Unter dem neuen Verfassungsschutzchef Thomas Haldenwang wird es – noch zur Amtszeit von Seehofer als Bundesinnenminister – im Verfassungsschutzbericht erstmals erwähnt. Im September 2020 gibt es den ersten Lagebericht dazu – mit heruntergerechneten Zahlen, wie sich bei der im Mai 2022 veröffentlichten Fortschreibung zeigt. Doch noch immer dominiert die »Einzelfall«-These. Und nur sehr zögerlich werden die Netzwerkverbindungen eingestanden.

Es gibt Erkenntnisgewinne, etwa zur AfD, deren Kurs nach den Worten von BfV-Chef Haldenwang »nach rechts außen«

steht, wie er im Mai 2023 sagt. Sie betreffen zum Beispiel auch die »Neue Rechte«, die inzwischen ein eigenes Unterkapitel im Verfassungsschutzbericht hat. Haldenwang spricht von »geistigen Brandstiftern« in dieser Szene, erwähnt etwa Götz Kubitscheks Institut für Staatspolitik, die Identitäre Bewegung oder das *Compact*-Magazin des einstigen linken Revolutionärs Jürgen Elsässer.

Lange galt als Devise der Behörden, dass bloß nicht zu früh Alarm geschlagen werden solle. Immer wieder erscheint das selbsterklärte »Frühwarnsystem« der Demokratie wie ein Spätwarnsystem. Haldenwang immerhin gibt inzwischen zu, dass es ein informelles Netzwerk gibt, in dem »rechtsextremistische bis rechtskonservative Kräfte« zusammenwirken.

Andererseits hat auch die neue Bundesregierung nicht hinreichend wahrgenommen, dass beispielsweise die Coronaproteste seit 2020 zu einem Konjunkturprogramm für die rechtsextreme Szene geworden sind und auch zu einer Radikalisierung von Teilen der bürgerlichen Mitte geführt haben. Bundesinnenministerin Faeser sagt nach ihrem Amtsantritt, man müsse »sehr genau differenzieren«, das sei »total wichtig«. Und kommt zum Schluss, dass nur »eine ganz kleine Minderheit« bei den Coronademonstrationen radikal unterwegs sei.

Zu einer Betrachtung über Rechtsextremismus gehört auch dies: »Es greift zu kurz zu sagen, dass es bloß einen extremistischen kleinen Rand der Gesellschaft gibt und dann das ›gute Zentrum‹«, sagt Piotr Kocyba, wissenschaftlicher Mitarbeiter am Else-Frenkel-Brunswik-Institut für Demokratieforschung der Universität Leipzig. Diese Vorstellung treffe nicht zu. Man dürfe nicht jene Fehler wiederholen, die man bei den Antiasylprotesten vor acht Jahren vor allem im Osten der Republik gemacht habe, bei denen die Politik zu sehr auf Einhegen und Harmonisieren gesetzt habe. Denn damit wird rassistisches und rechtsradikales Gedankengut immer weiter normalisiert und in die Gesellschaft hineingetragen.

Der Journalist **Matthias Meisner** (* 22. Juli 1961 in Frankfurt am Main) war in den 1990er Jahren dpa-Büroleiter in Dresden und Bonner Korrespondent der *Sächsischen Zeitung*. Von 1999 bis 2021 war der Redakteur beim *Tagesspiegel*, wo er über innenpolitische Themen berichtete. Seit 2021 arbeitet er als freier Journalist. Im Herbst 2023 erscheint bei Herder das von ihm gemeinsam mit Heike Kleffner herausgegebene Buch *Staatsgewalt. Wie rechtsradikale Netzwerke die Sicherheitsbehörden unterwandern.*

Reform

Carsten Linnemann

Deutschland ist eines der höchstentwickelten und reichsten Länder der Welt. Uns geht es gut, der Staat kann das Geld mit vollen Händen verteilen. Doch die Frage ist, wie lange noch. Wir müssen uns ehrlich machen: Es steht auf der Kippe, ob wir unseren Wohlstand behalten oder nicht.

Angesichts der enormen außenpolitischen Herausforderungen, der gewaltigen Inflation, der explodierenden Energiepreise und der noch immer schwerwiegenden Nachwirkungen der Coronakrise könnten wir erstmals seit Jahrzehnten mit Wohlstandsverlusten konfrontiert werden.

Ohne wirtschaftlichen Erfolg werden wir volkswirtschaftlich nicht mehr in der Lage sein, ausreichend in Bildung und Innovation und damit in unsere Zukunftsfähigkeit zu investieren. Und der Sozialstaat gerät dann endgültig an seine Grenzen. Wenn man bedenkt, welche Bedeutung ein funktionsfähiger Sozialstaat für ein friedliches Miteinander und den gesellschaftspolitischen Frieden hat, wird klar, wie wichtig wirtschaftlicher Erfolg für unser Gemeinwesen ist. Dass aber der Wohlstand erst einmal erwirtschaftet werden muss, bevor er verteilt werden kann, gerät gern in Vergessenheit.

Nach meinem Eindruck steht Deutschland heute an einem ähnlichen Punkt wie im Frühjahr 1997. Unser Land war damals mutlos und gelähmt. In seiner berühmten Berliner »Ruck«-Rede konstatierte der damalige Bundespräsident Roman Herzog am 26. April 1997: »Der Verlust wirtschaftlicher Dynamik, die Erstarrung der Gesellschaft, eine unglaubliche mentale Depression – das sind die Stichworte der Krise. (…) In Amerika und Asien werden die Produktzyklen immer kürzer, das Tempo der Veränderung immer größer. Es geht auch nicht nur um technische Innovation und um die Fähigkeit, Forschungsergebnisse schneller in neue Produkte umzusetzen. Es geht um nichts Geringeres als um eine neue industrielle Revolution, um die Entwicklung zu einer neuen, globalen Gesellschaft des Informationszeitalters.« Seine Prognose: »Deutschland droht tatsächlich zurückzufallen.«

Heute muss man sagen, dass der ehemalige Bundespräsident fast hellseherische Fähigkeiten bewies. Die deutsche Wirtschaft erlebt seit Jahren einen dramatischen Bedeutungsverlust. In der von Herzog skizzierten neuen Techwelt liegen die Amerikaner weit vorne. Diese Technologieführerschaft wirkt sich auf unsere Leitbranchen wie die Automobilwirtschaft und den Maschinenbau aus. Deutschland hält nicht Schritt und verliert zunehmend den Anschluss.

Roman Herzog sah damals noch ein anderes Problem: »Unser eigentliches Problem ist ein mentales: Es ist ja nicht so, als ob wir nicht wüssten, dass wir Wirtschaft und Gesellschaft dringend modernisieren müssen. Trotzdem geht es nur mit quälender Langsamkeit voran. Uns fehlt der Schwung zur Erneuerung, die Bereitschaft, Risiken einzugehen, eingefahrene Wege zu verlassen, Neues zu wagen.« Herzog: »Dabei leisten wir uns auch noch den Luxus, so zu tun, als hätten wir zur Erneuerung beliebig viel Zeit: ob Steuern, Renten, Gesundheit, Bildung, selbst der Euro – zu hören sind vor allem die Stimmen der Interessengruppen und Bedenkenträger. Wer die großen Reformen verschiebt oder verhindern will, muss aber wissen, dass unser Volk insgesamt dafür einen hohen Preis zahlen wird.«

Die Rede ist mittlerweile mehr als 25 Jahre alt. An Aktualität hat sie erschreckenderweise nichts eingebüßt. Heute stehen wir an einer ähnlichen Weggabelung. Sind wir bereit, unser Land grundlegend zu modernisieren, die großen Probleme anzugehen, Risiken einzugehen? Oder verharren wir im fortwährenden Krisenmodus und lassen die dringend notwendigen Reformen weiter liegen? Dabei wurde uns doch in den vergangenen Jahren, angefangen mit der Coronakrise, so deutlich wie nie vor Augen geführt, wohin eine allein im Heute verhaftete Politik führt. Eine Politik, die mehr verwaltet als gestaltet und Akten bloß von links nach rechts schiebt. Eine Politik, die in Bürokratie erstickt. Eine Politik, die weder für Aufbruch noch für Erneuerung steht. Wir müssen endlich damit anfangen, unsere verkrusteten Strukturen aufzubrechen. Den Status quo nur zu bewahren und zu verwalten und Herausforderungen immer nur mit Milliardensummen zuzuschütten – damit muss Schluss sein.

Wie bekommen wir das hin? Meines Erachtens sind dafür drei Punkte entscheidend. Erstens: Wir alle, Politik, Medien und Gesellschaft, müssen lernen, Krisen als Normalzustand anzusehen. Die Welt wird komplexer und schnelllebiger, Krisen sind Teil unseres Alltags. Zu lange haben wir geglaubt, wir könnten nach Beilegung einer Krise zu einem Normalzustand vor der Krise zurückkehren und uns – dann aber wirklich – den langfristigen politischen Aufgaben widmen. Immer wieder wurden die Krisen ins Feld geführt, um zu erklären, warum diese unliebsame Entscheidung oder jene kontroverse Reform nicht getroffen oder gemacht wurde. Wir sind nun aber an einem Punkt angekommen, an dem wir uns von diesem Denken endgültig verabschieden müssen. Es darf keine Entschuldigungen mehr geben. Wir müssen die anderen Herausforderungen parallel zu den jeweils aktuellen Krisen lösen, ganz egal wie schwierig die politische Situation gerade sein mag.

Zweitens: Wir müssen uns wieder den tatsächlich wichtigen Themen widmen. In den vergangenen Jahren wurden Themen »hochgezogen«, wie etwa die Gendersprache, die für eine Mehrheit der Bevölkerung keine Rolle spielen. Viele Bürger haben genug Schwierigkeiten, finanziell über die Runden zu kommen, obwohl sie hart arbeiten. Sie haben im Alltag schon genug Herausforderungen zu meistern, da wollen sie nicht auch noch von der Politik »erzogen« werden. Diese Entwicklung tut der Politik insgesamt nicht gut. Für die meisten Bürger ist nicht entscheidend, ob sie noch ein Indianerkostüm tragen dürfen oder ob ein Lied wie »Layla« verboten werden soll. Sie wollen vielmehr wissen, wie sie die steigenden Energiekosten bezahlen sollen, wie wir die Klimafrage lösen und die Migration steuern, wie ihre Kinder eine gute Bildung bekommen, wie sie vor Kriminalität geschützt werden und wie sie im Alter eine Rente bekommen, von der sie leben können.

Und drittens: Wir müssen klare Zuständigkeiten schaffen. Niemals ist mir das so aufgefallen wie während der Coronakrise: Jeder schob die Verantwortung weiter. Vom Bund auf das Land, zur Not auf die Kommune, ob bei den fehlenden digitalen Strukturen, ob bei den 2G- oder 3G-Regeln oder den fehlenden Luftreinigungsfiltern in den Schulen. Wenn etwas nicht funktionierte oder widersprüchlich war: Schuld trugen immer die anderen. Mein Vorschlag: Die Verantwortlichkeiten müssen in Zukunft in den Koalitionsverträgen klar festgeschrieben werden. Welches große strukturelle Projekt muss jeder Minister in seinem Ressort in welcher Zeit umsetzen? Vermutlich würde es dann nur noch Minister geben, die auch wirklich etwas von ihrem Handwerk verstehen. Denn am Ende der Wahlperiode muss jeder Bürger kontrollieren können, ob das wichtigste zukunftsweisende Projekt umgesetzt wurde oder nicht. Dann reicht es meines Erachtens auch aus, wenn Koalitionsverträge in Zukunft nur wenige Seiten lang sind. Einfache, verständliche Hauptsätze und jede Zeile Inhalt pur, das muss das Ziel sein. Dann zieht auch wieder Mut in die Politik ein. Mut zur Ehrlichkeit – auch wenn diese Ehrlichkeit unpopulär ist.

Denn so wie heute kann es nicht weitergehen. Die Politik darf sich vor Problemen nicht wegducken. Wir müssen das Richtige für unser Land tun, nicht das, was politisch am bequemsten ist. Im Übrigen bin ich davon überzeugt, dass die Wähler Ehrlichkeit gut ertragen können und durchaus in der Lage sind zu erkennen, wann unpopuläre Entscheidungen notwendig sind. Es ist gleichzeitig aber auch die Pflicht der Politik, die Wähler von dieser Notwendigkeit zu überzeugen. Politik darf nicht einknicken, wenn es ungemütlich wird.

Die Bereitschaft zu Veränderungen ist nach meinem Empfinden so hoch wie seit zwei Jahrzehnten nicht mehr. Wann, wenn nicht jetzt ist die Zeit für grundlegende Reformen? Wenn wir es jetzt nicht schaffen, dann schaffen wir es auch in Zukunft nicht. Dann droht Deutschland seine Rolle als ökonomisches Herz Europas und als führende Industrie- und Erfindernation vollends zu verlieren. Deutschland braucht jetzt echte strukturellen Reformen, die dem Land wieder neuen Schwung geben, die Eigeninitiative und Selbstverantwortung fördern und so ungeahnte Kräfte freisetzen. Ich spreche von einem echten Mentalitätswandel. Ich spreche davon, dass wir »einfach mal machen«, ohne dass jemand gleich sagt: »Es geht nicht, weil …« Um das zu schaffen, brauchen wir Aufbruch, Erneuerung und Optimismus.

Trotz aller Herausforderungen bin ich der Meinung, dass wir die besten Voraussetzungen für diesen Mentalitätswechsel haben. Das Zeitfenster für Reformen ist geöffnet. Auf geht's!

Carsten Linnemann (* 10. August 1977 in Paderborn) wurde 2009 erstmals in den Deutschen Bundestag gewählt (Direktmandat im Wahlkreis Paderborn), dem er bis heute angehört. Von 2013 bis 2021 war er Bundesvorsitzender der Mittelstandsunion (MIT). Seit 2013 gehört er dem Bundesvorstand der CDU an, 2022 wurde er stellvertretender Bundesvorsitzender. Seit Januar 2022 ist er Vorsitzender der CDU-Programmkommission und damit für die Neuausrichtung seiner Partei zuständig. Seit Juli 2023 ist Linnemann Generalsekretär der CDU. 2020 erschien sein jüngstes Buch im Verlag Herder: *»Die ticken doch nicht richtig!« Warum Politik neu denken muss.*

Risiko

Thomas de Maizière

Ich wünsche mir eine Sonnenradar-App. Stattdessen gibt es unzählige Apps, die mir eine Regenwahrscheinlichkeit als Risiko vorhersagen. Ich würde dann Sonnencreme statt eines Regenschirms einpacken. Betrachten wir als Risiko nur, wenn sich ein möglicher negativer Ausgang einer Entwicklung abzeichnet? Warum so negativ? Machen das nur wir Deutschen?

Zukunft ist – Gott sei Dank – prinzipiell unvorhersehbar. Daraus folgt zwingend, dass ein gewohnter oder wahrscheinlicher Ablauf gestört, verändert, auf den Kopf gestellt werden kann. In welche Richtung auch immer, willkommen oder unwillkommen. Viele eingegangene Risiken erweisen sich im Nachhinein als Glücksfall. Wenn die Erde als eine Scheibe gedacht wird, dann erscheint das Risiko, dass man am Ende der Scheibe runterfällt, real. Dann fährt niemand weit raus. Die Welt bleibt fremd. Weil die Erde aber eine Kugel ist, überwindet Neugier am Ende das Risiko. Wir wollen ins Offene, die Welt kennenlernen. Magellan ist auf den Philippinen ermordet worden. Es war ein Risiko, die Welt zu umkreisen. Und ein Glücksfall. Sein Erbe ist unsterblich.

Mit dem Risiko ist es wie mit der Krise. Beides soll nicht sein, weil beide Begriffe fälschlicherweise mit Negativem verbunden werden. Aber wenn ein Risiko mit negativen Folgen abgewehrt oder ein Wagnis bestanden wurde, dann ist man stolz. Ein Risiko setzt mehr Kräfte frei, als es lähmt. Ein Risikomanager genießt hohes Ansehen. Politiker werden danach beurteilt, ob sie das Land sicher durch Krisen geführt haben.

Für mich ist ein Risiko etwas Normales. Ein Risiko ist der Preis für Freiheit und Innovation, ebenso wie Unsicherheit. Wer Freiheit will, muss Unsicherheit auch wollen und mit Risiken leben wollen.

Wir Deutschen lieben die Sicherheit mehr als das Risiko. Dennoch – oder deswegen? – betreiben viele privat durchaus ein kluges Risikomanagement. Wir verzichten auf Konsum, um für Risiken und Gefahren vorzusorgen. Weil man mit einem Einbruch rechnen kann, schließen viele eine Einbruchsversicherung ab. Das ist übrigens ein raffinierter Werbebegriff, denn die Versicherer versichern die Versicherten ja nicht gegen einen Einbruch, sondern nur gegen die finanziellen Einbruchsfolgen. Ohne Angst fahren wir in den Urlaub. Wir sind ja »versichert«. Andere sparen, um im Alter besser leben zu können. Es könnte sein, dass man gar nicht alt wird. Das Risiko gehen wir gerne ein.

Auch von der Wirtschaft verlangt der Staat eine Risikovorsorge. Rückstellungen müssen wegen negativer Risiken gebildet werden. Es gibt strenge Informationspflichten von Unternehmen bei denkbaren Verlusten. Die Banken werden zu Einlagensicherungssystemen gezwungen, damit die Sparer ihr Geld im Falle einer Krise nicht oder nicht ganz verlieren.

Risiken lassen sich eingrenzen. Beim Skifahren fahren jetzt fast alle mit einem Helm. Wenn es neblig wird, fahren wir langsamer. Das Risiko eines Sturzes finden wir nicht so schlimm wie das Glück eines wunderbaren Gipfelblicks. All das klappt: Umgang mit Risiken ohne Angst. Vorsicht und Wagemut statt Tollkühnheit und Turnen ohne Netz.

Wenn der Staat Risikovorsorge betreibt, dann ist plötzlich alles anders. Dann ist oft von Panikmache die Rede. Lieber hat man einen Schuldigen hinterher als einen Verantwortlichen vorher. Und wer Risiken in der Politik unterschätzt oder nicht vorhergesagt hat, ist schnell schuld.

Risikovorsorge muss Unvorhersehbares einkalkulieren. Dass gilt für positive Risiken wie staatliche Hilfen bei der Start-up-Finanzierung, und das gilt für negative Risiken, wenn das Start-up-Unternehmen pleitegeht. Risikovorsorge kostet den Staat viel Geld. Das ist so eine Art Versicherungsprämie, wie wir sie als Private gerne bezahlen, aber bei öffentlichen Ausgaben schnell für unnötig halten. Gasspeicher, Schutzmasken, Feldbetten, redundante Stromsysteme, eigene Produktionen statt Importe aus Diktaturen, IT-Sicherheit, Hochwasserschutz oder auch viel Geld für Landes- und Bündnisverteidigung – all das kostet sehr viel Geld, das dann für andere Dinge nicht zur Verfügung steht. Es ist nötig, aber unpopulär. Oft wird es verdrängt. Die überwundene Krise ist (zu) schnell vergessen.

Wir haben es also meiner Meinung nach mit einer merkwürdig widersprüchlichen Mischung von anerkanntem privatem Risikomanagement und öffentlicher Risikoverdrängung zu tun. Das passt aber nicht zusammen.

Wie ist das zu ändern?

Zuerst müssen wir unsere Mentalität ändern. Wir müssen uns folgende Sichtweisen angewöhnen: Risiken gehören zu unserem privaten wie öffentlichen Leben ebenso wie Routine. Risiken sind das Salz in der Suppe des Lebens. Wenn sich ein Risiko einstellt, dann kann das negativ und positiv sein.

Und dann: Risikoresilienz will geübt werden. Das ist mehr als eine innere Einstellung. Das verlangt rechtliche und finanzielle

Vorsorge: Sonnencreme und Regenschirme. Auch wenn es unpopulär ist.

Reden wir also nicht so viel von der Angst vor der Zukunft, sondern mehr vom Glück des Risikos.

Thomas de Maizière (* 21. Januar 1954 in Bonn) war 1990 Mitglied der Verhandlungsdelegation für den deutschen Einigungsvertrag, von 1990 bis 1998 Staatssekretär in der Regierung von Mecklenburg-Vorpommern und von 1999 bis 2005 Staatsminister in Sachsen in unterschiedlichen Ressorts. Von 2005 bis 2009 war de Maizière Chef des Bundeskanzleramtes, von 2009 bis 2011 und von 2013 bis 2018 Bundesinnenminister sowie von 2011 bis 2013 Bundesverteidigungsminister. 2019 erschien bei Herder sein *Spiegel*-Bestseller *Regieren. Innenansichten der Politik.*

Schule

Jürgen Kaube

Die Schulreformen kommen und gehen seit mindestens sechzig Jahren, nachdem zuvor die »Bildungskatastrophe« verkündet worden war. Damals war es das katholische Arbeitermädchen vom Land, für das die Schulen und Hochschulen verändert werden sollten, heute sind es mehr die urbanen Jungs mit und ohne familiäre Migrationsgeschichte. Geblieben sind Reformthemen: mehr Gleichheit zwischen Kindern unterschiedlicher Bildungs- und Einkommensherkünfte; mehr Vergleichbarkeit zwischen den Bundesländern; bessere Leistungen in Deutsch und Mathematik; mehr Ganztagsschule; längeres gemeinsames Lernen; mehr gegenwartsbezogener Unterricht in Dimensionen wie Medienkompetenz, Informatik, Gesundheitskunde, Umwelt, politische Bildung und so weiter. Nicht zu vergessen die Persönlichkeitsbildung, obwohl noch niemand verlangt hat, für sie eigene Unterrichtsstunden einzurichten.

Wie das alles bewerkstelligt werden soll? Durch Reformen, die alle der Maxime folgen, die bisher erreichten Zustände zu ändern. Vier Grundschuljahre oder sechs, Beibehaltung der Hauptschule oder Zusammenlegung ihrer Schüler- und Lehrerschaft mit den Realschulen, Gesamtschule, Gymnasium oder Oberstufenzentrum, G9 oder G8 oder wieder zurück zu G9, Abitur mit Pflichtfach Mathematik oder ohne, mit Pflicht-*Faust* oder ohne, Schreiben nach der Anlauttabelle oder nach Gehör oder doch wieder nach der Fibel. Es gibt keine Ebene des Schulsystems, von der Lehrerbildung und den Organisationsstrukturen über die Stundentafel und die Fächerzusammensetzung bis zu Einzelheiten des Unterrichts, die nicht ständig geändert wurde und wird.

Die Änderungsgeschwindigkeit ist dabei zu hoch, um die Effekte den jeweiligen Reformen zurechnen zu können. In Finnland war überdies der ironische Umstand festzuhalten, dass Erfolge in der ersten und zweiten Pisa-Studie von Schülerkohorten erzielt wurden, die noch unter dem alten Unterrichtsstil groß geworden waren. Die Ergebnisse der kurz vor den ersten Tests eingeführten, angeblich vorbildlicheren Lehrmodelle konnte man sich erst Jahre danach anschauen: Die Schüler fielen wieder leicht ab.

Was bleibt, sind aber nicht nur die Probleme, was daran liegen könnte, dass sie gar nicht aus der Schule kommen, sondern aus der umliegenden Gesellschaft, den Stadtvierteln, den Familien, dem Mediengebrauch. Was bleibt, sind auch die grundsätzlichen Befunde, die von den jeweils herrschenden Reformredensarten und -versprechen nur überdeckt werden. Zu ihnen gehört, dass die Lehrkraft das Aktionszentrum des Unterrichts ist und dass sie sich nicht »auf Augenhöhe« mit den Schülern befindet, sondern etwas zu lehren haben muss. Lehrer sind keine »Coaches« oder »Klassenraummanager«, sondern gewinnen ihre versachlichte Autorität dadurch, dass sie etwas können und wissen und kennen, und dadurch, dass ihre Kommunikation gedankenanregend und umsichtig ist. Wer sie auf den Universitäten mit Fachdidaktik und Pädagogik übergießt, verbessert nicht ihre Fähigkeiten, mit den elementaren Eigenschaften der Unterrichtssituation umzugehen. Es gibt jedenfalls keine Hinweise darauf, dass die Zunahme der fachdidaktischen und erziehungswissenschaftlichen Anteile in der Lehrerbildung eine Verbesserung der Unterrichtsergebnisse nach sich gezogen hat.

Was bleibt, ist schließlich eine Einsicht, die am Beginn der Bildungsrevolution des 19. Jahrhunderts stand. Als sich die alte europäische Welt der Schichtungsherrschaft aufzulösen begann, konnte die Zukunft einer Person immer weniger als Fortsetzung ihrer Herkunft beschrieben werden. Die Söhne – es waren zunächst sie, erst später die Töchter – wurden nicht mehr einfach, was ihre Väter waren. Für welche Zukunft also sollte man sie nun erziehen, wenn diese auch durch Mobilität im Raum sowie durch die Dynamik des sozialen Wandels erheblich ungewiss wurde? Die Antwort der Bildungsphilosophen war, kurz gesagt: Man muss sie für jede denkbare Zukunft erziehen, die ihnen bevorsteht. Sie müssen also lernen, was ihnen in jeder Zukunft nützt. Heute könnte man sagen: In einer Zukunft mit oder ohne Verbrennermotoren, Internet, Metropolen, Zeitungen, Windkraft, Weidewirtschaft und Fotoapparate.

Die Antwort auf die Frage, was das denn sein soll, das unter allen Umständen hilfreich ist, kann heute nicht mehr lauten: Latein und Kenntnis der antiken Dichter. Sie muss abstrakter und zugleich konkreter gefasst werden. Lesen, Schreiben und Rechnen helfen unter aller Umständen, der Dreisatz, die Gleichungen mit zwei Unbekannten und die Prozentrechnung dabei vielleicht mehr als andere Themen der Mathematik. Unter alle Umständen hilft auch Personenbeobachtung (kann man durch Literatur und Film lernen), das Identifizieren von Widersprüchen und Analogien (Philosophie, aber auch Recht), das Erkennen von Phrasen (Geschichte, Politik) oder das Verständnis für analytisches Vorgehen (Chemie beispielsweise). Wer zeichnen kann, verfügt über eine Technik, die in vielen Kontexten ebenso einsetzbar ist wie diejenigen, die kochen können (hat mit Chemie zu tun und mit dem Dreisatz).

Man sieht: Es gibt eine ganze Reihe von Fähigkeiten, die in jeder Zukunft nützlich sein werden. Man darf dabei nur nicht zu eng an den Artefakten der Gegenwart entlangdenken, viele von ihnen werden bald abgelöst sein und den späteren Generationen wie Latein vorkommen. Das soll nicht heißen, Unterricht in Latein sei sinnlos oder nur etwas für Schüler, die sich sicher sind, in Museen und speziellen Bibliotheken arbeiten zu wollen. Es soll nur heißen: Konzentrieren wir den Unterricht darauf, was mittels der Stoffe – und nur mittels bestimmter Stoffe – gelernt werden kann, und nicht auf die Stoffkenntnis als Unterrichtsziel. Denn die meisten Stoffe werden ja vergessen, nicht von allen, aber von den meisten und von vielen Schülern sogar in der Woche, in der sie im Horizont der Klausur »angeeignet« wurden.

Auch dieses Thema, das Vergessen, bleibt der Schule erhalten, und zwar als ein Tatbestand, den sie gerne unterschätzt, weil sie sich in der Illusion wohlfühlt, das Wichtigste werde behalten. Behalten wird aber nur, was wiederholt wird, und zwar auch in außerschulischen Zusammenhängen. Hier liegt eine große Quelle der schulisch verstärkten Ungleichheit, weil die Gelegenheiten, sich auch außerhalb der Schule auf das dort Vermittelte zu beziehen, in der Gesellschaft sehr ungleich verteilt sind. Doch anstatt an dieser Stelle wieder zur Frage überzuleiten, wie das geändert werden kann, schließen wir mit der skeptischen Antwort: nicht durch die Schule selbst. Sie kann nicht alle Probleme, die sie hat, durch Unterricht lösen.

Der Journalist und Soziologe **Jürgen Kaube** (* 19. Juni 1962 in Worms) ist einer der Herausgeber der *Frankfurter Allgemeinen Zeitung (FAZ)* und dort verantwortlich für das Feuilleton. Kaube schrieb seit 1992 regelmäßig für das Feuilleton der *FAZ* und trat 2015 in den Herausgeberkreis ein. Kaube erhielt mehrere Auszeichnungen, darunter den Ludwig-Börne-Preis und den Deutschen Sachbuchpreis.

Sicherheit

Boris Pistorius

Ich bin ein Kind des Kalten Krieges. Aufgewachsen bin in Osnabrück, in einer Gegend, in der viele britische Soldaten mit ihren Familien lebten. Auf dem Weg zur Schule sah ich regelmäßig Menschen in Uniform und bewunderte sie, wie wahrscheinlich viele Jugendliche damals.

Damals lag die die unterschwellige Bedrohung des kalten Krieges in der Luft. Sie war bei uns zu Hause immer präsent. Der Anblick der Panzer am Checkpoint Charlie und die Kubakrise hatten sich in das Gedächtnis meiner Eltern eingebrannt. Hinzu kamen später die SS-20 Mittelstreckenraketen, von denen jeder wusste, dass sie Westeuropa und damit auch Deutschland treffen konnten. Wie viele andere Haushalte in Deutschland horteten wir Konserven und andere Lebensmittel für den Fall, dass die Bedrohung ernst werden sollte.

Damals sicherte die NATO Deutschland. Die Uniformen, die ich auf dem Weg zur Schule sah, waren ein konkretes Zeichen der Bündnissolidarität. Unsere Verbündeten, ob in den Vereinigten Staaten, in Frankreich, Großbritannien, den Niederlanden, Belgien oder Kanada, hatten Deutschlands Sicherheit zu ihrer eigenen gemacht. Dafür bin ich sehr dankbar. Und deshalb ist es für mich selbstverständlich, dass wir in Deutschland heute die gleiche Solidarität zeigen. Die Sicherheit der baltischen Staaten, Polens und unserer Verbündeten ist auch die Sicherheit Deutschlands.

Seit den Zeiten des Kalten Krieges hat sich viel verändert. Die demokratischen Revolutionen in Mittel- und Osteuropa und in Folge die souveräne Entscheidungen demokratischer Staaten haben dazu geführt, dass sich die Bündnisgrenze heute weiter nach Osten verschoben hat.

Doch leider sehen wir uns erneut einer massiven Bedrohung unserer Freiheit und Sicherheit gegenüber. Russland führt einen brutalen Angriffs- und Eroberungskrieg gegen die Ukraine. Es wird und darf mit seinem Imperialismus und seiner Missachtung des Völkerrechts und der internationalen Friedensarchitektur keinen Erfolg haben.

Anfang 2023 war ich in Kiew. Dort sprach ich mit Frontsoldaten, die sich auf ihre Ausbildung an Leopard-Panzern in Deutschland vorbereiteten. Ihnen stand der Schrecken des Krieges ins Gesicht geschrieben. Gleichzeitig sah ich, dass ihre Moral ungebrochen war. Ihr Mut und ihre Einsatzbereitschaft waren beeindruckend.

Als Russland die Ukraine angriff, reagierte die NATO schnell und entschlossen. Innerhalb kürzester Zeit standen über 30 000 Bodentruppen, übe 100 Schiffe und über 130 Flugzeuge zur Verfügung. Hinzu kamen die über 150 000 Soldaten, die bereits unter nationalem Kommando an der Ostflanke der NATO stationiert waren.

Das ist eine echte und ernstzunehmende Abschreckung. Wir können und werden jedes Gebiet des Bündnisses verteidigen. Gemeinsam verstärken wir unsere militärische Präsenz entlang der gesamten Ostgrenze der NATO.

Wenn es um die Sicherheit in Europa geht, spielen die USA eine wichtige Rolle. Sei es während des Kalten Krieges oder heute, sei es im damaligen Westdeutschland oder seit einigen

Jahren in den baltischen Staaten oder in Polen. Die Vereinigten Staaten von Amerika waren immer ein Garant für die Sicherheit Europas. Ich bin dem amerikanischen Volk und Präsident Biden zutiefst dankbar für ihr Bekenntnis zur transatlantischen Solidarität. Das liegt in unserem gemeinsamen strategischen Interesse.

Zugleich muss Europa mehr tun, viel mehr. Deshalb ist es gut, dass Finnland und Schweden der NATO beitreten. Es ist im Interesse der Sicherheit unserer finnischen und schwedischen Freunde, aber auch im Interesse eines starken Bündnisses. Beide Länder verfügen über eine schlagkräftige Marine und moderne Landstreitkräfte. Deutschland arbeitet daran, den europäischen Pfeiler in der NATO zu stärken und die militärischen Fähigkeiten und Kapazitäten der EU zu verbessern.

Das alles ist eine starke und entschlossene Antwort auf die Anforderungen der »Zeitenwende«, und es ist ein Versprechen für die Zukunft. Deutschland leistet einen wesentlichen Beitrag zur militärischen Sicherheit Europas.

Viele Deutsche wissen, wie es ist, unter einem diktatorischen Regime zu leben. Und viele Deutsche sind unglaublich dankbar für den militärischen Beistand, den Land und Leute während des Kalten Krieges erfahren haben. Ich hoffe, dass die deutschen Uniformen heute in Rukla, Sliač oder Zamość genauso willkommen sind wie die britischen Uniformen zu meiner Schulzeit in Osnabrück. Sie werden dazu beitragen, Freiheit und Demokratie in Europa zu schützen.

Boris Pistorius (* 14. März 1960 in Osnabrück) ist seit dem 19. Januar 2023 Bundesminister der Verteidigung. Zuvor war er seit 2013 niedersächsischer Minister für Inneres und Sport. Von

2006 bis 2013 war er Oberbürgermeister der Stadt Osnabrück. Der vorliegende Text ist ein Auszug der Übersetzung einer Rede, die Pistorius bei der Münchner Sicherheitskonferenz 2023 hielt.

Sicherheitsversprechen

Herbert Reul

Der Mensch braucht andere Menschen. Wir alle entwickeln unsere Identität, unsere Wert- und Normvorstellungen im Austausch mit anderen – das wissen wir spätestens seit George Herbert Mead. Wo aber Menschen zusammenleben, braucht nicht nur der Einzelne für sich und sein Handeln moralische Leitplanken, es braucht auch Spielregeln für die gesamte Gesellschaft. In der Menschheitsgeschichte kommt hier schon sehr früh der verfasste Staat ins Spiel. Er ist mit der anspruchsvollen Aufgabe betraut, auf der Grundlage von allgemeingültigen Gesetzen einerseits die Rechte der ihm angehörenden Menschen nach außen wie nach innen zu wahren und andererseits die für das Gemeinwohl definierten Pflichten einzufordern. In dieser Konstruktion wird demnach die individuelle Freiheit mit einem Sicherheitsanspruch gegeneinander abgewogen.

Dieses System ist natürlich nur dann legitim für alle gültig, wenn – wie in unserer rechtsstaatlichen Demokratie – die in Gesetze gegossenen Wert- und Normvorstellungen von allen Bürgerinnen und Bürgern mitbestimmt werden können, zum Beispiel durch die Beteiligung an Wahlen und eine juristisch unabhängige Kontrolle. Dieses in Deutschland ausverhandelte Verhältnis von Freiheit und Sicherheit ist letztlich der Garant dafür, dass es uns heute so gut geht wie historisch nie zuvor. Ohne Sicherheit gibt es eben keinen Wohlstand. Deswegen erwarten die Bürgerinnen und Bürger auch zu Recht, dass der Staat sein Sicherheitsversprechen einlöst. Der Bedarf nach Sicherheit steigt dabei mit einer zunehmenden Krisenhaftigkeit. Je unsicherer und unübersichtlicher die Zeit, desto stärker fordern die Menschen – zu Recht – Sicherheit ein. Das zeigt sich in der aktuellen Phase der sogenannten Multikrise, die von vielen Verunsicherungen geprägt ist: die Auswirkungen von Globalisierung und Digitalisierung, der Wandel von Sprache und tradierten Gesellschaftsbildern, die sich verändernde Weltordnung bis hin zum russischen Angriffskrieg in der Ukraine, die Bedrohung durch den Klimawandel oder akute Krisen wie die Coronapandemie, um nur einige zu nennen. Es ist eine Zeit, in der man mit einfachen Antworten nicht weiterkommt.

Kommt der Staat diesem Anspruch nach Sicherheit nicht nach oder erklärt er seine Maßnahmen nicht verständlich, entziehen die Menschen zunächst der handelnden Politik und irgendwann auch dem Staat als Ganzes das Vertrauen und wenden sich ab. Betrifft diese Abgrenzung nur wenige, mag das zwar schmerzlich, vielleicht aber noch verschmerzbar sein. Immer alle vollumfänglich mitzunehmen, ist ohnehin ein utopischer Anspruch. Grenzen sich aber immer mehr Menschen ab, erodiert irgendwann das Fundament des Staates. Gerade mit Beginn der aktuellen Dekade sind solche Abgrenzungsbewegungen deutlich wahrnehmbar.

Der Staat muss also mit Blick auf die Einlösung des Sicherheitsversprechens nicht nur in der Verpflichtung um die in ihm lebenden Menschen, sondern letztlich auch um seiner selbst willen verlässlich sein. Diese schwierige Aufgabe fällt der Politik zu. Und sie muss das auch klar zum Ausdruck bringen. Toleriert sie eine Bedrohung der Sicherheit der Bürgerinnen und Bürger oder ignoriert sie sie sogar, nimmt der Rechtsstaat Schaden. Genau das ist viele Jahre lang im Hinblick auf das Phänomen der Clankriminalität in Nordrhein-Westfalen passiert: Die Bürgerinnen und Bürger hatten hier seit Jahrzehnten das Gefühl, dass etwas faul sei. In weiten Teilen der Bevölkerung war der Eindruck präsent, hier gebe es eine Schattenwirtschaft von kriminellen Mitgliedern türkisch-arabischstämmiger Großfamilien. Selbst von No-go-Areas – also von Straßenzügen oder Stadtvierteln, in denen sich die Mehrheitsgesellschaft nicht mehr sicher gefühlt hat – war die Rede. Allein die Tatsache, dass, subjektiv gesehen, schon dadurch ein Bruch des staatlichen Sicherheitsversprechens vorlag, ist verheerend genug. Doch dass hier auch ein objektiv vorhandenes, drängendes Problem nicht angegangen wurde, verschärfte den Vertrauensbruch noch. Und zwar unabhängig davon, ob dem Staat nur die Mittel oder sogar der Wille fehlte, das Thema der Clankriminalität anzugehen.

Es ist deshalb nur konsequent, dass die nordrhein-westfälische Landesregierung seit 2017 in dieser Frage reagiert hat und die Machenschaften krimineller Mitglieder der Familienclans seitdem bekämpft. Allein dass dieses Kriminalitätsphänomen endlich thematisiert wurde, vermittelte eine wichtige Botschaft: Das Problem soll gelöst werden – es anzusprechen, ist immer der erste Schritt. Wo die Existenz krimineller Clanmitglieder bis dato – aus der falsch verstandenen Sorge, Menschen zu stigmatisieren – politisch nicht aufgegriffen wurde, wird stattdessen mit zweierlei Maß gemessen. Die Gesetze scheinen – aus welchen Gründen auch immer – nicht in allen Fällen anzuwenden zu sein, obwohl sie genau dafür gedacht sind. »Alle Menschen sind vor dem Gesetz gleich«, steht im Artikel 3 des Grundgesetzes – da gibt es wenig Spielraum für Interpretationen. Das jetzt angewandte Drei-Säulen-Modell aus regelmäßigen Razzien (»Taktik der 1000 Nadelstiche«), Finanzermittlungen im Hintergrund (»Follow the money«) und Prävention (»360 Grad«) war und ist demnach nicht nur aus polizeilicher Sicht geboten, sondern stellt auch gesellschaftspolitisch eine vertrauensbildende Maßnahme dar. Die Botschaft dieses integrierten Ansatzes an die Bürgerinnen und Bürger sowie an die Kriminellen ist so einfach wie der erste Absatz des Grundgesetzartikels 3: In Nordrhein-Westfalen gilt das Gesetz des Staates, nicht das Gesetz der Familie – und zwar für alle.

Eine Abkehr von diesem Prinzip ist allerdings immer wieder zu beobachten: und zwar immer dann, wenn moralische Vorstellungen Einzelner über gesetzliche Allgemeingültigkeit gestellt werden. Zum Beispiel bei den strafrechtlich relevanten Aktionen im Zusammenhang mit den Klimaprotesten. Niemand mit Verstand bestreitet die Wichtigkeit des hehren Ziels, den menschengemachten Klimawandel möglichst aufzuhalten oder abzumindern. Es ist für Einzelne sogar denkbar, die Freiheitseinschränkung anderer Menschen durch Straßenblockaden oder die Besetzung von fremdem Eigentum als ein geeignetes Mittel zur Erreichung dieses Ziels für moralisch legitim zu betrachten. Legal – und damit von einer Mehrheit der Menschen im Rahmen eines demokratischen Prozesses als legitim betrachtet – sind solche Aktionen dennoch nicht. Derjenige, der politisch aber mit gewisser Regelmäßigkeit die eigenen moralischen Vorstellungen über die der anderen stellt, handelt – um es mit Max Weber zu sagen – »gesinnungsethisch«. So ist kein demokratischer Staat zu machen. Wer den Begriff »Demokratie« hingegen ernst nimmt, kommt – auch in der Frage der Sicherheit – nicht um das vernünftige Aushandeln zwischen verschiedenen, subjektiv gesehen, moralisch legitimen Positionen hin. Nur auf diesem »verantwortungsethischen« Weg kann ein Staat funktionieren, in dem nahezu alle die allgemeingültigen Gesetze anerkennen und so eine Gesellschaft bilden. Es ist gewissermaßen die staatspolitische Aufgabe dieser Verantwortungsethik, die Menschen – bei aller individuellen Unterschiedlichkeit – in einer breiten Mitte mitzunehmen und sie nicht als freie Radikale an den Rändern zurückzulassen oder in die Arme extremistischer Organisationen zu treiben. Dabei entbehrt es allerdings nicht einer gewissen Ironie, dass es gerade solche Organisationen sind, die auf die sehr komplexen Probleme dieser Welt die einfachsten – und untauglichsten – Lösungen anbieten.

Nun erneuern einige Razzien im Milieu der Clans allein nicht das Sicherheitsversprechen des Staates. Diese Behauptung wäre zu kurz gedacht, denn Kontrollaktionen machen das Problem der Clankriminalität zwar sichtbar und bekämpfen es auch wahrnehmbar, aber sie besiegen es natürlich noch lange nicht. Bürgerinnen und Bürger erwarten aber zu Recht, dass der Staat glaubhaft alles in seiner Macht Stehende unternimmt, um die Sicherheit im Land zu gewährleisten. Dieser Erwartungshaltung kann man nicht mit markigen Sprüchen gerecht werden – im Gegenteil: Solche Luftbuchungen würden letztlich wieder Vertrauen kosten, wenn der Nutzen fraglich bliebe. Also geht es nur mit der konsequenten – das heißt kleinschrittigen und längerfristigen – Herangehensweise hinter den Kulissen, wie sie in Nordrhein-Westfalen im Rahmen des »Follow The Money«-Ermittlungsansatzes betrieben wird. Das heißt: genau hinschauen, Geldströme analysieren, sie konsequent austrocknen und den kriminellen Clanmitgliedern damit die Erträge oder sogar die Grundlage entziehen. Denn nur auf diesem Wege werden die kriminellen Strukturen auch nachhaltig zerschlagen, oder es wird ihnen der »Geschäftsbetrieb« zumindest erschwert. Das zahlt dann allerdings auch wirkungsvoll auf das Sicherheitsniveau und damit auf die Einlösung des Sicherheitsversprechens ein.

Der präventive Aspekt, um ein Abdriften in kriminelle Machenschaften möglichst noch vor Beginn einer solchen »Karriere« zu verhindern, schließt sich hier als dritte Säule logisch an. Die beste Kriminalität ist schließlich – für Bürgerinnen und Bürger wie für Kriminelle gleichermaßen – diejenige, die gar nicht erst passiert. Und so wie der Staat auch an anderen Stellen präventiv auf die Einhaltung der Gesetze zum Schutze aller hinwirkt – wie beispielhaft bei den Restriktionen zum Waffenbesitz, den zu erfüllenden Voraussetzungen zur Fahrerlaubnis oder im Rahmen der Beratung im Zuge eines Baugenehmigungsverfahrens –, erscheint dieser fürsorgliche Aspekt auch hier geboten.

Damit ist das nordrhein-westfälische Modell zur Bekämpfung der Clanbekämpfung ein kleiner Baustein zur Erfüllung des Sicherheitsversprechens unseres Staates an seine Bürgerinnen und Bürger. Es setzt diejenigen überindividuell ausgehandelten Wert- und Normvorstellungen der Menschen um, die demokratisch in Gesetze gegossen wurden. Das ist in einer Zeit der großen Unsicherheit umso wichtiger. Aber: Es bleibt ein Baustein unter vielen.

Herbert Reul (* 31. August 1952 in Langendfeld) ist ein deutscher Politiker der CDU. Von 1991 bis 2003 war er Generalsekretär der CDU NRW sowie von 1985 bis 2004 Abgeordneter im Landtag NRW. Von 2012 bis 2017 hatte Reul zudem den Vorsitz der CDU/CSU-Gruppe inne. Vor seiner Ernennung zum Innenminister des Landes Nordrhein-Westfalen am 30. Juni 2017 war er Mitglied der EVP-Fraktion im Europäischen Parlament.

Social Media

Martin Horn

Was kommt? Auf jeden Fall um 20 Uhr die *Tagesschau*. Und früh im Briefkasten die Tageszeitung. Was geht? Sicherlich die Reichweite dieser beiden Medien, wenn wir uns die vergangenen Jahre und Jahrzehnte ansehen. Was bleibt? Die unbedingte Notwendigkeit, möglichst viele Menschen zu informieren, seriös und wahrheitsgetreu.

Wie schaffen wir das? Mit der *Tagesschau*, mit Zeitungen – als gedruckter Ausgabe sowie im Onlineformat – und über Social Media. Natürlich könnte man nun einwenden, das heutige Maß an Desinformation in der Welt wäre ohne Social Media kaum denkbar. Aber gerade deshalb müssen wir auch dort präsent sein. Und der Desinformation etwas entgegensetzen. Und die sozialen Netzwerke sind nicht per se schlecht, wie manch einer meint. Vielmehr sind sie auch eine große Chance.

Wir müssen die Menschen dort erreichen, wo sie sind, wo sie ihre Zeit verbringen, wo sie sich informieren. Das ist eine zentrale Aufgabe der Politik. Und viele Menschen – junge wie ältere – sind heute eben viel in den sozialen Netzwerken unterwegs. Sie lesen nicht nur Zeitung und schauen nicht nur *Tagesschau*. Die sozialen Medien sind für viele aus dem Alltag nicht mehr wegzudenken.

Man kann über die sozialen Medien mit Menschen kommunizieren, die mit der Politik oder der Stadtverwaltung sonst vielleicht nie Kontakt aufgenommen hätten. Die vielen Nachrichten und Kommentare auf meinen Social-Media-Kanälen, auf Instagram und Facebook, machen das sehr deutlich. Die klassischen Kontaktmöglichkeiten hingegen, etwa via Brief oder E-Mail, werden von manchen Menschen vermutlich gar nicht in Betracht gezogen. Insofern können die sozialen Medien einen wichtigen Beitrag zur Festigung der Demokratie, zu Teilhabe und zur politischen Willensbildung leisten.

Wie aber kann man nun Social Media für die Vermittlung von Politik bestmöglich nutzen?

Wichtig ist vor allem, dass Politik und politische Entscheidungen nicht einseitig nur »vermittelt« werden. Social Media ist keine Einbahnstraße. Vielmehr geht es darum, mit den Bürgerinnen und Bürgern in Kontakt zu treten. Konkret heißt das, auf Nachrichten und Kommentare zu antworten.

Nehmen wir das Beispiel Coronapandemie: Schnell wechselnde Verordnungen haben die Menschen irritiert und verunsichert. Manche wussten nicht, welche Einschränkungen aktuell gelten (wie viele Menschen darf ich gerade treffen, gibt es eine Ausgangssperre usw.). Eine Einzelhändlerin zum Beispiel wusste am Sonntagabend nicht, ob sie – inzidenzabhängig – ihr Geschäft am folgenden Montagmorgen würde öffnen dürfen; sie hat uns deshalb über die sozialen Medien kontaktiert. Ihr und vielen anderen konnten wir über unsere Social-Media-Kanäle helfen, indem mein Team und ich jeden Tag unzählige Fragen zu den jeweils geltenden Verordnungen beantwortet haben.

Natürlich sprechen wir hier aber nicht nur von außergewöhnlichen Ereignissen. In Freiburg legen die Bürgerinnen und Bürger und die Stadtverwaltung unter anderem großen Wert auf die Themen bezahlbares Wohnen, Klimaschutz und nachhaltige Mobilität. Daher informieren wir auf meinen Kanälen regelmäßig, was in diesen Bereichen gerade alles geschieht: zum Beispiel über

Spatenstiche für neue Quartiere und Wohnungen oder über neue E-Busse und Investitionen in den Fuß- und Radverkehr.

Klar, es gibt auch viele Fragen und Beiträge, die nichts mit dem eigentlichen Thema der Posts zu tun haben. Da gibt es auch schon einmal die Frage, ob eigentlich Skateboardfahren in Tiefgaragen erlaubt sei. Oder warum auf der Straßenbahnlinie 2 ein Ersatzverkehr eingerichtet worden sei. Oder wie viel der Eintritt zur Veranstaltung XY koste. Was auch kommt: Wir versuchen, möglichst alle Fragen zu beantworten.

Und leider – auch das gehört zur Wahrheit: Immer mal wieder gibt es Beleidigungen bis hin zu Bedrohungen. Diese werden von uns konsequent gelöscht und regelmäßig zur Anzeige gebracht.

Was sonst noch wichtig ist: Politikinteressierte Menschen zu informieren, ist wichtig. Genauso wichtig ist es aber auch, Menschen zu erreichen, die Politik eher beiläufig und nicht hauptsächlich verfolgen. Um diese Menschen zu erreichen, sollte man sein Profil nicht zu ernst gestalten: Eine Prise Selbstironie ist hier das Zauberwort. Sich selbst nicht zu ernst nehmen. Menschliche Seiten zeigen.

Was heißt das konkret? Um welche Beiträge geht es hier? Ein Selfie hinter dem viel zu großen Aktenberg, der noch abgearbeitet werden muss. Ein kurzer Kaffee in der Mittagssonne. Weihnachtsvorbereitungen mit den Kindern (natürlich stets so aufgenommen, dass man ihre Gesichter nicht erkennen kann). Oder auch: Welches Motiv ist heute auf meinen Socken? Und warum? Wenn ich einen Termin beim Forstamt oder im Freiburger Stadtwald habe, poste ich z. B. meine Fuchs-Socken. Um auf die Bedeutung nachhaltiger Mobilität hinzuweisen, mache ich einen Schnappschuss meiner Socken im Sitzpolsterdesign unserer Verkehrsbetriebe. Über solche Beiträge kann man natürlich auch den Kopf schütteln. Aber viele finden diese Beiträge gut, und sie erreichen Tausende Menschen.

Die Botschaft: Politikerinnen und Politiker sind Menschen. Die auch mal eine Pause brauchen. Die auch mal angestrengt sind. Die auch noch ein Leben außerhalb des Berufs haben. Die nicht perfekt sind. Es geht um Nahbarkeit, Authentizität und Glaubwürdigkeit.

Kurz gesagt: Die richtige Mischung macht's bei Social Media – die richtige Mischung aus Politik und Menschsein. Ich glaube, wenn wir das beherzigen, können wir über die sozialen Medien eine ganze Menge Leute erreichen, an die wir anderweitig vielleicht nicht herankommen. Das ist gut für die Demokratie. Und auch gut gegen Antidemokratie. Denn nicht selten sind es gerade die Antidemokraten und die Populisten, die die sozialen Medien sehr geschickt für ihre Zwecke zu nutzen wissen – diesen Menschen sollten wir auf keinen Fall das Feld überlassen.

Die sozialen Medien sind heute Teil der Lebensrealität von vielen – daraus ergibt sich gerade für Demokratinnen und Demokraten eine wichtige Verpflichtung. In diesem Sinne: Nutzen wir die Chancen, die sich aus dieser Entwicklung ergeben: Treten wir auch in den sozialen Medien für wahrheitsgetreue Informationen, Demokratie, Teilhabe und politische Willensbildung ein!

Martin W. W. Horn (* 7. November 1984 in Annweiler am Trifels) ist seit 2018 Oberbürgermeister der Stadt Freiburg im Breisgau. Seine Schwerpunkte liegen auf den Themen bezahlbares Wohnen, Klimaschutz, nachhaltige Mobilität, Digitalisierung und Bürgernähe. Horn arbeitete zuvor als Europa- und Entwicklungskoordinator und hat Internationale Soziale Arbeit (B.A) sowie European and World Politics (M.A.) studiert.

Solidarität

Basil Kerski

Die Idee der Solidarität ist grundlegend für die Bundesrepublik. Das ist zweifelsohne ein Konsens in Deutschland. Auch wenn Solidarität im politischen Diskurs der Bundesrepublik ein wichtiger Anker ist, ist das Wort »Solidarität« in öffentlichen Räumen kaum präsent. Mir scheint, als hätte es keinen Ort, keinen prägenden Platz in unserer deutschen kollektiven Identität, in unserem Gedächtnis. Dieser Zustand ist unter anderem eine Folge des Missbrauchs der Ideen von Völkerfreundschaft und Solidarität durch das DDR-Regime. Der Klang kommunistischer Propaganda hallt auch Jahre nach dem Niedergang des Systems nach. Es wäre aber zu kurz gedacht, alles wieder nur auf die Erfahrungen untergegangener Diktaturen abzuwälzen. Auch die sich in den letzten Jahrzehnten vertiefenden sozialen Klüfte innerhalb der bundesdeutschen Gesellschaft und ein global erdrückender Konkurrenzkampf haben in den Augen vieler Menschen dem Versprechen einer solidarischen Gesellschaft die Glaubwürdigkeit genommen.

Solidarität ist ein europäischer Schlüsselbegriff, sie ist das Entréebillet zur Gemeinschaft europäischer Demokratien. Ohne die Versöhnung der Nationen nach der Katastrophe des Zweiten Weltkriegs, ohne das Gefühl einer Schicksalsgemeinschaft wäre die westeuropäische Integration Europas nicht möglich gewesen. Und es war die Kraft der Solidarität der Bürgerbewegungen Mittel- und Osteuropas, die den Eisernen Vorhang 1989 niederriss. Diese Solidaritätswelle eröffnete Deutschland die Chance zur

Wiedervereinigung und verhalf der politischen und wirtschaftlichen Gemeinschaft Europas zu ihrer Neugründung nach 1989. Die Osterweiterung der EU basierte auf dem Gefühl der Zugehörigkeit des europäischen Westens und Ostens zur Gemeinschaft der Demokratien. Die Solidarität des Westens äußerte sich in einer massiven ökonomischen Hilfe beim Wiederaufbau der durch Faschismus und Kommunismus zerstörten Gesellschaften östlich des ehemaligen Eisernen Vorhangs gelegenen Staaten.

Solidarität ist eine Idee, die in der europäischen Geschichte verankert ist, sie ist ein politisches Versprechen, das von der Geschichte Europas ständig geprüft wird. Die Niedergänge und Aufbrüche Europas sind fest mit der Idee der Solidarität verbunden. Diese Solidarität wird durch die Flüchtlingsströme in Süd- und Osteuropa einer neuen Prüfung unterzogen. Ein anderer wichtiger Test ist unsere Haltung zum Ukrainekrieg, zu den von Russlands Imperialismus gefährdeten Staaten. Sind wir mit den Ukrainern oder den Menschen aus Belarus, die auch unsere Freiheit und unsere Werte verteidigen, solidarisch? Und wie verhalten wir uns gegenüber den autoritären Mächten, die die universellen Menschenrechte mit Füßen treten, gegenüber dem imperialen Russland, dem kommunistischen China oder dem islamistischen Iran? Drei Staaten, die sich der aufgeklärten, demokratischen Form der Solidarität entgegenstellen.

Ein Perspektivwechsel über den deutschen Tellerrand, in Richtung Osten, zum unterschätzten polnischen Nachbarn könnte inspirierend für die Neuentdeckung der Solidarität in der Seele deutscher Demokraten sein. Im Nachbarland Polen prägt das Wort »Solidarität«, polnisch »Solidarność«, wie kaum eine andere politische Idee den öffentlichen Raum. In fast jeder Stadt gibt es eine Straße oder einen Platz der Solidarität.

Das polnische Wort »Solidarność« ist der Schlüssel zum Niedergang der Sowjetblocks. Solidarität steht für den Neuanfang, für die Kraft des friedlichen Protests im Namen der Menschenrechte, Solidarität steht für Freiheit, für die Demokratisierung Mittel- und Osteuropas nach dem Untergang des Kommunismus. Es steht für die Beseitigung hegemonialer Einflusssphären im Osten, steht für Völkerversöhnung und nicht zuletzt für die Einigung Europas. Die Europäische Union in ihrer heutigen Form verstehen die Polen als ein Zusammenfließen zweier Ströme: als ein Ergebnis westeuropäischer Versöhnung nach 1945 und des Sieges demokratischer Kräfte im ehemaligen Sowjetblock in 1989.

Der berühmteste polnische Solidaritätsplatz ist der im Zentrum Danzigs, am historischen Werkstor der ehemaligen Danziger Lenin-Werft. An diesem Tor verkündete am 31. August 1980 der Elektriker Lech Wałęsa die Gründung der freien, demokratischen Gewerkschaftsbewegung Solidarność. Zehn Millionen Menschen traten ihr bei. Es entstand die größte demokratische politische Bewegung in Europa, größer als die kommunistischen Parteien. Die Bilder vom letzten Augusttag 1980 symbolisieren nicht nur das Ende eines friedlichen Massenstreiks in den Industriebetrieben der Volksrepublik Polen. Wałęsa in der Lenin-Werft, das ist auch der Beginn der gewaltfreien Solidarność-Revolution, die neun Jahre später am Runden Tisch und an Wahlurnen das kommunistische Regime in Polen und im gesamten Sowjetblock zum Einsturz brachte. In der Danziger Schiffswerft begann im August 1980 ein Streik, der eine Revolution auslöste, die Mittel- und Osteuropa von der sowjetischen Besatzung befreite. Polens Runder Tisch im Frühjahr 1989 ebnete den Weg für die Bürgerrevolutionen in Mittel- und Osteuropa und zur deutschen Einheit.

Den Platz der Solidarität dominiert heute nicht nur ein Denkmal für die im Dezember 1970 von kommunistischen Machthabern ermordeten Arbeiter, die für Freiheit und bessere Lebensverhältnisse demonstrierten. Den Platz prägt auch das 2014 eröffnete Europäische Solidarność-Zentrum. Solidarność, Solidarität versteht das Zentrum in seiner doppelten Bedeutung: als Name der historischen Massenbewegung um Lech Wałęsa sowie als eine Idee, deren Sinn heute reflektiert und praktiziert wird.

Das aus öffentlichen Mitteln finanzierte Zentrum ist ein Museum der Revolutionen Mittel- und Osteuropas. In seiner Dauerausstellung wird die Neugründung Europas in den Jahren 1989 bis 1991 dokumentiert. Eine Neugründung, die in Deutschland unterschätzt wird. Denn leider ist in der Bundesrepublik die für Europa prägende Rolle der Solidarność-Revolutionäre vergessen.

Der den Ukrainern von Russland aufgezwungene brutale Krieg hat auf russischer Seite eine Spirale unsäglicher Verbrechen in Bewegung gesetzt, der tagtäglich Zivilisten zum Opfer fallen. Diese Verbrechen lenken die Aufmerksamkeit der westlichen Öffentlichkeit auf den Krieg und bestärken unsere Solidarität mit den Ukrainern. Emotionen sind wichtig für Politik und praktizierte Solidarität. Es ist aber auch wichtig, dass mit ihnen kulturelle Kompetenz einhergeht, ein Wissen über die Ukraine, Belarus und die russische Imperialgeschichte. Das Wissen über Mittel- und Osteuropa ist mangelhaft, eine klaffende Lücke in der europäischen Kultur, die es zu schließen gilt.

Uns steht eine sehr lange Phase der Aufklärung auf diesem Gebiet bevor. Diese ist nötig, um sich dem brutalen Neokolonialismus Moskaus entgegenstellen zu können. Erst das ermöglicht es, auch in diesem Teil Europas eine dauerhafte demokratische Friedensordnung aufzubauen. Wir sind verpflichtet, mehr zu tun als bisher.

Wir müssen nicht nur Waffen in die Ukraine schicken, sondern auch Flüchtlingen helfen und sie aufnehmen. Wir müssen bereits jetzt über einen Wiederaufbauplan und dessen Finanzierung nachdenken, und wir müssen einen ganz Europa umfassenden Plan zur kulturellen und politischen Bildung entwickeln, der uns aus der Gewalt der alten Imperialismen befreien wird.

Basil Kerski (* 19. November 1969 in Danzig) leitet seit 2011 das Europäische Solidarność-Zentrum in Danzig. Er ist auch Chefredakteur das zweisprachigen deutsch-polnischen Magazins *DIALOG*. Für sein europäisches Engagement wurde er vielfach ausgezeichnet, zuletzt verlieh ihm 2022 Frankreichs Staatspräsident den Nationalen Orden der Ehrenlegion. Er lebt in Berlin und Danzig. 2023 erschien bei Herder das von ihm zusammen mit Katarzyna Domagała-Pereira und Bartosz Dudek herausgegebene Buch *Solidarność. Die unvollendete Geschichte der europäischen Freiheit.*

Spielen

Renate Zimmer

Spielen ist allgegenwärtig – bei jungen Tieren, bei Kindern und auch bei Erwachsenen. Wir spielen allein, mit anderen, Fußball oder im Sand, mit Karten, ein Instrument, am Computer oder im Casino. Nicht jeder wird diese Aktivitäten als Spielen einordnen, aber sie haben gemeinsam, dass sie freiwillig, aus eigenem Antrieb, um ihrer selbst willen durchgeführt werden, sie verfolgen meist keinen äußeren Zweck, die Spieler vergessen die Zeit, sind ganz versunken in ihr Tun, das von einem Gefühl der Spannung und Freude begleitet wird.

Spiele gab es immer schon – seit es Menschen gibt. Sie sind ein wichtiger Bestandteil der menschlichen Kultur. In der überlieferten Literatur der Antike werden Brett- und Würfelspiele erwähnt. Dabei waren Sport- und Gesellschaftsspiele, Ballspiele, das Mühle- oder das Nussturmspiel Teil des Alltags von Kindern und Erwachsenen.

Das bedeutendste Zeugnis des Kinderspiels im Mittelalter ist ein Gemälde des flämischen Malers Pieter Bruegel d. Ä. aus dem Jahr 1560. Darauf sind ca. 90 Arten von Spielen zu sehen. Die Kinder spielen mit Kreiseln, reiten auf Steckenpferden, lassen Reifen rollen, gehen auf Stelzen oder funktionieren Fässer in Spielgeräte um. Das Bild ist ein Beleg für eine reichhaltige, vielfältige Spielkultur.

Spiel und Kultur

Johan Huizinga, ein holländischer Historiker und Kulturphilosoph, entwarf 1936 eine Theorie, die das Spiel in den Mittelpunkt aller gesellschaftlich-kulturellen Entwicklung stellte. Der Titel lautete: *Homo Ludens. Vom Ursprung der Kultur im Spiel*. Huizinga sieht das Spiel als freiwillige Aktivität an, es habe seinen Zweck nur in sich selber und verfolge keinen äußeren Nutzen, es vermittle Freude und Spannung und lasse den Menschen in eine fremde Fantasiewelt eintauchen. Für Huizinga ist das Spiel Ursprung und Motor der Entwicklung von Kultur.

Ob eine Tätigkeit als Spiel definiert wird oder eher dem entgegengesetzten Pol – der Arbeit – zugeordnet wird, ist nicht immer eindeutig. Das Fußballspiel als Aktivität der Kinder auf einem freien Platz, mit eigenen Regeln und in selbstbestimmten Zeiten ist Spiel, als Sportangebot im Verein dagegen ist es Training, und für den Profifußballer wird das Spiel zur harten Arbeit. Die Grenzen sind fließend, denn auch für Kinder ist das Spielen eine sehr ernste Sache, den Sinn des Spiels bestimmen sie selbst, und manchmal bezeichnen sie es auch als »Arbeit«. Erfolg und Versagen liegen dicht beieinander und wechseln sich ab. Das Spielen ist selbst eine Handlung, die permanent Spannungen, Gegensätze und Widersprüche erzeugt und wieder auflöst. Deswegen ist die Definition dessen, was Spielen ist, immer auch von demjenigen, der spielt, abhängig. Der Spieler spielt sein Spiel um des Spielens willen.

Was geht? Verschwindet das Spiel?

Spielen ist ein notwendiges, in einem besonderen Maße die Entwicklung förderndes und das Kind bereicherndes Handeln mit eigenen Erlebnis- und Erfahrungsmöglichkeiten. Aber: Spielen ist in Gefahr, aus dem Alltag zu verschwinden. Einen Ort, an dem Kinder in der reichhaltigen Form wie auf dem Gemälde von Bruegel spielen, ist heute nicht mehr denkbar. Die Lebensbedingungen in unserer hochtechnisierten und digitalisierten Gesellschaft schränken die Spiel- und auch die Bewegungsbedürfnisse der Kinder zunehmend ein. Die Umwelt ist spiel- und bewegungsfeindlich, Gefahren liegen im Verkehr, in der Urbanisierung, in der Reduktion der Zeit, die Kindern zum freien Spielen zur Verfügung steht, in der Verdrängung des Spielens durch die Nutzung elektronischer Medien und auch durch das Verhalten der Erwachsenen, die das Spielen manchmal als unsinniges Tun abwerten.

Vor allem das Draußenspiel, in der Natur, auf der Straße – vor einigen Jahrzehnten noch Inbegriff einer »freien Kindheit« –, verschwindet immer mehr.

Gert Eichler hat im Kontext der von ihm gegründeten Bibliothek »Homo ludens« eine Liste von über 140 Spielformen erstellt. Viele dieser Spiele gibt es heute nicht mehr. Neu hinzugekommen sind digitale Spiele, die auf elektronischen Geräten wie Computer, Spielkonsole oder Smartphone gespielt werden.

Verändert sich damit auch die Art und Weise der Weltbegegnung der Kinder, vor allem, wenn ihnen schon früh der Zugang zu digitalen Medien und den damit verbundenen virtuellen Spielen offensteht?

Das Recht auf Spiel

Kinder haben ein Recht auf Spiel, dies ist sogar in der Kinderrechtskonvention der Vereinen Nationen von 1989 festgeschrieben. So heißt es in Artikel 31, Abs.1: »Die Vertragsstaaten erkennen das Recht des Kindes auf Ruhe und Freizeit an, auf Spiel und altersgemäße aktive Erholung sowie auf freie Teilhabe am kulturellen und künstlerischen Leben.« Das Recht auf Spiel wird als ein aus sich heraus geltendes Menschenrecht betrachtet, das zur Entfaltung der menschlichen Persönlichkeit gehört. Der UN-Ausschuss für die Rechte des Kindes drängt Regierungen in aller Welt, dafür zu sorgen, dass alle Kinder dieses Recht auf Spiel für sich in Anspruch nehmen und spontan und selbstorganisiert, allein, zu zweit oder in Kindergruppen spielen können.

Ein ergänzender Kommentar wurde vom Kinderrechtsausschuss 2013 hinzugefügt: Kritisiert wird, dass immer mehr Kinder weltweit zu wenige Gelegenheiten zu körperlicher Bewegung und selbstbestimmtem Tun haben, dass dem Spiel von den Erwachsenen kein Nutzen zuerkannt wird. Das Spielen werde eingeschränkt durch immer größere Verdichtung der Bebauung in Städten, den Straßenverkehr und den Mangel an anregenden Freiflächen. Die Zeit für das Spiel werde durch eine weltweit zu beobachtende wachsende Zeit für Unterricht und die zunehmende Bedeutung von elektronischen Medien reduziert. Der Kinderrechtsausschuss sieht darüber hinaus eine Gefahr für echtes selbstbestimmtes Spiel durch die starke Vermarktung und Kommerzialisierung von Spiel, Spielzeugen und Spielangeboten.

Kinder haben nicht nur ein Anrecht auf das Spiel, sie sind in ihrer Entwicklung auch geradezu auf Spielen angewiesen. Spielen ist eine Form grundständigen Lebens, eine Tätigkeit, in der das Kind Freude am Gelingen und am Bewirken haben kann, die ihm dazu noch das Glück des Augenblicks vermittelt. Der Einsatz des Körpers und aller Sinne, die Entwicklung von Fantasie und Kreativität, das Erleben von Selbstwirksamkeit sind wichtige Voraussetzungen für die Persönlichkeitsentwicklung. Kinder sind heute dringender als je zuvor auf das Spielen angewiesen.

Sich die Welt zu eigen machen – in Spiel und Bewegung

Spiel ist keine zweckfreie Nebensache, Spiel ist Kulturgut und ein zentrales Grundbedürfnis eines jeden Menschen, insbesondere der Kinder. Spielen gehört unverzichtbar zum Kinderleben. Es wird nicht verschwinden, dafür werden die Kinder selbst schon sorgen – denn sie spielen auf ihre Art auch in ungünstigsten Lebenssituationen. Aber es wird für Kinder künftig immer schwieriger, ihre Spielbedürfnisse durchzusetzen, es fehlen Räume, es fehlt Zeit, und es fehlt vor allem das Verständnis der Erwachsenen.

Damit Spielen »bleibt«, muss die Achtsamkeit für die Bedürfnisse von Kindern aufseiten der Erwachsenen zunehmen.

Betrachtet man den Wert des Spielens aus anthropologischer, aus entwicklungspsychologischer Sicht und unter dem Aspekt ihrer Bedeutung für die psychosoziale Gesundheit von Kindern, dann wird es nicht verschwinden, sondern eher an Bedeutung zunehmen. Die Coronapandemie hat deutlich gemacht, woran es Kindern mangelte: an sozialen Kontakten, an körperlich-motorischen Aktivitäten, am Erleben von Gemeinschaft. Die Zunahme der Nutzung elektronischer Medien im Kontext von Homeschooling und Homeoffice hat eher zu einer Vereinsamung der Kinder geführt, zu einer Beeinträchtigungen ihres Selbstwertgefühls und zu psychosomatischen Beschwerden.

Spielen steht für eine unbeschwerte Kindheit, für Lebensfreude, für erprobendes und forschendes Lernen, für die Eroberung der Welt. Kindheit ist Spielzeit, Spielen ist das zentrale Medium der Weltaneignung des Kindes sowie seiner Entwicklung.

Was bleibt: Spiel als ein zentrales Element menschlicher Kultur

Um die Entfremdung von der Natur aufzuhalten, sollte das Spielen draußen, im Wald und auf Freispielflächen stärker beachtet und in Kindertageseinrichtungen, Schulen und auch in den Familien mehr genutzt und wertgeschätzt werden. Dies ist auch im Sinne eines zunehmend wachsenden Bewusstseins für Nachhaltigkeit von Bedeutung. Die zweidimensionale digitale Welt, mit der die Kinder immer häufiger konfrontiert sind und deren Anziehungskraft auch im Bereich der Computerspiele sehr hoch ist, darf naturnahe Spielräume nicht verdrängen.

Spielen bleibt ein zentrales Element menschlicher Entwicklung, menschlicher Kultur. Mit einem Verlust von Spieltraditionen drohen wesentliche Elemente des sozialen und kulturellen Lebens verloren zu gehen. Wenn Kinder die kreativschöpferischen Potenziale des Spiels nicht selbst erlebt haben, können sie diese Traditionen auch künftig nicht – in ihrer Rolle als Eltern – an ihre Kinder weitergeben. Dem Verlust des Spiels droht in der Folge ein Kulturverlust.

Renate Zimmer (* 24. Oktober 1947 in Sinspelt, Rheinland-Pfalz) ist Erziehungswissenschaftlerin mit dem Schwerpunkt frühe Kindheit und Professorin für Sportwissenschaft an der Universität Osnabrück. Auf dem Gebiet der Bewegungserziehung ist sie die bekannteste und erfolgreichste Expertin im deutschsprachigen Raum. Ihre Bücher sind in zahlreiche Sprachen übersetzt worden. Für ihr bildungspolitisches Engagement wurde sie mit dem Bundesverdienstkreuz ausgezeichnet. Zuletzt erschien im Verlag Herder 2023 ihr Buch *Schafft die Stühle ab! Plädoyer für einen bewegten Alltag*.

Kinder! Hopphopp! Gleich wird experimentiert!
Ra

Sport

Pirmin Zurbriggen

Als Jugendlicher war ich sehr bewegungsfreudig und habe viele verschiedene Sportarten ausgeübt. Mit vier Jahren stand ich zum ersten Mal auf Skiern, und mit der Zeit wurde der Skisport zu meiner Leidenschaft. In den 1980er Jahren kämpfte ich mich an die Spitze des Skiweltcups. Ich hatte das Privileg, insgesamt vier Gesamtweltcups zu gewinnen und auch in verschiedenen Disziplinwertungen erfolgreich zu sein. Besonders stolz bin ich auf meine Teilnahme an den Weltmeisterschaften 1987 in Crans-Montana, wo ich in zwei Disziplinen – Super-G und Riesenslalom – Weltmeister wurde. Einer der Höhepunkte meiner Karriere war zweifellos der Erfolg bei den Olympischen Winterspielen 1988 in Calgary, wo ich die begehrte Goldmedaille in der Abfahrt gewann und im Riesenslalom Dritter wurde. Nach reiflicher Überlegung entschied ich mich 1990, meine Karriere zu beenden. Ich gewann 1988/89 die Disziplinwertungen im Super-G und im Riesenslalom und konnte somit meine sportliche Karriere mit 27 Jahren gebührend abschließen.

Als Skifahrer stand ich jahrelang im Mittelpunkt des Geschehens. Ich stand allein am Start, nur auf meinen Erfolg bedacht. Jeder Schwung, jede Kurve, jede Entscheidung hing von mir ab. Es war ein einsamer Kampf gegen die Zeit, bei dem ich versuchte, über meine Grenzen zu gehen und meine persönliche Bestzeit zu erreichen. Die Pisten lagen vor mir, ich navigierte sie allein, wählte meine Linien und überwand Hindernisse mit purer

Entschlossenheit. Dieser Sport stärkte mein Selbstvertrauen und förderte meine Unabhängigkeit. Als Einzelsportler stand ich im Mittelpunkt dieser Skiwelt und musste mich in jedem Rennen behaupten, um Titel zu gewinnen. Es war ein intensiver Wettkampf, bei dem es immer darum ging, meine persönlichen Grenzen zu überwinden.

Mit der Geburt meiner Kinder habe ich gemerkt, dass es noch viel mehr gibt als Skifahren. Gleichzeitig wurde ich durch die Rolle des Hotelbesitzers – meine Eltern hatten ein Hotel, das ich nach meiner Profikarriere übernahm – auf meinen neuen Lebensabschnitt aufmerksam. Durch diese Erfahrungen habe ich gelernt, wie wichtig der Zusammenhalt, das Miteinander und die Verantwortung für andere Menschen sind. Es war ein Perspektivwechsel, der dazu führte, dass ich mein eigenes Ich in den Hintergrund stellte und dem Du eine größere Bedeutung beimaß. Ich erkannte, dass es nicht nur um meine eigenen Erfolge ging, sondern darum, anderen zu helfen, ihr Potenzial zu entfalten. Es ging nicht mehr nur um mich, sondern um das Wachstum und die Entwicklung junger Athleten. Ich sah, wie meine eigenen Kinder lernten und sich entwickelten, und es war ein unglaubliches Gefühl, Teil dieses Prozesses zu sein. Diese Erkenntnis motivierte mich, viele Kinder zu unterstützen und ein neues Konzept für die Athletenförderung zu entwickeln. In der Schweiz war die Praxis, Profisportler zu »züchten«, zu einem rückständigen Ansatz im modernen Profisport geworden. Talentierte Jugendliche mussten sich zwischen Sport und Schule entscheiden. Ich erkannte, dass ein neuer Ansatz nötig war, der das Beste aus beiden Welten vereint.

Im Jahr 2002 begann ich mit der Umsetzung meiner Idee, den Skisport auf eine breitere Basis zu stellen. Bislang hatten die Jugendlichen nur die Wahl zwischen Sport und Schule, und ihnen wurde beigebracht, früh auf den Erfolgszug aufzuspringen, um als Erste erfolgreich zu sein. Doch dieses Konzept stieß an seine Grenzen. Es war Zeit für einen neuen Ansatz, der das Beste aus der alten und der neuen Welt miteinander verbindet. So entwickelte ich das Konzept »Schule und Sport«, das von den Kantonen unterstützt wurde. Ich schuf eine Struktur, die es auch säumigen Jugendlichen ermöglichte, Sport zu treiben, ohne andere Türen zu verschließen. Das war ein langer Prozess, bei dem auch die Politik lernen musste. Die Schweiz hinkte immer hinterher, doch nun sollte sie das beste Skiteam der Welt werden.

In den Jahren 2015 und 2016 wurde das Konzept »Schule und Sport« weiterentwickelt. Es gab aber auch Herausforderungen zu meistern. Die Skiferien wurden abgeschafft, und auch die Schulrennen fanden nicht mehr statt, da der Staat wegen des Verletzungsrisikos besorgt war. Anfangs wurden die Schüler sogar gemobbt, da ihre sportlichen Leistungen nicht ausreichend anerkannt wurden. Zudem war das schulische Umfeld nicht auf die Bedürfnisse von Nachwuchssportlern ausgerichtet. Um den Lehrern und Schülern die Realität vor Augen zu führen, nahm ich sie mit zu einem Rennen nach Kitzbühel. Allein die Fahrt dorthin dauerte zehn Stunden. Vor Ort zeigte ich ihnen die Strecke und den gesamten Ablauf eines Rennens. Durch diesen Einblick wurde den Lehrern zum ersten Mal bewusst, welche enorme Leistung den jungen Schülern abverlangt wurde. Die Erkenntnis war klar: Am Montagmorgen sollte man besser keine Klassenarbeit schreiben. Die sportlichen Leistungen wurden wieder anerkannt, und es war schön zu sehen, wie die Lehrer dies honorierten, wenn wir sie zu den Rennen nach Kitzbühel mitnahmen. Viele Sportler unterstützten uns und waren entschlossen weiterzukommen. Dieser Wechsel vom egozentrischen Ich zum kooperativen Du war ein Schlüsselmoment, in dem wir erkannten, dass die gemeinsame Förderung und Unterstützung aller Beteiligten der Schlüssel zum Erfolg ist.

Der Text entstand im Gespräch mit Marius Fehrenbach.

Der ehemalige Schweizer Skirennfahrer **Pirmin Zurbriggen** (* 4. Februar 1963 in Saas-Almagell) zählt mit 40 Weltcupsiegen zu den erfolgreichsten Skirennfahrern aller Zeiten. 1988 gewann Zurbriggen olympisches Gold in der Abfahrt, und er entschied viermal den Gesamtweltcup für sich. Insgesamt neun Medaillen konnte Zurbriggen bei seinen drei Weltmeisterschaftsteilnahmen gewinnen. Von 2004 bis 2016 war Pirmin Zurbriggen Präsident des Walliser Skiverbands.

Streit

Michael Wolffsohn

Streit mögen »die« Deutschen nicht. Sagen die Demoskopen. Deshalb raten sie vor allem politischen Parteien, die Mehrheiten anstreben, jedweden Streit zu unterlassen. Zumal öffentlichen, für jedermann wahrnehmbaren Streit. Begriff und Gedankenverbindungen mit »Streit« sind also, zumindest hierzulande, negativ besetzt. Partei- oder koalitionsinterne interne Dispute werden folgerichtig von den Medien bis zu Stammtischen und feinen Abendeinladungen mit negativem Unterton als »Streit« bezeichnet.

Diese negative Grundeinstellung zum Streit führt zwangsläufig zu geistiger Verengung, denn: Jeder Streit setzt mindestens zwei Akteure voraus. Selbst das innere Ringen einer Einzelperson mit ihrem anderen Ich (gar mehreren anderen Ichs) ist letztlich der »Streit« von zween, hier in einem. These – Antithese, dann die Entscheidung. In der Bildungssprache nennt man das dann »Dialektik«. Klingt besser als »Streit«.

Doch der Begriff »Dialektik« greift ebenfalls zu kurz. Ihr Denkmodell beinhaltet nur A und B, aus denen die Synthese AB wird. Doch bereits A und B sind jeweils vielschichtig. Die Entscheidung im inter- oder innerpersonellen »Streit« ist eben keineswegs zwangsläufig die Synthese AB. Sie kann, denkbar, aus jeder Kombination von AB bis Z bestehen. Einschließlich der verschiedenen Dimensionen bzw. Schichten jedes Buchstabeninhalts.

Das bedeutet: Ohne einen Streit ist jedes Denken und Sein eindimensional, also falsch. Die Wirklichkeit und die Summe des Denkbaren sowie des Wirklichen ist vieldimensional. Ergo ist Streitverzicht der freiwillige Verzicht auf Mehrdimensionalität und damit auf wahres Denken sowie auf das Erfassen der Wirklichkeit in ihrer Vielschichtigkeit.

Möglicherweise – ich weiß es nicht – sind die negativen Gedankenverbindungen mit dem deutschen Wort »Streit« auf dessen mittelalterlichen, gewaltbezogenen Ursprung zurückzuführen. »Strìt« bedeutete nämlich erstens vor allem eine mit Waffen ausgetragene oder zweitens eine gerichtliche Auseinandersetzung. Beide Streitformen waren oder, wenn heute ausgetragen, sind existenziell und eben nicht intellektuell.

Überspitzt geschlossen formuliert: Der im und bei Deutschen negative Beigeschmack von »Streit« ist eine – eher unbewusste, weil nicht gewusste – Form deutscher Vergangenheitsbewältigung.

Betrachtet man allerdings die gegenwärtig bevorzugten Synonyme für »Streit«, bleibt das Negative. Diese Synonyme sind: Händel, Krach, Zank, Zoff, Zwist. Allesamt durchaus existenziell, wenngleich nicht gegebenenfalls tödlich, wie beim ersten mittelalterlichen, gewaltbetonten Bezug.

Zieht man für die geistige Auseinandersetzung das Wort »Disput« oder »Diskurs« vor, wird der Wortinhalt unverzüglich ins Positive gewendet.

Wir sehen: Das Wort »Streit« bietet zwei Basisbezüge: einen existenziellen und einen ideellen bzw. intellektuellen. Wer, wie heutzutage im und bei Deutschen mehrheitlich üblich, nur den existenziellen Bezug kennt und nutzt, verzichtet auf Erkenntnisgewinn. Wer darauf verzichtet, verzichtet auf Fortentwicklung – in allen Bereichen des Denkens und Seins.

Michael Wolffsohn (* 17. Mai 1947 in Tel Aviv) ist ein deutscher Historiker und Publizist. 1981 bis 2012 war er Professor für Neuere Geschichte an der Universität der Bundeswehr in München. Wolffsohn ist publizistisch und als vielbeachteter Vortragsredner tätig und Träger zahlreicher Preise und Auszeichnungen. Der Deutsche Hochschulverband kürte Wolffsohn 2017 zum Hochschullehrer des Jahres; 2018 Franz-Werfel-Menschenrechtspreis der Stiftung Zentrum gegen Vertreibungen. Zuletzt erschien im Verlag Herder sein Buch *Eine andere Jüdische Weltgeschichte* (2022).

Tiere

Julia Enxing

Sie sind schon immer da und doch weitestgehend unterschätzt und übersehen: die Tiere in der Theologie. In den Schöpfungserzählungen werden sie uns als die Vor-uns-Geschaffenen vorgestellt, diejenigen, von denen es nur so wimmelt, keucht und fleucht, die Gesegneten, die sich vermehren sollen und das Land, das Meer und den Himmel bevölkern. Und die Tiere sind wie die geschaffenen Pflanzen, das Meer und die Sterne – jene, die G*tt betrachtete und von denen er sagte: »Es war gut.« Einzig nach der Erschaffung des Menschen fehlt das abschließende Urteil »es war gut« (Gen 1,27f.). Das gibt zu denken. In der zweiten Schöpfungserzählung werden uns die Tiere als die nichtadäquaten Partnerinnen und Partner des Menschen vorgestellt, die die Einsamkeit des Adam nicht vollständig vertreiben können. Sie können nicht kommunizieren. Interessant, dass dann ausgerechnet ein sprechendes Tier, die Schlange, auftaucht. So beginnt unsere gemeinsame Geschichte – unsere »shared history« – mit »den Tieren«. Obgleich es »die Tiere« natürlich nicht gibt. Der Sammelbegriff »Tier« verschleiert geradezu, dass es sich bei ihnen um Individuen handelt, um unsere Verwandten, unsere Geschwister, wie es bei Franz von Assisi heißt. Unsere gesegneten Mitgeschöpfe. Der Jesaja'sche Tierfrieden (Jes 11,6–8) ist ein Bild, das das Urmotiv Eden aufgreift: ein gewaltfreier Raum, in dem der Lebenshunger aller gesättigt wird, ohne dass sie dabei einander verzehren. Eden und Eschaton – Reiche der Gerechtigkeit und des Friedens. Und dazwischen? Irgendwo dazwischen stehen wir, stehen Kirche und Theologie, steht das »pilgernde G*ttesvolk« gerade. Dem Missverständnis aufsitzend, dass alles, was da sei, für den menschlichen Gebrauch und Nutzen zur Verfügung stehe, untertan gemacht werden müsse und der Wert des Nichtmenschlichen ausschließlich von seiner Rentabilität sowie seinem Nutzen für den Menschen abhänge. Auch die Tiere sind unter die Räder (Beile, Gewehre, Elektrozangen, Messer, Bolzenschussgeräte, Spritzen) dieses Credos geraten. Sie sind die Vergessenen, Unterschätzten und Vernachlässigten der Theologiegeschichte – und dies bis heute. Was Tiere sind (für sich und für den Menschen), ist seit jeher Gegenstand philosophischer und theologischer Reflexion. Doch zunehmend verschwanden sie als ernst zu nehmende Subjekte dieses geteilten Lebens, als Ko-Kreaturen im Schöpfungsprozess einer »creatio continua«. Das Christentum mit seiner dominanten Vorstellung des Menschen als Zielpunkt des Schöpfungsgeschehens, als Imago Dei, als Incarnatio Christi, ist – gerade in seiner westlichen Lesart – kein »geerdetes« mehr, keines, das sich einer Solidarität mit allem Geschaffenen verpflichtet weiß, sondern jenes, das den Menschen in das Zentrum seines Denkens stellt. Eindrücklich wird dies auch in *Gaudium et spes* 12, wo es heißt: »Es ist fast einmütige Auffassung der Gläubigen und der Nichtgläubigen, daß alles auf Erden auf den Menschen als seinen Mittel- und Höhepunkt hinzuordnen ist.« Und weiter liest man in *Gaudium et spes* 24: »daß der Mensch, (…) auf Erden die einzige von Gott um ihrer selbst willen gewollte Kreatur ist«. Kein Wunder, dass die Aussage in der päpstlichen Enzyklika *Laudato si'*, »dass die anderen Lebewesen vor Gott einen Eigenwert besitzen und ihn ›schon allein durch ihr Dasein preisen und verherrlichen‹« (LS 69), wie ein Paradigmenwechsel wirkt. Es ist einer.

Die mitunter religiös motivierte oder zumindest legitimierte Gewalt, mit der wir Tiere vernutzen und damit ihre unantastbare Würde verkennen, ist vielleicht der größte Stachel im Fleisch (welch ein Bild!) des aktuellen Christentums. Während sich eine »Animal Theology« im englischsprachigen Raum bereits etabliert hat, steckt sie hierzulande noch in den Kinderschuhen. Teils wirkt sie wie ein »Exkurs« in der konventionellen Forschungslandschaft, teils wie ein interessiert-skeptisch beäugter »Paradiesvogel«. Immer wieder ist sie dem Einwand, es gebe doch wahrhaft andere Probleme zu lösen, ausgesetzt. Wer dies tut, hat nicht verstanden, dass in einer »Tiertheologie« nicht etwas Beliebiges verhandelt wird, sondern der Kern des Christentums: Gerechtigkeit, Erlösung, Recht, Frieden, Umkehr. Die Ecke, in die die Anliegen der Tiertheologie gestellt werden, erinnert stark an die Gerechtigkeitsdiskurse und -kämpfe der Befreiungstheologien, der feministischen, postfeministischen und queeren Theologien. Eine weitere Konkurrenz im heiß umkämpften Feld der Aufmerksamkeitsökonomien kommt hinzu: Während die einen die Notwendigkeit betonen, endlich die Fülle natürlicher Intelligenzen wahrzunehmen und auch theologisch zu würdigen, entdecken die anderen das (scheinbar lukrativere) Feld der übernatürlichen Intelligenzen (KI, Robotik etc.) für die Theologie. Simone Horstmann bringt es in ihrem Aufsatz »Auch Kirche und Theologie haben Schuld an der Ausbeutung von Tieren« so auf den Punkt: »Schaut man sich etwa theologische Lehrbücher an, kommen Tiere darin quasi nicht vor. Selbst in der Schöpfungstheologie werden sie nur am Rande thematisiert. Während die traditionelle Dogmatik nichtmenschlichen Geschöpfen wie Engeln einigen Platz eingeräumt hat, wurden und werden die uns nächsten natürlichen Mitgeschöpfe – nämlich die Tiere – weitgehend ignoriert. Auch heute kann man diese Konstellation beobachten: Die Theologien befassen sich lieber mit den Künstlichen Intelligenzen als mit den natürlichen.«

Wenn wir die Tiere in der Theologie länger als »Add-ons«, als zu vernachlässigende und in unsere Hände gegebene Objekte verstehen (oder die Auseinandersetzung mit ihnen einzig an die theologische Ethik delegieren) und damit ihr Geschöpfsein, ihren Eigenwert und ihre Würde verkennen, verkennen wir ebenfalls, dass sie Teil unserer und wir Teil ihrer Geschichte sind. Und dass Tiere nicht nur Teil unserer Geschichte sind, sondern auch Subjekte einer eigenen Geschichte. Tiere sind zu achtende Individuen mit einer eigenen Geschichte, mit eigener Energie, eigenem Intellekt, einer eigenen Familie, einem eigenen Lebenswillen.

G*tt wurde Fleisch (»sarx egeneto«, Joh 1,14), nicht nur Mensch (»anthropos egeneto«) und erst recht nicht nur Mann (»andros egeneto«). G*tt wurde Fleisch, weshalb jedes Leben von G*ttes Lebensatem und Liebe durchströmt ist. Offenbarung und Inkarnation machen nicht an den Grenzen des Menschlichen halt.

Die christliche Theologie lebt seit ihren Anfängen von der Erzählung eines immanent-transzendenten G*ttes. Transzendenz bedeutet eine radikale Öffnung, ein Überschreiten, ein Hinausgehen über Grenzen. Nichtmenschliche Wesen wie beispielsweise Engel sind fester Bestandteil christlicher Verkündigung, christlichen Glaubens. Würde die Theologie ihre eigenen human-internen Grenzen transzendieren, so sprengte sie die menschengemachten (und von den Naturwissenschaften längt eingerissenen) Mauern der »Spezieseinteilungen« und der mit ihnen verbundenen Wertigkeiten auf. Sie würde den Menschen als das benennen und begreifen, was er ist: ein junges Gewächs der Evolutionsgeschichte – eben beinahe ein Letztgeschaffener –, nicht der Kulminationspunkt, sondern Teil eines Lebensnetzes.

Die Plausibilität und Zukunft der christlichen Theologie hängt davon ab, ob sie aus ihrem eigenen Kokon, in dem sie sich so mühevoll verschanzt hat, endlich schlüpft, den Lebensrealitäten stellt, sie wertschätzen und zu bestaunen lernt. Vielleicht, ja vielleicht würden ihr dann sogar Flügel wachsen, und sie würde die Bodenhaftung dennoch nicht verlieren.

Julia Enxing (* 1983 in Zaragoza) ist Professorin für Systematische Theologie an der Technischen Universität Dresden und hat die Forschungsschwerpunkte Schöpfungstheologie, Human-Animal-Studies, Prozesstheologie, Genderstudies und Schuld und Sünde.

Toleranz

Joachim Gauck

Toleranz beschreibt eine Haltung, die »den anderen« aushält, obwohl sie mit seinen Auffassungen nicht übereinstimmt. Wo Übereinstimmung zwischen verschiedenen Personen herrscht, braucht es keine Toleranz. Ihre Notwendigkeit ergibt sich erst durch Differenz bzw. Konflikt. Sind die Auffassungen des anderen uns relativ nah, bedarf es keiner besonders großen Anstrengung, Verständnis dafür aufzubringen. Sind die Auffassungen uns fremd oder erregen sie unseren Widerspruch, bedarf es einer erheblichen Willensanstrengung, die uns belasten kann und manchmal geradezu eine Zumutung ist.

Leider gibt es nicht die *eine*, allgemeingültige Definition von Toleranz. Der alte Goethe mochte den Begriff »Toleranz« nicht, in seiner Welt, die hierarchisch geordnet war, erschien ihm diese Haltung als herablassend, von oben nach unten gewährend, also paternalistisch. Er meinte, Menschen sollten stattdessen zu Respekt und Anerkennung gegenüber dem anderen gelangen. Das ist ein schönes Vorhaben, aber unsere Wirklichkeit hält so viel Verstörendes bereit, dass ich seiner Vorstellung nicht zu folgen vermag. Aber natürlich gibt es die genannte Spielart von Toleranz auch in meinem Leben. Ich zum Beispiel bin evangelisch, kann schon wegen des Papsttums und weil ich Weihrauch nicht mag, nicht katholisch werden – da bleibt eine gewisse Fremdheit. Und doch empfinde ich völlig anders als viele meiner Vorfahren. Ich habe so viele positive Erfahrungen mit katholischen

Christen gesammelt, dass ich ihnen mit Anerkennung und Respekt begegne.

Ebenso kann ich auf die Fremdheit der zugewanderten Menschen mit derselben Haltung reagieren, wenn ihre Menschlichkeit, ihr Anstand oder einfach ihr rechtstreues Leben automatisch Anerkennung hervorruft. Ich kenne ihre Sprachen nicht, und viele haben eine Religion, die mir fremd ist, aber sie sind meine geschätzten Mitbürger – da ist Toleranz nicht schwer.

Schaue ich jedoch auf diejenigen Mitbürger, die die Werte unserer Demokratie nicht achten, Vorurteile gegenüber anderen Menschen propagieren, die unter Umständen rassistische, antisemitische oder frauenfeindliche Auffassungen vertreten, kann meine Toleranz aber niemals Anerkennung sein. Ich werde dann in den Meinungsstreit eintreten, der manchmal sogar sehr heftig sein kann. Ich nenne diese Haltung *kämpferische Toleranz*. Ich möchte zwar nicht, dass diese Menschen strafrechtlich verfolgt werden, solange sie nicht tatsächlich das Recht brechen. Aber ich kann diesen Menschen nicht kampflos den öffentlichen Raum überlassen, wenn ich die liberale Demokratie verteidigen will. Mit diesem engagierten Widerspruch haben alle zu rechnen, Einheimische und Zugewanderte, unabhängig davon, ob sie linke oder rechte oder religiöse Ideologen sind.

Ich könnte jetzt auch noch erwähnen, dass es Formen von Toleranz gibt, die ganz häufig gelebt werden, Toleranz aus Liebe etwa oder – ganz anders – Leben in Form einer friedlichen Koexistenz der Verschiedenen.

Aber wichtiger, als dies jetzt näher zu beschreiben, ist es mir, den Bereich anzuschauen, der so beschaffen ist, dass unsere Toleranz fehl am Platze ist. Es gibt nämlich für anständige Menschen neben der Überzeugung, dass Toleranz ein Gebot der politischen

Vernunft ist, auch so etwas wie eine Pflicht zur Intoleranz. Und zwar dort, wo Freiheit und Toleranz substanziell bedroht sind und ausgelöscht werden sollen.

Die Intoleranten und die Rechtsbrecher zu tolerieren, würde bedeuten, unsere Rechtsordnung und unsere Demokratie preiszugeben. Tolerieren und verteidigen gehören also zusammen. Die Demokratie kann weitherzig und offen sein und bleiben, wenn sie dies beherzigt.

Und für die Menschen, die in ihr leben, für uns alle, gilt: Toleranz ist zwar weder selbstverständlich noch einfach, sie ist, wie schon gesagt, oftmals eine Zumutung.

Doch wie so oft im Leben: Wer eine Herausforderung annimmt und sie erfolgreich bewältigt, wird mit Glücksgefühlen belohnt. Toleranz ist also nicht nur Zumutung oder mögliche Überforderung, sie ist auch Ausdruck menschlicher Reife – eine zivilisatorische Leistung, die den Menschen wachsen lässt und ein friedliches Zusammenleben all der Verschiedenen ermöglicht. Toleranz ist, um ein betagtes Wort zu benutzen: eine beglückende Tugend.

Aber Toleranz ist nicht allein eine Tugend. Toleranz zu leben, ist auch ein Gebot der politischen Vernunft. Sie legt uns nahe, den Raum, in dem wir leben, nicht voreilig in Gut und Böse zu unterteilen und die Bösen aus dem Diskurs auszugrenzen. Gerade in Zeiten des Umbruchs wachsen aufgrund der Verunsicherung von Menschen die Bandbreite der Meinungen und auch die Polarisierung von Meinungen. Toleranz hilft vor allzu schnellen Lagerbildungen, bei denen sich Gruppen voneinander abkapseln oder nur noch in Frontstellung zueinander gehen.

In einem von Toleranz geprägten weiten Debattenraum hingegen können sich prozesshaft Lösungen entwickeln, die von Mehrheiten getragen werden und auch den Bedenken von Fortschrittsskeptikern Rechnung tragen. Jeder Demokrat sollte daher den Raum schützen, in dem Toleranz geübt und praktiziert wird. Einen Raum, in dem Uneinigkeit immer anwesend sein wird und der dennoch Chancen eröffnet. Die Geschichte der Demokratie belegt: Es ist möglich, sich Wahrheiten anzunähern, Kompromisse zu finden und erkennbare Fortschritte zu erlangen – dank Toleranz.

Das, was wir verteidigen wollen, verteidigen wir nicht nur, weil es das unsere ist, das deutsche, europäische, westliche Projekt. Es ist nicht die schlichte Vertrautheit mit dem Eigenen, was uns sicher macht, das Richtige zu verteidigen, sondern die Gewissheit, dass der Verteidigung wert ist, was allen Menschen gleichermaßen zukommt: Würde, Unversehrtheit, Freiheit und Recht. Es wird sich immer und immer wieder lohnen, dafür zu streiten mit Verantwortungsbewusstsein, mit Mut und – mit kämpferischer Toleranz.

Joachim Gauck, geb. 1940, studierte Theologie und arbeitete viele Jahre als Pastor in Mecklenburg. 1989 war er Mitinitiator des kirchlichen und öffentlichen Widerstands gegen die SED-Diktatur; ab März 1990 Abgeordneter für das Bündnis 90 in der zum ersten Mal frei gewählten Volkskammer; von 1990 bis 2000 war Gauck Bundesbeauftragter für die Unterlagen des Staatssicherheitsdienstes der ehemaligen DDR und von 2012 bis 2017 elfter Präsident der Bundesrepublik Deutschland. Im Jahr 2019 erschien im Verlag Herder sein Buch *Toleranz: einfach schwer.*

Transformation

Hildegard Müller

Als Bartholomä Herder vor 225 Jahren das erste Herder-Buch verlegte, war die Welt noch eine gänzlich andere. Die industrielle Revolution war zwar schon im Gange, doch es war noch nicht ansatzweise zu erkennen, vor welchen technologischen Entwicklungen die Menschheit noch stehen würde. Eine dieser wegweisenden Entwicklungen war das Automobil. Carl Benz und sein »Fahrzeug mit Gasmotorenbetrieb«, für das er am 29. Januar 1886 das Patent anmeldete, war die Initialzündung für das moderne Auto mit Verbrennungsmotor. Dass wir heute über das Ende des fossilen Verbrennungsmotors diskutieren und die deutsche Automobilindustrie verschiedene Optionen für eine klimaneutrale Mobilität der Zukunft bietet, ist ein eindrucksvoller Beweis der Innovationskraft der Branche. Die Automobilhersteller und ihre Zulieferer zeigen immer wieder aufs Neue, dass Innovation in ihrer DNA verwurzelt ist. Sie sind Treiber einer Transformation, die sich um autonomes Fahren, datengetriebene Geschäftsmodelle, digitalisierte und nachhaltige Produktion sowie den Umstieg auf alternative Antriebe dreht.

Damit die Transformation gelingt, investieren die Unternehmen der deutschen Automobilindustrie gewaltige Summen. Laut der Europäischen Kommission beliefen sich die weltweiten Investitionen der deutschen Automobilunternehmen in Forschung und Entwicklung (FuE) im Jahr 2021 auf 45,2 Milliarden Euro. International betrachtet, haben die deutschen Automobilunternehmen damit einen Anteil von 33 Prozent an den weltweiten FuE-Investitionen der Branche. Jeder dritte Euro, der weltweit von der Automobilbranche in große Zukunftsthemen investiert wurde, stammte im Jahr 2021 von deutschen Firmen. Auf EU-Ebene machten die Ausgaben deutscher Hersteller und Zulieferer im Jahr 2021 sogar einen Anteil von 76 Prozent an den weltweit von europäischen Automobilunternehmen getätigten Forschungs- und Entwicklungsinvestitionen aus.

Herausragend innovativ und forschungsstark ist die Automobilindustrie auch innerhalb der deutschen Wirtschaft. Laut dem Stifterverband für die Deutsche Wissenschaft beliefen sich die hierzulande getätigten Forschungs- und Entwicklungsaufwendungen der in Deutschland ansässigen Automobilfirmen im Jahr 2021 auf gut 26 Milliarden Euro. Das bedeutet einen Anstieg von sieben Prozent gegenüber dem Vorjahr. Bemerkenswert sind ebenfalls die Investitionen der Automobilindustrie im Vergleich mit anderen Wirtschaftszweigen in Deutschland: Mit einem Anteil von 34 Prozent an den gesamten internen Aufwendungen des Wirtschaftssektors investierte sie mehr als die Chemie-, Pharma- und Maschinenbauindustrie zusammen.

Die Unternehmen sind zudem entschlossen, diesen Weg weiterzugehen. So investieren sie von 2023 bis 2027 weltweit mehr als 250 Milliarden Euro in Forschung und Entwicklung. Der Fokus liegt dabei auf der Transformation, insbesondere der Elektromobilität – inklusive Batterietechnik, autonomem Fahren sowie Digitalisierung. Damit investieren die deutschen Automobilunternehmen in diesem Zeitraum rechnerisch jährlich weltweit mehr als 50 Milliarden Euro in Forschung und Entwicklung. Hinzu kommen von 2023 bis 2027 weitere rund 130 Milliarden Euro, die weltweit von der deutschen Automobilindustrie unter anderem in den Aufbau neuer Fabriken sowie in den Umbau von Werken und deren Ausstattung fließen.

Die gewaltigen Investitionen der Unternehmen unterstreichen den Willen der deutschen Automobilindustrie, die Transformation erfolgreich zu gestalten. Unser Ziel ist die klimaneutrale Mobilität in Europa bis spätestens 2050 — im Einklang mit dem Pariser Klimaschutzabkommen. Auf dem Weg zur klimaneutralen Mobilität hat das Elektroauto klar Priorität. Vollelektrische Fahrzeuge machen emissionsfreies Autofahren möglich und werden so den Straßenverkehr nachhaltig verändern. Bei Nutzfahrzeugen bietet darüber hinaus auch Wasserstoff, zum Beispiel in Verbindung mit der Brennstoffzelle, die Möglichkeit, den Antrieb klimaneutral zu gestalten.

Damit der Hochlauf der Elektromobilität gelingt, müssen die Menschen aber auch die Möglichkeit haben, ihr E-Auto überall und zu jeder Zeit laden zu können. Hier zeigt sich, wie Innovation ausgebremst wird: Während die Automobilindustrie die Produkte auf die Straße bringt, erfolgt der notwendige Ausbau der Ladeinfrastruktur leider nicht in der notwendigen Geschwindigkeit. Insbesondere der Blick nach Brüssel zeigt, dass die europäische Politik nicht bereit ist, sich selbst ähnlich ambitionierte Zielwerte bei dem Ausbau der Infrastruktur für die Elektromobilität und für Wasserstoff zu setzen, wie sie es bei der CO_2-Flottenregulierung für Pkw und Nutzfahrzeuge tut, die die Unternehmen erfüllen müssen.

Darüber hinaus muss die Politik dafür sorgen, dass Innovation überhaupt erst entstehen kann. Dies geschieht vor allem im Ideenwettbewerb zwischen den Unternehmen und nicht durch politische Vorgaben. Die Elektromobilität hat auch für unsere Industrie höchste Priorität, das steht außer Frage. Gleichwohl gibt es auch andere Technologien, die entscheidend dazu beitragen können, dass wir die Klimaziele in Deutschland und Europa erreichen. Auch E-Fuels aus nachhaltigen Quellen wie Sonne und Wind sind entscheidende Bausteine auf dem Weg zur Klimaneutralität – insbesondere, um den Fahrzeugbestand zu defossilieren. Ohne auch den Bestand an Fahrzeugen in den Blick zu nehmen, werden die Klimaziele im Verkehr aber nicht erreicht werden können. Wir sind überzeugt, dass alle klimaneutralen Optionen ermöglicht werden müssen – wichtige Technologien dürfen nicht durch übereifrige Regulierungen verhindert werden.

Es sind nicht nur alternative Antriebe und Kraftstoffe, die die Transformation der Mobilität prägen. Die Mobilität wird gleichzeitig zunehmend digitaler. Unser Ziel sind autonom fahrende Shuttles in Städten und auf dem Land, neue digitale Erlebnisse im Auto, neue Assistenzsysteme und eine digital optimierte Verkehrslenkung, die weniger Stau und schnellere Wege verspricht. Mit dem autonomen Fahren verbunden sind große Hoffnungen auf Sicherheit und Effizienz, und wir sind überzeugt, dass die Hoffnungen erfüllt werden. Auch die intelligente Verknüpfung der einzelnen Verkehrsträger, z. B. per App, bietet großes Potenzial für die Kundinnen und Kunden.

All das kann die Mobilität verbessern und den Straßenverkehr sicherer machen – und wenn es nach unserer Industrie geht, wird es das auch. Aber wir brauchen auch dafür noch die richtigen politischen Rahmenbedingungen. Benötigt wird ein schnellerer Ausbau der digitalen Infrastruktur, insbesondere von 5G. Hinzu kommt, dass wir noch weitere Weichenstellungen für das autonome Fahren brauchen. Deutschland nimmt hier die Pole-Position ein – u.a. auch durch das weltweit erste Gesetz zum autonomen Fahren. Doch die Rahmenbedingungen müssen die technologischen Entwicklungen über Deutschland hinaus ermöglichen. Und daher ist eine europäische und internationale Harmonisierung wichtig.

Jetzt kommt es darauf an, dass Deutschland und Europa bei der Transformation vorangehen. Wir müssen voller Überzeugung die Chancen neuer Technologien ergreifen und dafür sorgen, dass sie auf unserem Kontinent entstehen. Die Industrie ist schon ganz vorne mit dabei und sorgt dafür, dass Deutschland und Europa Innovationsstandorte bleiben. Eines wird aber zunehmend deutlich: Kurz- und langfristig wird das nur so bleiben, wenn die Standortbedingungen verbessert werden. Wenn wir international nicht abgehängt werden und Wachstum und Wohlstand in Deutschland und Europa sichern wollen, brauchen wir eine entschlossenere und mutigere Industriepolitik, die ermöglicht, statt zu verhindern: ein Booster für die Digitalisierung, weniger Bürokratie, mehr Handelsabkommen, eine besser abgesicherte und ausreichende Energie- und Rohstoffversorgung, eine funktionierende Wasserstoffwirtschaft, ein konkurrenzfähiges Steuersystem, einfachere und schnelle Genehmigungsverfahren und gute Infrastrukturen – analog und digital. All das muss schnell angegangen werden, sonst verlieren wir den Anschluss an Länder wie die USA oder China, die ihrerseits alles daransetzen, die Kräfte ihrer einheimischen Industrien zu entfesseln.

Die deutsche Automobilindustrie ist Innovationsmotor. Das hat Carl Benz eindrucksvoll im Jahr 1886 bewiesen, und das beweist die Industrie heutzutage immer wieder aufs Neue. Die Chancen der Transformation werden ergriffen und Innovationen erschaffen. Gleichwohl bedarf die Transformation eines gesellschaftlichen Konsenses. Jede Innovation kann nur so weit gehen, wie die Gesellschaft bereit ist mitzugehen. Deswegen brauchen wir einen gesellschaftlichen Dialog über die Chancen der Transformation. Wir brauchen diesen Dialog, um die Menschen mitzunehmen, um Sorgen und Ängste zu entkräften und ihnen die Chancen der Transformation aufzuzeigen. Dabei sind gesellschaftliche Akteure gefragt, von der Politik über die Wissenschaft bis zur Wirtschaft, auch die Kirchen müssen sich dabei einbringen. Nur wenn wir die Chancen erkennen, sie kommunizieren und die Transformation als Aufbruch wahrnehmen, werden wir davon nachhaltig profitieren. Wir sollten diese einmalige Chance ergreifen.

Hildegard Müller (* 29. Juni 1967 in Rheine) ist seit dem 1. Februar 2020 Präsidentin des Verbandes der Automobilindustrie (VDA). Zuvor war sie Vorständin für Netz & Infrastruktur bei der innogy SE, zwischen 2008 und 2016 Vorsitzende der Hauptgeschäftsführung des BDEW und von 2005 bis 2008 Staatsministerin bei der Bundeskanzlerin.

Veränderung

Philippa Rath

In diesem Jahr ist es genau 40 Jahre her, dass ich in den Verlag Herder »eingetreten« bin. Ja, Sie hören und lesen richtig. So hieß das damals. Man/frau trat tatsächlich in den Verlag Herder ein, so wie man/frau auch in ein Kloster eintritt, in eine Gemeinschaft, deren Zusammenleben und Zusammenarbeiten auf Dauer angelegt ist und auf Treue basiert. Es war fast schon ein sakraler, zumindest aber ehrfurchtgebietender Akt, das Rote Haus und das Büro des Verlegers erstmals zu betreten. Alles in diesem Verlagsgebäude erinnerte eher an ein Kloster denn an ein Bürogebäude. Wer sich in Klöstern auskannte, dem fiel es nicht schwer, sich bald in den kreuzgangähnlichen Fluren rund um die beiden Innenhöfe zurechtzufinden. Als ich Jahre später in die Abtei St. Hildegard eintrat, fand ich diese vertraute Architektur wieder und fühlte mich sehr schnell zu Hause. Nur der Paternoster fehlte, dieses einmalig urtümliche Gefährt, auf das man niemals warten musste und das das Herder-Haus damals so sehr geprägt hat. Einmal – ich erinnere mich genau – versuchte der seinerzeitige Chefredakteur des *Christ in der Gegenwart*, Manfred Plate, ihn als Transportmittel für einen Bücherwagen zu nutzen. Es kam, wie es kommen musste: Er, nämlich Manfred Plate, war nicht schnell genug. Es ruckelte und krachte, die Holzkonstruktion barst, und wir alle mussten von da an lange Zeit die Treppenhäuser benutzen, da der arme Paternoster nachhaltig ramponiert war.

Zu meiner Zeit war der Verleger – Hermann Herder – noch die unangefochtene, wenn auch nicht unumstrittene Autorität. Er war eine repräsentative Erscheinung, ein kluger, weltgewandter Mann, ein Schöngeist auch, der sich selbst als Wanderer zwischen den Welten verstand und als »Fährmann zwischen den Ufern« bezeichnete. Verlagsleiter an seiner Seite war Hubert Schlageter, der eigentliche »Macher« und Gestalter, der auf kongeniale Weise verlegerischen mit kaufmännischem Instinkt verband. Er hielt die entscheidenden Fäden in der Hand und motivierte seine Mitarbeitenden zu immer neuen Höchstleistungen.

Die Kunst des Verlegens, so sagte Hermann Herder einmal, »besteht darin, sich dem Zeitgeist nicht anzupassen, sich ihm nicht zu unterwerfen, wohl aber sich ihm zu stellen, sich von ihm herausfordern zu lassen«. Das war und ist bis heute so. Keine leichte Aufgabe. Eher eine Gratwanderung, die auch schon einmal nahe an den Abgrund führen kann und von allen Beteiligten viel inneres Engagement, Mut und Risikobereitschaft fordert.

Bei allen offiziellen Anlässen, in Feierstunden, zu Jubiläen oder sonstigen Gelegenheiten wurde immer wieder gern die Losung des Verlagsgründers Bartholomä Herder zitiert: »… vermittels des Buchhandels durch Verbreitung guter Bücher in das Leben eingreifen«. Gefühlt unendlich oft haben wir diese Worte gehört, sodass wir den Inhalt irgendwann kaum noch zur Kenntnis, geschweige denn wirklich ernst genommen haben. Heute weiß ich, dass das ein Fehler war, und leiste manchmal Abbitte, wenn ich am Grab des prophetischen Verlagsgründers auf dem Alten Friedhof in Freiburg stehe. Ja, der Mann hatte recht, sehr recht sogar. Inzwischen habe ich verstanden, dass es vielleicht die vornehmste Aufgabe eines Buches ist, konkret in das Leben der Menschen einzugreifen, Bewusstsein zu bilden, zu erweitern und auch zu verändern. In den letzten drei Jahren habe ich dies mit zwei von mir herausgegebenen Büchern selbst erleben dürfen. Doch dazu später. Denn eines muss zuvor noch gesagt werden.

Vor 40 Jahren war der Verlag noch weitgehend eine Männerdomäne. Geschäftsleitung, Lektorate, Vertrieb, Werbung, Herstellung, die technischen Bereiche der Freiburger Graphischen Betriebe allemal, waren nahezu ausschließlich mit Männern besetzt. Vereinzelte »Quotenfrauen« wie ich mühten sich wacker ab, ihren Platz in Lektorat und Marketing zu besetzen und zu behaupten. Als Ende der Achtzigerjahre dann Karin Walter im Lektorat des theologischen Verlages Einzug hielt, wurde die Frauenpower im Roten Haus deutlich gestärkt. Auf einmal erschienen Bücher zu Frauenthemen in Kirche und Gesellschaft. Diese gaben dem Verlagsprogramm neue, starke und nachhaltige Impulse. Die Reihe »Frauenforum« wurde begründet und war – trotz mancher Skepsis einiger »Altvorderen« – inhaltlich wie wirtschaftlich ein Erfolg.

Vor allem aber bereiteten viele der Titel den Boden für ein neues Denken und öffneten den Weg für all diejenigen Frauen, die sich eine andere Kirche wünschten und sich dem Engagement für Geschlechtergerechtigkeit verschrieben. Auch ich selbst gehöre zu diesen Frauen, obwohl ich bekennen muss, dass der Funke erst viel später auf mich übersprang und es noch 30 Jahre dauern sollte, bis ich die dringende Notwendigkeit tiefgreifender Reformen in unserer Kirche erkannte und spürte, dass die Zeit gekommen war, selbst mit »in den Kampf zu ziehen«.

In meinen Herder-Jahren, die 1990 mit meiner Berufung zum benediktinischen Leben und meinem Eintritt ins Kloster endeten, war ich wohl noch zu klassisch katholisch, zu brav, vielleicht auch zu angepasst, um die Dringlichkeit des Frauenthemas in seiner ganzen Breite und Tiefe zu ermessen. Andere waren mir da weit voraus. Ohne diese Pionierinnen stünde ich heute nicht da, wo ich stehe.

Damit knüpfe ich nun wieder an das geflügelte Wort des Verlagsgründers Bartholomä Herder an: »… mit guten Büchern in das Leben eingreifen«. Als ich im Februar 2020 als Delegierte der Deutschen Ordensobernkonferenz an der ersten Vollversammlung des Synodalen Wegs teilnahm und in das Forum »Frauen in Diensten und Ämtern der Kirche« gewählt wurde, ahnte ich noch nicht, wie dies mein Leben und das vieler Frauen verändern würde. In der ersten Kaffeepause nach meiner Wahl sprachen mich zwei Bischöfe an und erklärten mir unmissverständlich, »dass es doch in Wahrheit eigentlich gar keine zu Ämtern in der Kirche berufenen Frauen gebe«. Da ich im Gegensatz zu ihnen viele Frauen kenne, deren Berufung zur Diakonin und Priesterin nicht ernst genommen, geschweige denn ernsthaft geprüft oder gar anerkannt wird, beschloss ich, den beiden Bischöfen das Gegenteil zu beweisen. Ich schrieb zwölf Frauen an und bat sie um ein kurzes Lebens- und Berufungszeugnis, das ich bei der nächsten Versammlung mit nach Frankfurt nehmen wollte. Die Frauen antworteten ausnahmslos in wenigen Tagen. Ja, mehr noch: Innerhalb von fünf Wochen erhielt ich 150 Lebens- und Berufungsgeschichten von Frauen aus dem In- und Ausland. Für mich war das mitten in der Osterzeit ein Pfingstwunder. Am Pfingsttag selbst erreichte mich denn auch der (vorläufig) letzte Text. Inzwischen sind dem viele weitere aus vielen Ländern gefolgt.

Dass eine solche Fülle an Texten jede Synodalversammlung sprengen würde, war mir klar. So erinnerte ich mich meiner Herder-Jahre, rief meinen alten Freund Rudolf Walter an und fragte ihn, ob der Verlag Herder wohl Interesse an einer solchen Textsammlung haben könnte. Die Antwort kam prompt, ebenso wie die positive Rückmeldung von Clemens Carl, dem heute zuständigen Lektor, der sich des Projekts mit großem Engagement und ebenso viel Leidenschaft annahm. Vielleicht spürten beide, dass Lebens- und Berufungszeugnisse in der gegenwärtigen Diskussion vielleicht mehr bewirken können als theologische Argumente, die ja seit Jahrzehnten auf dem Tisch liegen und bis heute kaum etwas bewegen konnten. Dass das Buch *»Weil Gott es so will«. Frauen erzählen von ihrer Berufung zur Diakonin und Priesterin* dann tatsächlich so erfolgreich werden würde und inzwischen mehr als 10 000-fach verbreitet ist, war für mich anfangs dennoch keineswegs absehbar. Überhaupt war dieses Buch ja nie geplant. Es fiel mir sozusagen zu. Mit großer Vehemenz und noch größerer Dringlichkeit. Als seien die Lebenszeugnisse und Schicksale der berufenen Frauen nun die Aufgabe, die das Leben mir stellte. Deren ich mich annehmen sollte – ohne Wenn und Aber. Dafür galt es ein Tabu zu brechen. Den stummen oder im Laufe der Jahre verstummten Frauen eine Stimme zu geben, sie aus der Anonymität zu befreien. Ihnen erneut Anteil an der priesterlichen, prophetischen und königlichen Würde Christi zuzusprechen, die einst das Zweite Vatikanische Konzil in der Konstitution *Lumen gentium* dem gesamten Gottesvolk, mithin allen Christinnen und Christen, als Befähigung und Beauftragung zuerkannt hatte.

Wie sehr dieses Buch dann tatsächlich in das Leben vieler Menschen eingegriffen hat, möchte ich hier nur andeutungsweise beschreiben:

- Es hat die berufenen Frauen nachhaltig gestärkt und ermutigt. Viele von ihnen haben nach Erscheinen in zahlreichen Veranstaltungen bewegend und aufrüttelnd über ihre Berufung gesprochen, von ihrem (Leidens-)Weg erzählt und damit zahlreiche Menschen beeindruckt und zum Neudenken herausgefordert.

- Aus einzelnen »Exotinnen« und »einsamen Wölfinnen« wurde ein starkes »Rudel« und tragendes Netzwerk berufener Frauen im ganzen deutschsprachigen Raum und weit darüber hinaus.
- Das Buch hat Frauen in aller Welt ermutigt, auch offen über ihre Berufung zu sprechen. Sie tun dies heute in internationalen Foren und Netzwerken wie auch in neuen Publikationen, die einen ähnlichen Ansatz und Charakter haben, z. B. *Priesterinnen jetzt! Gespräche über das Frauenpriestertum* (hg. von Maria José Arana und Adelaide Baracco, soeben bei Desclee de Brower erschienen).
- Unser Buch hat nicht wenigen (Kirchen-)Männern die Augen geöffnet und viele von ihnen dazu gebracht, sich mit den berufenen Frauen zu solidarisieren und ihnen ihre Unterstützung zuzusagen. Daraus entstand der Folgeband *Frauen ins Amt! Männer der Kirche solidarisieren sich*, das ebenfalls Wellen schlug. Darin ergreifen über 100 Kirchenmänner – Bischöfe, Priester, Ordensmänner, Diakone, Theologieprofessoren und in den Gemeinden engagierte Laien – Partei für die Frauen und beklagen die ungeheure Verschwendung an Charismen und Begabungen in unserer Kirche.
- Das Buch hat Bischöfe motiviert, sich mit zum Diakoninnen- und Priesterinnenamt berufenen Frauen ihres Bistums zu treffen, sie anzuhören und sich deren zum Teil jahrzehntelangem Leiden auszusetzen.
- Nicht wenige Amtsträger hat dies zum Umdenken und zu einer Neupositionierung in der Frauenfrage ermutigt.

Nicht umsonst sind inzwischen in einigen Diözesen Frauen als Gemeindeleiterinnen tätig, predigen in Eucharistiefeiern und haben eine außerordentliche Erlaubnis, Kinder zu taufen.

- Schließlich hat das Buch mit dazu geführt, dass das Thema Berufung seinen festen Platz in kirchlichen Foren und Diskussionen gefunden hat, besonders im Rahmen der katholischen Frauenverbände, aber auch in den Gemeinden, in der kirchlichen Bildungsarbeit und auf Katholikentagen.
- Nicht vergessen werden darf auch der Stellenwert, den das Thema Berufung von Frauen zu kirchlichen Ämtern in den Texten des Synodalforums III »Frauen in Diensten und Ämtern der Kirche« gewonnen hat. Im inhaltsreichen und starken Grundtext des Forums, der mit großer Mehrheit der Delegierten und auch der Bischöfe bei der 4. Synodalversammlung im September 2022 verabschiedet wurde, finden sich wichtige Passagen, in denen die Berufung von Frauen zu kirchlichen Ämtern gewürdigt und die Anerkennung dieser Berufungen nachhaltig gefordert wird.

Kurzum: Dieses Buch hat das Thema Geschlechtergerechtigkeit in der Kirche und die Frage nach der Öffnung aller Ämter für Frauen dorthin geführt, wo sie hingehören – ins Zentrum des kirchlichen und gesellschaftlichen Lebens. Von dort wird es – dem stimmen inzwischen auch viele Bischöfe zu – nicht wieder verschwinden, bis endlich grundlegende Reformen verwirklicht sind und Geschlechtergerechtigkeit in der Kirche Einzug hält.

Ob das dem Verlagsgründer Bartholomä Herder gefallen hätte? Ich denke schon. Zumindest hätte ihm gefallen, dass ein Buch aus seinem Verlagshaus mit Erfolg in das Leben eingegriffen hat.

Und dass seine Urururenkelgeneration den Saum der Geschichte ergriffen und ein solches Buch veröffentlicht hat. Mein Dank gilt am Ende also dem Verleger, den Lektoren – vor allem aber den 150 Autorinnen und den vielen Frauen und Männern, die sich haben inspirieren lassen.

Philippa Rath (* 1955 in Düsseldorf) ist Benediktinerin der Abtei Sankt Hildegard in Rüdesheim-Eibingen. Sie ist Theologin und Politikwissenschaftlerin, Vorstand der Klosterstiftung Sankt Hildegard und verantwortlich für die Presse - und Öffentlichkeitsarbeit ihres Klosters. Sie ist Mitglied im Zentralkomitee der deutschen Katholiken (ZdK) und war Delegierte im Synodalen Weg. Zuletzt erschien bei Herder der von ihr gemeinsam mit Burkhard Hose herausgegebene Band *Frauen ins Amt! Männer der Kirche solidarisieren sich* (2022).

Verschwörungstheorien

Sineb El Masrar

Wir leben in emotional aufwühlenden Zeiten. Coronapandemie, Klimawandel, Inflation, ein überhitzter Wohnungsmarkt, Bildungsdesaster, Ukrainekrieg, Migrationskrise, Antisemitismus und Rassismus auf deutschen Straßen, und täglich kocht die Stimmung in den sozialen Medien. Die Medienlandschaft verliert sich nicht selten im Konkurrenzkampf um die Breaking News und die höchsten Zugriffszahlen. Kritische Besonnenheit scheint hier selten gefragt zu sein. Für viele in diesem Land fühlt es sich so an, als würde es mit Deutschland bergab gehen. Sowohl wirtschaftlich als auch gesellschaftlich. Der Blick in die Zukunft ist getrübt. Laut ARD-Deutschlandtrend gaben 71 Prozent der Deutschen im April 2023 an, unzufrieden mit der Bundesregierung zu sein. Andererseits hat die Europäische Kommission ermittelt, dass im Winter 2022/23 die Menschen in Deutschland zu 67 Prozent sehr zufrieden waren. Nicht sehr zufrieden sind hingegen nur zwölf Prozent. Es lässt sich somit festhalten, dass hierzulande das Glas eher als halbvoll als halbleer gesehen wird. Nur sind zwölf Prozent dennoch ein nicht zu unterschätzender Teil der Bevölkerung, der wählt und insofern zu einem gravierenden Problem werden kann, wenn dieser an Verschwörungserzählungen glaubt und sich in großer Zahl davon mitreißen lässt, genauso wenig hiesige Gesetze anzuerkennen, wie es die sogenannten Reichsbürger tun. Oder wenn der Verschwörungswahn in Terroranschläge wie die des NSU oder islamistischer Gruppierungen mündet. Ob in der Gruppe oder als Einzeltäter, ist hierbei zweitrangig, denn es wird immer unschuldiges Leben ausgelöscht, wie geschehen bei den rechtsextremen Attentaten im Jahr 2019 in Halle oder 2020 in Hanau.

Etwas kritisch zu hinterfragen und unzufrieden zu sein, ist etwas anderes, als naiv bestimmten Mythen anzuhängen, die keine rationale Basis haben, sondern auf einem Lügenkonstrukt fußen, und hinter all dem Leid in der eigenen kleinen und der großen Welt eine kleine machthungrige Elite versteckt zu sehen, die meist auch noch als jüdisch konstruiert wird.

Aktuell erwecken populistische Bewegungen und Aktivitäten diverser ideologischer Gruppierung den Anschein, den antidemokratischen Höhepunkt im Westen erreicht zu haben. Regelmäßig münden diese populistischen und antidemokratischen Ideologien in Gewalt und Terror. Seien sie nun im rechts- oder linksextremen oder islamistischen Lager verortet. Unendlich erscheinen die Möglichkeiten digitaler Verbreitungsmöglichkeiten für populistische Mythen und Erzählungen. Sie führen in unseren Gesellschaften zu immer größeren Spaltungen und Gefahren.

Bereits die Erfindung des Buchdrucks, die wir heute nicht missen wollen, hatte auch ihre Schattenseite. Wie fast alle Innovationen der Menschheitsgeschichte. Flugblätter, Zeitungen oder Bücher mit frauenfeindlichen, rassistischen und antisemitischen Inhalten hatten lebensbedrohliche Folgen für Frauen, Minderheiten und Andersdenkende. Bis heute. Der Buchdruck machte es möglich, mit wenig Aufwand propagandistische Verschwörungserzählungen in großer Auflage in Umlauf zu bringen. Auch jene, die weder lesen noch schreiben konnten, erreichten die hetzerischen Zeichnungen. Jede technologische Errungenschaft, wie die Fotografie, das Radio oder später das Fernsehen, dienten und dienen auch heute noch in vielen Ländern propagandistischen Agitatoren für ihre jeweilige Agenda. Medienkompetenz will und muss gelernt und vermittelt sein und gehört ebenfalls zum lebenslangen Lernen dazu. So sollte es zumindest sein.

Die jüngste Revolution ist die der Digitalisierung mitsamt der aktuellen KI-Technologie. Selbst bildungsorientierte Gesellschaften wie die unsere in Deutschland sind nicht immun gegen die vielen Falschinformationen und Verschwörungserzählungen im Netz. Egal ob jung oder alt. Sie sind in allen Familien, politischen Lagern und sozialen Schichten anzutreffen und immer und überall abrufbar. Dank Smartphone in jeder Hosen- und Handtasche.

Für einen aufklärerischen Diskurs ist neben der Fähigkeit zum Diskutieren auch von großer Bedeutung zu erkennen, wann es sich um Desinformation und Propaganda handelt und was davon auf Verschwörungsmythen fußt. Als der AfD-Funktionär Björn Höcke 2017 eine »erinnerungspolitische Wende um 180 Grad« forderte, ging es um nichts weniger als um einen geschichtsrevisionistischen Umgang mit dem »Dritten Reich«. Dazu gehört auch, die systematische Ermordung von Juden infrage zu stellen, der man in einschlägigen Kreisen bis heute keinen Glauben schenkt. Selbst in Einwandererkreisen, die ihrerseits nicht selten von Rassismus betroffen sind, ist diese Vorstellung verbreitet. Ein Migrationshintergrund immunisiert nicht gegen Hass und Hetze.

Seit Jahrzehnten formieren sich immer neue Initiativen und Bewegungen. Seien es die sogenannten Reichsbürger, die u. a. die Souveränität der BRD nicht anerkennen, die Identitären, die von einem großen ethnischen Austausch der Bevölkerung durch Muslime überzeugt sind, oder die jüngsten Bewegungen wie QAnon aus den USA. Sie betrachten Donald Trump als ihren Heilsbringer gegen die US-Demokraten, die sie für kriminell sowie satanistisch, sadistisch und pädophil halten. Auch hierzulande finden sich zahlreiche QAnon-Anhänger. Sie glauben daran, dass eine Elite aus Politik und Medien regelmäßig Kinder entführe, missbrauche und misshandele und unter Qualen gewonnenes Kinderblut für die Herstellung einer Verjüngungsdroge namens Adrenochrom verwende. Egal wie absurd diese Dinge auch klingen mögen, stellen sie für einen Teil unserer Gesellschaft einen Fakt dar. Andere wiederum, die in allen möglichen Lagern anzutreffen sind, glauben, dass 9/11 ein Anschlag des israelischen Geheimdienstes gewesen sei, um Muslime weltweit als Terroristen(sympathisanten) zu stigmatisieren. Der IS sei wiederum eine Erfindung der USA. Und die USA wiederum würden von Juden beherrscht. Verschwörungsgläubige Muslime wie Nichtmuslime glauben nicht daran, dass Islamisten Anschläge verüben. Eher glauben sie, dass westliche Geheimdienste oder der Mossad diese verüben.

In vielen Fällen, wo diese Überzeugungen geteilt werden, ist auch ein dämonisierender Blick auf den Kapitalismus anzutreffen. Der bei Rechten, Linken und Islamisten als der jahrhundertealte Feind ihres Ideals von einer gerechten Welt verstanden wird. Für alle gesellschaftlichen und ökonomischen Krisen wird dieser in Gestalt einer »globalen (Finanz-)Elite« bzw. eines »Weltfinanzjudentums« verantwortlich gemacht. Wie das alles seinen Anfang genommen haben soll, wird gern anhand der jüdischen Bankiersfamilie Rothschild erzählt.

Allen gemein ist, dass sie die jahrtausendealten antisemitischen Verschwörungserzählungen immer wieder neu erzählen. So bezichtigte man die jüdische Bevölkerung während der Pest, die Brunnen zu vergiften. In Coronazeiten hieß es, das Berliner Wasser sei vergiftet worden. Im Mittelalter verbreitete man das Gerücht, Rabbiner würden christliche Kinder entführen und ermorden, um aus ihrem Blut das Matzenbrot für den Sabbat zu backen. Selbst der heutige palästinensische Premierminister Mahmud Abbas hielt im Europäischen Parlament eine Rede, in der er sagte, dass Rabbiner die israelische Regierung aufforderten, das Wasser zu vergiften, um Palästinenser zu töten. Was all diese Agitatoren und Anhänger bis in unsere heutige Zeit eint, ist der Wille, all diese Erzählungen zu glauben und damit Antisemitismus fortzuschreiben, und das schadet allen voran der jüdischen Bevölkerung, aber eben auch unserer Meinungs- und Pressefreiheit und Demokratie. Denn Feinde werden immer wieder neu ausgemacht und bekämpft. Ohne Sinn und Verstand wird eine Verschwörung herbeifantasiert, und notwendige Kritik hat keine Chance und findet keinen Raum. Dieser Verschwörungsglaube erschüttert erst Familien, dann das nähere Umfeld, daraufhin die Gesellschaft und am Ende den Staat. Aus der Geschichte lernen bedeutet genau das: wachsam zu sein und die neuen Erzählungen entlarven zu können als das, was sie sind: Verschwörungsglaube. Mögen die 67 Prozent dabei helfen, in ihrem Umfeld und ihrer Familie frühzeitig das Abdriften zu erkennen, im Dialog zu bleiben. Denn ist das Weltbild einmal verschwörungstechnisch geschlossen, ist es schwer bis unmöglich, die Menschen zu erreichen. Also lassen wir alle es gar nicht erst zu. Indem wir kritisch, aber empathisch bleiben.

Sineb El Masrar (* 1981 in Hannover) ist eine marokkanisch-deutsche Autorin, Journalistin und muslimische Feministin. Sie ist die Gründerin der interkulturellen Frauenzeitschrift *Gazelle* und hat mehrere Werke zum Thema Feminismus im Islam veröffentlicht. Ihr neues Buch *Sind wir nicht alle ein bisschen Alman? Warum wir mit der Integration schon weiter sind und keine Identitätskrisen brauchen* erscheint diesen Herbst bei Herder.

Versöhnung

Sophie von Bechtolsheim

Der Mensch ist für die Gemeinschaft geschaffen. Er kann nicht ohne die anderen, und dennoch scheint es menschliches Zusammenleben ohne Zänkereien, Streitigkeiten, gar gewaltsame Kämpfe nicht zu geben. Seit wieder Krieg Einzug in die Mitte Europas gehalten hat, dämmert uns, dass Lippenbekenntnisse, dass Waffenruhe, dass ein vorläufiges Ende von Kampfhandlungen »um des lieben Friedens willen« nicht ausreichen. Wir stellen uns die Frage, wie es nach einem solchen Ausmaß von Willkür, Gewalt, Zerstörung und Vernichtung Versöhnung geben kann. Die gleiche Frage stellt sich auch uns Mediatoren immer wieder, wenn uns beispielsweise jemand vom Leid und von den Ängsten erzählt, die ein prügelndes Familienmitglied bei seinen Angehörigen hinterlässt. Wer kann da Versöhnung verordnen? Was für eine Zumutung. Dennoch sehnen sich viele Menschen nicht nur nach einem störungsfreien Miteinander, sondern nach einem zuverlässigen, nach tiefem, nach echtem Frieden. Wenn sich Menschen versöhnen, gestalten sie nach christlichem Verständnis jenen Frieden, der Freiheit und Gerechtigkeit verheißt und sich in Gottes Liebe zu uns Menschen widerspiegelt. Zerrüttete Beziehungen wiederherzustellen, bedeutet nicht zuletzt, Gottes Liebe ernst zu nehmen und sich mit Ihm zu versöhnen.

Versöhnung ist wie eine wunderbare, sanft schimmernde, seltene Perle. Eine solche Perle kommt nicht oft zum Vorschein, wenn man beruflich mit Streitschlichtung zu tun hat. Niemand kann erzwingen, dass sich Menschen versöhnen. Als Mediatorin arbeite ich daran, dass Menschen ihren eigenen Anteil an Zerwürfnissen erkennen und in der Lage sind, wieder einen angemessenen Umgang miteinander zu finden. Die meisten haben ein großes Bedürfnis danach, dass »Ruhe einkehrt«, dass sie sich mit den Kämpfen, die ihren Alltag und ihre Seelen belasten, nicht mehr herumschlagen müssen. Wenn dies gelingt, können wir unsere Arbeit als Erfolg verbuchen. Versöhnung aber ist etwas anderes, Wunderbares. Es ist ein Schmuckstück, das existiert, das die Menschen aber selbst entdecken und bergen müssen.

Manchmal darf ich als Mediatorin Zeugin davon sein:

Der Mann am anderen Ende der Leitung rang um Fassung, als ich das Telefongespräch entgegennahm. Es war Herr Gero M., der kurz zuvor in der Post mein Anschreiben vorgefunden hatte. Darin hatte ich ihn mit knappen Worten und offiziösem Briefkopf zu einem Gespräch in unsere Fachstelle für Täter-Opfer-Ausgleich eingeladen. Es ging um Körperverletzung und Beleidigung, ein junges Paar hatte Herrn M. angezeigt. Ich kannte Herrn M. ebenso wenig, wie ich das junge Paar und all die anderen Menschen kenne, denen ich Briefe dieser Art schreibe. Namen und Adressen entnehme ich der Ermittlungsakte, die die Staatsanwaltschaft unserem Büro zuschickt. Es sind Strafdelikte, die wir mithilfe der Mediation außergerichtlich bearbeiten, vorausgesetzt, die betroffenen Menschen sind damit einverstanden.

Mein Brief hatte offensichtlich die über Wochen gepflegte Illusionsblase Herrn M.s zerplatzen lassen, dass sich die Anzeige irgendwie von selbst erledigen würde. Als sich die Wirklichkeit zurückmeldete, überkam ihn großer Schrecken. Flankiert wurde dieser Schrecken vom Bedürfnis, sich zu rechtfertigen. Sich schuldig zu fühlen, ist unbehaglich. Unbehagen weicht man aus. Das kennt jeder. Bevor wir uns unsere eigenen Fehler eingestehen, unternehmen wir viele Manöver, sie abzumildern oder gar auf diejenigen zu verlagern, denen wir geschadet haben. Wir sitzen in der Beurteilung anderer immer wieder eigenen Annahmen und Unterstellungen auf. Von diesen verabschieden wir uns auch im Nachhinein ungern, vor allem, wenn sie uns selbst zu Unrecht und Ungerechtigkeit verleitet haben. Je größer das Unbehagen und das eigentliche Wissen um die eigene Schuld, desto eher lässt sich der Mensch zur Selbstlüge verführen.

Herr M. hatte großen Redebedarf: dieser verflixte Tag, dieses milde Herbstwetter, das, wie jedes Mal, unzählige Ausflügler ins idyllische Bergdorf wehen würde. Massenhafte gute Laune, die sich ungefragt breitmachte und keine Notiz nahm von Herrn M. und seinen Belastungen, seiner familiären Überforderung mit dem pflegebedürftigen aggressiven Vater, seiner eigenen Perspektivlosigkeit. Ein sonniger Tag steigerte den Frust Herrn M.s. Wie immer an solchen Wochenenden geschah das erwartbar Unerträgliche: Wieder einmal parkte ein Auto mit Münchner Kennzeichen auf Herrn M.s Zufahrt. Ein Pärchen, Leo G. und Sarah J., war im Begriff, zu einer Wanderung aufzubrechen, als Herr M. aus dem Nichts auftauchte und das Paar grußlos beschimpfte. Die Erklärung des Paares, das entsprechende Schild übersehen zu haben, und ihre Bereitschaft, das Auto an anderer Stelle parken zu wollen, konnte Herrn M. nicht beruhigen. Er fühlte sich nicht ernst genommen, ja regelrecht belogen. Nun ließ er seinem Zorn erst recht freien Lauf, indem er Sarah J. mit Flüchen und Fäkalausdrücken bedachte. Als sich der junge Mann breitbeinig vor ihm aufpflanzte, verpasste Herr M. ihm eine Ohrfeige. Er habe – so berichtete Herr M. atemlos – sich schließlich bedroht gefühlt.

Nach einer kurzen Pause schob er die Frage hinterher, die ich immer wieder höre: »Wie hätten denn Sie in meiner Situation reagiert?«

Diese Frage kann ich nicht beantworten. Ich weiß nicht, wozu ich fähig wäre. Das sagte ich Herrn M.

Schweigen in der Leitung.

Ich fragte ihn, was er sich von meinem Eingeständnis für sich selbst erhoffe. Ob es ihm helfe.

Nun war plötzlich leises Schluchzen in der Leitung zu hören. Herr M. konnte nicht aufhören zu weinen. Als er wieder zu reden begann, waren alle Versuche, sich zu erklären und zu rechtfertigen, vergessen. Er wiederholte mehrfach die Sätze: »Ich schäme mich so, dass ich Sachen getan und gesagt habe, die ich doch selbst absolut ablehne. Wenn ich doch alles rückgängig machen könnte. Das kann ich doch gar nicht wiedergutmachen. Eigentlich *bin* ich doch gar nicht so.«

Herr M. hatte die in ihm selbst schlummernde, fest verschlossene Auster geknackt. Er hatte erkannt, dass er seiner Vorstellung davon, ein guter Mensch zu sein, nicht entsprochen hatte. Er hatte erkannt, dass ihm die Selbstlüge und Rechtfertigungsschleifen nichts nützten, dass sie nicht nur der Versöhnung mit dem jungen Paar im Weg standen. Sie standen vor allem der Versöhnung mit sich selbst im Weg. Der Versöhnung mit dem Menschen, als der er von Gott geschaffen und gedacht ist, als der Mensch, der er in der Tiefe seiner Seele ist.

Ob es zu einer wahren Versöhnung zwischen Herrn M. und dem jungen Paar kommen würde, wusste ich allerdings noch nicht. Sarah J. und Leo G. hatten – wie sie selbst bekundeten – durch die Attacken Herrn M.s keine bleibenden Schäden davon getragen. Sie nahmen später aber in der Aussprache seine Scham, seine Reue und seine Bitte um Verzeihung mit großer Ernsthaftigkeit wahr. Sie wollten weder materielle Wiedergutmachung noch die weitere Strafverfolgung Herrn M.s. Für sie war wichtig, dass Herr M. in seinem persönlichen Umfeld Vorsorge traf, dass er sich um sein psychisches Wohl kümmerte, damit er sich nicht erneut an anderen Menschen schuldig machen würde. Herr M. ließ nach der Aussprache beiden jeweils einen großen Blumenstrauß zukommen. Sarah J. und Leo G. baten wiederum mich, Herrn M. ihren Dank dafür auszurichten. So durfte ich die seltene, sanft schimmernde Perle von einem zum anderen weiterreichen.

Ob im Kleinen wie im Großen, ob nach einem Streit zwischen Einzelnen oder nach Kriegen zwischen Völkern: Versöhnung kann nicht von anderen verordnet werden. Ebenso wenig kann sie kollektiviert oder womöglich an Fachleute delegiert werden.

Versöhnung ist immer ein individueller und persönlicher Akt zwischen Menschen. Sie setzt Wahrheitsliebe und individuelle Erkenntnis voraus. Die Erkenntnis, dass wir aufeinander angewiesen sind. Die Erkenntnis, dass wir ohne Beziehungen nicht existieren können. Die Erkenntnis, dass unsere eigene Haltung zur Welt wertlos ist, wenn wir unsere Mitmenschen missachten. Die Erkenntnis, welchen Anspruch auf Unversehrtheit und freie Entfaltung der Mitmensch hat. Die Erkenntnis, inwiefern ich selbst meinem eigenen Anspruch auf Integrität gerecht werde.

Ohne den Willen zur Versöhnung jedes Einzelnen, der den Mut zu all diesen Erkenntnisprozessen aufbringt, kann es keinen wahren Frieden geben, denn Frieden und Versöhnung bedingen sich wechselseitig.

Sophie von Bechtolsheim (* 1968 in München) ist Historikerin und Kommunikationswissenschaftlerin. Die Enkelin von Claus Schenk Graf von Stauffenberg lebt und arbeitet als Mediatorin in Oberbayern und setzt sich zudem für den Täter-Opfer-Ausgleich ein. Sie ist verheiratet und hat vier Söhne. Sophie von Bechtolsheim ist stellvertretende Vorsitzende des Kuratoriums der Stiftung 20. Juli 1944. Zuletzt erschien bei Herder 2021 ihr Buch *Stauffenberg. Folgen. Zwölf Begegnungen mit der Geschichte*.

Vision

Ola Källenius

Der jüngste Bericht des Weltklimarats (IPPC) der Vereinten Nationen ist im März 2023 erschienen. Trotz alarmierender Befunde nannte der Vorsitzende des Weltklimarats, Hoesung Lee, den Bericht eine »Botschaft der Hoffnung«. Er sagte: »Wenn wir jetzt handeln, können wir immer noch eine lebenswerte und nachhaltige Zukunft für alle sichern.« Mit anderen Worten: Es ist dringend, und es kann gelingen.

In diesen Tagen fällt die grüne Transformation mit großen geopolitischen Herausforderungen zusammen. Dies ändert jedoch nichts an der Notwendigkeit und Dringlichkeit der Dekarbonisierung. Dabei zählt jede Maßnahme. Nur wenn wir alle zusammenarbeiten – Regierungen, Gesellschaft, Wissenschaft und Wirtschaft –, können wir den Wandel erfolgreich meistern.

Bei Mercedes-Benz fühlen wir uns alle dieser Aufgabe verpflichtet – für das Wohl des Planeten und das Wohl unseres Unternehmens. Denn die Nachfrage nach individueller Mobilität steigt weiter: Der weltweite Pkw-Markt könnte sich 2030 in der Größenordnung von rund 90 Millionen Neuwagen bewegen. Wir wollen diesem Bedürfnis auf nachhaltige Weise gerecht werden. Deshalb stehen wir zu unserem Anspruch, bis Ende des nächsten Jahrzehnts bilanziell CO_2-neutral zu werden – mehr als ein Jahrzehnt früher als im Pariser Klimaabkommen vorgesehen.

Unsere gesamte Neufahrzeugflotte soll über alle Wertschöpfungsstufen bilanziell CO_2-neutral werden. Das beinhaltet auch den schrittweisen Abschied vom Verbrennungsmotor. Damit sind natürlich auch Herausforderungen verbunden, beispielsweise der Ausbau der öffentlichen Ladeinfrastruktur oder die Energiewende.

Aber es gibt viele gute Gründe für Zuversicht. Insbesondere wenn wir davon ausgehen, dass der Hochlauf der E-Mobilität dem Konzept der S-Kurve folgt. Dieses Konzept beschreibt, wie ein Produkt, ein Markt oder eine Technologie einen Zyklus von Wachstum und Reife durchläuft: Zu Beginn ist das Wachstum noch langsam. Infolge von technologischen Fortschritten beschleunigt es sich rasant und vollzieht eine Aufwärtsbewegung, die den mittleren Teil des »S« bildet. Wenn eine gewisse Reife erreicht ist, flacht das Wachstum ab und wird schließlich zum Plateau, dem oberen Teil des »S«.

Vieles spricht dafür, dass die Elektromobilität in diesem Jahrzehnt den endgültigen Durchbruch zum Massenmarkt schafft. Hier sind die aus meiner Sicht sieben wichtigsten Treiber.

Erstens: Die Technologie des elektrischen Antriebsstrangs verbessert sich rasant. Der EQS, die erste vollelektrische Luxuslimousine von Mercedes-Benz, hat eine WLTP-Reichweite von bis zu 780 Kilometer. Und in 15 Minuten ist Strom für bis zu weitere 300 Kilometer nachgeladen. Mit unserem Technologieprogramm, dem Vision EQXX, verschieben wir die Grenzen des derzeit Machbaren: Mit einer einzigen Batterieladung bewältigte er die rund 1200 Kilometer weite Fahrt von Sindelfingen ins britische Silverstone – und zwar unter realen Verkehrsbedingungen. Mit 8,3 kWh pro 100 Kilometer konnten wir einen neuen Effizienzrekord aufstellen. Das sind nur zwei Beispiele von vielen, die zeigen: Das Monopol des Verbrenners ist Geschichte, die Ära der lokal emissionsfreien Mobilität hat begonnen.

Zweitens: Der Ausbau der Ladeinfrastruktur ist ein zentraler Erfolgsfaktor für die Elektromobilität und damit auch wichtig für die Erreichung der Klimaziele. Aktuell ist die Ladeinfrastruktur noch unzureichend, aber sie soll in den nächsten Jahren deutlich ausgebaut werden. Auch Mercedes-Benz leistet dazu seinen Beitrag. Unter anderem planen wir, ein eigenes globales Schnellladenetzwerk mit insgesamt 10 000 Ladepunkten in unseren Kernmärkten bis Ende des Jahrzehnts zu errichten. Der Aufbau startet 2023 in Nordamerika.

Drittens: Immer mehr Kunden wechseln. Der weltweite Marktanteil von Elektroautos hat 2022 erstmals die Schallmauer von zehn Prozent durchbrochen. Die Verkäufe legten um 70 Prozent gegenüber dem Vorjahr zu. Die Auslieferungen vollelektrischer Mercedes-Benz-Pkw haben wir 2022 mehr als verdoppelt. Diese Dynamik wollen wir 2023 beibehalten.

Viertens: Der Wandel zur Elektromobilität wird durch politische Regulierung beschleunigt. Um den CO_2-Ausstoß zu senken, die gesetzten Ziele zu erreichen und so den Klimawandel zu begrenzen, verschärfen mehr und mehr Regierungen ihre Vorschriften und Gesetze. Zuletzt etwa wurde für die Europäische Union ab 2035 ein Verbot für neue Autos beschlossen, die mit fossilen Kraftstoffen angetrieben werden.

Fünftens: Die Wirtschaftlichkeit von Elektrofahrzeugen wird sich verbessern. Aktuell ist für die Hersteller ein elektrischer Antriebsstrang noch mehrere Tausend Euro teurer als ein Verbrenner. Skaleneffekte und kontinuierliche Innovation können dazu beitragen, die Lücke weiter zu verkleinern. In der Folge könnte der Umstieg auf Elektromobilität auch für die Kundinnen und Kunden noch attraktiver werden.

Sechstens: Die Kapitalmärkte fordern den Wandel hin zu nachhaltiger Mobilität. Eine Auswertung der Wirtschaftsprüfungsgesellschaft EY hat ergeben, dass Automobilhersteller an der Börse mit Kurswachstum belohnt wurden, wenn sie ihre Produktpalette umfangreich elektrifizierten. Je ehrgeiziger die Pläne, desto höher das Plus. Eine vergleichsweise vorsichtige Anpassung des Portfolios führte im Vergleich zu einer schwächeren Entwicklung der Aktie.

Siebtens: Die Ambitionen der weltweit führenden Autobauer steigen. Laut einer Erhebung der Nachrichtenagentur Reuters aus dem Oktober 2022 werden sie bis Ende dieser Dekade fast 1,2 Billionen US-Dollar in die Entwicklung und Produktion von E-Autos investieren. Das ist mehr als eine Verdoppelung gegenüber 2021.

Der Durchbruch der Elektromobilität zum Massenmarkt rückt also näher. Mercedes-Benz hat die Weichen dafür längst gestellt: Ab 2025 werden alle unsere neuen Fahrzeugarchitekturen rein elektrisch sein. Bis zum Ende dieses Jahrzehnts wollen wir vollelektrisch werden, wo immer die Marktbedingungen es zulassen.

Darüber hinaus beziehen wir in unseren eigenen Werken seit 2022 nur noch CO_2-freien Strom aus regenerativen Energiequellen. Parallel dazu entwickeln wir uns von einem Energieverbraucher zu einem Energieproduzenten. Zwei Beispiele: Bis 2025 werden wir insgesamt rund eine Million Quadratmeter neue Solarpaneele an unseren Standorten installieren. Und ab Mitte der Dekade soll auf unserem Testgelände in Papenburg ein Windpark mehr als 100 Megawatt Strom liefern und damit über 15 Prozent unseres jährlichen Strombedarfs in Deutschland decken. Gleichzeitig wollen wir die CO_2-Emissionen deutlich senken. Bis 2030 streben wir in der Produktion eine Reduktion um 80 Prozent gegenüber 2018 an.

Es gibt noch viele weitere Beispiele, die zeigen, wie sich unsere Branche und unsere Produkte verändern. Als ich 1993 bei Mercedes-Benz anfing, waren Technologien wie emissionsfreie und vernetzte Autos oder automatisiertes Fahren Visionen. Ingenieurinnen und Ingenieure haben mit ihrer unermüdlichen Arbeit dafür gesorgt, dass diese Visionen Realität werden. Und der Pionier- und Erfindergeist der Menschheit ist ungebrochen. So erreichte die Zahl der weltweiten Patentanmeldungen im Jahr 2022 branchenübergreifend ein Allzeithoch. Innovation ist der Schlüssel für eine erfolgreiche Transformation. Unser Anspruch bei Mercedes-Benz ist: Wir wollen das Bestehende verändern, um es zu verbessern. Diesen Spirit haben uns unsere Gründerväter mit auf den Weg gegeben. Indem wir Mobilität emissionsfrei machen, setzen wir ihr Vermächtnis fort.

Was Ende des 19. Jahrhunderts galt, gilt auch heute noch: Es sind nicht diejenigen, die den Status quo erklären können, die die Welt verändern. Und es sind auch nicht diejenigen, die sagen, was nicht möglich ist. Wer Lust auf Neues hat, Pioniergeist lebt und Chancen sieht, verändert die Welt.

Ola Källenius (* 11. Juni 1969 in Västervik, Schweden) trat 1993 in die internationale Nachwuchsgruppe der damaligen Daimler-Benz AG ein. Nach verschiedenen Stationen im In- und Ausland wurde er 2015 erstmals in den Konzernvorstand berufen. Im Mai 2019 löste er Dieter Zetsche als Vorstandsvorsitzenden ab. In dieser Funktion entwickelt Källenius Mercedes-Benz in Richtung nachhaltige und digitale Mobilität. Das Ziel: Bis 2039 soll die Neuwagenflotte entlang der gesamten Wertschöpfungskette bilanziell CO_2-neutral werden.

Vollkontakt

Simon Biallowons

Verlegen und verlegt werden, publizieren und publiziert werden ist immer auch ein Abenteuer mit Vollkontakt. Ich bin seit Jahrzehnten leidenschaftlicher Kampfsportler und erlebe drei Hauptparallelen zwischen meinem Beruf und meinem Hobby:

1. Distanz halten und Distanz schließen
2. Einfach halten
3. Von nichts kommt nichts

Distanz halten und Distanz schließen: Verlegen ist Vollkontakt, weil unterschiedlichste Persönlichkeiten aufeinandertreffen. Autorin oder Autor vertrauen einem etwas Kostbares, vielleicht sogar Intimes an. Ihr eigenes Buch oder der eigene Artikel ist für sie in dieser Phase das Wichtigste überhaupt. Distanz und Distanzhalten spielen für beide Seiten eine Rolle. Als mittelgroßes Verlagshaus haben wir mehrere Spitzentitel pro Jahr und sicherlich über weitere hundert gewichtige Bücher – also sehr viele wichtigste Titel. Das muss zusammengebracht werden. Das geht einerseits nur mit Distanz, denn die Erwartung an uns als Verlag ist, dass wir auch das Unangenehme auszusprechen. Zugleich müssen Distanz geschlossen und Nähe geschaffen werden, in der Kreatives und Gutes entstehen kann. Beide Seiten gehen ins Risiko, beide Seiten liefern sich aus. Pathetisch? Ein bisschen. Aber oft Realität und Adrenalin, Ansporn, Award – oder auch Frustration. Ich erinnere mich zum Beispiel an Gespräche mit einem Autor, die so unfassbar zäh waren, dass ich einen Kollegen dazu nahm. Fünf Minuten später stellten die beiden fest, dass sie das gleiche Hobby haben, und die Distanz war geschlossen. Frustrierend für mich, aber Award für das Projekt.

Einfach halten: John Irving, selbst begeisterter Wrestler, hat die Parallelen von Schreiben und Ringen erklärt: Es gehe darum, den Text wie einen Partner oder Gegner in den Griff zu kriegen. Texte wie auch Autoren oder Lektorinnen winden sich, haben eigene Bewegungen, improvisieren. Um etwas einmal in den Griff zu bekommen, muss man es einfach festhalten. Denn »einfach halten« meint auch »Keep it simple«. Es gibt ein legendäres israelisches Selbstverteidigungssystem, das Krav Maga. Ich lerne es seit einiger Zeit. Hier geht es nicht um fancy Kicks oder spektakuläre Würfe, sondern rein um Effizienz und Effektivität aus natürlichen Reflexen heraus: Was wirkt möglichst schnell, möglichst viel – und möglichst einfach? Drei entscheidende Fragen auch für das Verlegen und Publizieren. Zu beantworten sind sie manchmal schwer, wie wir immer wieder bei Coverdiskussionen merken. Einfach halten – und dann auch festhalten und sich nicht verunsichern lassen. Mal hier, mal da angreifen oder anziehen bringt nichts. Ich habe mir eine Liste meiner verlegerischen Tops und Flops erstellt und führe diese fort. Bei gut 80 Prozent der Flops gab es während des Ringens einen Eiertanz um Ausrichtung, thematische Konstruktion oder Cover. Mal hierhin, mal dahin diskutieren, obwohl man eigentlich vorher schon wusste, dass hier etwas nicht passt, führt nicht zum Erfolg. Und es bindet Ressourcen im Verlagshaus. Wie beim Kampfsport gilt auch beim Verlegen und Publizieren: Wer einen Takedown nach dem anderen versucht, verbraucht Energie. Energie, die dann fehlt, wenn es drauf ankommt.

Von nichts kommt nichts: Vollkontakt meint, sich zu messen. Sich im Verlegen messen zu lassen, ist nicht trivial. Zählen nur nackte Zahlen? Muss ein gutes Buch immer erfolgreich sein? Was sind die Erfolgskennzahlen eines Buchs, einer Kampagne, eines Autors? Und: Welche Lehren ziehen wir aus Erfolg oder Misserfolg? Das ist in unserer Branche eines der größten Abenteuer, denn diese Branche ist seit Jahren in einem brachialen Umbruch.

»Losing is never a pleasant thing, but losing and not knowing why is completely intolerable«, sagt John Danaher, eine Legende im Brazilian Jiu-Jitsu.

Wir können beim Schreiben wie beim Verlegen ein Thema falsch einschätzen, einen Titel schlecht konzipieren oder eine Kampagne verhauen. Geht man dennoch einmal ein gemeinsames Abenteuer ein, weil man weiß, was falsch gelaufen ist und wie es besser laufen kann? Hält man am Thema fest, weil die Überzeugung da ist? Solche Entscheidungen machen die Abenteuer in unserem Beruf aus. Vollkontakt, sonst klappt's nicht.

Simon Biallowons (* 1984) ist studierter Philosoph und Absolvent der katholischen Journalistenschule ifp. Er arbeitete als Korrespondent in Rom, lebte im Nahen Osten und berichtete als Reporter für verschiedene Medien aus vielen Ländern. Biallowons ist Autor und Co-Autor mehrerer *Spiegel*-Bestseller und Geschäftsführer und Cheflektor des Herder Verlages. 2023 erscheint das von ihm mitverfasste Buch *Unaufhaltsam* von Frank Stäbler, Ringer-Weltmeister.

Wandel

Martina Merz

Wandel und Innovation sind untrennbar miteinander verbunden. Innovationen werden von Menschen vorangetrieben, die neue Erfindungen machen, Prozesse verändern und Altes neu verstehen.

In der heutigen Welt finden Veränderungen in kurzen Zeiträumen statt und geschehen gleichzeitig. Vormals isolierte Entwicklungen müssen nun im gesamten Zusammenhang betrachtet werden. Ein Beispiel dafür ist der Klimawandel. Er betrifft die gesamte Weltgemeinschaft. Rasches Handeln ist erforderlich. Es liegt an den großen Industrienationen, die Initiative zu ergreifen. Diese sind zeitgleich auch mit anderen Herausforderungen wie dem demografischen Wandel und aktuellen politischen Ereignissen konfrontiert. Sie müssen lernen, auf den Wandel zu reagieren und ein neues Zukunftsversprechen auf der Grundlage von Innovationen zu entwickeln.

Die neue Generation steht also vor vielen Herausforderungen, die unter neuen Bedingungen bewältigt werden müssen. Die grundlegenden Mechanismen des Wandels ähneln jedoch denjenigen der Vergangenheit und Gegenwart. Ein interessantes Beispiel für einen großen Veränderungsprozess in der Wirtschaft ist die Transformation der Stahlindustrie. Sie entwickelte sich in Regionen mit natürlichen Steinkohlevorkommen schon vor rund 150 Jahren. Es mangelte jedoch an ausreichend Arbeitskräften. Daher wurden auch damals ausländische Arbeiter angeworben. Diese Einwanderung führte zu einem gesellschaftlichen Wandel. Beschleunigt vollzogen sich über die Jahrzehnte Aufbau und Entwicklung. Heute sind aus vielen ehemaligen Stahlstandorten Wohngebiete geworden. Die Industrie ist verschwunden, aber die Menschen sind geblieben. So wurde beispielsweise aus dem Stahlstandort Balval im Süden Luxemburgs eine Kleinstadt mit Universität und Wohngebieten. Der Wandel hat aber nicht überall so gut funktioniert.

Ein Stahlstandort benötigt Ressourcen, Energie und qualifizierte Arbeitskräfte. Deutschland konnte selbst Bodenschätze und Energie in Form von Kohle bereitstellen. Heute steht jedoch die Frage im Raum, wie und/oder wo eine CO_2-freie Energieversorgung gefunden werden kann. Eine Möglichkeit besteht darin, Wasserstoff in Ländern mit viel Sonne und Wind zu produzieren und nach Europa zu exportieren. Allerdings wollen diese Länder nicht nur Energie liefern, sondern auch eigene Infrastruktur aufbauen. Zudem sind die Menschen heute weltweit gut vernetzt, was zu einer globalen Öffentlichkeit führt. Im letzten Jahrhundert löste man Probleme vor Ort; der Maßstab war das eigene Umfeld. Heute gelten für die Stahlproduktion internationale Spielregeln. Investoren denken global. Die Frage für sie lautet, wo die besten Lieferanten für günstige und nachhaltige Energie zu finden sind. Namibia, Saudi-Arabien und Länder in Südamerika sind einige Kandidaten für die Wasserstoffproduktion im großen Maßstab. Wenn eine Branche wie die Stahlindustrie einem starken Veränderungsdruck ausgesetzt ist, muss sie sich fragen, wie sie »enkeltauglich« werden kann. Nachhaltigkeit spielt dabei eine wichtige Rolle. Sie umfasst die nicht nur die ökonomische und ökologische Wertschöpfung, sondern auch soziale Aspekte.

Die Stahlindustrie muss ökologisch nachhaltig gestaltet werden und sich von der Kohle verabschieden. Wasserstoff, der mit erneuerbaren Energien erzeugt wird, spielt dabei eine wichtige Rolle. Es gibt verschiedene Arten von Wasserstoff. Je nach der zur Herstellung verwendeten Energiequelle werden sie als grüner, blauer oder pinker Wasserstoff bezeichnet. Alle diese Verfahren sind klimafreundlicher als die Verbrennung von Kohle. Die Zukunft der Stahlindustrie steht vor großen Herausforderungen. Es ist entscheidend, dass sie sich an die neuen Bedingungen anpasst und nachhaltige Lösungen findet. Dies erfordert Zusammenarbeit auf globaler Ebene und innovative Ansätze.

Die neu heranwachsende Generation zwischen Ende 20 und Anfang 40 beeinflusst das aktuelle Geschehen immer stärker. Geprägt von der digitalen Welt und Mobilität grenzen sie sich von ihren Vorgängern ab. Die junge Generation ist die treibende Kraft des Wandels. Beschleunigt durch ihre digitalen Fähigkeiten und Eigenständigkeit braucht sie neue Erfolgsrezepte für kommende Herausforderungen. Mit digitalen Kompetenzen und Abgrenzung haben sie eine einflussreiche Position. Die Zukunft wird zeigen, wie effektiv sie ihre Ideen umsetzen und weitere Veränderungen vorantreiben werden. Sie werden innovative Lösungen finden und die Welt nach ihren Vorstellungen gestalten.

Der Text entstand im Gespräch mit Damian Herder.

Martina Merz (* 1. März 1963 in Durchhausen) war von 2015 bis 2019 selbstständige Unternehmensberaterin und Aufsichtsratsmitglied bei Lufthansa, SAF-Holland, Imerys, Volvo, Bekaert und thyssenkrupp. Von 2019 bis 2023 war sie Vorsitzende des Vorstands der thyssenkrupp AG.

Wandern

Beate Gilles

Das Gehen ist etwas typisch Menschliches, doch nicht jede Fortbewegung zu Fuß ist gleich. Laufen ist nicht gleich Rennen, Schreiten ist nicht gleich Marschieren. Und was ist Wandern? Wandern ist ein Selbstzweck; es geht nicht nur darum, von einem Ort zum anderen zu gelangen, sondern es geht um den Weg und das Erlebnis der Natur. Es war die Aufklärung, die diese menschliche Erfahrung kultiviert und reflektiert hat. Damit liegen die Wurzeln von Wandern und Verlag Herder zeitlich nah beieinander.

Wenn sich mit den Worten »Das Wandern ist des Müllers Lust« die Melodie verbindet und wir dazu gehen, dann erschließen sich fast automatisch weitere Dimensionen, denn wir werden in eine aufrechte Haltung gebracht, die uns aufmerksam werden lässt für die Umgebung, und wir nehmen ein gewisses Tempo und einen Rhythmus im Schritt auf; zusammen mit der Wegstrecke, die beim Wandern nicht zu kurz sein darf, ist damit schon viel über das Wandern ausgesagt.

»Der Weg ist das Ziel« sagen wir nicht selten. Als fröhliche, lustvolle Freizeitbeschäftigung unterscheidet sich das Wandern so grundsätzlich von dem Weg, zu dem auch in diesen Tagen viel zu viele Menschen zu Fuß aufbrechen müssen, weil Krieg und die Perspektivlosigkeit ihrer Heimat sie dazu zwingen. Sie gehen in der Hoffnung weg, in der Fremde Zuflucht und Zukunft zu finden. Dagegen ist unser Wandern ein wahrer Luxus.

Nicht der Weg selbst ist existenziell, wohl aber kann es eine Erfahrung sein, die wir auf der Wanderung machen. Mit der Wanderung entfernen wir uns aus der gewohnten Umgebung, brechen auf, können und müssen uns für einen Weg entscheiden und mit jedem Schritt, den wir gehen, kann sich die Perspektive verändern. Wenn der Weg einmal nicht so klar war, habe ich nicht selten die Erfahrung gemacht, dass es auch einmal hilfreich sein kann, den Blick zurückzurichten, um Orientierung zu finden.

Nicht auf Schritt und Tritt muss ich den Weg symbolisch ausdeuten. Die Wanderung darf sich auch selbst genug sein. Aber ich mache immer wieder die Erfahrung, dass es auch eine sehr existenzielle Erfahrung sein kann. Zweimal konnte ich das erleben, als ich an biografischen Wendepunkten von der alten zur neuen Wirkungsstätte gewandert bin. Im Februar 2010 von Stuttgart nach Limburg in die Aufgabe als Dezernentin im Bistum Limburg und 2021 von Limburg nach Bonn, nachdem die Deutsche Bischofskonferenz mich zur Generalsekretärin gewählt hatte. Es war eine gute Möglichkeit, einen Zwischenraum des Loslassens zu schaffen, der Sammlung, der Wertschätzung dessen, was war, des Realisierens, was verloren geht, und des Freiwerdens für das, was kommt. Auch wenn diese Wanderungen durch Deutschland führten, waren es mit Wind und Wetter Erfahrungen, dass hier und jetzt der Weg zu gehen ist, Wolken und Nebel die Welt klein machen können, Höhen und Tiefen ihren Reiz haben und schon ein kleiner Schritt nach vorne die Sicht vollkommen verändern kann.

Ganz besonders war bei beiden Wanderungen das Ankommen. Das Ende der Wanderung ist nicht nur die Freude, die Strecke bewältigt, viel erlebt zu haben und von den Begegnungen und Erlebnissen noch lange zehren zu können. Am Ziel wechselt die

Orientierung hin auf die offene und ungewisse Zukunft. Wird das, was mich hier erwartet, gelingen und gut sein?

Vielleicht auch weil ich fast ausschließlich allein gelaufen bin, hat sich mir erschlossen, warum in der Bibel die Begegnung mit Gott in Naturphänomenen oder auf Bergen erzählt wird. Dabei kommt mir ein zweites Lied in den Sinn, kein Wander-, sondern ein Osterlied, das im katholischen Gotteslob steht:

»Bleibe bei uns, du Wandrer durch die Zeit!
Schon sinkt die Welt in Nacht und Dunkelheit.
Geh nicht vorüber, kehre bei uns ein.
Sei unser Gast und teile Brot und Wein.«

(Gotteslob Nr. 325, Strophe 1;
https://www.youtube.com/watch?v=nBOwlG4PEu0)

Das erschließt das Wandermotiv noch einmal von einer anderen Seite; nicht wir wandern, sondern der Wanderer kreuzt unseren Weg. Kein dem Schritt Rhythmus gebendes Lied, sondern eine eher zarte Melodie und für ein Osterlied auch eher leise Töne; dafür ein umso spannenderer Gedanke. Jesus wandert durch die Zeit. Wenn wir die Dynamik des Wanderns, wie sie zuvor skizziert worden ist, darauf beziehen, dann ist das, was wir immer denken, was bleibt und worauf wir hinwandern müssen, auf einmal das, was auf uns zukommt. Was für ein dynamisches Bild von Christus und seiner Botschaft.

Auf dem Weg der Wanderung gibt es stets neue Ausblicke, und wer wandert, muss seinen Schritt an die Strecke und den Untergrund anpassen; da geht es mal schneller und mal langsamer voran. Die katholische Kirche in Deutschland ist auf einer schwierigen Wanderung unterwegs, und nicht von ungefähr ist für den Reformprozess mit dem Namen »Synodaler Weg« das Motiv des Auf-dem-Weg-Seins zentral. Die Bischofskonferenz hat das Zentralkomitee der deutschen Katholiken zu dieser gemeinsamen Wanderung eingeladen, und die zu gehenden Etappen waren eine Herausforderung. Was für ein schöner Gedanke, dass auf diesem Synodalen Weg nicht nur das Volk Gottes, sondern auch Jesus Christus unterwegs ist, und umso größer die Chance der Begegnung.

Die Theologin **Beate Gilles** (* 2. Mai 1970 in Hückeswagen) ist seit dem 1. Juli 2021 die Generalsekretärin der Deutschen Bischofskonferenz. Sie studierte katholische Religionslehre und Deutsch und wurde in Liturgiewissenschaft promoviert. Vor ihrer aktuellen Position war sie unter anderem als freie Referentin und Mitarbeiterin bei der Katholischen Fernseharbeit beim ZDF tätig und hatte Leitungsfunktionen in verschiedenen Bistümern inne. Sie ist Mitglied in verschiedenen Organisationen wie Pax Christi und war Vorstandsmitglied von IN VIA Deutschland.

Wegschauen

Stephanie zu Guttenberg

Es war ein ganz normaler Tag in Berlin, als das Thema sexueller Missbrauch von Kindern in mein Leben trat. Ich weiß noch genau, wie ich mit einer ranghohen Mitarbeiterin des Deutschen Roten Kreuzes in einem klassischen Berliner Café zu Mittag aß. Wir saßen vor einem grauen Leitz-Ordner. Auf den ersten Blick nichts Besonderes, aber der Inhalt dieses Ordners war alles andere als normal. Meine eigenen Kinder waren damals noch klein, es war in den frühen Zweitausendern. Der Ordner war voll mit Zahlen und Fakten zum Thema Kindesmissbrauch und Kinderpornografie. Ich war zutiefst schockiert und sprachlos. Je mehr ich mich in der Folge damit beschäftigte, desto mehr wurde mir bewusst, wie sehr es dieses Problem unter uns gibt und dass Menschen davon wissen, aber nichts dagegen unternehmen. Ich wollte nicht schweigen. Darum stieg ich damals in den in Deutschland ganz neu gegründeten Verein »Innocence in Danger« ein, dessen Präsidentin ich einige Zeit später wurde. Ursprünglich in Frankreich gegründet, nahm diese Organisation den Kampf gegen das Tabu auf, welches die Verbrechen an Kindern überhaupt erst möglich macht. Ich merkte schnell, dass sexueller Missbrauch von Kindern ein heißes Eisen war. Es war sehr schwierig, die Medien davon zu überzeugen, darüber zu berichten. Es war schwierig, Spenden für unsere Arbeit zu sammeln. Kindesmissbrauch und Kinderpornografie sind ein schweres, unangenehmes Thema. Damit mag kaum jemand etwas zu tun haben. Um unsere Arbeit zu machen, waren wir dingend auf Spenden angewiesen, aber die Gesellschaft schaute lieber weg.

Auch heute, rund 20 Jahre später, ist sexueller Missbrauch von Kindern noch immer ein großes Thema. Es schockierte mich immer wieder, wenn Richter bei kinderpornografischem Material sagten: Das sind doch nur Fotos. Die zunächst milden Urteile spiegelten das nicht vorhandene Problembewusstsein einer ganzen Gesellschaft wider. Es scheint, als sei das Thema mit unendlich viel Scham behaftet. Die meisten Menschen denken vermutlich: »Bei mir und in meiner Verwandtschaft passiert so was doch nicht.« Aber es passiert! Es passiert in unseren Sportvereinen und Schulen. Es passiert sehr häufig in Familien und – wie wir mittlerweile wissen – sogar da, wo wir es am wenigsten vermutet hätten: in den Kirchen.

Es passiert, ohne dass wir es mitbekommen, denn die Täter sind perfide. Wir müssen das Bewusstsein für dieses Thema schärfen und uns aktiv dafür einsetzen, dass sexueller Missbrauch von Kindern nicht länger als Tabu behandelt wird. Wegschauen gilt nicht. Nur wenn wir als Gesellschaft gemeinsam handeln und aufklären, können wir denen eine Stimme geben, die keine haben – Kindern, die schon Opfer sind, und Kindern, die in Gefahr sind, Opfer zu werden.

Wer sind die Täter? Es ist wichtig, zwischen Pädophilie und Sexualstraftaten zu unterscheiden. Pädophilie ist eine psychische Störung, bei der die sexuelle Erregung auch oder nur durch den kindlichen Körper hervorgerufen wird. Nicht jeder, der eine pädophile Neigung hat, setzt diese auch in die Tat um. Ein großer Teil der Fälle von sexuellem Missbrauch an Kindern ist jedoch nicht auf krankhafte Pädophilie zurückzuführen, sondern auf Machtmissbrauch durch Pädosexualität. Hier liegt das eigentliche Problem, nicht in der Pädophilie an sich, sondern in der gewalttägigen oder auch sadistischen Machtausübung an Kindern/Jugendlichen. Durch die Erniedrigung der Schwächsten unserer Gesellschaft entsteht bei den Tätern ein befriedigendes Gefühl der eigenen Macht. Ein besonders erschütternder Aspekt des Machtmissbrauchs findet sich im Priesteramt. In Kirchen, die ein Ort des Vertrauens und der geistlichen Führung sein sollten, kam es zu grauenvollen Übergriffen auf Kinder. Dies ist ein abscheulicher Vertrauensbruch, der tiefe Wunden hinterlässt, sowohl bei den direkten Opfern als auch in der Gesellschaft als Ganzes.

Machtmissbrauch ist allerdings ein düsteres Phänomen in allen Teilen der Gesellschaft. Wer nur auf die Kirchen zeigt, verfehlt die Masse der Missbrauchsfälle. Täter in den unterschiedlichsten sozialen Schichten und Strukturen suchen sich gezielt ihre Opfer unter den Schwächsten der Gesellschaft. Sie täuschen ihre Umgebung, bauen Vertrauen auf und missbrauchen es dann auf schreckliche Weise. Gebildete und vermögende Täter haben es leichter, denn sie verfügen sprachlich wie finanziell über mehr Möglichkeiten, die Opfer und ihr Umfeld zu täuschen. Den Opfern wird oft weniger Glauben geschenkt als den Tätern. So werden die Opfer zu doppelten Opfern: Erst werden sie von Menschen, denen sie vertrauten, missbraucht und dann von Menschen, denen sie vertrauen, für unglaubwürdig gehalten.

Die Zeiten haben sich in den letzten 20 Jahren geändert und mit ihnen der Blick auf den sexuellen Kindesmissbrauch. War früher der soziale Nahraum, also die unmittelbare Umgebung von Freunden und Verwandtschaft, die größte Gefahrenquelle für Kinder, so hat sich mit dem Aufkommen der sozialen Medien ein unendlich großer Nahraum aufgetan. Im digitalen Nahraum können Täter von überall ihre Opfer locken, verführen, beschämen und dann gefügig machen. Das Erstellen und Handeln mit Kinderpornografie ist im Netz zu einem einfachen Vorgang geworden. Die Anbahnung findet über Chats und reguläre Plattformen statt. Hier wird ein vermeintliches Vertrauensverhältnis aufgebaut. Dieses Vertrauen ist jedoch nur ein Vehikel für die Täter, um ihre Opfer gefügig zu machen. Erste vielleicht noch harmlose Nacktfotos werden plötzlich als Drohung eingesetzt, um die Kinder zum Schweigen zu bringen und ihnen ab dann Schlimmeres anzutun.

Es gibt Momente, die mich tief geprägt haben. Nachdem ich das Buch *Schaut nicht weg* veröffentlichte hatte, organisierte der Verlag mehrere Buchvorstellungen. Im Anschluss kamen oft viele Frauen zu mir. Sie waren mutig und erzählten mir ihre Überlebensgeschichten. Sie sprachen vom »Überleben«, denn sie wollten sich nicht ein Leben lang als Opfer fühlen müssen. Selbst aus meinem engsten Freundes- und Familienkreis kamen nach diesem Buch Menschen auf mich zu und offenbarten mir ihre Erfahrungen – viele das erste Mal. Erst da wurde mir so richtig deutlich, dass das Ausmaß dieses Themas viel größer und verborgener ist, als ich es mir je hätte vorstellen können.

Doch trotz aller Dunkelheit und Verzweiflung über das Leid gibt es eine Hoffnung, die mich antreibt. Meine Maxime lautet: Wissen und Aufklärung sind unsere besten Waffen gegen dieses Verbrechen. Leider hinkt Deutschland nach wie vor in der Aufklärung hinterher. Aber durch Bildung können wir vorankommen. Die Justiz muss dringend besser mit dem Thema vertraut gemacht werden, damit diese Verbrechen angemessen geahndet werden. Es ist erschreckend, wie ab den frühen 1970er Jahren bis in die 1980er Jahre hinein sexueller Missbrauch in bestimmten linksalternativen und linksliberalen Kreisen als »normal«, ja als modern und progressiv angesehen wurde. Die Vorgänge an der Odenwaldschule haben diesen Teil des Problems ans Tageslicht gebracht. Die sexuelle Beziehung zu Kindern wurde in bestimmten Kreisen nicht nur toleriert, sondern als gesellschaftliche Weiterentwicklung propagiert. Daran mag sich heute keiner mehr erinnern. Aber vergessen reicht nicht. Es reicht genauso wenig wie wegsehen und wegschauen. Wir müssen hinsehen, wir müssen aufpassen, und wir müssen denen, die nah an den Kindern sind, Bildung und Aufklärung bieten, dass sie Opfer schneller identifizieren, ihnen helfen und Täter anzeigen können.

Die Botschaft, die ich verbreiten möchte, lautet: Wegschauen hat noch nie geholfen. Es hilft weder im Kleinen noch im Großen. Wegschauen darf keine Option sein. Wer das Problem des Missbrauchs an Kindern ignoriert, ist Teil des Problems. Die Gesellschaft war Meister im Wegschauen. Das war die Chance der Täter. Aber mit all dem, was wir jetzt wissen, ist es an der Zeit hinzuschauen. Jeder Schritt zählt, und auch kleine Schritte sind Schritte in die richtige Richtung. Es wäre aber wichtig, große Schritte zu tun. Mithilfe künstlicher Intelligenz können ganz neue und effiziente Suchmethoden nach Tätern und ihren Opfern aufgebaut und eingesetzt werden. Es ist wichtig, dass wir die dunklen Geheimnisse aufdecken und ans Licht bringen. Dazu sind neue gesetzliche Rahmendaten notwendig. Kinderschutz muss vor Datenschutz gehen.

Kinder verdienen einen sicheren Raum, in dem sie aufwachsen und sich entwickeln können, ohne Gefahr zu laufen, Opfer sexuellen Missbrauchs zu werden. Wir Erwachsenen müssen den Mut aufbringen, diese Themen anzusprechen, Bewusstsein zu schaffen und für Veränderungen zu kämpfen. Opfer werden durch Hinschauen geschützt. Täter durch Wegschauen.

Stephanie zu Guttenberg (* 24. November 1976 in München, geborene Gräfin von Bismarck-Schönhausen) ist seit dem Jahr 2000 Ehefrau des CSU-Politikers Karl-Theodor zu Guttenberg. Die zweifache Mutter kämpft seit 2004 gegen sexuellen Kindesmissbrauch mit dem Schwerpunkt neue Medien, Kinderpornographie und Human Trafficking. 2010 erschien bei Herder ihr Buch *Schaut nicht weg! Was wir gegen sexuellen Missbrauch tun müssen.*

Weltbürgerrecht

Wolfgang Huber

In den Jahren am Ausgang des 18. Jahrhunderts, in denen Bartholomä Herder sein erstes Buch erscheinen ließ, bestand viel Anlass dazu, die Grundfragen des Zusammenlebens öffentlich zu erörtern. Die Französische Revolution bestimmte die politische Atmosphäre. Sie mündete in eine Serie von Kriegen, mit denen sich die Kriegsneigung des 18. Jahrhunderts unter veränderten Bedingungen fortsetzte. Weitsichtige Zeitgenossen erkannten die verhängnisvollen Folgen dieser Kriegsepoche, die nicht einmal die Grauen des 20. Jahrhunderts vollkommen überdeckt haben. An den Folgen dieser Kriege tragen wir nach wie vor. Die Geschichte der polnischen Teilungen von 1772, 1793 und 1795 ist im kollektiven Gedächtnis Polens tief verankert; aber sie sollte auch jenseits der polnischen Grenze im Bewusstsein bleiben.

An die Frage des Friedens konnte man sich im Ausgang des 18. Jahrhunderts am ehesten auf einem Umweg annähern. Im Jahr der dritten polnischen Teilung wählte der Königsberger Philosoph Immanuel Kant den Weg der Ironie. In seiner epochalen Friedensschrift von 1795 zitierte er die satirische Überschrift auf dem Schild eines holländischen Gasthauses, das einen Kirchhof zeigte. Dieses Schild kannte nur einen ewigen Frieden, der nicht von dieser Welt ist. Dieser Begräbnisstätte wegen trug das Gasthaus den Namen »Zum ewigen Frieden«. Doch so ironisch der Philosoph diesen Titel aufgriff, so ernst war doch der Inhalt. Der Autor war nicht bereit, sich mit einem Frieden abzufinden, der auf der Basis eines militärischen Gleichgewichts beruhen sollte. Denn wer sich daran hielt, glaubte an ein Hirngespinst, vergleichbar unzuverlässig wie die Statik eines Hauses, welches sich vom Gewicht eines Sperlings zum Einsturz bringen lässt.

Die Schrift, die seinerzeit als Buch von knapp 100 Seiten in Königsberg bei Friedrich Nicolovius veröffentlicht wurde und als Reclamheftchen heute leicht in jede Jackentasche passt, erreichte schon nach einem Jahr eine zweite Auflage. Seine Pointe bestand in der Einsicht, dass ein dauerhafter Frieden nicht auf militärischer Drohung, sondern nur auf der Kraft des Rechts beruhen konnte. Drei Grundelemente waren nach Kants Auffassung für eine solche Rechtsordnung unentbehrlich: das Staatsbürgerrecht der Menschen in einem republikanisch geordneten Gemeinwesen, das Völkerrecht im Verhältnis der Staaten zueinander und schließlich das Weltbürgerrecht, das »ius cosmopoliticum«.

Mit den drei für einen dauerhaften Frieden unentbehrlichen rechtlichen Voraussetzungen setzte Kant die Latte sehr hoch. Man wird zugeben müssen, dass bisher keines der drei von Kant als »Definitivartikel« bezeichneten Kriterien für die Möglichkeit eines dauerhaften Friedens erfüllt worden ist. Im Blick auf republikanische und rechtsstaatliche Verhältnisse haben sich immer wieder Gegenentwicklungen gezeigt – und zwar nicht nur in den totalitären Regimen des 20. Jahrhunderts, sondern auch in der Zeit danach, wie Einparteienregime und autokratische Präsidialverfassungen in vielen Regionen des Globus dokumentieren. Im Blick auf die erhoffte Durchsetzung des Völkerrechts in einem »Föderalismus freier Staaten« ist trotz der Ausdifferenzierung des Systems der Vereinten Nationen und ihrer Unterorganisationen kaum jemand so kühn zu behaupten, dies sei in der Staatengemeinschaft der Gegenwart bereits Realität geworden. Was schließlich das Weltbürgerrecht betrifft, so ist es nicht einmal in der eingeschränkten Form in die Tat umgesetzt worden, auf die Kant sich konzentrierte, als er dieses Weltbürgerrecht »auf Bedingungen der allgemeinen Hospitalität eingeschränkt« wissen wollte.

Aber trotz solcher ernüchternden Erfahrungen erscheint es als plausibel, dass ohne eine rechtsstaatlich-republikanische Verfassung der Staaten, ohne eine Völkerrechtsordnung, die sich auf einen Föderalismus freier Staaten stützt, und ohne ein allgemein anerkanntes Weltbürgerrecht entscheidende Bausteine für eine dauerhafte, rechtlich gestützte Friedensordnung fehlen.

Trotz aller Enttäuschungen in den seit Kants Vorschlag vergangenen zwei Jahrhunderten war das Konzept des Königsberger Philosophen keineswegs illusionär. Am deutlichsten zeigt sich das an demjenigen Element, das auf den ersten Blick als das kühnste erscheint, nämlich am allgemeinen Weltbürgerrecht. Ist es nicht voraussehbar, dass ein solches Recht zwangsläufig mit dem Staatsbürgerrecht kollidiert? Kant nahm dieses Problem durchaus in seiner Schärfe wahr. Deshalb verband er mit dem Weltbürgerrecht zunächst nicht mehr als eine allgemeine Hospitalität, also die wechselseitige Bereitschaft, einen Austausch miteinander zu versuchen. Er verstand unter der allgemeinen Hospitalität ein Besuchsrecht, dessen Ausgestaltung im Einzelnen vom jeweiligen Staat zu regeln war. Nüchtern erkannte er an, dass schon ein solches Besuchsrecht zu Missbrauch verführen konnte. Dabei dachte er in erster Linie keineswegs an Menschen, die aus Armut oder wegen politischer Verfolgung Zuflucht in einem anderen Land suchten und dabei von den Möglichkeiten des Asyls einen übertriebenen Gebrauch machten. Für den Missbrauch dieses Besuchsrechts hatte er vielmehr vor allem das »inhospitale Betragen der gesitteten, vornehmlich handeltreibenden Staaten unseres Weltteils« vor Augen, die Besuchen und Erobern für ein und dasselbe hielten. Der Begriff des Kolonialismus war Kant noch nicht vertraut, die Sache dagegen sehr wohl. Die Unterdrückung der einheimischen Bevölkerung, die Aufwiegelung verschiedener Staaten zu Kriegen gegeneinander und andere Übel waren die schrecklichen Folgen solchen »inhospitalen« Betragens.

Gewalttaten der beschriebenen Art vor Augen, hoffte Kant gleichwohl auf eine Zukunft, die solche Verletzungen elementarer Weltbürgerrechte hinter sich lassen würde. Wörtlich heißt es in der Friedensschrift: »Da es nun mit der unter den Völkern der Erde einmal durchgängig überhandgenommenen (engeren oder weiteren) Gemeinschaft so weit gekommen ist, dass die Rechtsverletzung an *einem* Platz der Erde an *allen* gefühlt wird: so ist die Idee eines Weltbürgerrechts keine phantastische und überspannte Vorstellungsart des Rechts, sondern eine notwendige Ergänzung des ungeschriebenen Kodex, sowohl des Staats- als Völkerrechts zum öffentlichen Menschenrechte überhaupt, und so zum ewigen Frieden, zu dem man sich in der kontinuierlichen Annäherung zu befinden nur unter dieser Bedingung schmeicheln darf.«

Es bedurfte der totalitären Diktaturen des 20. Jahrhunderts und ihrer Schrecken, bis Kants Vorstellung aufgegriffen und in neuer Form kodifiziert wurde. Die Erfahrungen mit den Gewaltregimen des 20. Jahrhunderts nötigten dazu, sich der Universalität der Menschenrechte mit neuer Intensität zuzuwenden. Die Zuerkennung von Menschen- und Grundrechten konnte nicht länger an eine bestimmte Staatszugehörigkeit gebunden sein, wie dies in den Grundrechtskodifizierungen vom 17. bis zum frühen 20. Jahrhundert der Fall war. Der große, mit der Bildung der Vereinten Nationen verbundene Schritt bestand vielmehr darin, dass die Menschenrechte jedem Menschen zuerkannt wurden. Dazu mussten sie in einer Überzeugung verankert werden, die in verschiedenen religiösen und kulturellen Traditionen unterschiedlich ausgelegt und begründet wurden. In den christlichen Kirchen entdeckte man den Zusammenhang zwischen dem Gedanken der Gottebenbildlichkeit jedes Menschen und dem Grundsatz der unantastbaren Menschenwürde. Als Christ kann man die Feststellung nicht umgehen, dass diese Erkenntnis, aufs Ganze gesehen, reichlich spät kam.

Angesichts von Genoziden und Kriegsverbrechen war es nach dem Ende des Zweiten Weltkriegs Zeit zu einer Umkehr, die sich an dem orientierte, was Immanuel Kant als »Weltbürgerrecht« bezeichnet hatte. Dabei trat angesichts der Wirren von Vertreibung, Exil und Flucht ein Gesichtspunkt in den Vordergrund, den die Philosophin Hannah Arendt auf die elementare Forderung brachte, dass jeder Mensch ein Recht darauf habe, Rechte zu haben. Darin sah Hannah Arendt das »einzige Menschenrecht«. Jede einzelne menschliche Person ist darauf angewiesen, Glied einer Gemeinschaft sein zu können, die sie anerkennt und achtet. »Rein als Mensch« hat sie – jenseits der Vielfalt staatsbürgerlicher Rechte – ein einziges Recht: nämlich Rechtssubjekt sein zu können. Wo immer jemandem das Recht, Rechte zu haben, geraubt wird, fallen auch alle anderen Rechte dahin. Wer ohne Rechtssubjektivität ist, kommt für andere nur noch als Mittel in Betracht: als verwertbare Arbeitskraft, als abschiebbarer Flüchtling und so fort.

Auf unerwartete Weise zeigt sich an diesen Vorgängen die Aktualität von Kants Erkenntnis aus dem Jahr 1795. Allerdings lehrt die Erfahrung seit der Allgemeinen Erklärung der

Menschenrechte von 1948, dass mit dem Weltbürgerrecht, auch wenn es »auf Bedingungen der allgemeinen Hospitalität eingeschränkt« ist, zuallererst ein gesicherter Status für Flüchtlinge und Asylsuchende gewährleistet sein muss. Dies kann auch heute nicht in jedem Fall mit einem unbegrenzten Aufenthaltsstatus gleichgesetzt werden. Doch die Entscheidung darüber muss nach rechtsstaatlichen Kriterien erfolgen. In ihr muss das elementare Recht, Rechte zu haben, Ausdruck finden.

Kant behauptete im Jahr 1795, es sei »nun mit der unter den Völkern der Erde einmal durchgängig überhandgenommenen (engeren oder weiteren) Gemeinschaft so weit gekommen, dass die Rechtsverletzung an *einem* Platz der Erde an *allen* gefühlt wird«. Die technischen Voraussetzungen für eine solche globale Wahrnehmung von Rechtsverletzungen waren am Ausgang des 18. Jahrhunderts allerdings noch recht begrenzt. Für unsere Gegenwart gilt dagegen in weit höherem Maß, dass wir alle Rechtsverletzungen auf dem Globus in »Echtzeit« wahrzunehmen vermögen. Technisch steht der Entwicklung des Weltbürgerrechts zu einem »öffentlichen Menschenrecht« heute nichts mehr im Wege. Umso dringlicher ist es, dass das heute Mögliche auch in die Tat umgesetzt wird.

Wolfgang Huber (* 12. August 1942 in Straßburg) war von 1994 bis 2009 als Bischof der Evangelischen Kirche in Berlin-Brandenburg und von 2003 bis 2009 als Vorsitzender des Rates der Evangelischen Kirche in Deutschland tätig. Nach seinem Theologiestudium in Heidelberg, Göttingen und Tübingen hatte Huber verschiedene akademische Positionen inne, darunter eine Professur für Systematische Theologie mit Schwerpunkt Ethik in Heidelberg. Heute ist er unter anderem Honorarprofessor in Berlin, Heidelberg und Stellenbosch. 2017 erschien im Verlag Herder sein Buch *Darauf vertraue ich. Grundworte des christlichen Glaubens*.

Weltfrieden

Julian Nida-Rümelin

Ich bin von der Kantischen Theorie des demokratischen Friedens überzeugt: Der plausibelste Weg zu einer globalen Friedenssicherung ist die Demokratisierung aller Staaten dieser Welt. Demokratien führen gegeneinander keine Kriege, auch weil sie zentrale Normen und Werte teilen, die menschliche Würde, das Verbot, Menschen als bloßes Instrument zu anderen Zwecken einzusetzen, individuelle Freiheit und Gleichheit aller. Der Krieg, wie auch immer begründet, ist mit diesen Normen und Werten unvereinbar. Die bewusste Tötung menschlichen Lebens, wie sie im Krieg praktiziert wird, ist mit den humanistischen Grundlagen der Demokratie unverträglich.

Diese Theorie legitimiert aber keine Außenpolitik des Regime Change, keine Einmischung in innere Angelegenheiten, keine Rolle des Westens oder der USA oder der NATO als Weltpolizist. Der Weg zur Demokratie darf nicht von außen aufgezwungen, sondern muss Ergebnis einer inneren Entwicklungsdynamik sein. Die Welt hat sich mit der General Declaration of Human Rights vom 10. Dezember 1948, den beiden Menschenrechtspakten aus der Mitte der 1960er Jahre und den zahlreichen seither etablierten Konventionen auf ein humanistisches Verständnis von Politik geeinigt, jedenfalls verbal.

Die Demokratie ist diejenige Staats- und Lebensform, die sich an den Menschenrechten orientiert. Sie mit Gewalt oder in Gestalt der Einmischung in innere Angelegenheiten durchsetzen zu wollen, bleibt dennoch illegitim. Das Verbot der Einmischung in innere Angelegenheiten, wie es in der UN-Charta formuliert ist, muss seine normative Kraft zurückgewinnen, um zu verhindern, dass der Weg zu einer globalen Friedensordnung, die nachhaltig wohl nur zu erreichen ist, wenn alle Staaten demokratisch geworden sind, durch die Hölle des Nuklearkriegs führt.

Das Fenster der Opportunitäten, das für den Westen einige Jahre nach dem Ende des Ost-West-Konflikts und dem Zusammenbruch der bipolaren Weltordnung offen stand, schließt sich. Die Zeit wurde mit einer dichten Folge humanitärer Interventionen verplempert, die sich fast durchgängig als Fehlschlag erwiesen haben: Irak, Afghanistan, Libyen, Syrien u.a. Der Washington Consensus des globalen Staatsabbaus mit der Vision einer globalen kapitalistischen Marktordnung mit unregulierten Finanzmärkten ließ den finanzwirtschaftlichen Sektor dominant werden, destabilisierte die internationalen Wirtschaftsbeziehungen und endete im Katzenjammer zunächst der New-Economy-Krise und dann der Weltwirtschaftskrise, ausgelöst durch ein Übermaß an Liberalisierung und Deregulierung. Statt eine neue Weltordnung unter fairer Beteiligung aller aufzubauen, entstanden die Dominanz der Weltfinanzzentren des Westens und ein entfesselter Kasinokapitalismus. Die vielgeschmähten Nationalstaaten waren es, die mit Steuermitteln das Schlimmste verhinderten und wechselseitig unabgestimmt Finanzinstitute mit Milliardenbeträgen retten mussten, was zur Delegitimierung der Demokratie in weiten Teilen des Westens beigetragen hat.

Statt einer neuen weltwirtschaftlichen Kooperation zwischen den ökonomisch hoch entwickelten Regionen und dem globalen Süden gab es Freihandelsverträge innerhalb der westlichen Hemisphäre und Knebelungsverträge mit den ökonomisch am wenigsten entwickelten Weltregionen. Statt das Ende des Ost-West-Konflikts zu einer konsequenten Abrüstung nuklearstrategischer Systeme zu nutzen und im konventionellen Bereich strukturelle Nichtangriffsfähigkeit, insbesondere in potenziellen Konfliktregionen wie Osteuropa und dem Nahen Osten, anzuleiten und zum Erfolg zu führen, setzte sich eine durchsichtige Agenda geopolitischer Einflusszonen durch.

Jetzt ist das Spiel aus: Die geschwächte Supermacht Russland schlägt in Gestalt zynischer Innen- und völkerrechtswidriger Außenpolitik um sich, und die neue Supermacht China rüstet sich zum großen Showdown im Konflikt mit den USA und strebt offen zu seiner über Jahrhunderte angestammten Rolle ökonomischer und kultureller Dominanz in Ostasien zurück. Ihre Außenpolitik richtet sich vordergründig allein an den ökonomischen Interessen aus, ohne moralische Imperative und Restriktionen, tatsächlich folgt sie zunehmend einem imperialen Muster der Schaffung von Abhängigkeiten.

Eine moralisierende Idealpolitik wird die Konflikte nicht befrieden, sondern eskalieren lassen. Die ethische Formatierung außenpolitischen Handelns sollte auf die Interessen zukünftiger Generationen, auf die Bewahrung der Artenvielfalt, die Vermeidung einer Klimakatastrophe, auf globale Sozialstandards der Arbeitsmärkte und auf die Eindämmung der gegenwärtig explodierenden Ungleichheiten gerichtet sein. Eine weitere Konzentration von Kapitalien in den Händen weniger Big-Tech-Monopolisten, deren Eigentümer über Budgets verfügen, die größer sind als die mancher Nationalstaaten, gefährdet zunehmend die politischen Gestaltungsmöglichkeiten einer zukünftigen Weltordnung. Eine auf Regime Change in China oder Russland, auch in kleineren autokratischen oder diktatorischen Staaten abzielende westliche Außenpolitik, auch die Fortsetzung der geopolitischen Agenda einer Ausweitung von westlichen Einflusszonen durch Einmischung in innere Angelegenheiten, durch Waffenlieferungen und Geheimdienstaktivitäten wird das Ziel der globalen Durchsetzung einer an Menschenrechten und demokratischen Werten orientierten Politik nicht erreichen, sondern zur weiteren Destabilisierung beitragen.

Eine ethisch fundierte Realpolitik nimmt die bestehenden Interessenlagen und Machtverhältnisse ernst. Sie sucht dort nach Möglichkeiten des Interessenausgleichs, wo die Konflikteskalation in kriegerische Auseinandersetzungen bis hin zum Nuklearkrieg führen kann. Sie ist pazifistisch insofern, als sie unter den Bedingungen nuklearstrategischer Waffen alles tut, damit es nicht zu einer Selbstvernichtung der Menschheit kommen kann. Sie lehnt aber auch konventionelle Kriege als legitime Mittel der Interessenverfolgung ab. Der Einsatz kriegerischer Mittel ist nur zur Selbstverteidigung legitim.

Eine ethisch fundierte Realpolitik rehabilitiert das Souveränitätsprinzip der Charta der Vereinten Nationen. Sie fördert die wirtschaftliche Interdependenz, um den Wohlstand der Welt weiter zu heben und die Kosten kriegerischer Auseinandersetzungen zu erhöhen. Sie setzt Sanktionen nur als letztes Mittel der Politik ein, um das fragile Netz weltwirtschaftlicher Beziehungen nicht mutwillig zu zerstören. Sie lässt keine Doppelstandards zu: Sie beginnt keine völkerrechtswidrigen Angriffskriege, während sie auf völkerrechtswidrige Angriffskriege anderer Staaten mit Sanktionen reagiert. Sie nimmt für sich keine Einflusszonen in Anspruch, die sie nicht auch anderen zugesteht. Und sie ist auf das langfristige Ziel einer globalen Rechtsordnung ausgerichtet, die demokratische und undemokratische Staaten gleichermaßen umfasst, bis die Vision des Kantischen Friedens Realität wird.

Der Philosoph und ehemalige SPD-Politiker **Julian Nida-Rümelin** (* 28. November 1954 in München) hatte bis 2020 den Lehrstuhl für Philosophie und Politische Theorie an der Ludwig-Maximilians-Universität München inne. Er bekleidet die Position des stellvertretenden Vorsitzenden des Deutschen Ethikrates. Er ist Direktor am Bayerischen Institut für digitale Transformation sowie Vorstand der Parmenides Foundation.

Der vorliegende Text ist ein überarbeiteter Auszug aus dem von ihm initiierten und 2022 bei Herder erschienenen Buch *Perspektiven nach dem Ukrainekrieg. Europa auf dem Weg zu einer neuen Friedensordnung?*

Weltkirche

Jean-Claude Kardinal Hollerich

Bekanntlich war das zweite Vatikanische Konzil ein Wendepunkt im Selbst- und Weltverständnis der Kirche. Es war »ein Konzil der Kirche über die Kirche. Ein Konzil der Ekklesiologie in einer Konzentration der Thematik, wie es bisher in keinem Konzil der Fall war«.[1] Bei näherer Untersuchung wird deutlich, dass die Konzilsväter die Kirche in einer Innen- und Außenperspektive sowohl als eine Kirche in der Welt als auch als eine synodale Kirche wahrnahmen. Diese Neuentdeckung des Wesens der Kirche finde ich von sehr großer Bedeutung, nicht zuletzt in der heutigen Krisensituation der Kirche.

Weltkirche ist Kirche in der Welt

Dass sich die Kirche in Europa in einer Situation des Niedergangs und in einer relativ neuen Minderheit befindet, darüber braucht man nicht mehr viel zu diskutieren. Unsere Botschaft wird nicht mehr verstanden. Die Jugendlichen würden es so ausdrücken: »Das nützt mir nichts.« Nun ist die Frage: Wie kann man der Realität ohne Verzweiflung begegnen? Ich denke, die Kirche muss sich wiederentdecken als Kirche in der Welt.

1 K. Rahner, *Das neue Bild der Kirche*, in: ders., Schriften zur Theologie, Bd. 8, S. 329.

Bereits auf dem Zweiten Vatikanischen Konzil hat sich die Kirche mit ihrem Verhältnis zur Welt intensiv auseinandergesetzt. Dass dabei die »Pastoralkonstitution über die Kirche in der Welt in dieser Zeit«, *Gaudium et Spes*, »die engste Verbundenheit der Kirche mit der ganzen Menschheitsfamilie«[2] bekräftigt, kommt nicht von ungefähr. Die Konzilsväter heben nämlich damit hervor, dass Gott der Schöpfer der einen, guten Welt ist. Damit ist der Dualismus zwischen einer verlorenen Welt und einer geretteten Kirche überwunden. So identifiziert sich die Kirche zu Recht als Kirche in der Welt mit der »Freude und Hoffnung, Trauer und Angst der Menschen dieser Zeit, besonders der Armen und Bedrängten aller Art«.[3] Die Wiederentdeckung dieser Realität hat die Kirche heute bitter nötig.

Wenn die Kirche die verloren gegangene Relevanz und damit einen Ort in der Welt zurückgewinnen möchte, muss sie sich konsequent an den Adressaten ausrichten. Wir müssen die Frohe Botschaft des Evangeliums also so verkünden, dass die Menschen merken, dass es ihnen etwas an Lebensfreude bringt. Wir müssen lernen, uns an wechselnde Kontexte anzupassen. Dabei geht es nicht darum, irgendeinem beliebigen Zeitgeist zu folgen, sondern vielmehr darum, dass die Kirche ihre eigenen Wurzeln wiederentdeckt und damit zu sich selbst zurückkehrt: Sie muss eher zuhören, statt selbst zu reden, sich eher von außen wahrnehmen, statt sich um sich selbst zu drehen.

Als Kirche in der Welt muss die katholische Kirche außerdem eine wohlwollende Beziehung zu den anderen Kulturen und Konfessionen etablieren, um ein besseres gegenseitiges Kennenlernen

---

2 *Gaudium et Spes*, Nr. 1.
3 Ebd.

und Verstehen zu ermöglichen. Denn die Zeit einer Volkskirche, in der das Leben der Menschen durch die Lehre der katholischen Kirche bestimmt war, ist definitiv vorbei. Der Katholizismus meiner Kindheit, in dem ich selber in Luxemburg aufgewachsen bin, war ein Volkskatholizismus, der von Prozessionen geprägt war … Als ich nach Japan kam, entdeckte ich ein Land, in dem all das nicht existierte. In einer solchen Situation, in der man sich ziemlich isoliert fühlt, muss man entweder in sich gehen oder den Glauben aufgeben. Ich entschied mich für die erste Option. Je mehr man in einer Gesellschaft lebt, die nicht christlich ist, desto mehr muss man in der Lage sein, Gottes Gegenwart in dieser Kultur wahrzunehmen. Heute befinden wir uns in Europa in der gleichen Situation. Werden wir also mit einem Blick zurück reagieren und hoffen, die Kirche wiederherzustellen, die vielleicht vor einem halben Jahrhundert existierte? Oder sollen wir Gottes Spuren in der heutigen Säkularisierung entdecken? In der Kultur unserer Zeit gibt es zwar Dinge, die gegen Gott gerichtet sind, das ist klar. Aber es gibt auch Spuren seiner Gegenwart, die sehr real sind. Und wenn wir sie nicht identifizieren können, können wir das Evangelium nicht verkünden. Die Kirche muss das Evangelium verkünden, das ist keine Option. Die Frage ist nun, wie die Kirche der Zukunft aussehen wird.

Synodalität als Wesensmerkmal der Weltkirche

Die Kirche der Zukunft wird eine synodale Kirche sein, oder sie wird verschwinden. Auch wenn die dogmatische Konstitution über die Kirche, *Lumen Gentium*, keine systematische Darstellung der Ortskirche und des synodalen Lebens bietet, hat das erste Dokument des Zweiten Vatikanischen Konzils, die Konstitution über die Heilige Liturgie, *Sacrosanctum Concilium*, bereits den Weg geebnet, indem sie die Feier der Eucharistie um den einen Altar und unter dem Vorsitz des Bischofs als die höchste Manifestation der Kirche darstellt.[4] Hierbei handelt es sich nicht nur um einen grundlegenden Text für die Theologie der Ortskirche, sondern auch um eine Lehre, die Perspektiven für die Synodalität der Ortskirche eröffnet. Denn er hebt die »volle und tätige Teilnahme des ganzen heiligen Gottesvolkes« an dem einen Handeln der ganzen Kirche hervor, dem der Bischof vorsteht, »umgeben (…) von seinem Presbyterium und den Dieners des Altars«.[5] Hierzu schreibt Karl Rahner: »Die Kirche der Zukunft wird eine Kirche sein, die sich von unten her durch Basisgemeinden freier Initiative und Assoziation aufbaut. Wir sollten alles tun, um diese Entwicklung nicht zu unterbinden, sondern zu fördern und sie in die richtigen Bahnen zu leiten.«[6] Diese prophetischen Worte Rahners aus dem Jahre 1972 treffen auch heute noch ins Schwarze.

Es wird nämlich immer mehr kleine Gemeinden mit sehr unterschiedlichen Sensibilitäten geben. Die Herausforderung wird dann darin bestehen, sie zusammenleben zu lassen. Die Rolle des Bischofs wird immer mehr darin bestehen, Menschen zusammenzubringen, sie zu vereinen. Daher die Notwendigkeit und Dringlichkeit der Synodalität, denn es wird unmöglich sein, die Kirche von oben nach unten zu regieren. Zutreffend schreibt Papst Franziskus: »Eine übertriebene Zentralisierung kompliziert das Leben der Kirche und ihre missionarische Dynamik, anstatt ihr zu helfen.«[7] Die

4 Vgl. *Sacrosanctum Concilium*, Nr. 41.
5 Ebd.
6 K. Rahner, *Strukturwandel der Kirche als Aufgabe und Chance*, in: Sämtliche Werke, Bd. 24, S. 559.
7 *Evangelii Gaudium*, Nr. 16.

Ekklesiologie muss von unten nach oben verlaufen, und Synodalität ist keine fremde, sondern eine zutiefst kirchliche Realität, die wir viel zu lange vernachlässigt haben. Es geht darum, von einer Vision der Kirche nach einem Pyramidenmodell wegzukommen.

Dabei geht es nicht darum, dass die Synodalität die individuellen Ansprüche explodieren lässt, indem sie die Kirche weiter zerstückelt und polarisiert, wie es einige meinen. Hier muss man unterscheiden. Eine Ortskirche, deren Stimme gehört werden muss, muss auch im großen Konzert der Weltkirche mitspielen, mitsingen. Natürlich kann es vorkommen, dass der eine oder der andere falsch singt. Aber wenn jeder seine eigene Melodie spielt oder einen Soloauftritt haben möchte, wird es zu einer Kakophonie kommen. Der hl. Johannes Chrysostomos schreibt mit Recht, dass die Kirche »ein Name ist, der für einen gemeinsamen Weg steht (σύνοδος)«.[8] Es ist die Aufgabe des Pastors und des Bischofs, auf der Grundlage des Rohmaterials, das von den Menschen geliefert wird, eine Unterscheidung zu treffen. Wenn die ganze Gemeinde aufgerufen ist, sich zu äußern und zu unterscheiden, müssen die Menschen verstehen, dass es der Bischof ist, der die Unterscheidung vollzieht.

In seinem bereits zitierten Apostolischen Schreiben *Evangelii Gaudium* schreibt Franziskus, der sich selbst als Bischof von Rom bezeichnet: »Es ist nicht angebracht, dass der Papst die örtlichen Bischöfe in der Bewertung aller Problemkreise ersetzt, die in ihren Gebieten auftauchen. In diesem Sinn spüre ich die Notwendigkeit, in einer heilsamen ›Dezentralisierung‹ voranzuschreiten.«[9] Zugleich aber macht die Internationale Theologische

8 Vgl. Internationale Theologische Kommission, *Die Synodalität in Leben und Sendung der Kirche*, Nr. 3.

9 *Evangelii Gaudium*, Nr. 16.

Kommission die »intrinsische Korrelation« bzw. das »gegenseitige Innewohnen des Universalen und des Lokalen in der einen Kirche Christi«[10] deutlich und betont: »Die Gemeinschaft der Kirchen untereinander in der einen Universalkirche beleuchtet die ekklesiologische Bedeutung des kollegialen ›Wir‹ der Bischöfe, die in der Einheit *cum Petro et sub Petro* versammelt sind.«[11] Am Ende der Synode wird es zweifellos Enttäuschungen geben, weil einige glauben, dass die Synode über diesen oder jenen Punkt entscheiden wird. Das ist aber nicht der Fall. Es gibt keine versteckte Agenda. Die Synode befasst sich mit der Synodalität: Das ist ihr genauer Zweck. Es ist keine Synode über die Frauenordination oder Homosexualität oder ein anderes bestimmtes Thema. Abgesehen davon, glaube ich, dass, wenn es gelingt, das synodale System zu etablieren, einige dieser Fragen später gelöst werden können. Aber zuerst müssen wir gründlich arbeiten und das System etablieren.

Kardinal Jean-Claude Hollerich (* 9. August 1958 in Differdingen) ist Erzbischof von Luxemburg. Er ist Generalrelator der kommenden Weltbischofssynode im Vatikan zum Thema Synodalität. 2022 erschien im Verlag Herder sein Buch *»Was auf dem Spiel steht«. Die Zukunft des Christentums in einer säkularen Welt.*

10 Vgl. Internationale Theologische Kommission, *Die Synodalität in Leben und Sendung der Kirche*, Nr. 60.

11 Ebd.

Zeitenwende

Sigmar Gabriel

Angesichts der großen globalen Veränderungen und der damit verbundenen Herausforderungen ist es manchmal gut, zunächst einen Blick auf das zu werfen, was uns gerade gelungen ist, obwohl wir es vor etwas mehr als zwölf Monaten fast nicht für möglich gehalten hatten:

Die Coronapandemie ist überstanden. Russland hat keine Möglichkeit, seinen Angriffskrieg in der Ukraine zu gewinnen. Die NATO hat ihre Daseinsberechtigung wiederentdeckt und wird mit dem Beitritt Finnlands und Schwedens nicht nur größer, sondern auch stärker – obwohl der französische Präsident Emmanuel Macron die NATO zuvor als »hirntot« bezeichnet hatte. Die Europäische Union ist stärker als je zuvor.

Und auch in Deutschland gibt es Überraschungen: Unsere Gasspeicher für den kommenden Winter sind gut gefüllt, die Energiepreise sinken, die Arbeitslosigkeit bleibt niedrig. Und gänzlich unerwartet: Deutschland hat wieder einen echten Verteidigungsminister. Nichts von alldem hätten wir vor einem Jahr für wahrscheinlich gehalten.

Wir haben also bereits gezeigt, dass wir in der Lage sind, uns in einer völlig veränderten Welt zu behaupten. Denn dass die Welt sich grundlegend verändert hat und weiter verändern wird, ist unübersehbar. Der sichtbarste und wohl auch tragischste Ausdruck dieser Veränderung ist der russische Angriffskrieg auf die Ukraine.

Seit einiger Zeit bilden nicht mehr der Atlantik und die enge Verbindung Europas mit dem amerikanischen Kontinent das Gravitationszentrum der Welt, sondern mehr und mehr der Indopazifik. Länder wie China, Indien oder die Staaten Afrikas waren an der Entstehung der alten Weltordnung in der Folge zweier Weltkriege in Europa nicht beteiligt. Die europäischen Mächte und die USA nannten diese Regionen »Dritte Welt« und blickten bestenfalls mit einem paternalistischen Blick auf sie herab. Längst erheben diese Länder aber den Anspruch, weit mehr zu sein als ein günstiger Marktplatz für die ökonomischen Interessen ihrer früheren Kolonialherren. Und das zu Recht, denn allein die Nationen des Indopazifik repräsentieren rund 60 Prozent der Weltbevölkerung und 60 Prozent des Weltsozialprodukts, rund zwei Drittel des globalen wirtschaftlichen Wachstums sind dieser Region zuzurechnen. Und auch in Afrika zeigen sich seit der Bildung der Freihandelszone erste Ansätze eines geopolitischen Selbstbewusstseins.

Wir sind Zeitzeugen einer tektonischen Verschiebung der Machtachsen unserer Welt – wirtschaftlich, machtpolitisch, aber auch bezüglich der Gesellschaftsmodelle. Für Westeuropa geht ein bequemes Zeitalter zu Ende. Bislang konnte sich Europa in solchen Fällen auf die Führungsnation USA verlassen. Das ist auf mittlere Sicht keineswegs mehr selbstverständlich. Die USA haben die globale Achsenverschiebung früh erkannt. George W. Bush sprach als erster US-Präsident von seinem Land als »pacific nation«; Barack Obama prägte den Ausdruck vom »pivot to asia«.

Das aufstrebende China wird seit Jahren von den USA als zentraler Konkurrent um globalen Einfluss und ökonomische Kraft angesehen. Und die Vereinigten Staaten sehen sich nicht mehr in der Lage, beides zu sein: die führende Wirtschaftsnation und die globale »indispensible nation«. Der Rückzug aus dem Nahen Osten, aus Afghanistan und – wäre es nicht zum Ukrainekrieg gekommen – auch aus Europa sollte die Voraussetzungen schaffen, um sich auf den Wettbewerb mit China zu konzentrieren.

Anders als von uns Deutschen und der Mehrheit der Europäer erwartet, zählt bei diesem Ringen nicht mehr allein der ökonomische Vorteil. Im Gegenteil: Das Zeitalter des Vorrangs der Geoökonomie wird abgelöst durch ein neues Zeitalter der Geopolitik. Der erwartete Zugewinn an politischer Macht und geopolitischem Einfluss auf die Gestaltung einer neuen globalen Ordnung erscheint attraktiver als der ökonomische Vorteil einer effizient und möglichst konfliktfrei organisierten, arbeitsteiligen Weltwirtschaft. War bislang das Ziel der Globalisierung, einen von politischen Einflüssen freien Austausch von Waren, Dienstleistungen und Kapital zu gewährleisten, wird es auf absehbare Zeit keine unpolitische Globalisierung mehr geben. Wir erleben eine »weaponization« der internationalen Handelspolitik.

Das erschreckendste Beispiel für die Unterordnung der Geoökonomie unter die Machtstrategien der Geopolitik bietet Russland. Wo bislang zwei Mächte diesen neuen geopolitischen Wettbewerb dominierten – China und die USA –, dürfte der von Russland angezettelte Krieg der Versuch sein, selbst wieder als Großmacht bei dieser Neuordnung der Welt eine Rolle zu spielen. Russland, das über Jahrhunderte eine europäische Macht war, sank seit dem Zusammenbruch der Sowjetunion auf den Status einer »großen Tankstelle« herab – ein Rohstofflieferant ohne nennenswerten politischen oder wirtschaftlichen Einfluss auf weite Teile Europas. Und genau das will Russlands Führung wieder ändern. Dass dieser Versuch schon heute als gründlich gescheitert erklärt werden kann, macht das Land nicht weniger gefährlich, sondern eher noch unkalkulierbarer.

NATO-Truppenverbände – auch die deutsche Bundeswehr – werden in allen ost- und nordeuropäischen Ländern hochgerüstet dem russischen Militär direkt gegenüberstehen. Und es dürfte lange dauern, bis sich beide Seiten wieder zu Abrüstungsverhandlungen und Truppenentflechtungen bereitfinden. Zugleich bleibt Russland Atommacht, und im Zeitalter von Cyberattacken und Desinformation leben wir in einer weitaus gefährlicheren Welt als im Kalten Krieg des 20. Jahrhunderts.

Russland wird dennoch kein zweites Nordkorea und auch kein Paria der Weltpolitik. Zu viele Staaten sind an Russlands Rohstoffen ebenso interessiert wie an seinen militärischen Exportprodukten. Und auch wenn wir Europäer und die USA es oft nicht wahrhaben wollen: Viele ehemalige Kolonialstaaten haben die Sowjetunion einst als Unterstützer in ihrem Befreiungskampf erlebt und sehen das heutige Russland immer noch in dieser Tradition. Für sie handelt es sich um einen Stellvertreterkrieg zweier alter Imperialisten – Russlands und der USA –, der auf dem Rücken anderer Nationen ausgetragen wird. Denn fehlender Weizen und Düngemittel aus der Ukraine und Russland, explodierende Energiepreise und eine neue Wirtschaftskrise, obwohl die letzte aus der Pandemie noch nicht überstanden ist: Das alles ist für diese Staaten Folge »westlicher Sanktionen«.

Die chinesische Führung scheint diese Entwicklung mit Genugtuung zu beobachten. Der alte Rivale Russland, mit dem es noch in der zweiten Hälfte des 20. Jahrhunderts gewaltsame Grenzkonflikte gab, fällt China wie eine reife Frucht in den Schoß. Zugleich müssen sich die USA erneut um Europa kümmern, was sie Kraft und Aufmerksamkeit für den Indopazifik kostet. Das erleichtert China die Verfolgung seiner maritimen Interessen in dieser Region.

Aber was kurzfristig wie ein Vorteil aussieht, kann schnell zu einem erheblichen Risiko werden. Auf nichts ist China mehr angewiesen als auf eine stetige Steigerung seiner Wirtschaftskraft. Und sosehr auch die chinesische Binnenwirtschaft mit 1,4 Milliarden Menschen dafür große Potenziale bietet, bleibt China doch ein Land, das nur im weltweiten Austausch von Waren, Dienstleistungen und Technologien seinen »chinesischen Traum« vom Wohlstand für alle erfüllen kann. Die politische Beherrschung des Landes gelingt der chinesischen Führung durch das Prinzip »Wohlstand als Ausgleich für den Verzicht auf Demokratie und Menschenrechte«.

Für Deutschland und Europa stellen diese Entwicklungen eine besondere Herausforderung dar. Keine andere Region der Welt ist so sehr von stabilen internationalen Beziehungen, offenen Handelswegen und weltweitem Austausch von Waren und Dienstleistungen abhängig wie wir. Und niemand ist so sehr in die weltweite Arbeitsteilung integriert wie Deutschland: Gut 50 Prozent unseres Wohlstands hängt vom Export ab – nur Schweden hat mit einem Anteil von 45 Prozent eine ähnlich hohe Exportabhängigkeit. Frankreichs Exportanteil liegt bei lediglich rund 30 und der der Vereinigten Staaten nur bei 17 Prozent. Die Europäische Union und auch Deutschland wird deshalb so viele Partner wie möglich suchen müssen. Dazu aber müssen wir bereit sein, weit flexibler mit unseren zum Teil wirklich sehr hohen Standards umzugehen, die wir dann unseren Partnern abverlangen.

Dass das Freihandelsabkommen mit Kanada vor dem Bundesverfassungsgericht beklagt wurde und fünf Jahre auf Eis lag, weil große Teile der deutschen Politik nicht einmal Kanada in sozialen und ökologischen Fragen über den Weg trauten, zeigt, wie schwer es uns fällt, unser sehr eurozentristisches Weltbild abzulegen.

Wir stehen nicht am Ende der Globalisierung, dafür sind ihre Effizienzvorteile doch zu hoch. Außerdem würde eine Deglobalisierung die ärmsten Länder dieser Welt am härtesten treffen, sie würden damit große Teile der arbeitsintensiven Fertigung verlieren, die in den vergangenen Jahrzehnten mitgeholfen haben, die Lebensbedingungen vieler Millionen Menschen zu verbessern. Aber das Gesicht der Globalisierung wird sich ändern. Sie wird sich regionalisieren.

Eine gemeinsame und abgestimmte Außenpolitik muss jeder effizienten und wirksamen Sicherheits- und Verteidigungspolitik vorausgehen. Deshalb ist die Forderung des französischen Präsidenten Emmanuel Macron nach einem Europäischen Sicherheitsrat richtig und seine Einrichtung mehr als überfällig. Am besten unter Einschluss des Vereinigten Königreichs, denn auch wenn die Briten nicht mehr der EU angehören: Europäer bleiben sie allemal, und wie keine andere Nation in der EU verfügen sie über strategische Fähigkeiten und eine jahrhundertelange internationale Erfahrung. Dieser Europäische Sicherheitsrat hätte vor allem die Aufgabe, einen gemeinsamen europäischen Blick auf die weltweiten Herausforderungen zu entwickeln und, darauf aufbauend, das internationale Handeln Europas abzustimmen. Wo immer möglich, gemeinsam mit den Vereinigten Staaten von Amerika, denn das transatlantische Bündnis kann auch im 21. Jahrhundert als geopolitischer Multiplikator von demokratischer Macht funktionieren.

Sigmar Gabriel (* 12. September 1959 in Goslar) ist einer der prägendsten deutschen Politiker der letzten Jahrzehnte; er bekleidete u.a. das Amt des Bundeswirtschaftsministers (2013–2017) sowie des Bundesaußenministers (2017/18); von 2013 bis 2018 war er Vizekanzler und von 2009 bis 2017 zugleich Vorsitzender der SPD. Seit Juni 2020 steht er der Atlantik-Brücke vor. 2021 erschien sein jüngstes Buch bei Herder: *Zeitenwende in der Weltpolitik. Mehr Verantwortung in ungewissen Zeiten.*

Zensur

Susanne Schröter

Immer wieder werden Wissenschaftler an den Universitäten westlicher Staaten zum Schweigen gebracht, weil ihre Forschungen den ideologischen Konstruktionen linksidentitärer Aktivisten widersprechen. Das Muster, das sich dabei beobachten lässt, ist stets das gleiche: Aktivisten oder Studenten skandalisieren Vorträge, Einladungen, Äußerungen oder Forschungen mit Schlagworten wie »rassistisch«, »rechtspopulistisch«, »transphob« oder »antimuslimisch« und werden dabei, entweder offen oder verdeckt, von Wissenschaftlern unterstützt, die eine ähnliche Agenda teilen. Eine Rufmordkampagne beginnt. Die betroffenen Wissenschaftler werden öffentlich beschimpft, erhalten teilweise Morddrohungen oder sind tätlichen Angriffen ausgesetzt. Die Universitätsleitungen verhalten sich oft indifferent oder schlagen sich sogar auf die Seite der Aggressoren. Eine Täter-Opfer-Umkehr erfolgt, und die Angegriffenen werden nachhaltig beschädigt. Sie ziehen sich zurück, verlassen die Universität oder können ihre Karriere aufgrund des Rufmords nicht fortsetzen.

Die Einschüchterung funktioniert. Ängstlichkeit und Vorsicht halten Einzug, Worthülsen dominieren den wissenschaftlichen Diskurs, und kontroverse Debatten werden sorgsam vermieden. Die Folgen sind dramatisch: Das Spektrum der erforschbaren Themen schrumpft, Wissenschaft wird auf einen eng geführten ideologischen Apparat reduziert und die gesellschaftliche Realität in ihrer Komplexität ausgeblendet. Universitäten mutieren zu abgehobenen Sonderräumen, in denen keine gesellschaftlich relevante Forschung mehr stattfinden kann.

Ich möchte den Mechanismus von Zensur und Selbstzensur anhand eines aktuellen Beispiels erörtern. Es handelt sich um eine Konferenz, die ich am 28. April 2023 zum Thema »Migration steuern, Pluralität gestalten« im Rahmen des von mir geleiteten Frankfurter Forschungszentrums Globaler Islam an der Goethe-Universität organisierte. Die Konferenz fand zwei Wochen vor dem nationalen Flüchtlingsgipfel statt und war daher sehr aktuell. Die steigenden Zahlen von Zuwanderern hatten die Kommunen an den Rand der Handlungsfähigkeit gebracht, und gute Konzepte für Lösungen der Problematik wurden dringend gesucht. Gleichzeitig herrschte Arbeitskräftemangel, Fachkräfte fehlten, Industrie und Handwerk schlugen Alarm. Und schlussendlich standen seit den Ausschreitungen der vergangenen Silvesternacht wieder einmal Missstände der Einwanderungspolitik zur Diskussion. Auf der Konferenz sollten diese Themen zusammengebracht werden. Ausgewiesene Experten aus Wissenschaft und Praxis sollten eine Bestandsaufnahme sowie Lösungsansätze präsentieren. Die Schirmherrschaft hatte der hessische Ministerpräsident übernommen.

Das gesamte Programm widersprach einer linken Agenda, die Nationalstaaten als Übel und Grenzen als illegitim bezeichnet und Einwanderung ausschließlich als Jubelgeschichte erzählt, bei der die einheimische Bevölkerung allenfalls als rassistische Störenfriede in Erscheinung auftritt. Nach der Veröffentlichung des Programms begann die Hetze. Der ASTA der Goethe-Universität bezeichnete den Begriff des Steuerns in einer Stellungnahme als rechtspopulistisch und kündigte eine Gegenkonferenz an. Nahezu alle Referenten wurden als Rassisten gebrandmarkt. Für das Aussprechen eines solchen Vorwurfs bedurfte es nicht viel. Hans-Peter Meidinger, der als Präsident des Deutschen Lehrerverbandes auf den unhaltbaren Zustand hinwies, dass Kinder mit Migrationsgeschichte die Schule häufiger ohne Abschluss verlassen als andere, wurde unterstellt, er habe sagen wollen, dass Migrantenkinder dümmer seien.

Die Denunziation der Referenten war allerdings nur Beiwerk, denn im Kern ging es bei alldem um das Forschungszentrum, im dem sich vornehmlich junge Wissenschaftler mit Entwicklungen in der islamischen Welt befassen. Dezidiert wird zu Islamismus und Formen des moderaten Islam gearbeitet, liberale Muslime wie Seyran Ateş oder Ahmad Mansour und international bekannte Islamismusforscher wie Gilles Kepel und Florence Bergeaud-Blackler hielten in der Vergangenheit Vorträge. Dagegen machten Vertreter islamistischer Organisationen ebenso mobil wie linke Akteure, die Muslime als besonders diskriminierte Gruppe konstituierten und jegliche Kritik als »Islamophobie« bzw. als »antimuslimischen Rassismus« diskreditierten. Diese fragwürdige Querfront zwischen Islamisten und Teilen der Linken wird in Frankreich als »Islamo-Gauchism« bezeichnet. Schon häufiger wurde das Zentrum daher als islamfeindlich bezeichnet, und man erhob Forderungen nach meiner Entlassung aus dem Universitätsdienst. Daher war es nicht verwunderlich, dass auch im Vorfeld der Migrationskonferenz mobilgemacht wurde.

Lehrbuchhaft ließ sich beobachten, wie eine vollständig von Fakten entkoppelte Denunziationskette aufgebaut wurde, bei der es hauptsächlich um das Wiederholen von Schlagworten ging. ASTA, linke Akteure und anonyme wissenschaftliche Mitarbeiter sprachen von rechtspopulistischer Pseudowissenschaft, Flugblätter mit der Überschrift »Rassisten vom Campus jagen«

wurden verteilt, und in dem Gebäude, in dem sich mein Büro befindet, hing vor Beginn der Tagung ein Transparent mit der Parole »Schröter raus«.

Die Konferenz selbst war für alle Beteiligten mit enormem Stress verbunden, weil sie beim Betreten des Gebäudes ein Spalier von Demonstranten überwinden mussten und als Nazis und Rassisten beschimpft wurden. Während der Konferenz wurden Sprachchöre (»Nazis raus!«) skandiert und Störgeräusche mit Megafonen veranstaltet. Die Öffnung der Fenster war daher nur beschränkt möglich. Dann erschien Boris Palmer, der als letzter Redner über Konzepte berichten sollte, mit denen er als Tübinger Oberbürgermeister auf die Überlastung von Schulen, Kindergärten und Verwaltung reagierte. Er ließ sich von den Naziparolen Skandierenden, die ihn vor dem Veranstaltungsgebäude abfingen, provozieren und zu einer Reihe von Äußerungen hinreißen, die eine Steilvorlage für weitere Skandalisierungen bildete. Unter anderem ging es um das sogenannte N-Wort, das er allerdings nur im literarischen Kontext wie bei *Pippi Langstrumpf* verstanden wissen wollte, sowie um einen unpassenden Judensternvergleich. Er bestätigte damit nicht nur alle Vorurteile, die mir den Vorwurf eingebracht hatten, einen Rassisten einzuladen, sondern betätigte Trigger, die im momentanen universitären Klima unweigerlich zu Abwehrreaktionen führen.

Die Universitätsleitung distanzierte sich auf der offiziellen Homepage scharf von Palmers Äußerungen und versprach, mit allen Statusgruppen Richtlinien für künftige Veranstaltungen zu entwickeln. Eine Reihe von Denunziationen folgte – unter anderem vom Institut für Ethnologie, dem ich selbst angehöre. Dort verurteilte man die Veranstaltung, bekundete, eine Reihe allgemeiner Werte zu vertreten, und behauptete, ich hätte bereits in der Vergangenheit Tagungen organisiert, die ebendiesen Werten widersprächen. Worum es sich genau handelte, wurde nicht geschrieben. Stattdessen verwies man auf den ASTA. Der geschäftsführende Direktor bekundete, den woken Zeitgeist stets im Blick, er sei sich »schmerzhaft bewusst«, dass »Studierende wie Mitarbeitende unseres Instituts verletzt« worden seien.

Weniger theatralisch, dafür aber umso hasserfüllter war eine Verlautbarung des Vorstandes eines Forschungsverbundes an der Universität Bayreuth. Nach einigen der üblichen Beschimpfungen, ich würde »Wasser auf die Mühlen des Rechtspopulismus gießen«, sowie dem Bekenntnis, man fühle sich »dem Kampf gegen Rassismus und alle Formen der Diskriminierung« verpflichtet, kamen dann die tatsächlichen ideologischen Hintergründe zutage. Man warf mir die »Ausübung weißer Definitionsmacht auf Kosten rassifizierter Lebensrealitäten« vor. Dies ist die Sprache radikalisierter Vertreter der Critical Race Theory, die eine ungebrochene Kontinuität vom Kolonialismus bis heute behaupten und Weiße grundsätzlich als Rassisten betrachten. Auf dieser Grundlage dominiert vor allem im Kontext der Migrationsforschung ein kruder Opferdiskurs. Der Westen, so die zugrunde liegende These, zerstöre die Gesellschaften des globalen Südens, treibe die Menschen zur Flucht und habe jetzt die Verpflichtung, die postkoloniale Schuld durch maximales Entgegenkommen abzuarbeiten. Kein Wunder, dass meine Konferenz so stark angefeindet wurde. Derselben Theorie zufolge wird auch Islamismus bis hin zum islamischen Terrorismus als Widerstandshandlung von Unterdrückten verharmlost. Hier liegt die zweite Ursache für den Hass, mit dem ich immer wieder konfrontiert werde.

Dass es radikale Theorien gibt, ist an sich noch kein Problem. Im wissenschaftlichen Diskurs dürfen sie ihren Platz haben.

Dass es ihren Vertretern jedoch gelungen ist, in den Wissenschaftssystemen vieler westlicher Länder die Deutungshoheit zu erlangen, ist mehr als beunruhigend. Wenn Wissenschaft nicht in plumpe Ideologieproduktion abgleiten soll, muss die Wissenschaftsfreiheit verteidigt werden – auch von Universitätsleitungen. Jeder, der den Ideologen und ihren gewaltbereiten Mobs nachgibt, macht sich mitverantwortlich dafür, dass eine freie und gesellschaftlich relevante Wissenschaft stirbt.

Susanne Schröter (* 24. September 1957 in Nienburg/Weser) studierte Ethnologie, Soziologie, Politikwissenschaften und Pädagogik an der Johannes Gutenberg-Universität Mainz. Sie lehrte und forschte u.a. an der University of Chicago, der Yale University und an der Universität Passau. 2008 wurde sie auf die Professur für Ethnologie kolonialer und postkolonialer Ordnungen an die Goethe-Universität Frankfurt berufen. Dort leitet sie seit 2014 das Frankfurter Forschungszentrum Globaler Islam. 2022 erschien bei Herder ihr *Spiegel*-Bestseller *Global gescheitert? Der Westen zwischen Anmaßung und Selbsthass.*

Zweifel

Georg Gänswein

Der zweite Sonntag der Osterzeit ist uns als »Weißer Sonntag« (dominica in albis) bekannt. Es war der Festtag, an dem in der jungen Kirche die in der Osternacht Getauften in weißen Gewändern festlich in die Kirche einzogen und zum ersten Mal die Heilige Kommunion empfingen. Daraus wurde im Laufe der Zeit der Tag der »Feierlichen Erstkommunion«, der noch heute in vielen Gemeinden am »Weißen Sonntag« gefeiert wird.

Seit dem Jahr 2000 trägt dieser zweite Sonntag der Osterzeit einen anderen Namen: »Sonntag der Barmherzigkeit« oder »Sonntag der göttlichen Barmherzigkeit«. Dies geht auf eine Eingebung von Papst Johannes Paul II. zurück, der sich damit auf eine Vision der von ihm hochverehrten Schwester Maria Faustyna Kowalska aus Polen bezog. Sie wurde am Sonntag der göttlichen Barmherzigkeit im Jahr 2000 heiliggesprochen. Bewusst wurde die Jahrtausendwende gewählt, denn die Barmherzigkeit Gottes sollte das Motto, ja die Richtschnur für das neue Jahrtausend sein.

Das Evangelium dieses Tages berichtet von der Begegnung Jesu mit dem vielfach als »ungläubig« gebrandmarkten Apostel Thomas.

In meiner Heimat, dem Südschwarzwald, wird von der Begegnung eines Mönchs mit einem Zöllner an der Landesgrenze zur benachbarten Schweiz oder zum Elsass folgende Szene erzählt. Der Mönch kommt mit seinem nicht mehr ganz taufrischen Auto an die Grenze. Er wird gründlich gefilzt. Der Grenzbeamte stellt das Auto auf den Kopf, woraufhin der Mönch erstaunt fragt, ob der Zöllner glaube, einen falschen Mönch vor sich zu haben, der etwas zu verbergen habe. Der Beamte antwortet trocken: »Der Schutzpatron von uns Zöllnern ist der heilige Thomas. Was wir nicht sehen und anfassen können, glauben wir nicht!« Die Antwort sitzt. Der Mönch schweigt.

Die Nachricht, dass einer von den Toten auferstanden ist, bleibt zu allen Zeiten eine Herausforderung. Zu allen Zeiten stößt eine so unglaubliche Vorstellung auch auf Zweifel, auf Skepsis, ja auf Ablehnung. Von den Toten auferstehen, das widerspricht zu allen Zeiten unserer nüchternen Erfahrung: Tot ist tot. Es gibt kein Zurück. Vor diesem Hintergrund ist der Zweifel des Apostels Thomas auch eine grundsätzliche Anfrage an die Zeugen, die berichten, dass Jesus lebt. Der Evangelist berichtet, dass Jesus diese Zweifel ernst genommen hat. In der Begegnung am achten Tag nach der Auferstehung Jesu kommt dieser Zweifel auf den Tisch. Der Auferstandene zeigt Thomas eine Seitenwunde, und Thomas antwortet, wie vom Blitz getroffen, mit einem bewegenden Bekenntnis: »Mein Herr und mein Gott!« (Joh 20,28) Er bekennt Jesus Christus als seinen Herrn und Gott. Damit legt er ein persönliches Zeugnis für die Auferstehung Jesu ab. Hinter diesem persönlichen Bekenntnis hören wir aber auch das Ringen der jungen Kirche. Mit diesem kurzen, klaren und bewegenden Bekenntnis des Apostels Thomas und mit ihm der ganzen Kirche soll jeder Zweifel an der Auferstehung ausgeräumt und mutig bezeugt und verkündet werden.

Darin liegt das große Wagnis des Glaubens. Der Zweifel ist ausgeräumt, Jesus ist wirklich von den Toten auferstanden, er lebt wirklich: gesehen, berührt und geglaubt von Thomas, dem anfänglichen Zweifler. Offenbar liegt hier der Grund, warum Thomas zum Patron der Grenzwächter gewählt wurde. Es geht aber nicht nur darum, die Zweifel an der Auferstehung auszuräumen, sondern auch um das Ringen um eine wirkliche Nachfolge Jesu und wie diese gelebt werden kann. Offenbar kann dies nur im Wagnis des Glaubens gelingen. Die Antwort Christi unmittelbar nach dem Bekenntnis des Thomas lautet: »Selig sind, die nicht sehen und doch glauben.« (Joh 20,29) Wie kann das große Wagnis des Glaubens gelebt werden? Christus sagt von sich, er sei der Weg, die Wahrheit und das Leben. Und derselbe Apostel – der heilige Thomas – fragt an anderer Stelle, was das bedeute. Im Klartext fragt er nach den Bedingungen der Nachfolge: »Herr, wir wissen nicht, wohin du gehst. Wie sollen wir den Weg erkennen?« (Joh 14,5) Es geht darum, tiefer verstehen zu lernen, was der Herr für seine Jünger bedeutet. Das Evangelium veranschaulicht in der Gestalt des heiligen Thomas: Glaube ist keine Theorie, keine bloße Hypothese – nein! Der Glaube muss greifbar, begreifbar, konkret und anschaulich werden, und zwar im praktischen Leben. Und genau das geschieht in den Werken der Barmherzigkeit.

Gelebte Barmherzigkeit macht Auferstehung erfahrbar in unserem eigenen Dasein und in der Gemeinschaft aller, die mit uns diesen Weg des Glaubens gehen. Gott nimmt uns nicht die Leiden ab, die uns quälen, und er erspart uns auch nicht die täglichen Herausforderungen, die uns zu schaffen machen. Die Auferstehung seines Sohnes ist eine neue Wirklichkeit, die unser Leben in einem neuen, ganz anderen Licht erscheinen lässt. Auferstehung bedeutet, dass Gott in Jesus Christus unsere Wege mitgeht und uns in seine Nähe ruft. Daraus erwächst uns die bleibende Aufgabe, auf unsere Weise den Menschen in Not nahe zu sein, unser Mitleid, unsere Barmherzigkeit zu leben. Die Tradition der Kirche lehrt uns die Werke der geistlichen und der tätigen Barmherzigkeit: die Hungrigen zu speisen, den Durstigen zu trinken zu geben, die Nackten zu kleiden, die Fremden aufzunehmen, die Kranken und Gefangenen zu besuchen und die Toten zu begraben. Nicht weniger wichtig sind die Werke der geistigen Barmherzigkeit: die Hungernden zu speisen, den Dürstenden zu trinken zu geben, die Nackten zu bekleiden, die Fremden aufzunehmen, die Kranken und Gefangenen zu besuchen und die Toten zu begraben. Nicht weniger wichtig sind die Werke der geistlichen Barmherzigkeit: die Unwissenden zu lehren, den Zweifelnden zu raten, die Trauernden zu trösten, die Sünder zurechtzuweisen, den Beleidigern gern zu vergeben, die Lästigen geduldig zu ertragen und für die Lebenden und die Toten zu beten.

Barmherzigkeit als Grundbegriff des Evangeliums wird so zum Schlüsselbegriff eines christlichen Lebens.

Der Sonntag der göttlichen Barmherzigkeit fällt im Jahr 2023, also im ersten Jahr nach seinem Tod, auf den 16. April, den Geburtstag von Papst Benedikt XVI. Deshalb habe ich die Einladung, genau an diesem Tag einen Festgottesdienst in Altötting zu halten, sehr gerne angenommen. Denn auch und gerade Papst Benedikt ist ein Zeuge der barmherzigen Liebe Gottes. Sein Anliegen war es, bewusst zu machen, dass die Barmherzigkeit Gottes nicht als billige Gnade missverstanden werden darf. Sie ist auch nicht nur herablassende Güte, die das Böse verharmlost und alles toleriert – im Sinne des geflügelten Worts: »War doch nicht so schlimm!« Gott ist auch der Gerechte und Heilige. Jede Sünde ist ein Verstoß gegen die Heiligkeit Gottes. Gerade die Sünde ist es, die uns ins Elend stürzt. Nur wenn wir das bittere Leiden und Sterben Christi vor Augen haben, können wir die Barmherzigkeit Gottes verstehen. Christus trägt an Leib und Seele die ganze Last des Bösen und seine zerstörerische Kraft. Dem Apostel Thomas erscheint der auferstandene Christus. Jesus lädt ihn ein, seinen Finger und seine Hand in seine Wunden zu legen. Das tut Jesus immer wieder. Jedem Verzweifelten und Mutlosen, jedem an Leib und Seele Verletzten und auch jedem Schuldigen zeigt er seine Wunden, um ihm zu sagen, dass er auch für ihn gelitten hat. Jesus hat seine Wundmale mit in die Ewigkeit genommen. Sie sind für uns immer Gewissheit und Trost seiner Barmherzigkeit. Wie vielen Menschen hat die Anrufung des barmherzigen Jesus geholfen: »Jesus, ich vertraue auf dich.«

Georg Gänswein (* 30. Juli 1956 in Riedern am Wald) ist Erzbischof der römischen Kurie. Von 2005 bis 2022 war er Privatsekretär von Papst Benedikt XVI. Er studierte in Freiburg, München und Rom und promovierte im Kirchenrecht. Der vorliegende Text basiert auf der Predigt, die er am 16. April in der Wallfahrtskirche Altötting gehalten hat, und wurde von Angela Herder für diese Veröffentlichung redigiert. 2023 erschien sein jüngstes Buch im Verlag Herder: *Nichts als die Wahrheit. Mein Leben mit Benedikt XVI.*

Zwiespalt

Abigail Favale

Im Frühjahr 2015 hielt ich eine Lehrveranstaltung zum Thema Gendertheorie an einer christlichen Universität ab. Diesen Kurs unterrichtete ich bereits seit mehreren Jahren, aber nie auf genau dieselbe Weise. Die Gendertheorie befand sich in einem unaufhörlichen Veränderungsprozess, was auch auf meine Studierenden zutraf, und ich orientierte mich ständig um im Bemühen, mit dem neuesten Jargon und den neuesten Trends Schritt zu halten. Dieses Mal war alles anders. Ich befand mich gerade inmitten zweier dramatischer Umwälzungen in meinem Privatleben: der Geburt meines zweiten Kindes, die mitten im Semester stattfand, und einer turbulenten Konversion zum Katholizismus, die all meine vorherigen Gewissheiten auf den Kopf stellte. Ich war in einer Situation, in der ich sowohl gebar als auch geboren wurde. Das Innerste meines Körpers kam nach außen, um eine Tochter auf die Welt zu bringen; meine Seele erfuhr eine innerliche Neustrukturierung, um Platz für Christus zu schaffen. Jede dieser beiden Geburten war ein ergreifendes Paradoxon aus Schönheit und Qual.

Meine körperlichen Wehen sind meist rasch vorbei. Für meine geistigen Wehen gilt das weniger. Ich begann jenes Semester als halber Konvertit: nur offiziell, aber noch nicht innerlich katholisch. Ich befand mich in einem seltsamen und schwindelerregenden Zwischenstadium. Als ich im Jahr 2014 in die Kirche eingetreten war, hatte ich angenommen, dass ich eine »Cafeteriakatholikin« werden würde, die ihre lieb gewonnenen progressiven Überzeugungen mit in die Kirche schleppt und sich dabei auf die individuelle Gewissensfreiheit beruft. Dann geschah etwas Schreckliches: Mein Gewissen begann zu rebellieren. Die progressiven Ansichten, die ich mit mir herumtrug, fingen an, sich weniger wie persönliches Eigentum anzufühlen und mehr wie lästiges und unangemessenes Gepäck.

Die Welt, in der ich mich als feministische Universitätsdozentin bequem eingerichtet hatte, begann weniger Sinn zu ergeben. Ich fühlte mich wie Platons unglückseliger Höhlenbewohner, als er zum ersten Mal aus der Düsternis ins blendende Tageslicht stolperte. Die Schatten an den Steinwänden hinter mir, die einst so klar und beunruhigend real schienen, wirkten jetzt wie überdimensionierte Cartoons. Doch der Schritt hinaus aus der Höhle war furchteinflößend: Meine Augen hatten sich noch nicht an eine von der Sonne erhellte Welt gewöhnt, also verweilte ich ein wenig auf der Schwelle, gestrandet im Halbdunkel.

In diesem Zustand weiter Gendertheorie zu lehren, war, gelinde gesagt, verwirrend. Während ich Essays besprach, die ich im Unterricht schon dutzendfach behandelt hatte, wurde ich plötzlich von unfreiwilligen Zweifeln geplagt und bemerkte Lücken und Ungereimtheiten, die mir zuvor nie aufgefallen waren. Im Laufe des Semesters wurde mir durch kleine Epiphanien des Schreckens zunehmend klar, dass ich über ein Jahrzehnt lang in einer Höhle gelebt und diese irrtümlich für die Realität gehalten hatte. Durch meine Liebe zur Frauenliteratur und mein fortwährendes Interesse an weiblichen Lebenserfahrungen war ich in ein Forschungsgebiet geraten, in dem man dessen totalisierende Weltanschauung gleich mitgeliefert bekommt. Ich hatte diese Axiome nach und nach verinnerlicht und war zu einer Ideologin geworden, ohne es zu merken.

Ich erinnere mich an eine bestimmte Unterrichtsstunde, in der meine Studierenden und ich uns mit einem Essay der bekannten Gendertheoretikerin Judith Butler abmühten. In diesem Aufsatz erklärt Butler ihr Konzept der Genderperformativität: Gender sei etwas, das wir *tun*, und nicht etwas, das wir *sind*. Wie die meisten kritischen Theoretiker pflegt Butler einen kryptischen Idiolekt; dennoch akzeptierten meine Studierenden bereitwillig ihre Auffassung von Gender als Performanz. Sie bemerkten nicht das ganze Ausmaß von Butlers Vorstellungen: Sie behauptet, Gender sei *ausschließlich* performativ, »Frauen« existierten nicht wirklich, und jeder Anspruch auf Wahrheit sei letzten Endes eine Ausübung von Macht. Diese Ideen, die meinen Studierenden vielleicht nicht so gut gefallen hätten, blieben sorgfältig unter der Oberfläche verborgen, abgeschirmt durch einen undurchsichtigen Jargon. Meine Studierenden überflogen nur die oberste Erdschicht des Textes, hier und da einige Blüten sammelnd, aber deren Wurzeln bekamen sie nie genau zu Gesicht. Da ich erst kürzlich etwas hellsichtiger geworden bin, war ich ihnen zu diesem Zeitpunkt keine große Hilfe.

Ich verließ den Unterricht an jenem Tag mit einem Gefühl der Niederlage und wusste nicht genau, warum. Ich hatte diesen Text schon viele Male mit Studierenden im Grundstudium besprochen, damals noch mit gutem Gewissen. Tatsächlich fand ich es häufig großartig, die jungen Menschen mit hochtrabenden und modischen Theorien zu Genderfragen zu konfrontieren. Wenn sie ihre dadurch entstandene Unsicherheit und Verwirrung zum Ausdruck brachten, was sie in der Regel am Ende der Lehrveranstaltung zu tun pflegten, war ich zufrieden, als ob es meine zentrale Aufgabe als Dozentin für Genderstudies gewesen wäre, ihre ordentlichen und allzu simplen Ansichten zu erschüttern und durcheinanderzubringen, sie der unauflösbaren Komplexität auszusetzen. Mit dieser Desorientierungsarbeit, auf die keine Bemühungen zur Neuorientierung folgten, fühlte ich mich nun zunehmend unwohl. Mein Gewissen, das mich ein Jahrzehnt lang zu meiner Lehrtätigkeit beglückwünscht hatte, meldete im Hinterzimmer meines Gehirns nun Bedenken an und fragte: Ist irgendetwas davon überhaupt *wahr*?

In dieser Befindlichkeit des Unbehagens suchte ich den Rat eines älteren, von mir geschätzten Professors. Ich eilte direkt von zu Hause aus in sein Büro, mein Haar war noch feucht vom Duschen kurz zuvor. Ich war gerade erst aus dem Mutterschaftsurlaub zurückgekehrt, kam immer fünf Minuten zu spät und schwitzte in Strömen, weil ich so unter Druck stand. Ich hatte immer nur drei Stunden Zeit, bevor ich wieder stillen musste, und versuchte, in diesem Intervall so viel wie möglich zu erledigen. Als ich in das Zimmer des Professors trat, hatte ich eine Cola light in der Hand; ich erwartete eine nette und entspannte Unterhaltung mit einem Kollegen. Nach fünf Minuten fühlte ich mich ihm gegenüber wie im Beichtstuhl; ich offenbarte die Vorwürfe meines Gewissens jedoch nicht einem Priester, sondern einem graubärtigen Quäker mit einer Aura wie Gandalf aus dem *Herrn der Ringe*. »Ich habe den Eindruck, meinen Studierenden geistiges Gift eingeträufelt zu haben«, sagte ich. Viele Jahre lang sei ich zu sorglos gewesen im Umgang mit ihrem Verstand und, was mich noch mehr beunruhigte, mit ihren Seelen.

Der Professor hörte mir ruhig zu, wie es seine Art war. Er neigt dazu, sehr wortkarg zu sein, aber seine wenigen Worte sind meistens voller Weisheit; er sagt den Leuten nur selten das, was sie von ihm hören wollen. Er hätte mich trösten können, mir sagen können, dass ich das getan hätte, was ich zum damaligen Zeitpunkt für richtig hielt, dass ich zu streng zu mir sei. Stattdessen sagte er mit dem schleppenden Akzent der Appalachen: »Kennen

Sie jenen Vers bei Matthäus? Der, in dem es heißt, wer einen von diesen Kleinen zum Straucheln bringe, für den sei es besser, wenn ihm ein Mühlstein um den Hals gehängt und er in der Tiefe des Meeres versenkt würde? Ich habe schon immer gedacht, dass es für uns Hochschullehrer eine gute Idee wäre, uns das auf den Arm tätowieren zu lassen.«

Das war es, was ich fühlte: den verdammten Mühlstein. In Wirklichkeit hatte er mir schon seit Jahren um den Hals gehangen, aber erst jetzt bemerkte ich sein Gewicht. Die verbesserte Wahrnehmung war ein gewisser Trost.

Als ich sein Büro verließ, wusste ich ein wenig besser, was ich *nicht* tun wollte. Ich wollte die Gendertheorie nicht mehr im Unterricht als ein Ensemble wertneutraler Ideen präsentieren, ohne dabei der im Hintergrund wirksamen Weltanschauung die nötige Aufmerksamkeit zu schenken. Ich wollte nicht, dass das Ende vom Lied sein würde, damit Verwirrung zu stiften. Mir war klar, *was nicht* getan werden sollte, aber ich war mir weniger sicher, *was* ich tun sollte.

Wenn die Gendertheorie im Grunde genommen eine ideologische Disziplin war, hatte ich dann einfach nutzlose Dinge gelernt? Gab es darin nichts Gutes, nichts Bewahrenswertes? Ich wusste nicht, wie sich diese Theorien in meine unlängst gefundene katholische Identität würden integrieren lassen – oder ob ich dies überhaupt versuchen sollte. Ich musste weiter aus der Höhle herausklettern, das war mir klar. Aber gab es nichts von Wert, was ich mitnehmen konnte? Ich konstatierte eine tiefgreifende Dissonanz in meiner Weltanschauung: Bis dahin hatte ich geglaubt, auf einem stabilen Floß wohlgemut auf dem Wasser zu treiben, aber nun bemerkte ich, dass ich mich auf zwei nicht miteinander verbundenen Baumstämmen befand, die sich voneinander entfernten.

Ich vermute, dass es heutzutage viele Frauen gibt, die sich in einer ähnlichen Situation befinden: in der Klemme zwischen verschiedenen Weltanschauungen, zögernd zwischen dem Christentum und den neuesten feministischen Trends, und unsicher, wie – wenn überhaupt – sich Berührungspunkte und Überschneidungen zwischen diesen Perspektiven entdecken lassen. Einige empfinden diese Spannung sehr stark und wissen nicht, wie sie beides miteinander in Einklang bringen können. Andere spüren sie überhaupt nicht und kommen stattdessen zu dem Schluss, Christentum und Feminismus seien so wunderbar kompatibel, dass sie in etwa auf dasselbe hinauslaufen: Jesus nachzufolgen, hieße dann, eine Feministin zu sein. Daneben gibt es noch diejenigen, die sich den Feminismus so vollständig zu eigen machen, dass er für sie zu einer Religion wird und jedes noch verbliebene christliche Engagement allmählich zur Nebensache wird oder gänzlich verschwindet.

Auf meinem eigentümlichen und alles andere als geradlinigen Glaubensweg bin ich all diese Frauen gewesen.

Abigail Favale ist Professorin an der Universität von Notre Dame, USA. Sie hat einen akademischen Hintergrund in Genderstudies und feministischer Literaturkritik. 2014 konvertierte sie zum Katholizismus und setzt sich seither kritisch mit dem postmodernen Feminismus auseinander. Sie lebt mit ihrem Ehemann und ihren vier Kindern in South Bend, Indiana. Der vorliegende Text ist ein Auszug aus ihrem im Herbst 2023 bei Herder erscheinenden Buch *Die geleugnete Natur. Warum die Gender-Theorie in die Irre führt.*

Editorische Anmerkung zum Geleitwort

Manuel Herder

Das Geleitwort für diesen Band habe ich unserem Gründer angedichtet. Von Bartholomä Herder sind Dokumente, Briefe und Berichte überliefert. Sie wurden in Hans Bücker, *Bartholomä Herder 1774–1839.* Neuausgabe, durchgesehen von Martina Kathöfer und Burkhard Zimmermann, Verlag Herder 2001 zusammengefasst. Wir wissen also einiges über die äußeren Umstände des Gründers und seines Lebens. Da, wo er im Geleitwort eigene Meinungen vorträgt, sind diese erahnt, aber nicht belegt.

Nahe dem Verlagshaus liegt der Alte Friedhof der Stadt Freiburg. Auf diesem sind Bartholomä, seine Frau Jeanette und sein Bruder Andrä begraben. Dort frage ich mich oft, was Bartholomä wohl über unsere Zeit und unsere Verlagsarbeit denken würde. Aber auch, wie er seine eigene Zeit gesehen hat, wie er auf seine ersten Jahre als Verleger zurückblickte und wie er rückwirkend seine verschiedenen Anläufe bezeichnen würde, die es brauchte, um den Verlag ins Leben zu rufen.

Danksagung

Manuel Herder

Allen, die an diesem Band mitgewirkt haben, danke ich sehr herzlich. Allen voran den Autorinnen und Autoren! Ich danke Ihnen für Ihre Bereitschaft, einen Text beizusteuern. Ich danke Ihnen für die Begeisterung, die Sie unseren Lesern vermitteln. Ein Verlag ist die Summe seiner Autoren, und auch dieses Buch ist nur deshalb so spannend zu lesen, weil so viele Autorinnen und Autoren darin mitgewirkt haben. Haben Sie herzlichen Dank!

Im Verlag selbst kann ich für dieses Buch allen Kolleginnen und Kollegen danken: Jeder einzelne Titel, also auch dieser, beansprucht im Laufe seines Lebenszyklus alle Ressourcen eines Hauses, vom Lektorat bis zur Buchhaltung, von der Bereitstellung der notwendigen Software bis zur funktionierenden Beleuchtung oder Heizung im Büro. Danke, dass ihr da seid, danke, dass ihr mitmacht, und danke, dass ihr mit mir die Idee unseres Gründers fortsetzt. Mit eurer Arbeit macht ihr diesen Verlag immer wieder von Neuem zu dem, was er ist.

Mein Dank gilt natürlich auch den externen Mitarbeitern, die an diesem Buch mitgewirkt haben. Meinem Büro danke ich für die Organisation im Hintergrund und die vielen redaktionellen Hilfestellungen bei den Beiträgen. Ich danke denjenigen fünf Familienmitgliedern der siebten Herder-Generation seit Bartholomä, die ein Traineeprogramm im Verlagshaus schon durchlaufen haben bzw. durchlaufen. Ihr habt in diesem Band an einigen Texten in unterschiedlicher Form mitgewirkt, sei es durch Interviews, Verschriftlichungen oder Redaktion. Es ist schön, dass ihr euch für das Verlagshaus interessiert.

Bildnachweis

Die Cartoons auf den Seiten 145, 309 und 427 stammen von der Cartoonistin Renate Alf.